国审玉米品种（2014—2017年）SSR指纹图谱

周泽宇　张力科　王凤格　杨　扬　主编

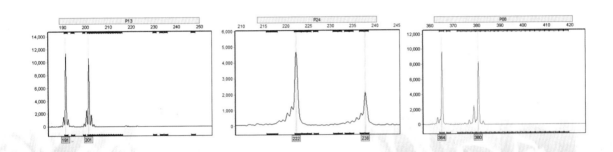

中国农业科学技术出版社

图书在版编目（CIP）数据

国审玉米品种（2014—2017年）SSR指纹图谱 / 周泽宇等主编 . —北京：中国农业科学技术出版社，2021.6

ISBN 987-7-5116-5343-7

Ⅰ.①国… Ⅱ.①周… Ⅲ.①玉米—品种—基因组—鉴定—中国—图谱 Ⅳ.①S513.035.1-64

中国版本图书馆 CIP 数据核字（2021）第 109123 号

责任编辑	贺可香
责任校对	马广洋
责任印制	姜义伟　王思文

出 版 者	中国农业科学技术出版社
	北京市中关村南大街12号　　邮编：100081
电　　话	（010）82106638（编辑室）　（010）82109702（发行部）
	（010）82109709（读者服务部）
传　　真	（010）82106650
网　　址	http://www.CASTP.cn
经 销 者	各地新华书店
印 刷 者	北京地大彩印有限公司
开　　本	889mm×1 194mm
印　　张	24.5
字　　数	638千字
版　　次	2021年6月第1版　　2021年6月第1次印刷
定　　价	120.00元

《国审玉米品种（2014—2017年）SSR指纹图谱》

编 委 会

主　编：周泽宇　张力科　王凤格　杨　扬

副主编：刘丰泽　任雪贞　晋　芳　易红梅　孟全业

编　者：金石桥　支巨振　赵建宗　傅友兰　李　晴

　　　　任　洁　王　璐　葛建镕　王　蕊　王海杰

　　　　施昕晨　朱万豪　王　培　王建宏　王美国

　　　　张家清　陈　斌　邓　澍　冯艳萍　曹玉洁

前　　言

近年来，分子检测技术已成为农作物品种选育的重要工具、种子行业管理的重要手段、现代种业发展的重要保障。分子检测技术推动了优异种质资源的创制，加速了品种选育进程，为种子市场监管提供了强力支撑，为新品种准入发挥了把关作用，为品种创新和品种权保护发挥了积极作用。在全面加强知识产权保护工作、打好种业翻身仗的新形势下，现代种业发展对分子检测技术的需求更加迫切。

从2010年开始，全国农业技术推广服务中心组织开展全国主要农作物审定品种标准样品的征集及DNA指纹数据库的构建。在农业农村部、各省级种子管理部门以及国内科研单位的大力支持下，到目前为止，已完成玉米、水稻、小麦、棉花、向日葵等多个作物审定品种标准样品DNA指纹数据库构建，其中玉米标准样品DNA指纹数据库在全国近二十家检验机构实现了共享。

近十年来，农业农村部、全国省级种子管理部门组织对种子市场、制种基地、种子企业等种子生产、加工、销售环节进行抽检，通过与审定品种标准样品DNA指纹数据比较，累计对上万份玉米、水稻样品进行了真实性检测，经过多年的连续监管，我国玉米、水稻种子品种真实性质量有了明显的提高。同时，品种标准样品DNA指纹数据库还大量应用于品种审定、登记，以及新品种保护、DUS特异性测试近似品种筛查等工作中，保护了育种创新，提升了品种管理水平。

本书收录了2014—2017年202个国家审定玉米品种，每个品种均提供了40个SSR核心引物位点的指纹图谱，对这些品种的真实性身份验证、真实性身份鉴定工作的开展提供了坚实的技术支撑。

本书在编写过程中，得到了各省级种子管理部门、北京市农林科学院玉米研究中心等合作单位的大力支持，在此表示诚挚的感谢！本书可作为玉米种子质量检测、品种管理、品种权保护、侵权案司法鉴定、品种选育、农业科研教学等从业人员的参考书籍。由于时间仓促，书中难免有不足之处，敬请专家和读者批评指正。

编　者

2021年6月30日

目　　录

第一部分　SSR指纹图谱

德育919（审定编号：国审玉20170002；种质库编号：S1G04547）

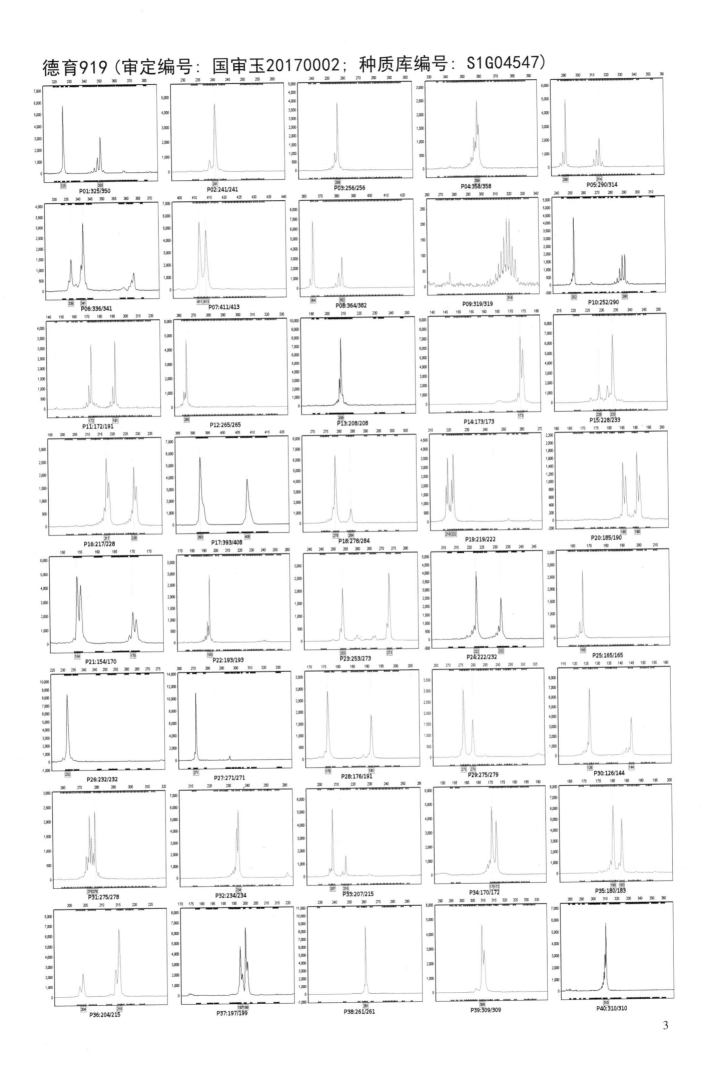

3

吉单66（审定编号：国审玉20170003；种质库编号：S1G05248）

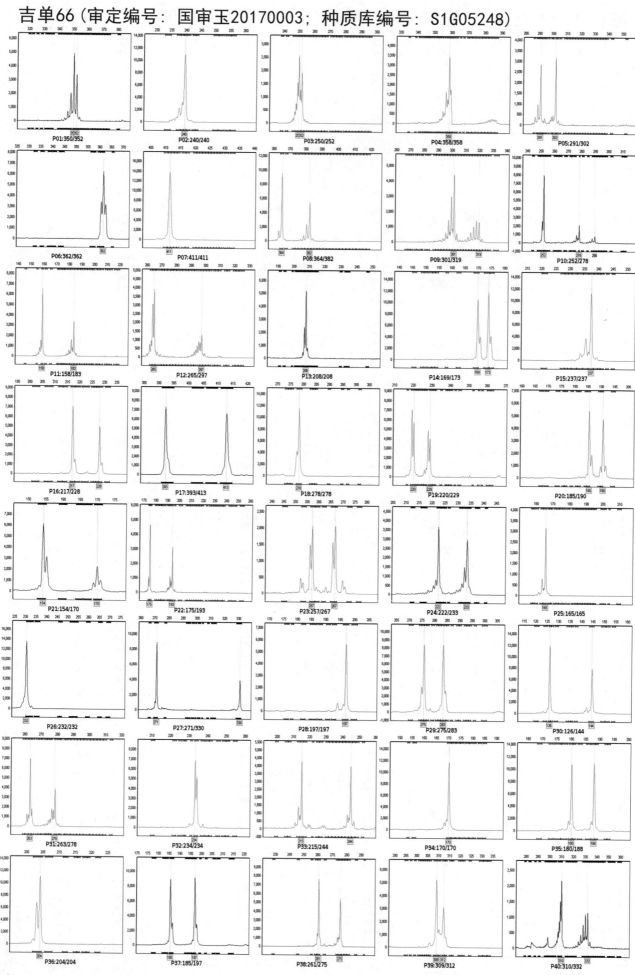

五谷318（审定编号：国审玉20170004；种质库编号：S1G05448）

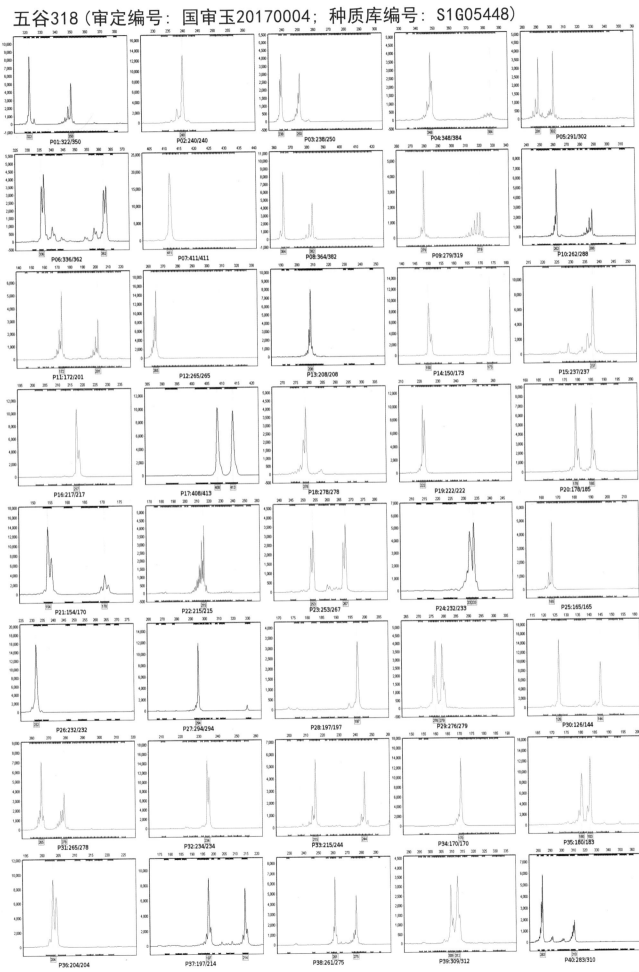

迪卡517（审定编号：国审玉20170005；种质库编号：S1G04835）

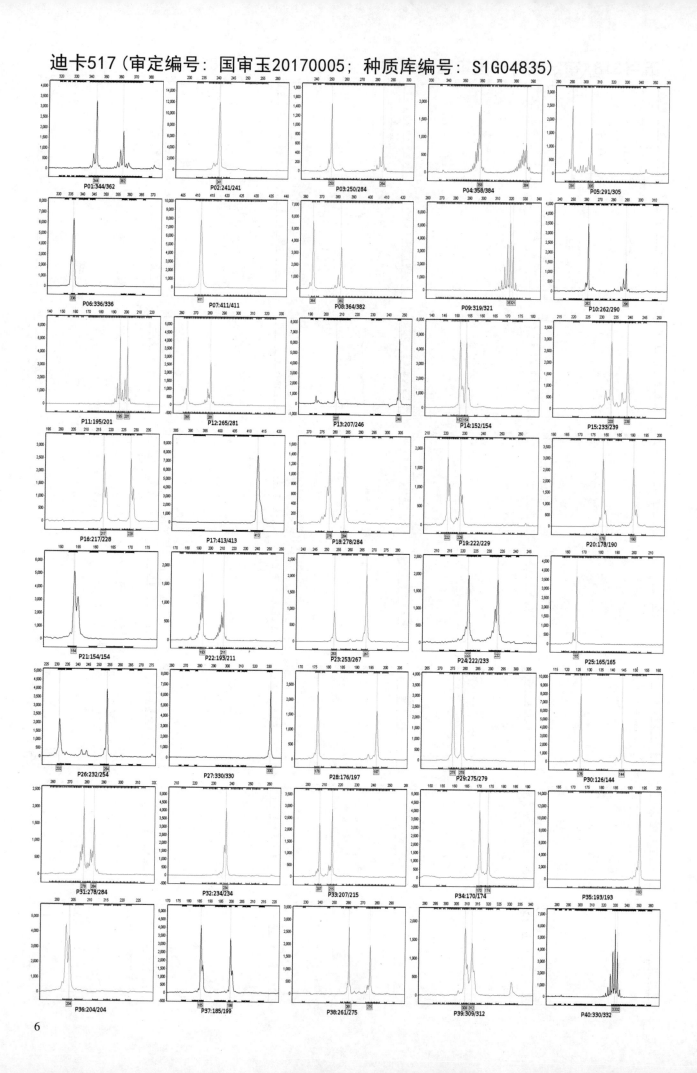

6

京农科728（审定编号：国审玉20170007；种质库编号：S1G03754）

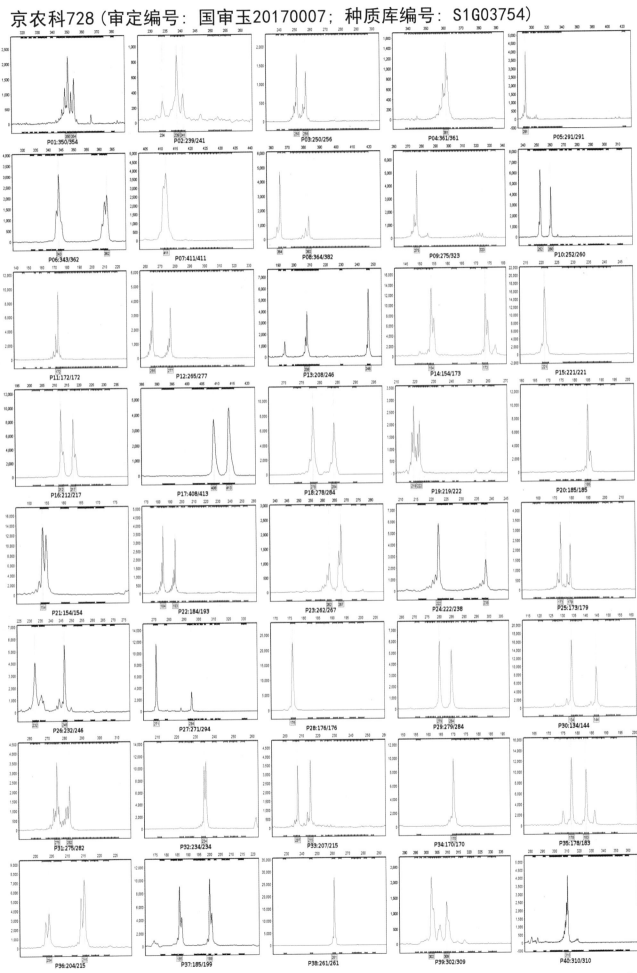

五谷305（审定编号：国审玉20170008；种质库编号：XIN21264）

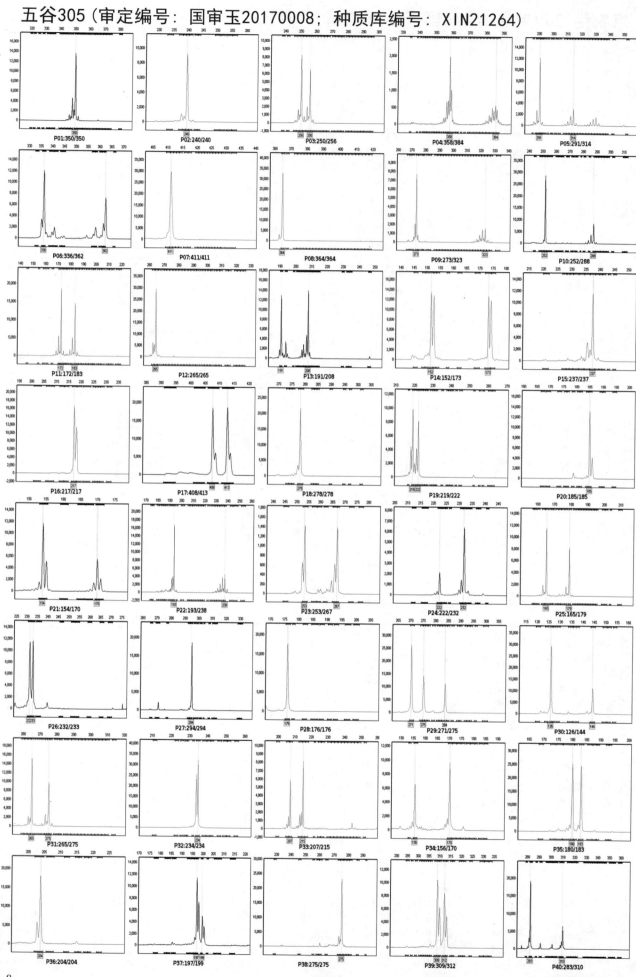

P01:350/350　P02:240/240　P03:250/256　P04:358/384　P05:291/314

P06:336/362　P07:411/411　P08:364/364　P09:273/323　P10:252/288

P11:172/183　P12:265/265　P13:191/208　P14:152/173　P15:237/237

P16:217/217　P17:408/413　P18:278/278　P19:219/222　P20:185/185

P21:154/170　P22:193/238　P23:253/267　P24:222/232　P25:165/179

P26:232/233　P27:294/294　P28:176/176　P29:271/275　P30:126/144

P31:265/275　P32:234/234　P33:207/215　P34:156/170　P35:180/183

P36:204/204　P37:197/199　P38:275/275　P39:309/312　P40:283/310

院军一号（审定编号：国审玉20170009；种质库编号：XIN20898）

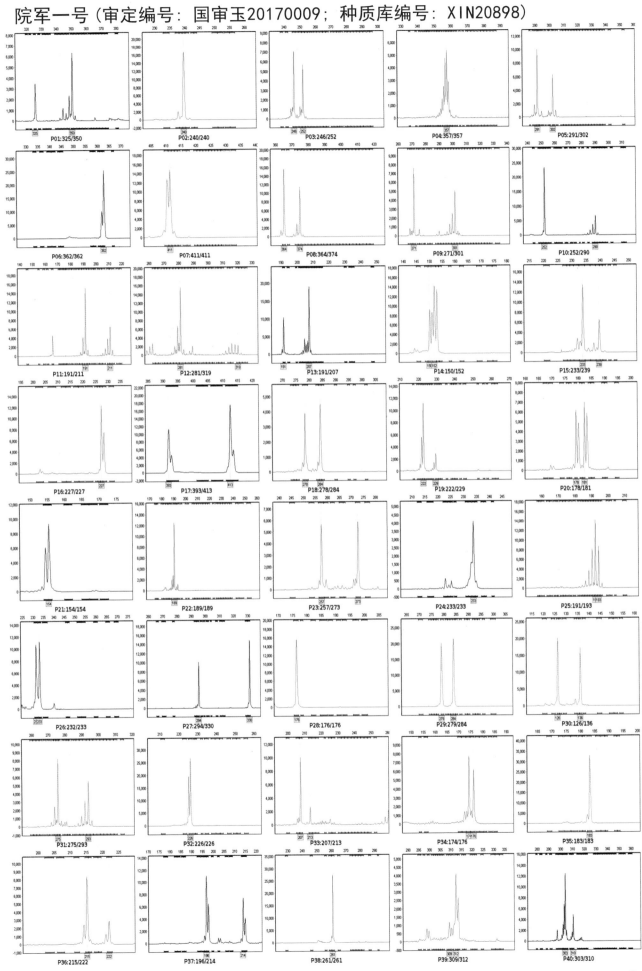

9

富成198（审定编号：国审玉20170010；种质库编号：XIN20899）

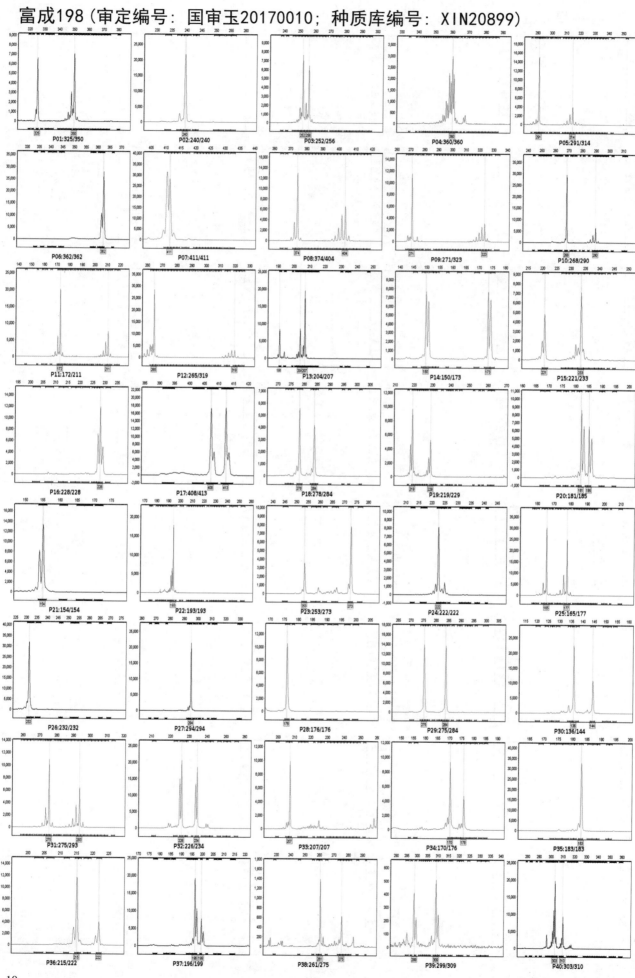

广德77（审定编号：国审玉20170011；种质库编号：S1G04349）

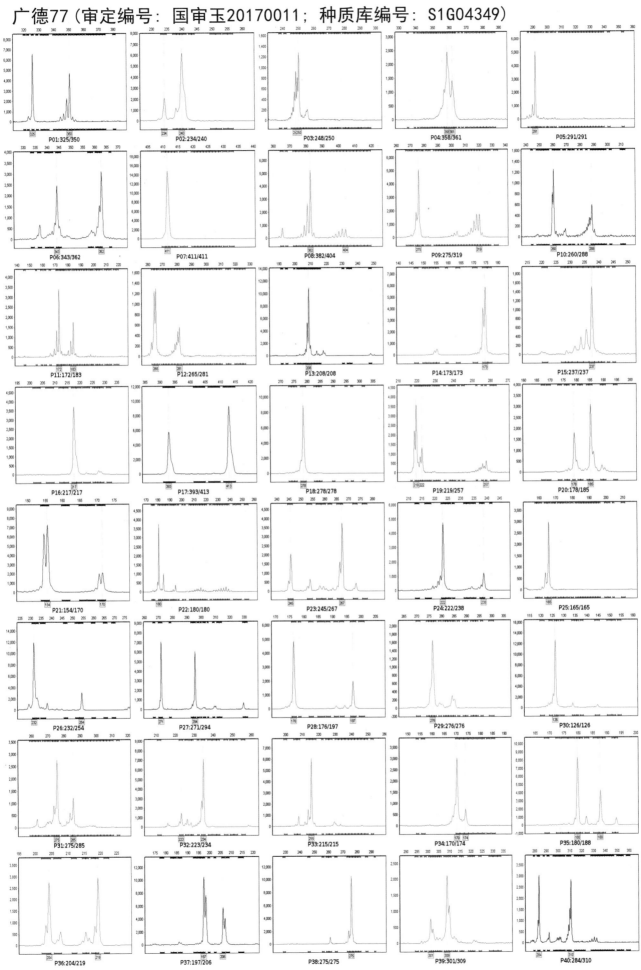

鑫海158（审定编号：国审玉20170012；种质库编号：XIN20901）

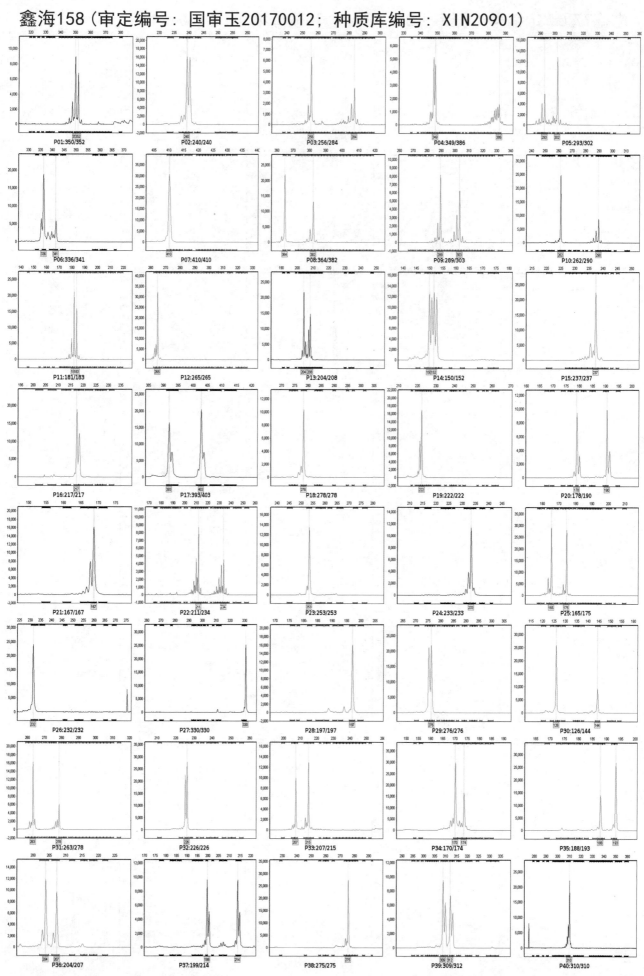

P01:350/352　P02:240/240　P03:256/284　P04:349/386　P05:293/302

P06:336/341　P07:410/410　P08:364/382　P09:289/303　P10:262/290

P11:181/183　P12:265/265　P13:204/208　P14:150/152　P15:237/237

P16:217/217　P17:393/403　P18:278/278　P19:222/222　P20:178/190

P21:167/167　P22:211/234　P23:253/253　P24:233/233　P25:165/175

P26:232/232　P27:330/330　P28:197/197　P29:276/276　P30:126/144

P31:263/278　P32:226/226　P33:207/215　P34:170/174　P35:188/193

P36:204/207　P37:199/214　P38:275/275　P39:309/312　P40:310/310

华农1107（审定编号：国审玉20170013；种质库编号：XIN20900）

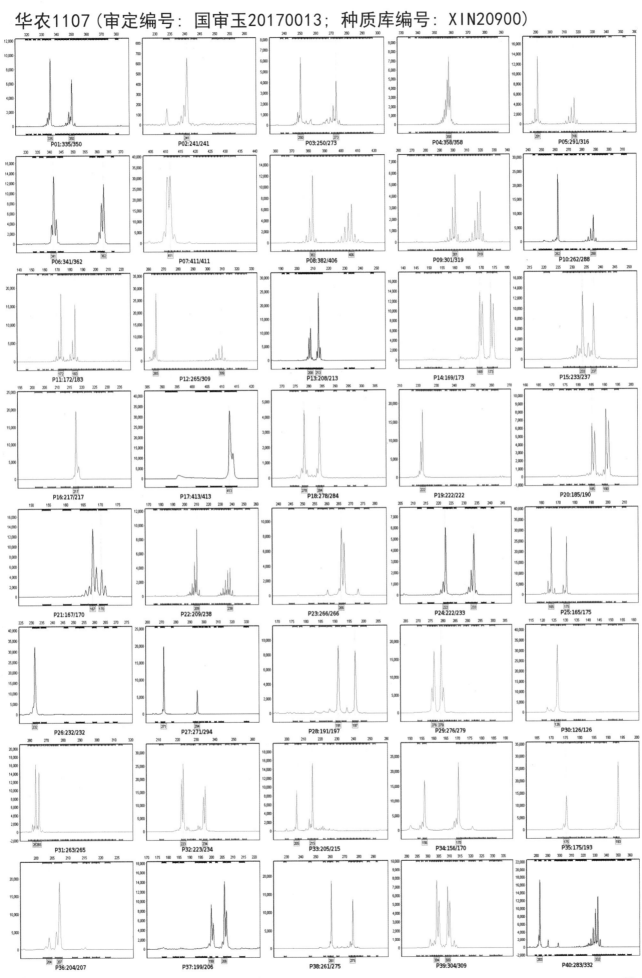

和育187（审定编号：国审玉20170014；种质库编号：S1G03396）

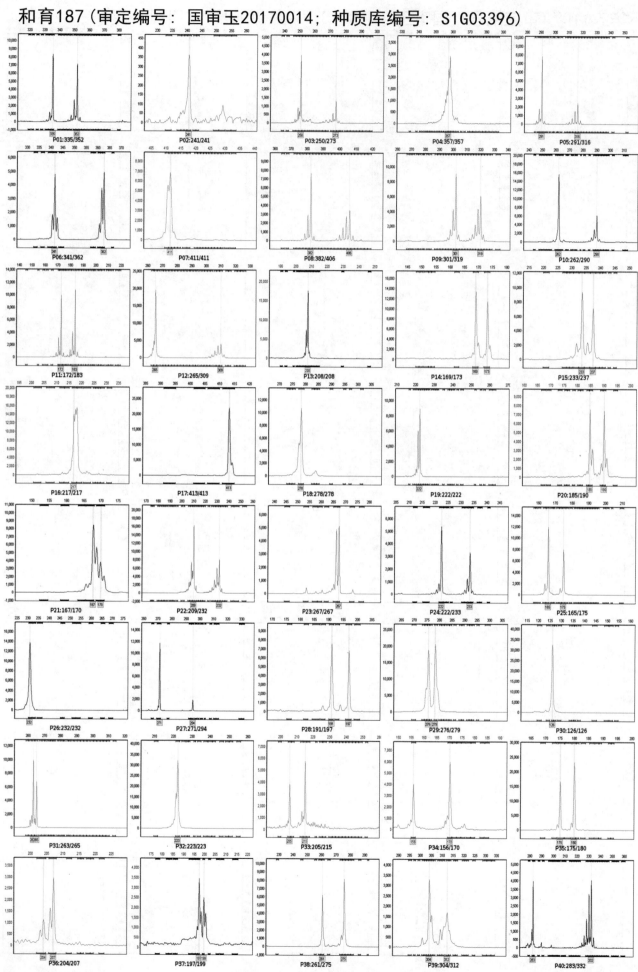

吉农大778（审定编号：国审玉20170015；种质库编号：S1G05272）

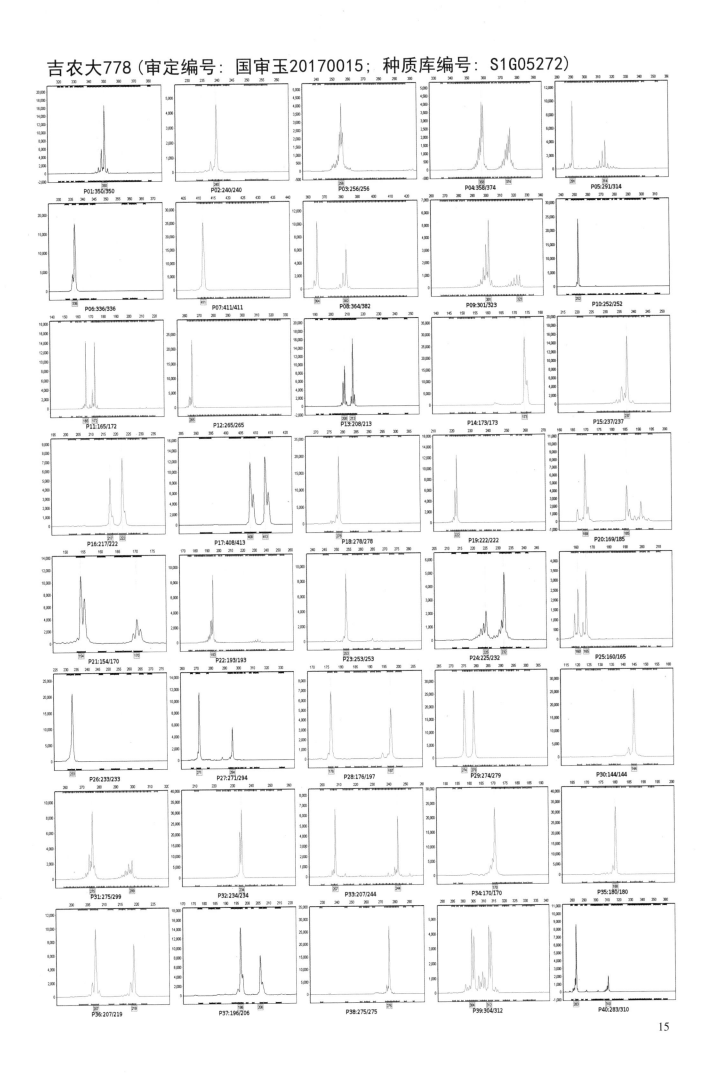

A1589（审定编号：国审玉20170016；种质库编号：XIN20477）

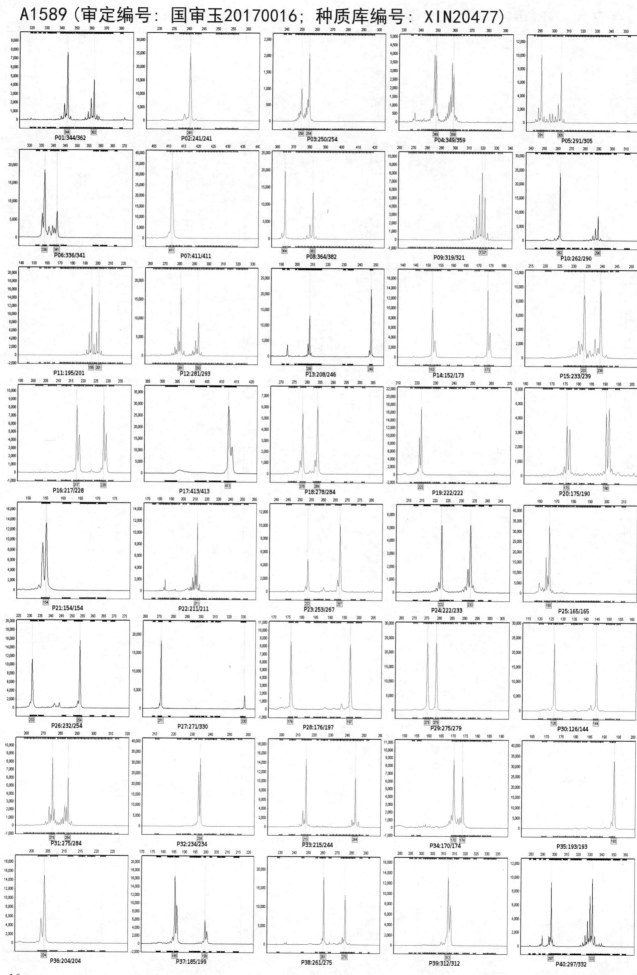

16

农单476（审定编号：国审玉20170017；种质库编号：XIN20908）

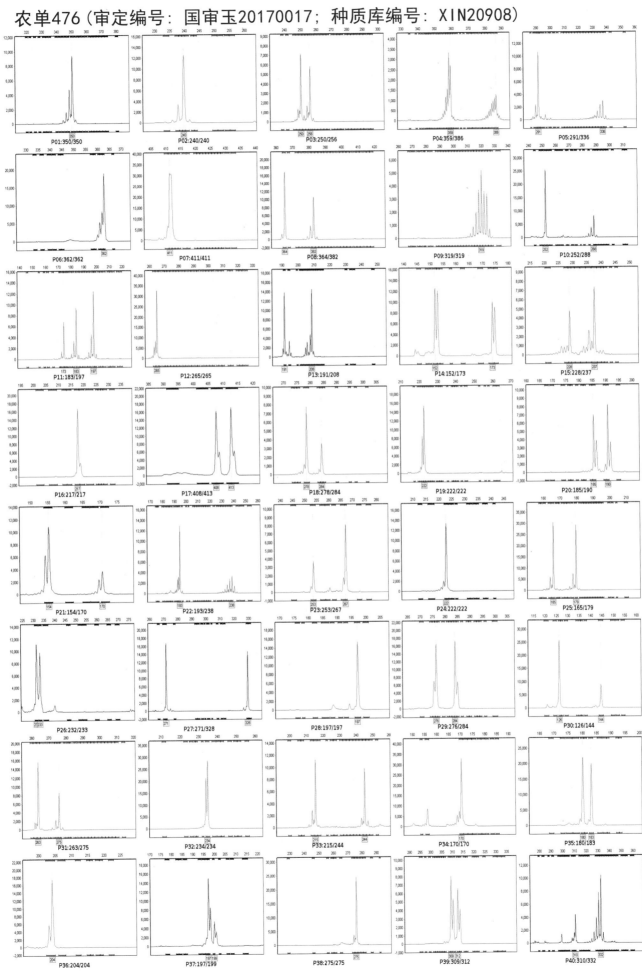

P01:350/350　P02:240/240　P03:250/256　P04:359/386　P05:291/336
P06:362/362　P07:411/411　P08:364/382　P09:319/319　P10:252/288
P11:183/197　P12:265/265　P13:191/208　P14:152/173　P15:228/237
P16:217/217　P17:408/413　P18:278/284　P19:222/222　P20:185/190
P21:154/170　P22:193/238　P23:253/267　P24:222/222　P25:165/179
P26:232/233　P27:271/328　P28:197/197　P29:276/284　P30:126/144
P31:263/275　P32:234/234　P33:215/244　P34:170/170　P35:180/183
P36:204/204　P37:197/199　P38:275/275　P39:309/312　P40:310/332

裕丰201（审定编号：国审玉20170018；种质库编号：XIN20904）

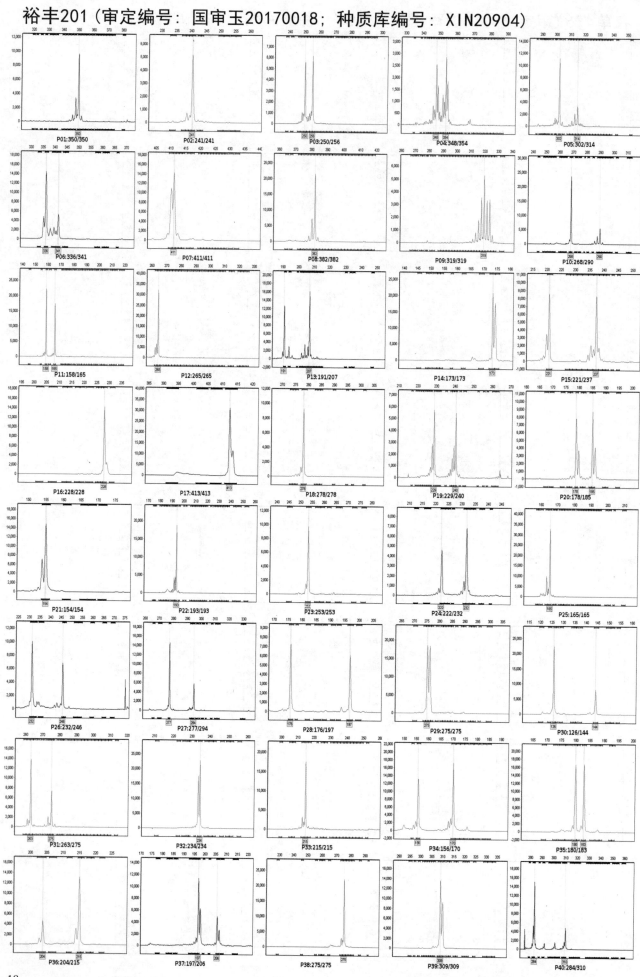

P01:350/350　P02:241/241　P03:250/256　P04:348/354　P05:302/314
P06:336/341　P07:411/411　P08:382/382　P09:319/319　P10:268/290
P11:158/165　P12:265/265　P13:191/207　P14:173/173　P15:221/237
P16:228/228　P17:413/413　P18:278/278　P19:229/240　P20:178/185
P21:154/154　P22:193/193　P23:253/253　P24:222/232　P25:165/165
P26:232/246　P27:277/294　P28:176/197　P29:275/275　P30:126/144
P31:263/275　P32:234/234　P33:215/215　P34:156/170　P35:180/183
P36:204/215　P37:197/206　P38:275/275　P39:309/309　P40:284/310

金岛99（审定编号：国审玉20170019；种质库编号：S1G04895）

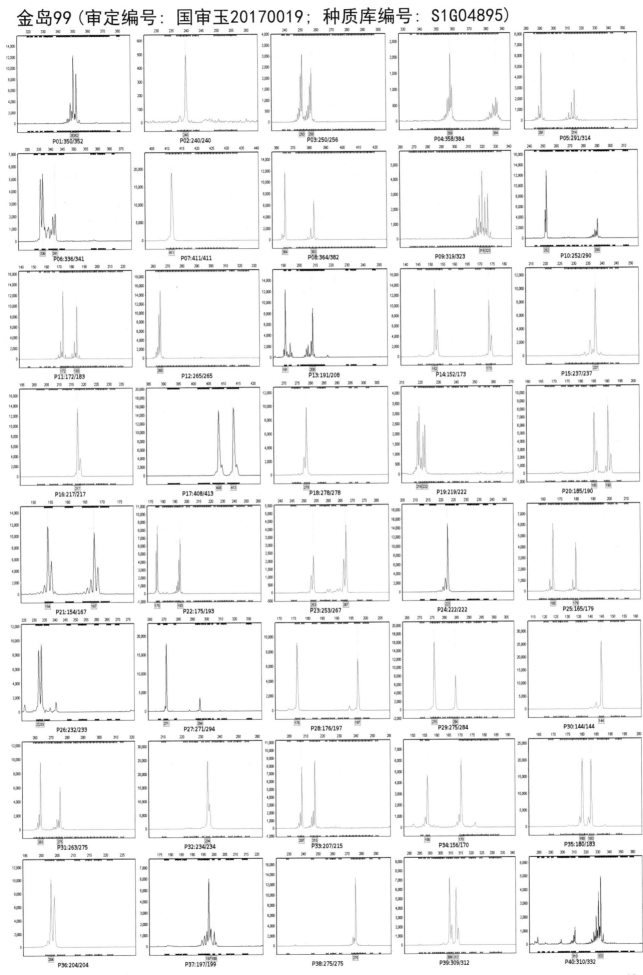

华农887（审定编号：国审玉20170020，国审玉2014011；种质库编号：S1G04601）

P01:350/350　P02:252/252　P03:250/256　P04:358/358　P05:291/330

P06:336/362　P07:411/411　P08:364/382　P09:319/323　P10:252/288

P11:172/183　P12:265/265　P13:191/213　P14:152/173　P15:237/237

P16:217/217　P17:408/413　P18:278/284　P19:219/222　P20:185/190

P21:154/170　P22:193/193　P23:253/267　P24:222/222　P25:165/179

P26:232/233　P27:271/294　P28:176/197　P29:276/284　P30:126/144

P31:263/275　P32:234/234　P33:207/215　P34:156/170　P35:183/193

正成018（审定编号：国审玉20170021；种质库编号：S1G04271）

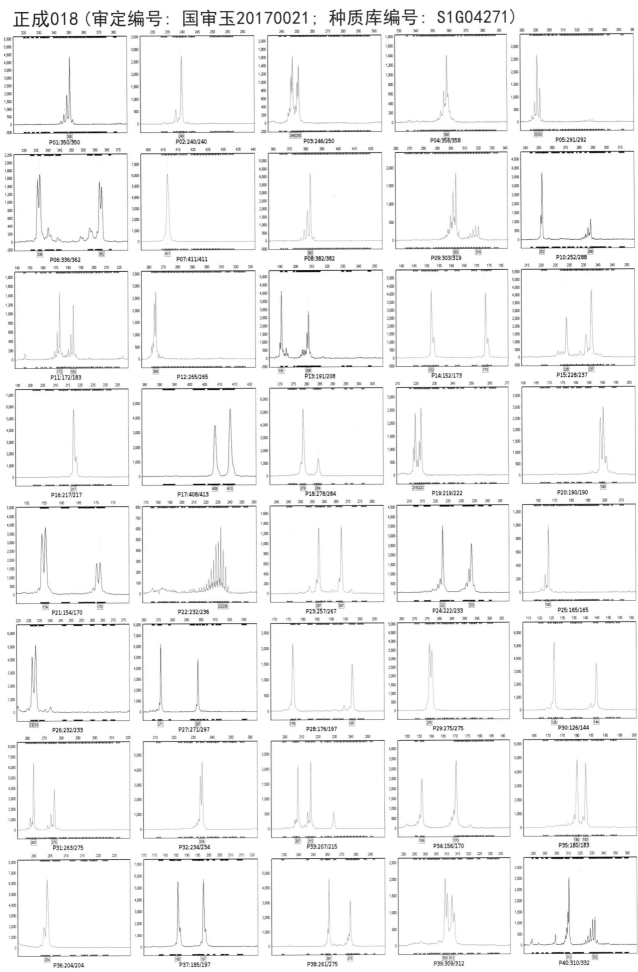

烁源558（审定编号：国审玉20170022；种质库编号：XIN20910）

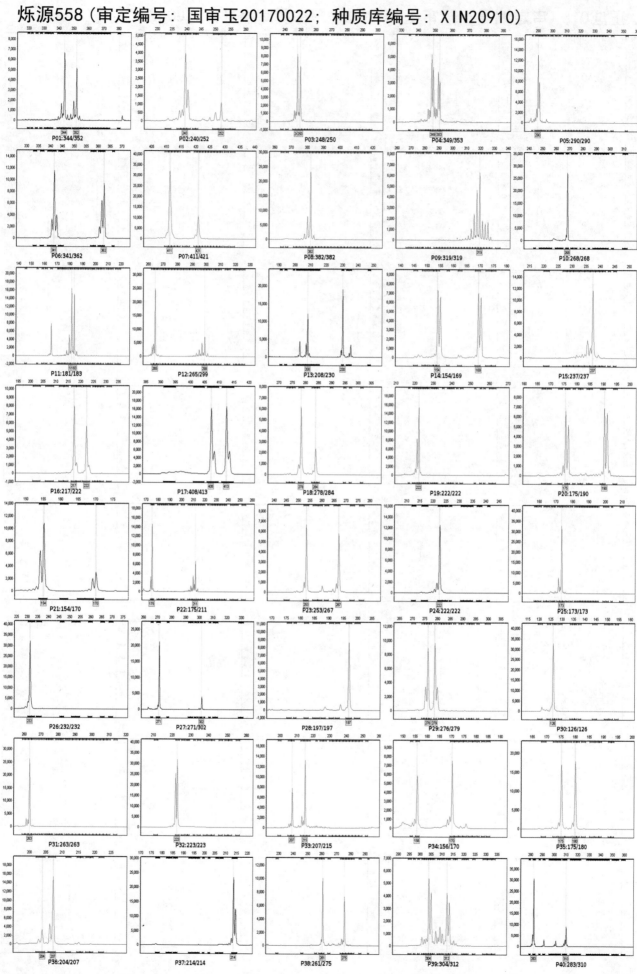

P01:344/352　P02:240/252　P03:248/250　P04:349/353　P05:290/290

P06:341/362　P07:411/421　P08:382/382　P09:319/319　P10:268/268

P11:181/183　P12:265/299　P13:208/230　P14:154/169　P15:237/237

P16:217/222　P17:408/413　P18:278/284　P19:222/222　P20:175/190

P21:154/170　P22:175/211　P23:253/267　P24:222/222　P25:173/173

P26:232/232　P27:271/302　P28:197/197　P29:276/279　P30:126/126

P31:263/263　P32:223/223　P33:207/215　P34:156/170　P35:175/180

P36:204/207　P37:214/214　P38:261/275　P39:304/312　P40:283/310

豫禾601（审定编号：国审玉20170023；种质库编号：XIN20909）

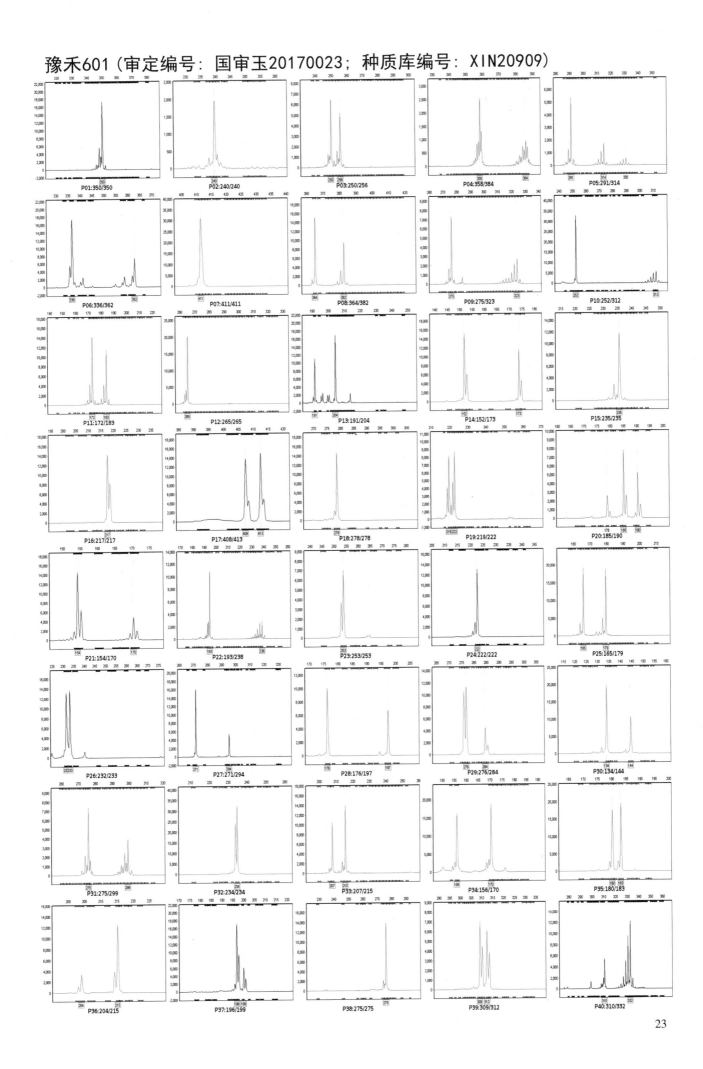

泛玉298（审定编号：国审玉20170024；种质库编号：S1G04881）

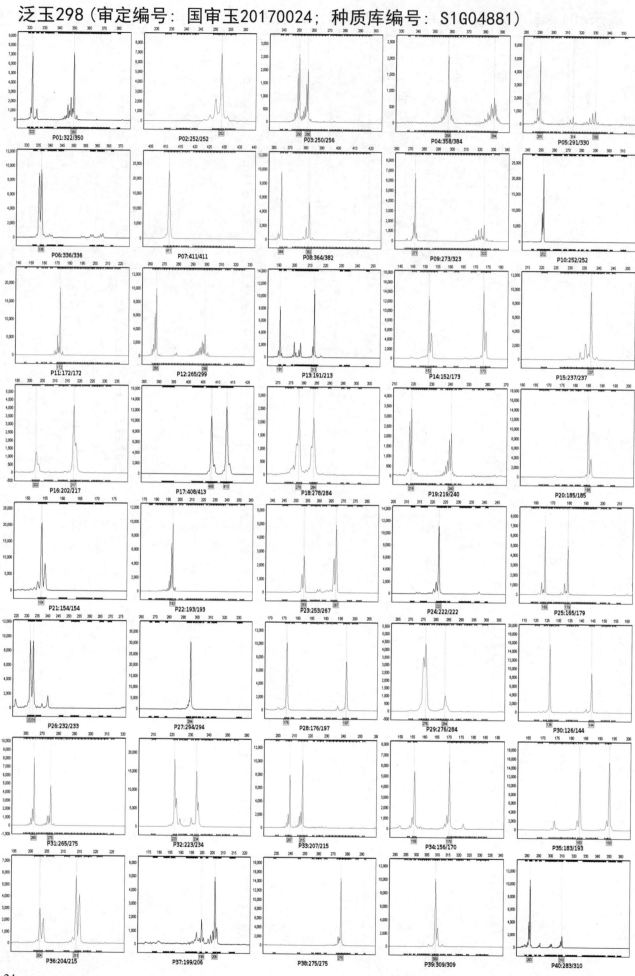

P01:322/350　P02:252/252　P03:250/256　P04:358/384　P05:291/330
P06:336/336　P07:411/411　P08:364/382　P09:273/323　P10:252/252
P11:172/172　P12:265/299　P13:191/213　P14:152/173　P15:237/237
P16:202/217　P17:408/413　P18:278/284　P19:219/240　P20:185/185
P21:154/154　P22:193/193　P23:253/267　P24:222/222　P25:165/179
P26:232/233　P27:294/294　P28:176/197　P29:276/284　P30:126/144
P31:265/275　P32:223/234　P33:207/215　P34:156/170　P35:183/193
P36:204/215　P37:199/206　P38:275/275　P39:309/309　P40:283/310

24

怀玉23（审定编号：国审玉20170025；种质库编号：S1G05216）

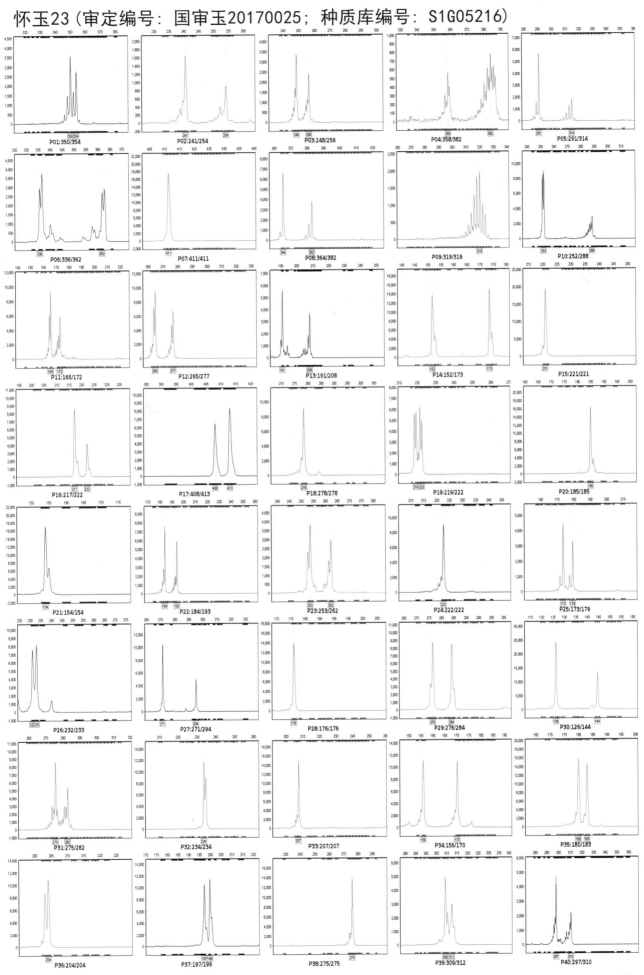

万盛68（审定编号：国审玉20170026；种质库编号：XIN22084）

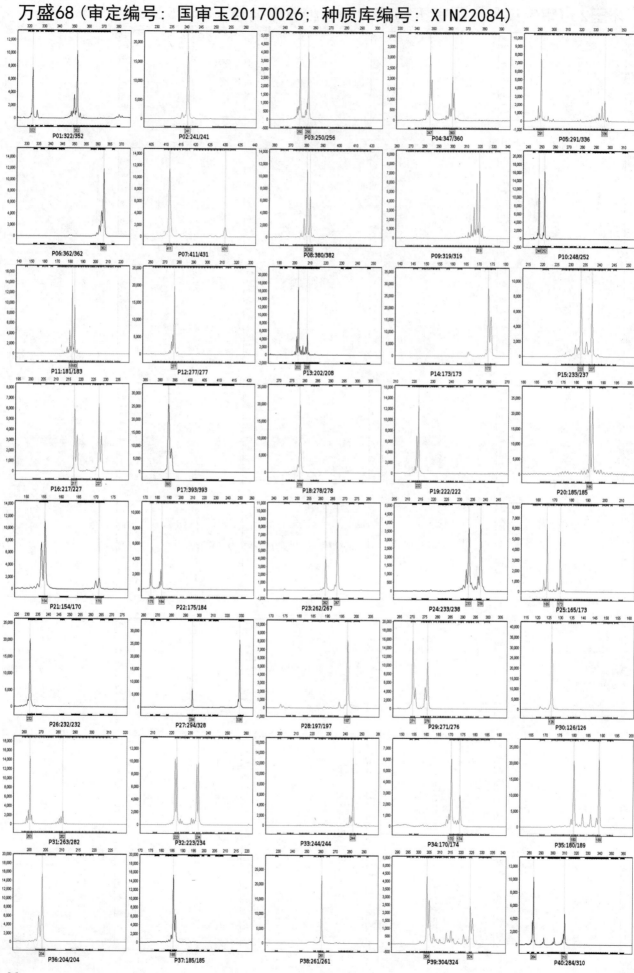

宁玉468（审定编号：国审玉20170027；种质库编号：XIN22080）

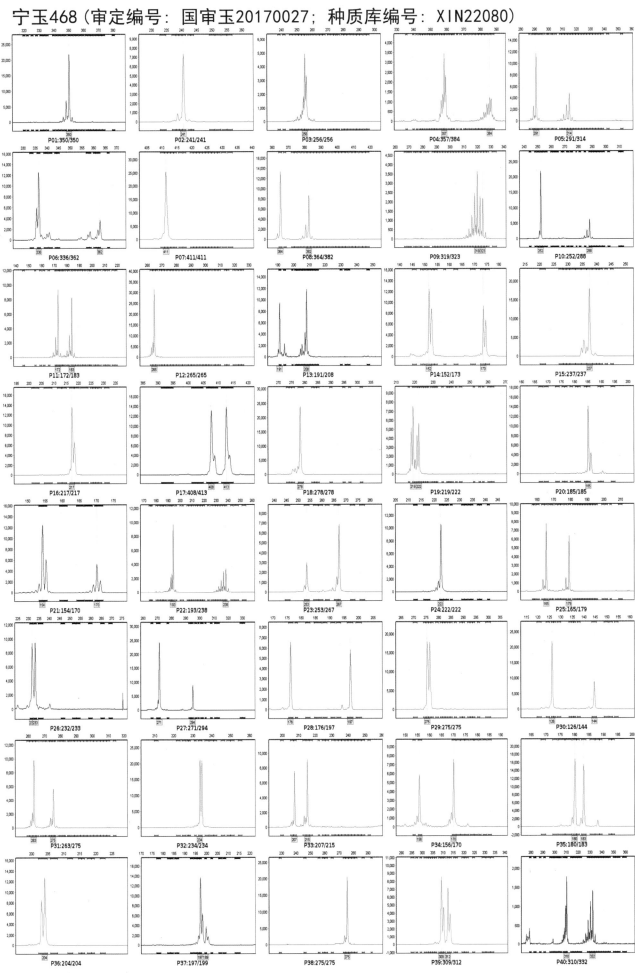

27

源丰008（审定编号：国审玉20170028；种质库编号：S1G05615）

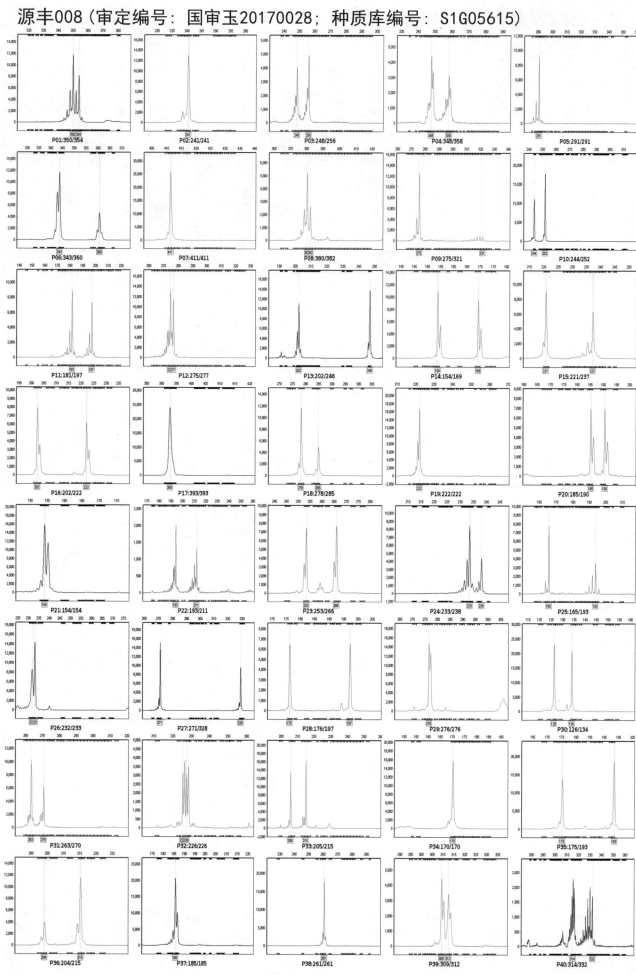

京品50（审定编号：国审玉20170029；种质库编号：S1G04887）

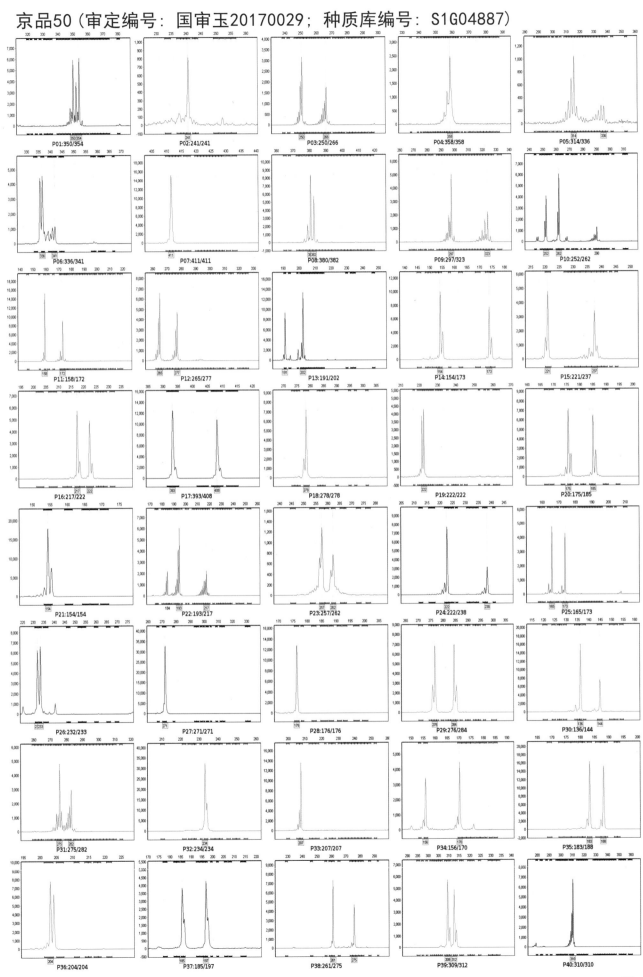

裕丰303（审定编号：国审玉20170030, 国审玉2015010；种质库编号：XIN20911）

P01:350/350　P02:241/241　P03:250/256　P04:348/384　P05:291/330
P06:336/336　P07:411/411　P08:364/382　P09:323/323　P10:248/252
P11:173/173　P12:265/265　P13:191/213　P14:152/173　P15:228/237
P16:217/217　P17:408/413　P18:278/284　P19:219/222　P20:185/185
P21:154/170　P22:193/238　P23:253/267　P24:222/222　P25:165/179
P26:232/233　P27:271/294　P28:176/197　P29:276/284　P30:126/144
P31:263/275　P32:234/234　P33:207/244　P34:156/170　P35:180/183

隆瑞117（审定编号：国审玉20170031；种质库编号：XIN21741）

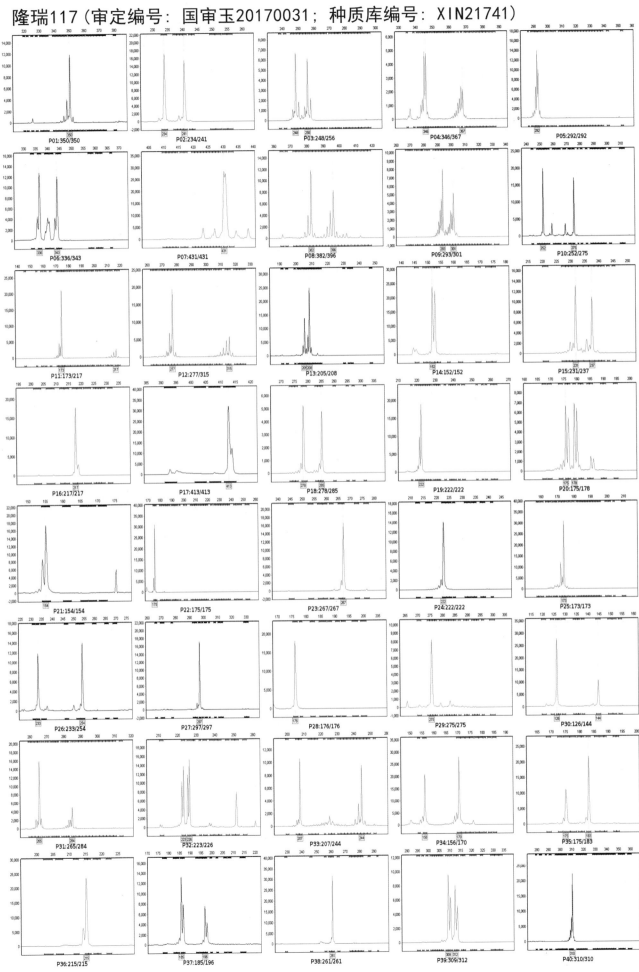

绵单1273（审定编号：国审玉20170032；种质库编号：XIN20868）

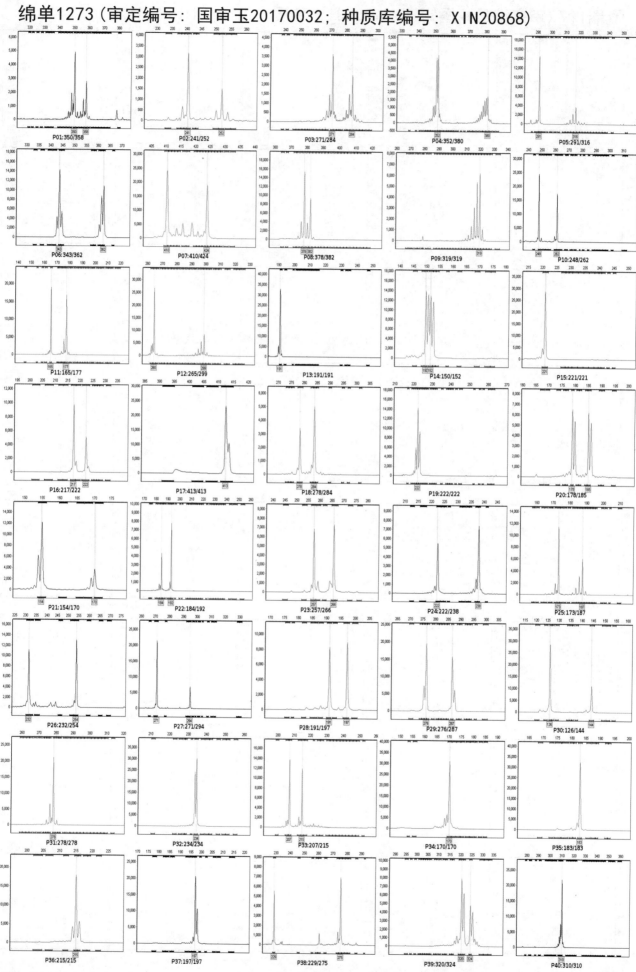

万甜2015（审定编号：国审玉20170035；种质库编号：XIN20214）

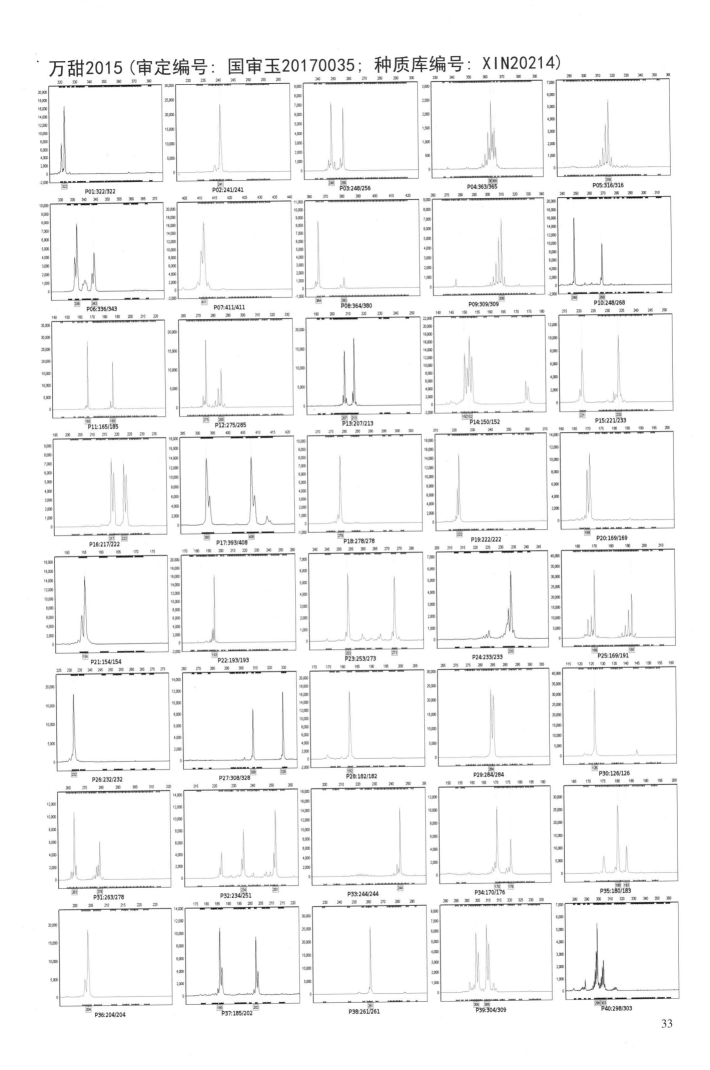

P01:322/322　P02:241/241　P03:248/256　P04:363/365　P05:316/316
P06:336/343　P07:411/411　P08:364/380　P09:309/309　P10:248/268
P11:165/185　P12:275/285　P13:207/213　P14:150/152　P15:221/233
P16:217/222　P17:393/408　P18:278/278　P19:222/222　P20:169/169
P21:154/154　P22:193/193　P23:253/273　P24:233/233　P25:169/191
P26:232/232　P27:308/328　P28:182/182　P29:284/284　P30:126/126
P31:263/278　P32:234/251　P33:244/244　P34:170/176　P35:180/183
P36:204/204　P37:185/202　P38:261/261　P39:304/309　P40:298/303

美玉甜007（审定编号：国审玉20170037；种质库编号：XIN20215）

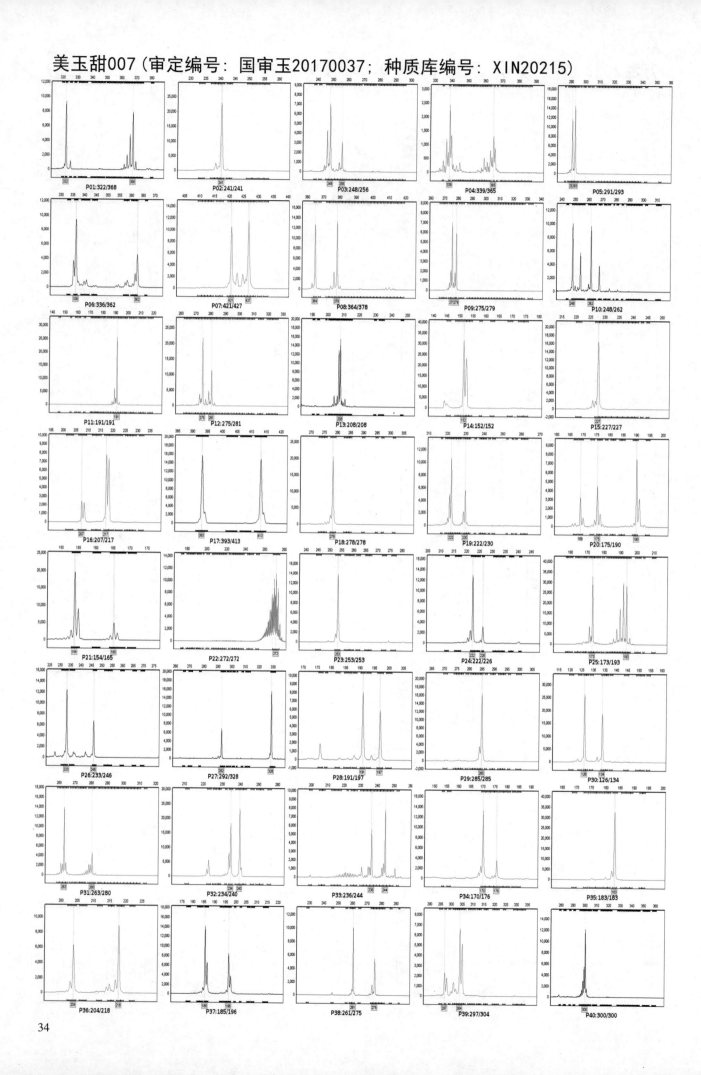

34

粤甜27号（审定编号：国审玉20170038；种质库编号：XIN25507）

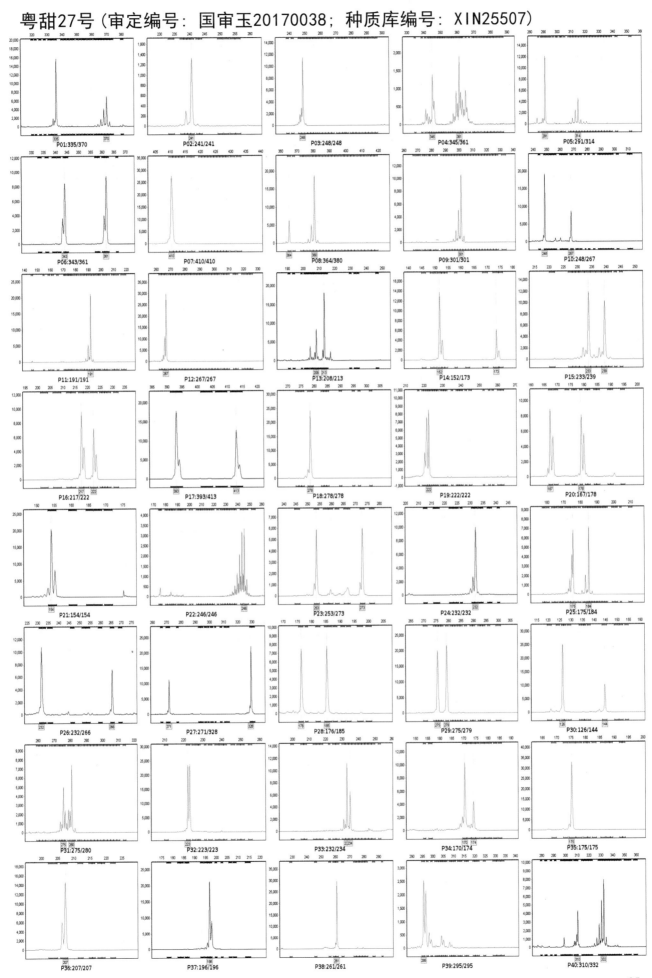

晋超甜1号（审定编号：国审玉20170040，国审玉2014022；种质库编号：S1G03014）

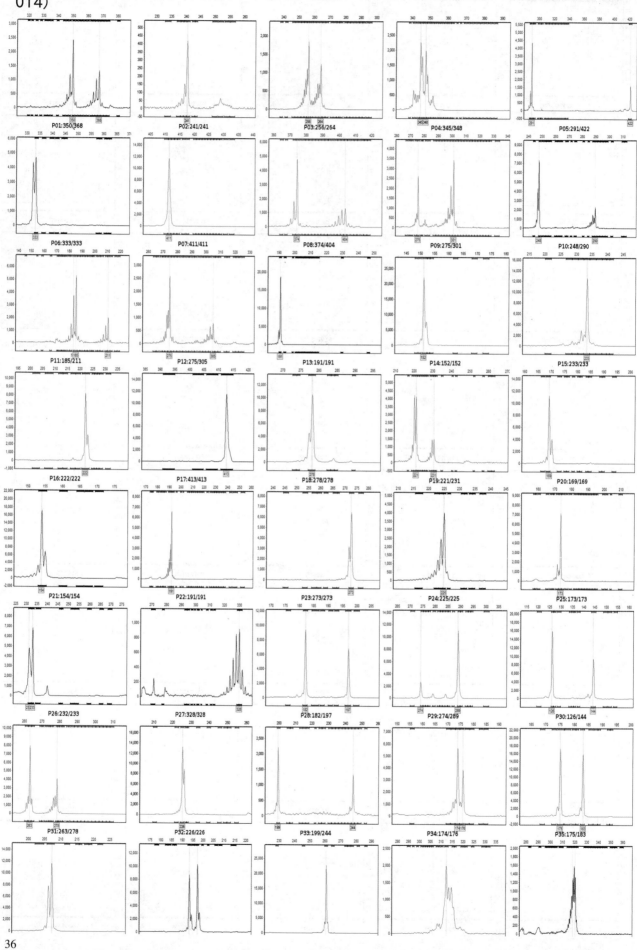

洛白糯2号（审定编号：国审玉20170041；种质库编号：XIN25515）

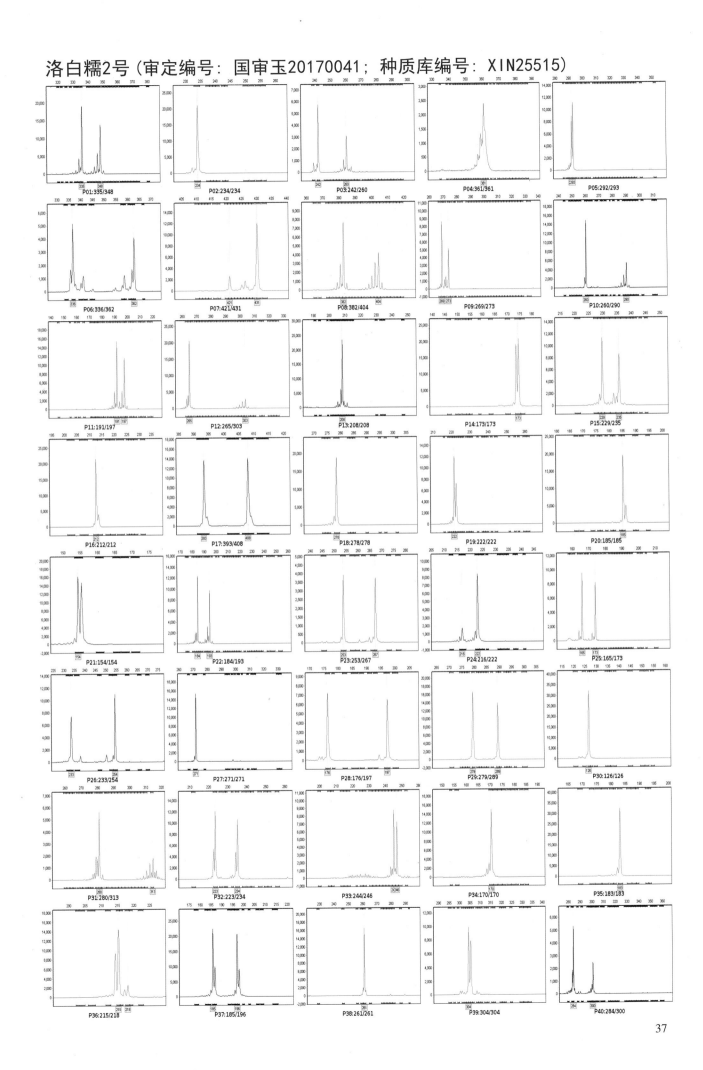

P01:335/348 P02:234/234 P03:242/260 P04:361/361 P05:292/293
P06:336/362 P07:421/431 P08:382/404 P09:269/273 P10:260/290
P11:191/197 P12:265/303 P13:208/208 P14:173/173 P15:229/235
P16:212/212 P17:393/408 P18:278/278 P19:222/222 P20:185/185
P21:154/154 P22:184/193 P23:253/267 P24:216/222 P25:165/173
P26:233/254 P27:271/271 P28:176/197 P29:279/289 P30:126/126
P31:280/313 P32:223/234 P33:244/246 P34:170/170 P35:183/183
P36:215/218 P37:185/196 P38:261/261 P39:304/304 P40:284/300

粮源糯1号（审定编号：国审玉20170042；种质库编号：XIN25516）

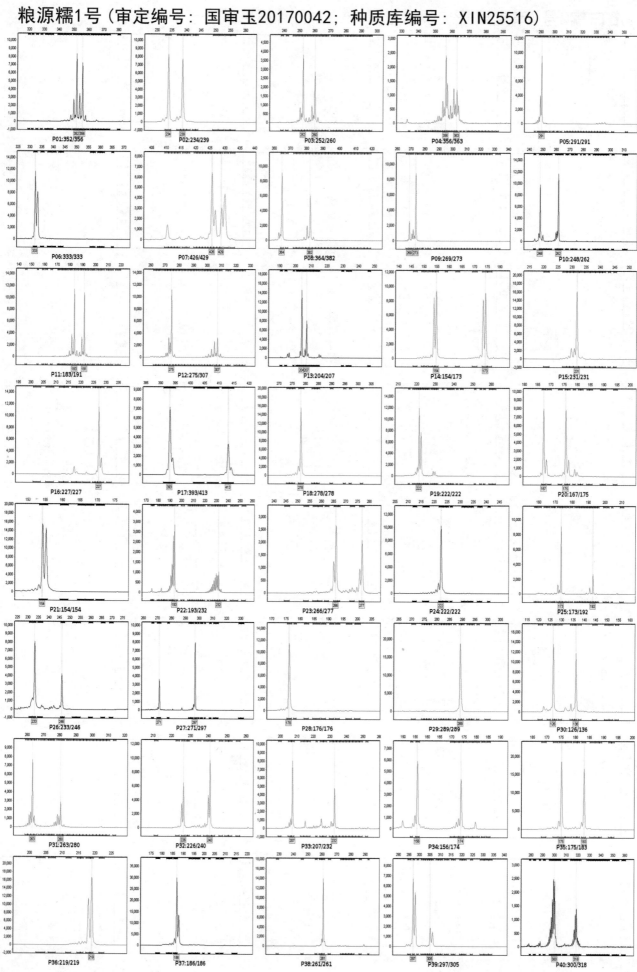

华耘花糯402（审定编号：国审玉20170043；种质库编号：S1G04520）

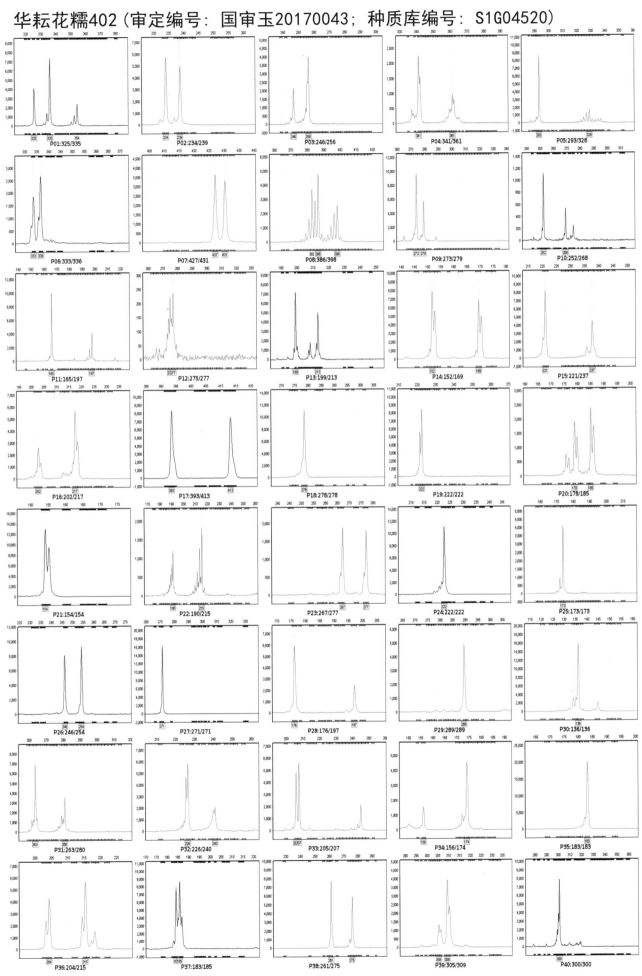

彩甜糯6号（审定编号：国审玉20170044；种质库编号：XIN25509）

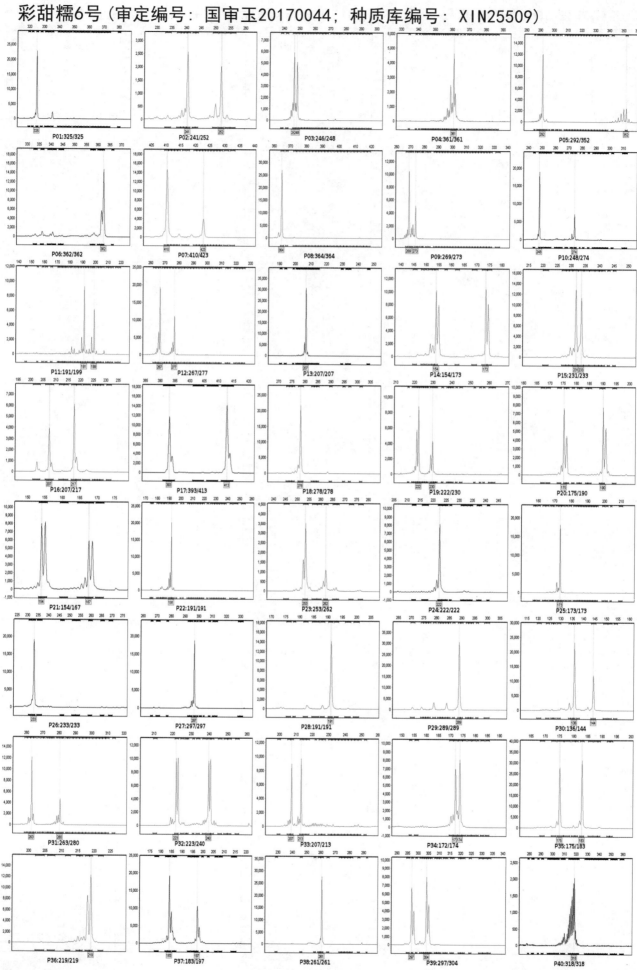

P01:325/325　P02:241/252　P03:246/248　P04:361/361　P05:292/352

P06:362/362　P07:410/423　P08:364/364　P09:269/273　P10:248/274

P11:191/199　P12:267/277　P13:207/207　P14:154/173　P15:231/233

P16:207/217　P17:393/413　P18:278/278　P19:222/230　P20:175/190

P21:154/167　P22:191/191　P23:253/262　P24:222/222　P25:173/173

P26:233/233　P27:297/297　P28:191/191　P29:289/289　P30:136/144

P31:263/280　P32:223/240　P33:207/213　P34:172/174　P35:175/183

P36:219/219　P37:183/197　P38:261/261　P39:297/304　P40:318/318

苏玉糯1508（审定编号：国审玉20170045；种质库编号：XIN25510）

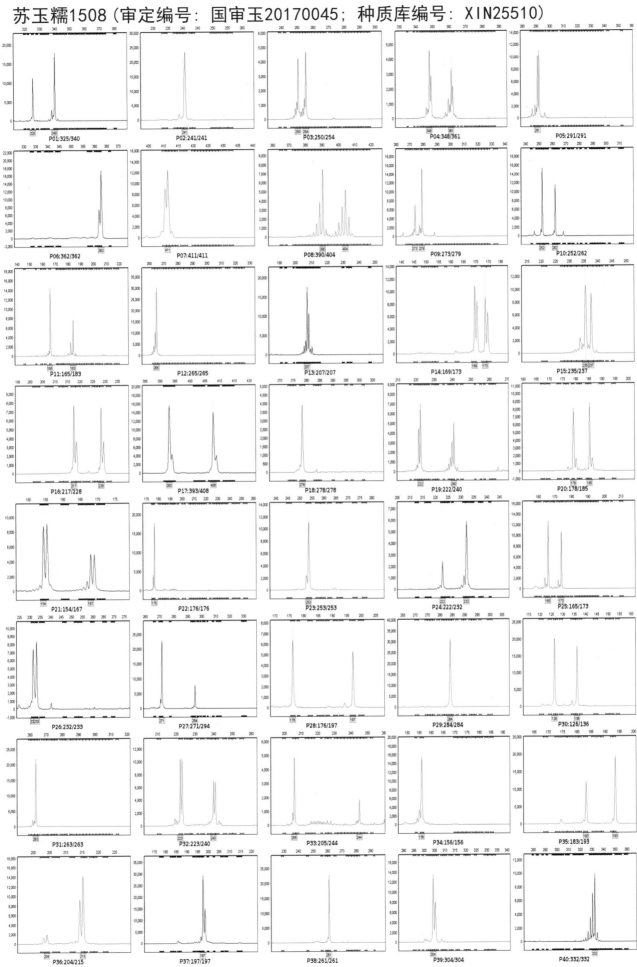

41

苏科糯11（审定编号：国审玉20170046；种质库编号：XIN25512）

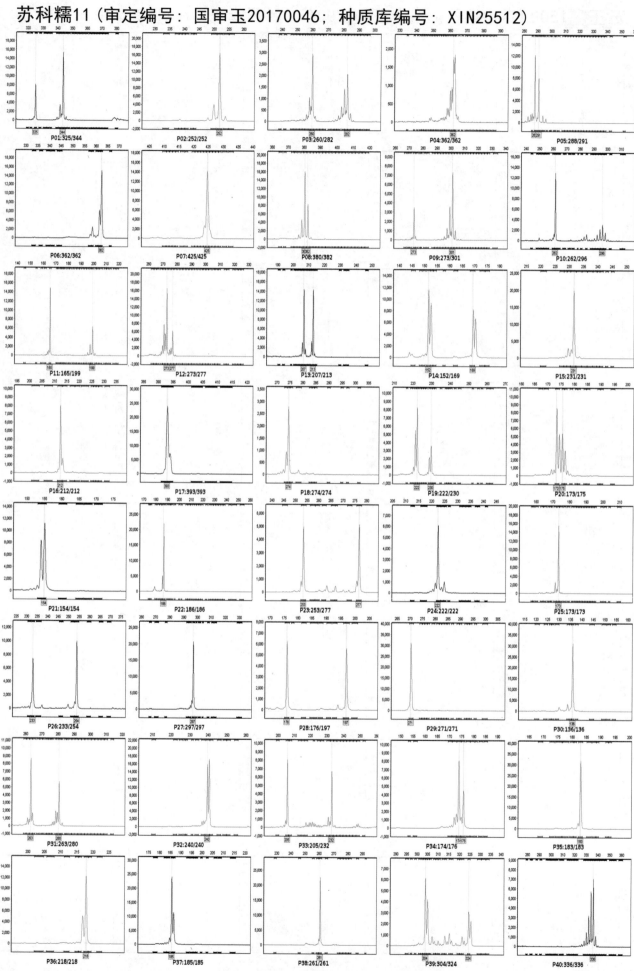

42

云糯4号（审定编号：国审玉20170047；种质库编号：XIN25513）

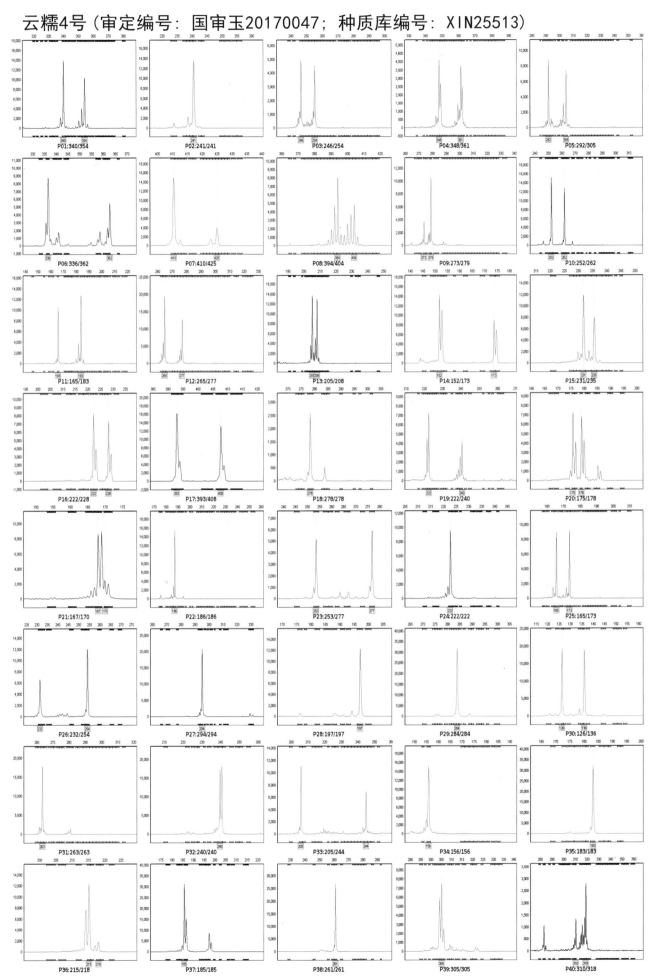

粤白糯6号（审定编号：国审玉20170048；种质库编号：XIN25514）

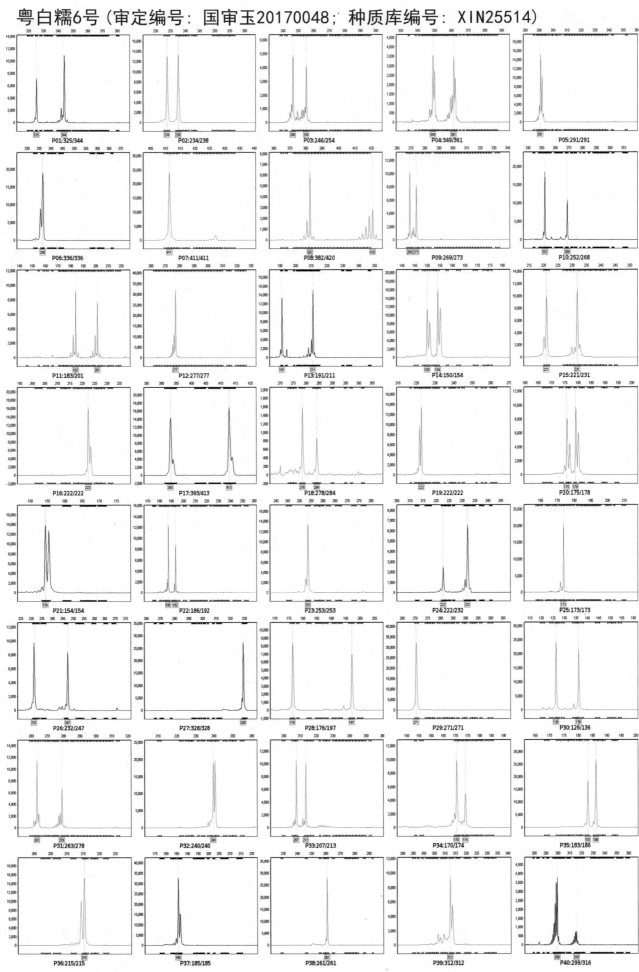

P01:325/344 P02:234/238 P03:246/254 P04:349/361 P05:291/291
P06:336/336 P07:411/411 P08:382/420 P09:269/273 P10:252/268
P11:183/201 P12:277/277 P13:191/211 P14:150/154 P15:221/231
P16:222/222 P17:393/413 P18:278/284 P19:222/222 P20:175/178
P21:154/154 P22:186/192 P23:253/253 P24:222/232 P25:173/173
P26:232/247 P27:328/328 P28:176/197 P29:271/271 P30:126/136
P31:263/278 P32:240/240 P33:207/213 P34:170/174 P35:183/186
P36:215/215 P37:185/185 P38:261/261 P39:312/312 P40:299/316

44

大京九26（审定编号：国审玉20170049；种质库编号：S1G05570）

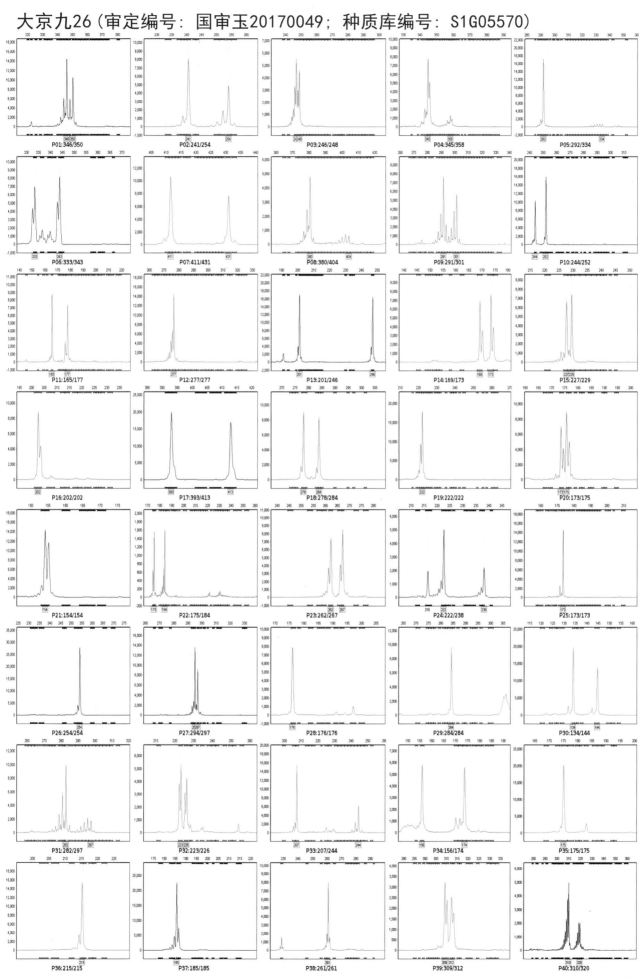

沈爆10号（审定编号：国审玉20170050；种质库编号：XIN25560）

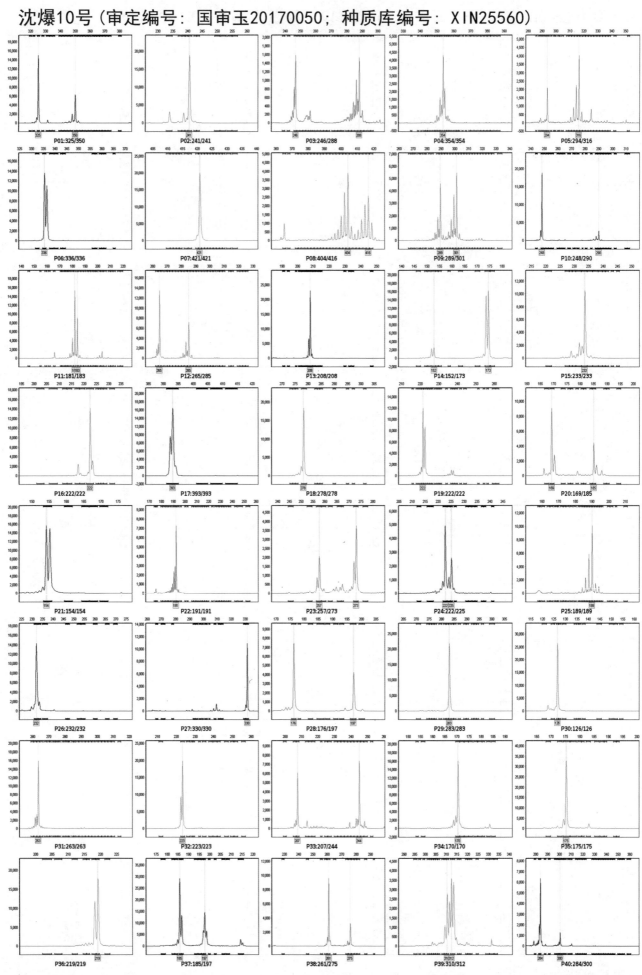

46

沈爆11号（审定编号：国审玉20170051；种质库编号：XIN25561）

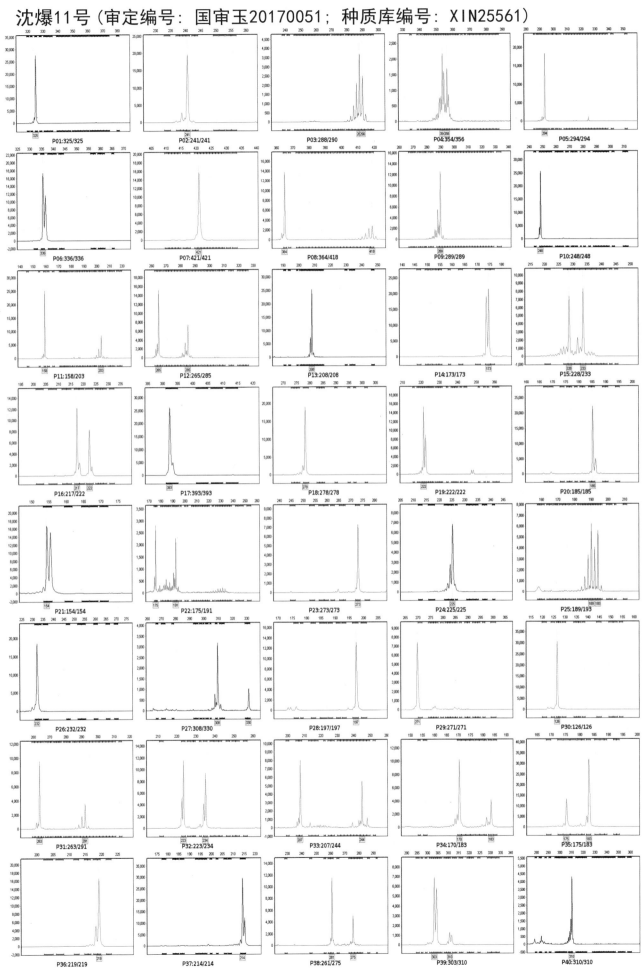

金爆59（审定编号：国审玉20170052；种质库编号：XIN25562）

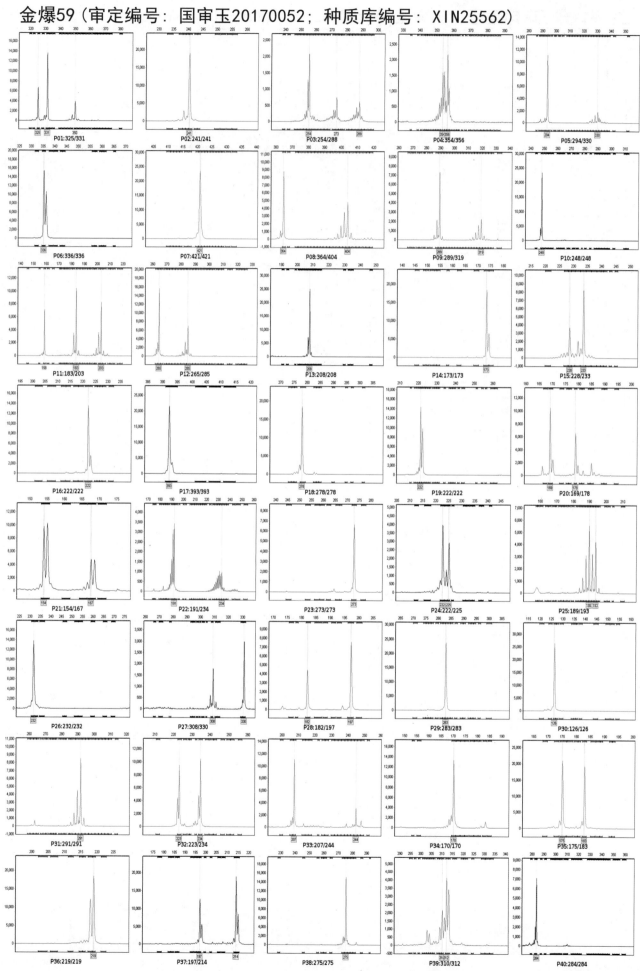

P01:325/331　　P02:241/241　　P03:254/288　　P04:354/356　　P05:294/330

P06:336/336　　P07:421/421　　P08:364/404　　P09:289/319　　P10:248/248

P11:183/203　　P12:265/285　　P13:208/208　　P14:173/173　　P15:228/233

P16:222/222　　P17:393/393　　P18:278/278　　P19:222/222　　P20:169/178

P21:154/167　　P22:191/234　　P23:273/273　　P24:222/225　　P25:189/193

P26:232/232　　P27:308/330　　P28:182/197　　P29:283/283　　P30:126/126

P31:291/291　　P32:223/234　　P33:207/244　　P34:170/170　　P35:175/183

P36:219/219　　P37:197/214　　P38:275/275　　P39:310/312　　P40:284/284

隆平943（审定编号：国审玉20176003；种质库编号：XIN23982）

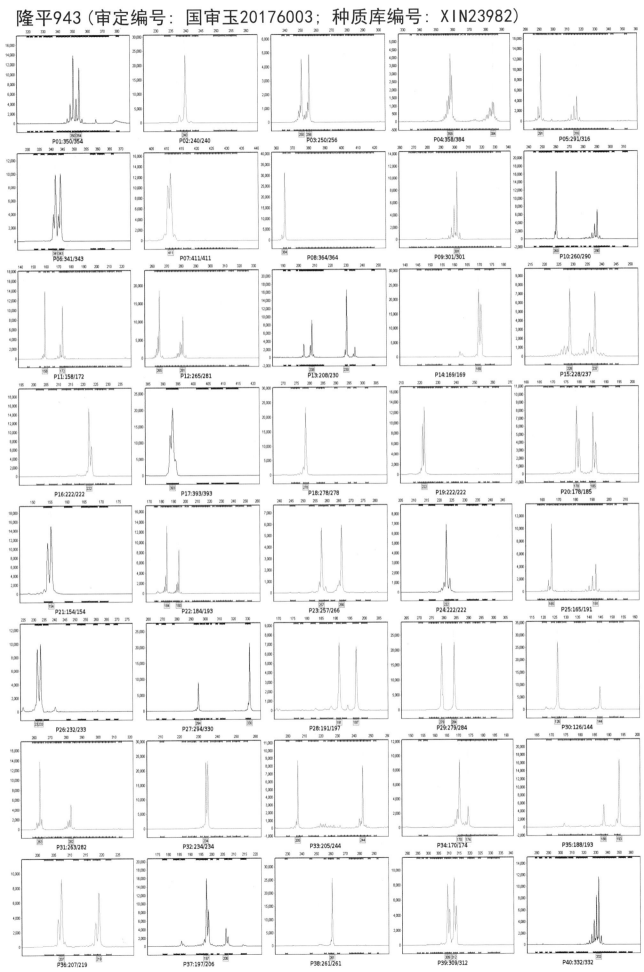

P01:350/354　P02:240/240　P03:250/256　P04:358/384　P05:291/316
P06:341/343　P07:411/411　P08:364/364　P09:301/301　P10:260/290
P11:158/172　P12:265/281　P13:208/230　P14:169/169　P15:228/237
P16:222/222　P17:393/393　P18:278/278　P19:222/222　P20:178/185
P21:154/154　P22:184/193　P23:257/266　P24:222/222　P25:165/191
P26:232/233　P27:294/330　P28:191/197　P29:279/284　P30:126/144
P31:263/282　P32:234/234　P33:205/244　P34:170/174　P35:188/193
P36:207/219　P37:197/206　P38:261/261　P39:309/312　P40:332/332

隆平701（审定编号：国审玉20176004；种质库编号：XIN23979）

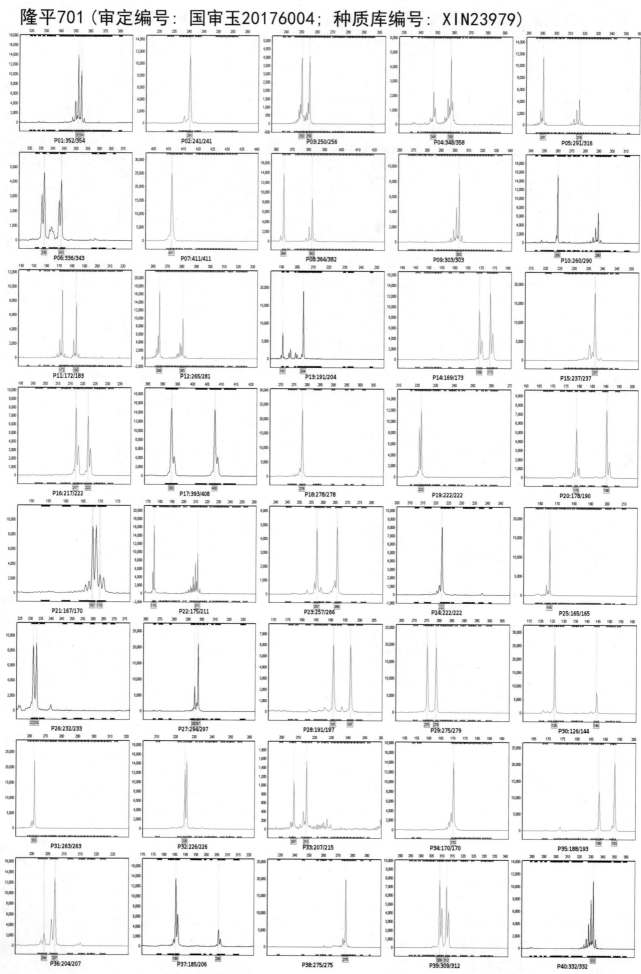

P01:352/354　P02:241/241　P03:250/256　P04:348/358　P05:291/316
P06:336/343　P07:411/411　P08:364/382　P09:303/303　P10:260/290
P11:172/183　P12:265/281　P13:191/204　P14:169/173　P15:237/237
P16:217/222　P17:393/408　P18:278/278　P19:222/222　P20:178/190
P21:167/170　P22:175/211　P23:257/266　P24:222/222　P25:165/165
P26:232/233　P27:294/297　P28:191/197　P29:275/279　P30:126/144
P31:263/263　P32:226/226　P33:207/215　P34:170/170　P35:188/193
P36:204/207　P37:185/206　P38:275/275　P39:309/312　P40:332/332

50

登海516（审定编号：国审玉20176005；种质库编号：XIN19962）

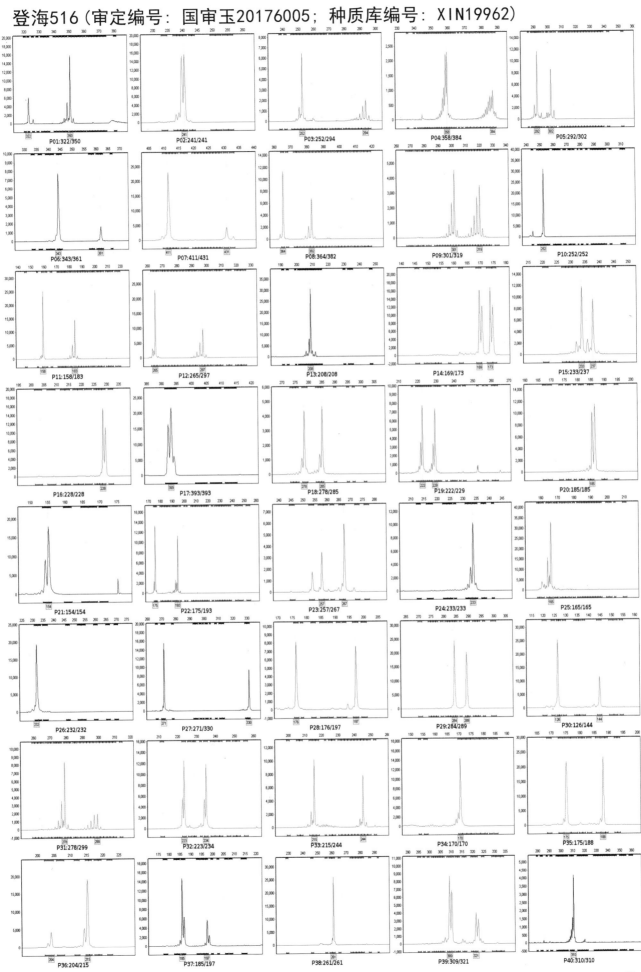

登海H899（审定编号：国审玉20176006；种质库编号：XIN19964）

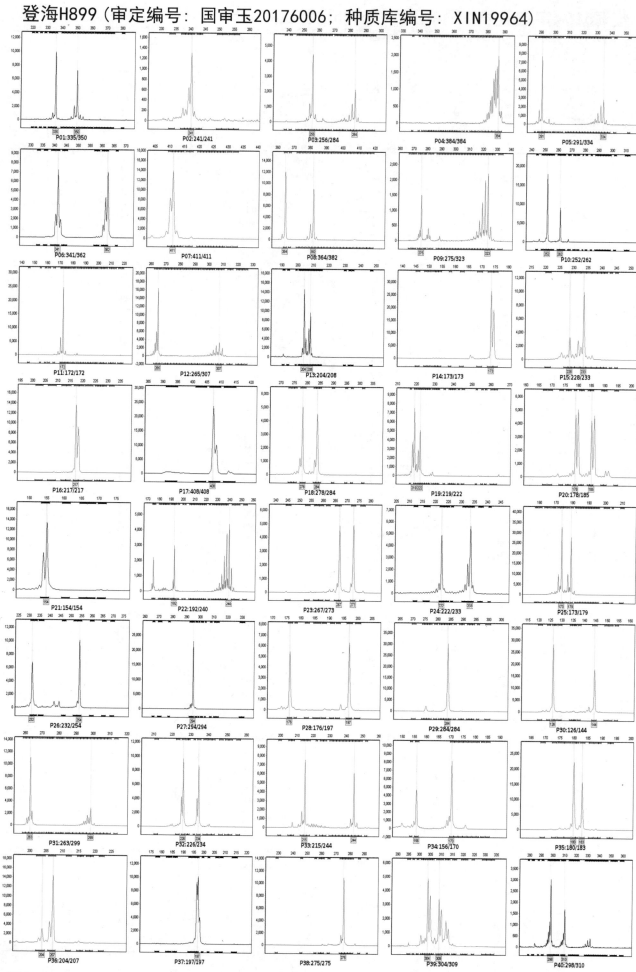

来玉179（审定编号：国审玉20176007；种质库编号：XIN25131）

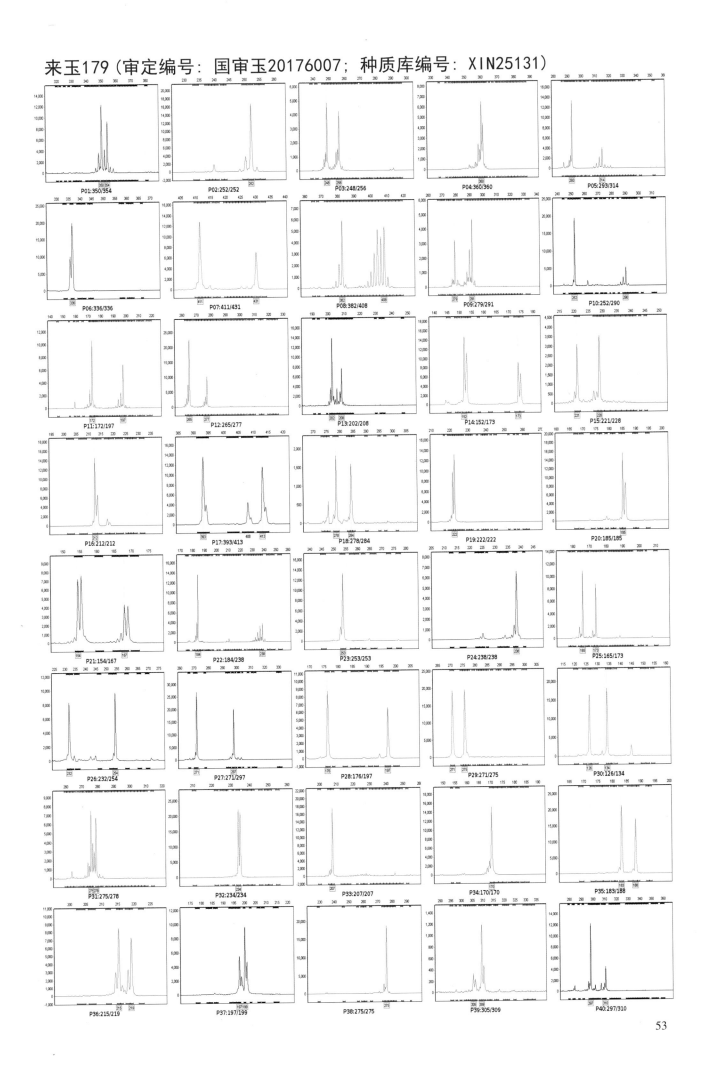

增玉1317（审定编号：国审玉20176008；种质库编号：XIN19898）

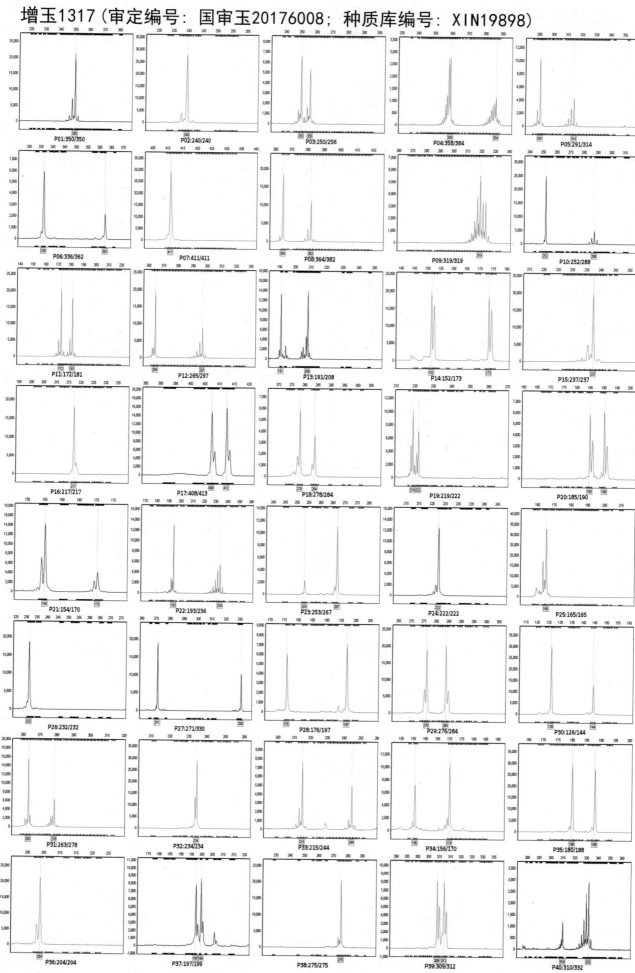

P01:350/350 P02:240/240 P03:250/256 P04:358/384 P05:291/314
P06:336/362 P07:411/411 P08:364/382 P09:319/319 P10:252/288
P11:172/181 P12:265/297 P13:191/208 P14:152/173 P15:237/237
P16:217/217 P17:408/413 P18:278/284 P19:219/222 P20:185/190
P21:154/170 P22:193/234 P23:253/267 P24:222/222 P25:165/165
P26:232/232 P27:271/330 P28:176/197 P29:276/284 P30:126/144
P31:263/278 P32:234/234 P33:215/244 P34:156/170 P35:180/188
P36:204/204 P37:197/199 P38:275/275 P39:309/312 P40:310/332

54

农华303（审定编号：国审玉20176009；种质库编号：XIN19899）

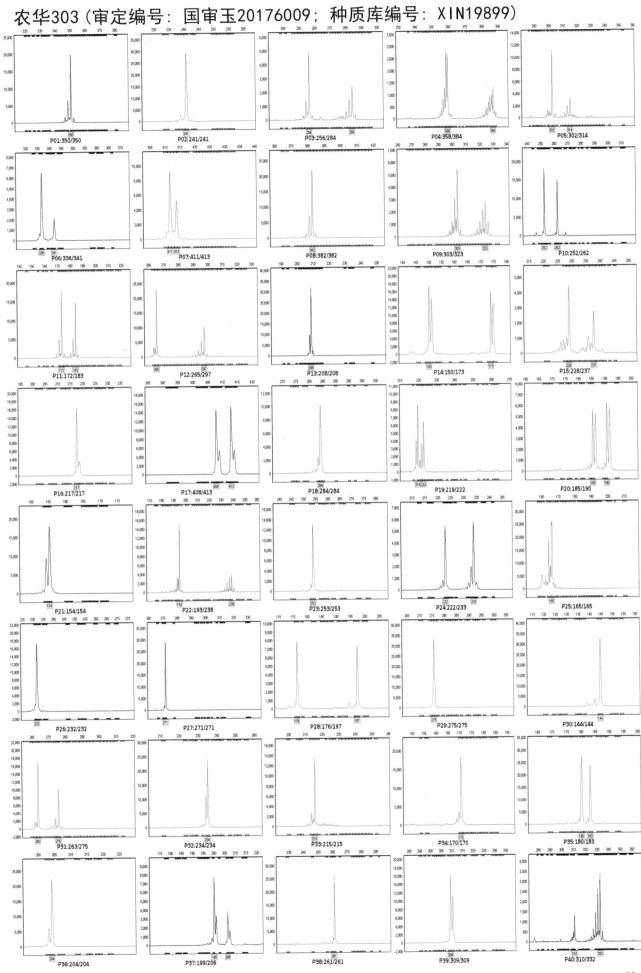

P01:350/350　P02:241/241　P03:256/284　P04:358/384　P05:302/314
P06:336/341　P07:411/413　P08:382/382　P09:303/323　P10:252/262
P11:172/183　P12:265/297　P13:208/208　P14:150/173　P15:228/237
P16:217/217　P17:408/413　P18:284/284　P19:219/222　P20:185/190
P21:154/154　P22:193/238　P23:253/253　P24:222/233　P25:165/165
P26:232/232　P27:271/271　P28:176/197　P29:275/275　P30:144/144
P31:263/275　P32:234/234　P33:215/215　P34:170/170　P35:180/183
P36:204/204　P37:199/206　P38:261/261　P39:309/309　P40:310/332

农华208（审定编号：国审玉20176010；种质库编号：ⅩⅠN24456）

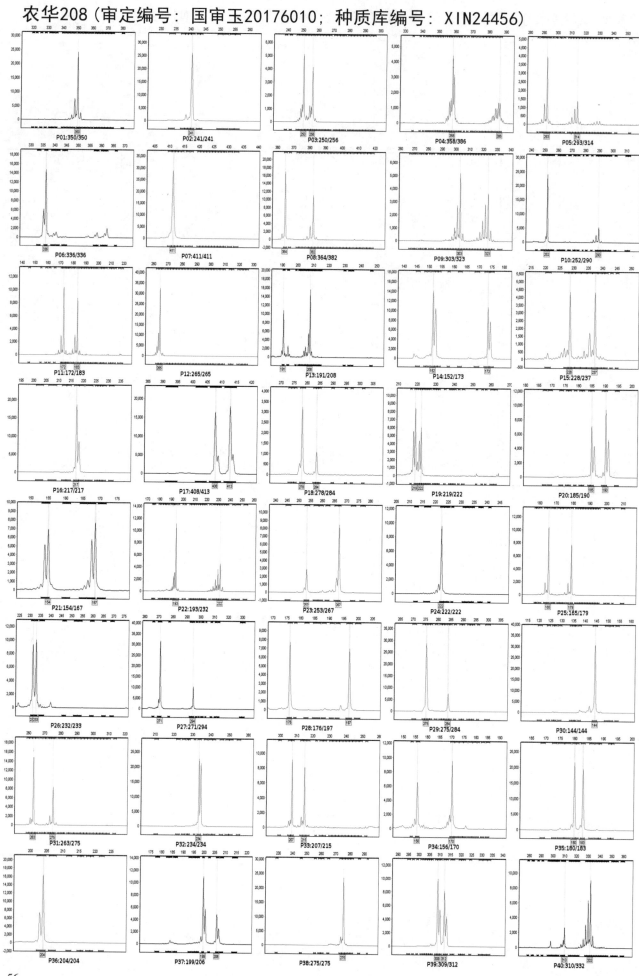

56

联创808（审定编号：国审玉20176012，国审玉2015015；种质库编号：XIN20869）

57

联创852（审定编号：国审玉20176013；种质库编号：XIN23523）

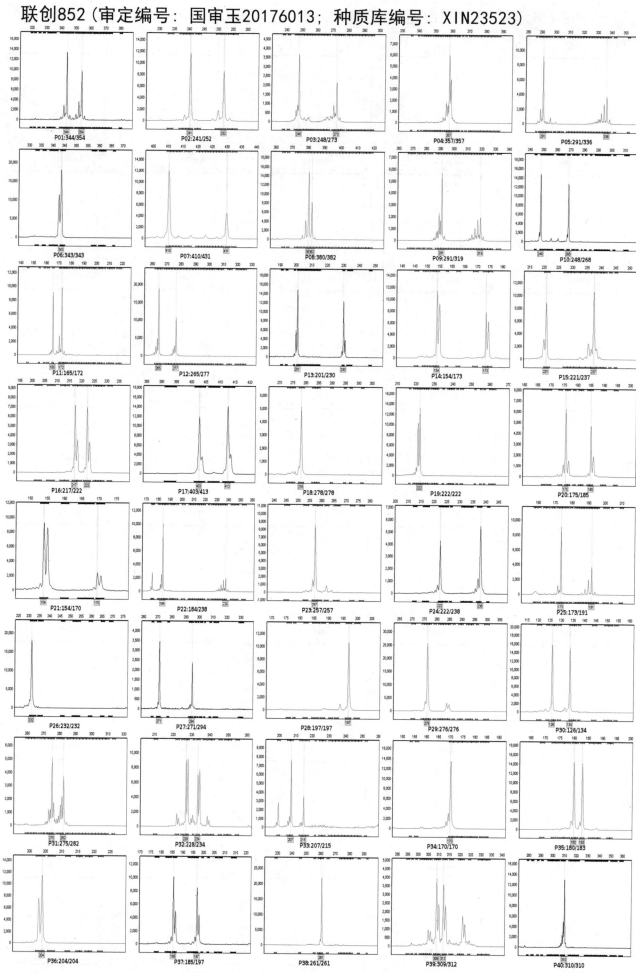

P01:344/354　P02:241/252　P03:248/273　P04:357/357　P05:291/336

P06:343/343　P07:410/431　P08:380/382　P09:291/319　P10:248/268

P11:165/172　P12:265/277　P13:201/230　P14:154/173　P15:221/237

P16:217/222　P17:403/413　P18:278/278　P19:222/222　P20:175/185

P21:154/170　P22:184/238　P23:257/257　P24:222/238　P25:173/191

P26:232/232　P27:271/294　P28:197/197　P29:276/276　P30:126/134

P31:275/282　P32:228/234　P33:207/215　P34:170/170　P35:180/183

P36:204/204　P37:185/197　P38:261/261　P39:309/312　P40:310/310

平安1509（审定编号：国审玉20176014；种质库编号：XIN23546）

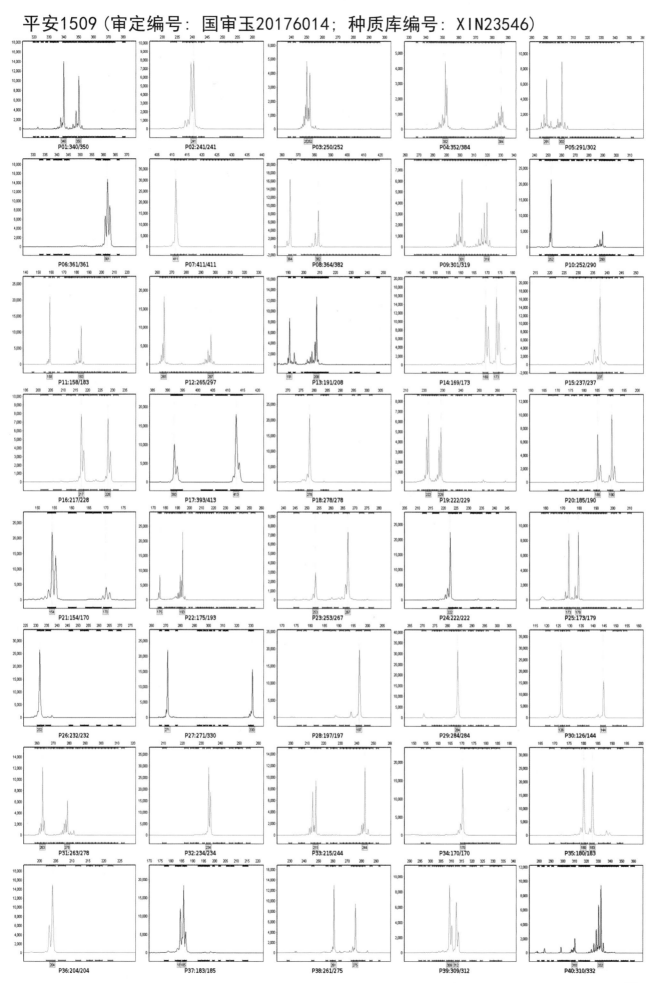

先农217（审定编号：国审玉20176016；种质库编号：XIN23525）

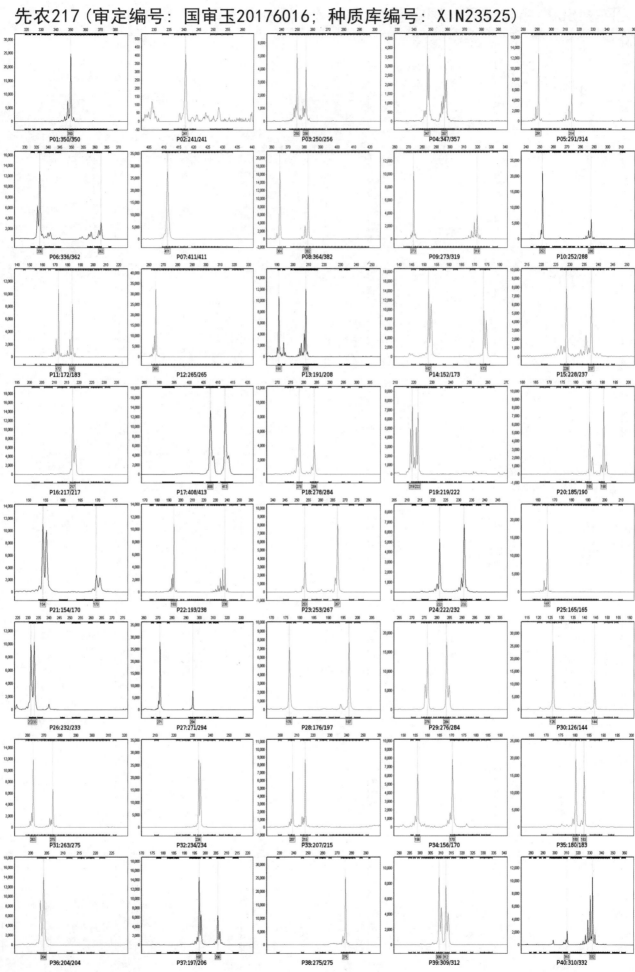

P01:350/350　P02:241/241　P03:250/256　P04:347/357　P05:291/314
P06:336/362　P07:411/411　P08:364/382　P09:273/319　P10:252/288
P11:172/183　P12:265/265　P13:191/208　P14:152/173　P15:228/237
P16:217/217　P17:408/413　P18:278/284　P19:219/222　P20:185/190
P21:154/170　P22:193/238　P23:253/267　P24:222/232　P25:165/165
P26:232/233　P27:271/294　P28:176/197　P29:276/284　P30:126/144
P31:263/275　P32:234/234　P33:207/215　P34:156/170　P35:180/183
P36:204/204　P37:197/206　P38:275/275　P39:309/312　P40:310/332

MC670（审定编号：国审玉20176018；种质库编号：S1G05550）

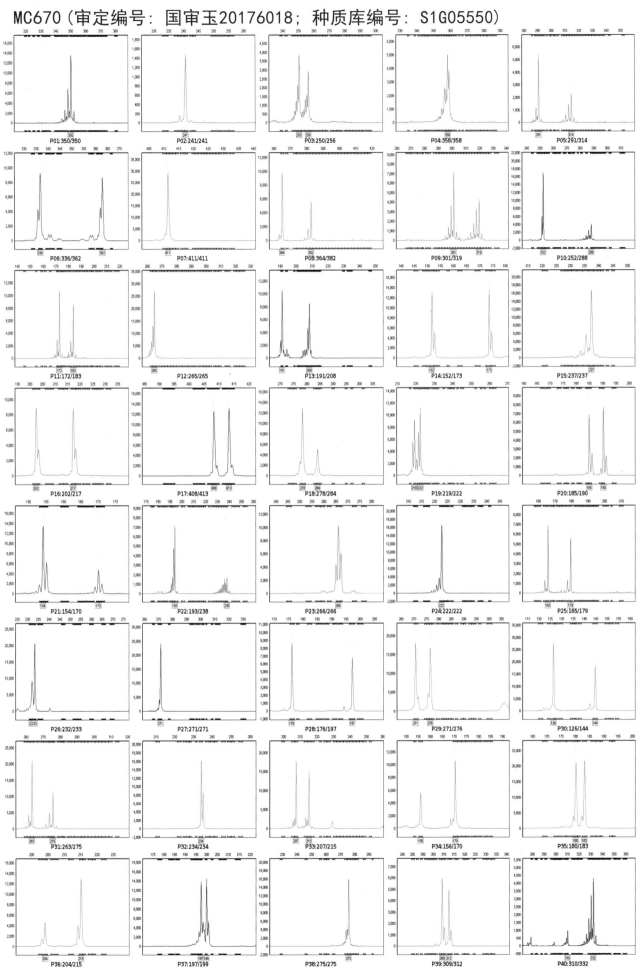

奥玉419（审定编号：国审玉20176019；种质库编号：XIN25161）

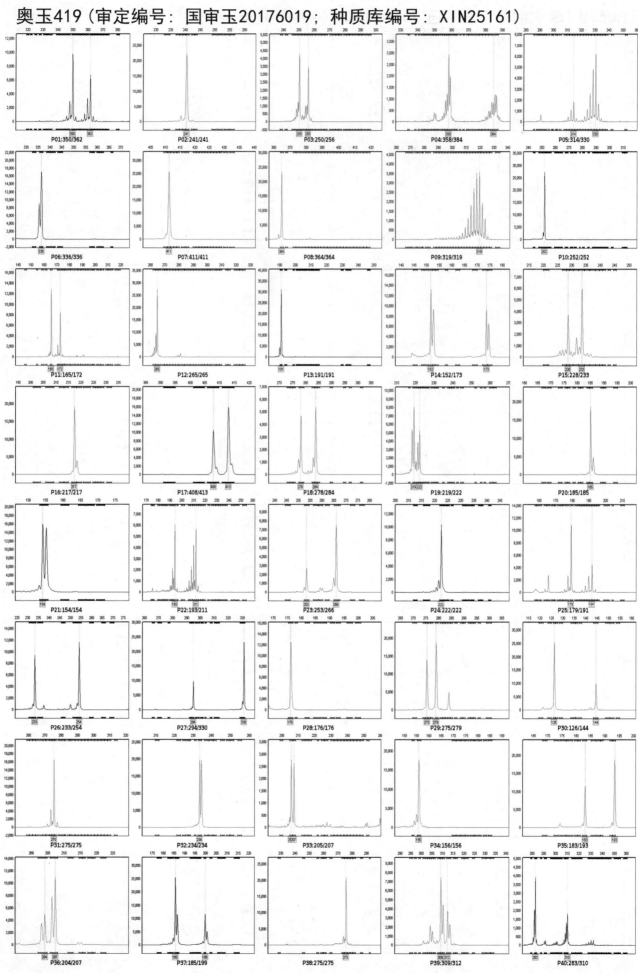

P01:350/362 P02:241/241 P03:250/256 P04:358/384 P05:314/330

P06:336/336 P07:411/411 P08:364/364 P09:319/319 P10:252/252

P11:165/172 P12:265/265 P13:191/191 P14:152/179 P15:228/233

P16:217/217 P17:408/413 P18:278/284 P19:219/222 P20:185/185

P21:154/154 P22:193/211 P23:253/266 P24:222/222 P25:179/191

P26:233/254 P27:294/330 P28:176/176 P29:275/279 P30:126/144

P31:275/275 P32:234/234 P33:205/207 P34:156/156 P35:183/193

P36:204/207 P37:185/199 P38:275/275 P39:309/312 P40:283/310

62

裕丰288（审定编号：国审玉20176021；种质库编号：XIN19907）

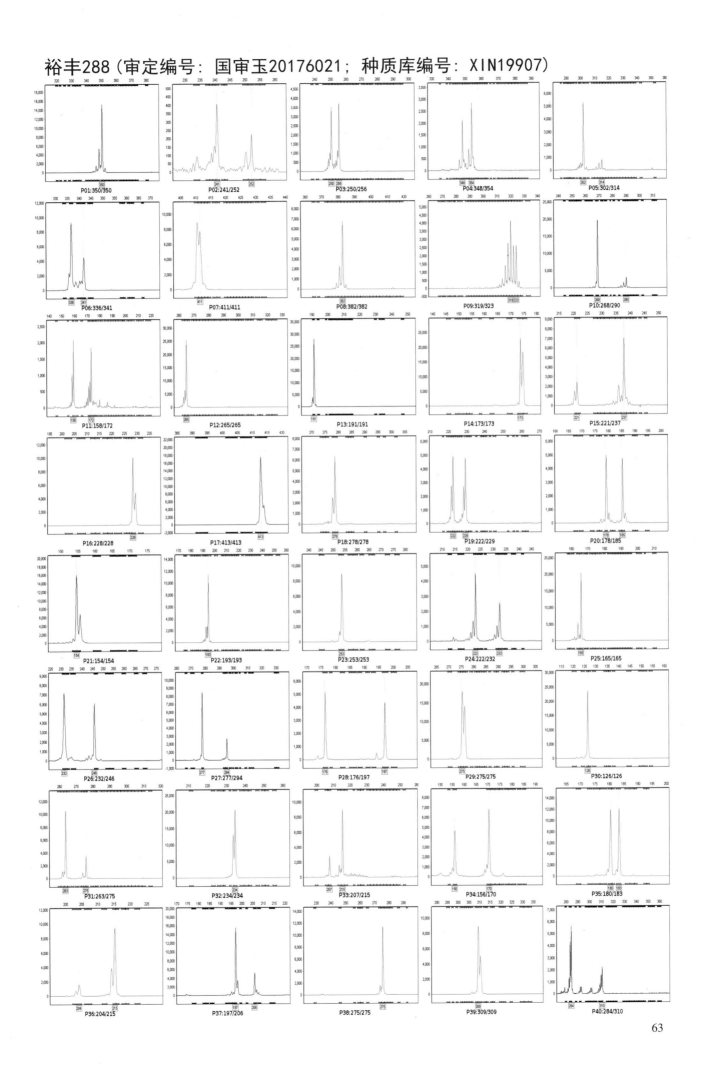

隆平259（审定编号：国审玉20176022；种质库编号：XIN23973）

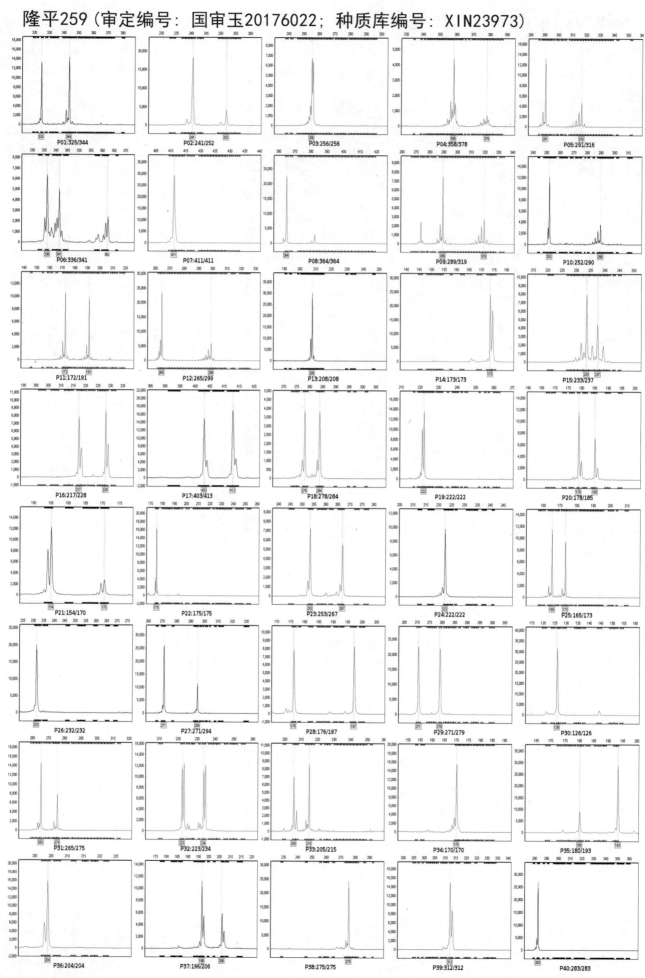

P01:325/344 P02:241/252 P03:256/256 P04:358/378 P05:291/316
P06:336/341 P07:411/411 P08:364/364 P09:289/319 P10:252/290
P11:172/191 P12:265/299 P13:208/208 P14:173/173 P15:233/237
P16:217/228 P17:403/413 P18:278/284 P19:222/222 P20:178/185
P21:154/170 P22:175/175 P23:253/267 P24:222/222 P25:165/173
P26:232/232 P27:271/294 P28:176/197 P29:271/279 P30:126/126
P31:265/275 P32:223/234 P33:205/215 P34:170/170 P35:180/193
P36:204/204 P37:196/206 P38:275/275 P39:312/312 P40:283/283

64

联创832（审定编号：国审玉20176023；种质库编号：XIN23521）

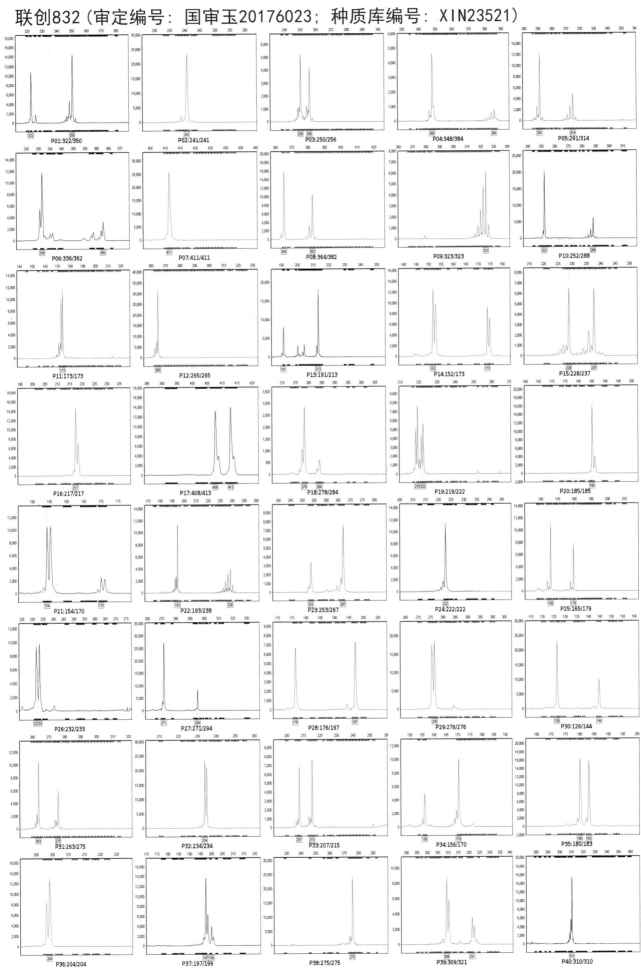

P01:322/350　P02:241/241　P03:250/256　P04:348/384　P05:291/314

P06:336/362　P07:411/411　P08:364/382　P09:323/323　P10:252/288

P11:173/173　P12:265/265　P13:191/213　P14:152/173　P15:228/237

P16:217/217　P17:408/413　P18:278/284　P19:219/222　P20:185/185

P21:154/170　P22:193/238　P23:253/267　P24:222/222　P25:165/179

P26:232/233　P27:271/294　P28:176/197　P29:276/276　P30:126/144

P31:263/275　P32:234/234　P33:207/215　P34:156/170　P35:180/183

P36:204/204　P37:197/199　P38:275/275　P39:309/321　P40:310/310

65

联创839（审定编号：国审玉20176024；种质库编号：XIN23522）

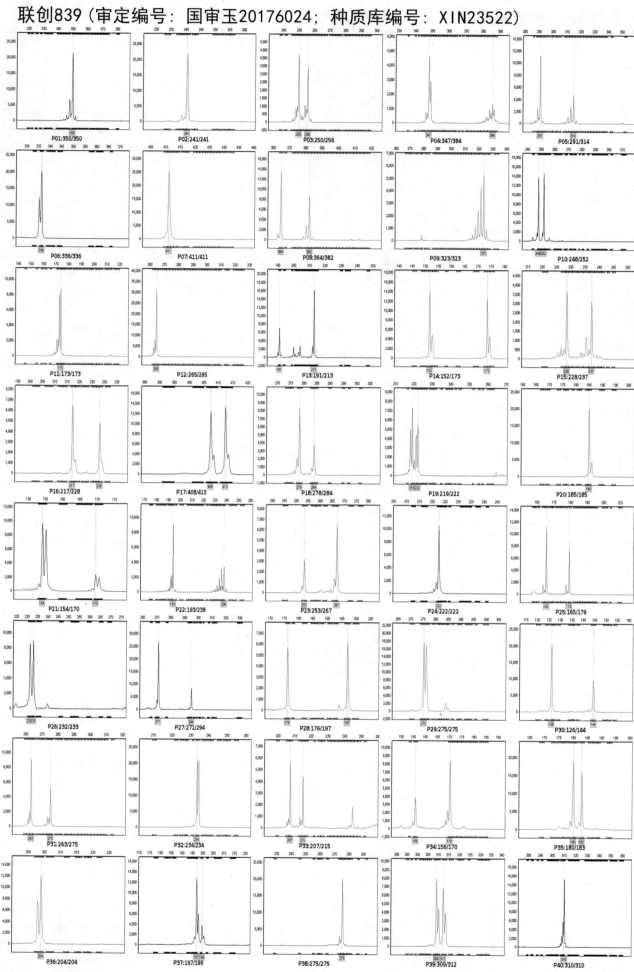

中科玉505（审定编号：国审玉20176025；种质库编号：XIN20903）

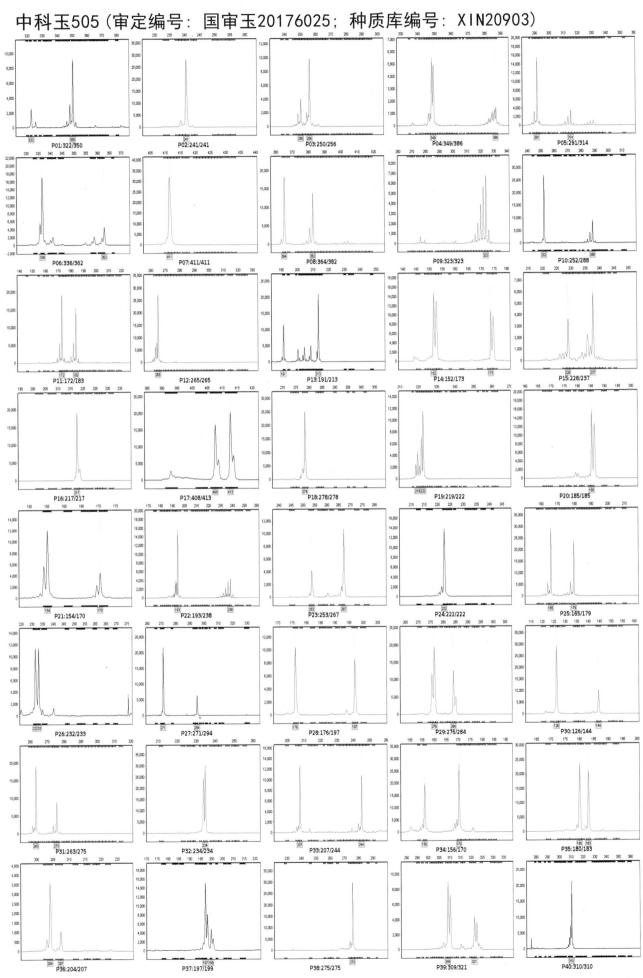

登海185（审定编号：国审玉20176026；种质库编号：XIN19968）

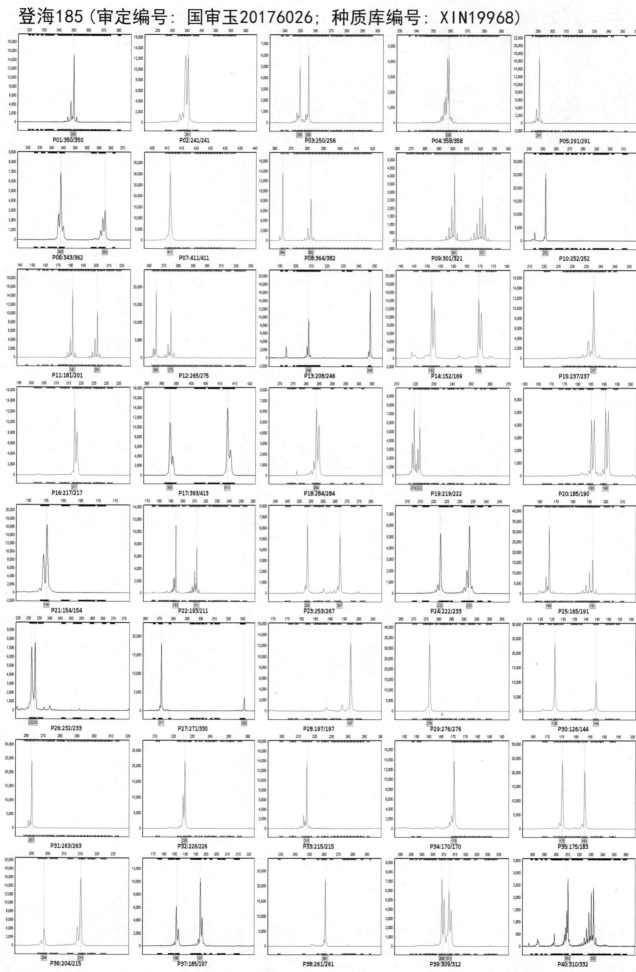

登海123（审定编号：国审玉20176027；种质库编号：XIN25134）

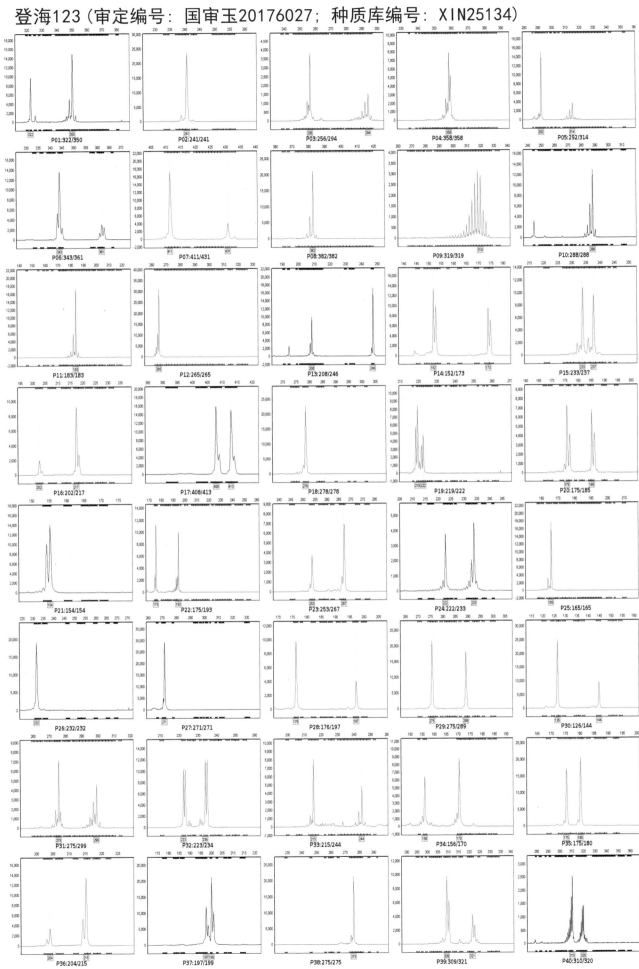

69

登海181（审定编号：国审玉20176028；种质库编号：XIN25135）

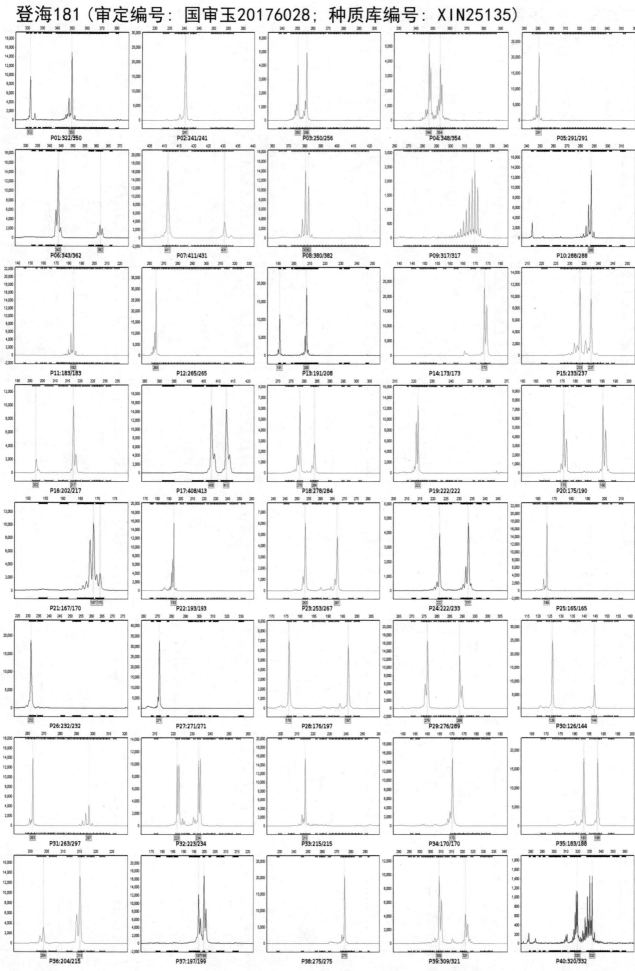

P01:322/350 P02:241/241 P03:250/256 P04:348/354 P05:291/291
P06:343/362 P07:411/431 P08:380/382 P09:317/317 P10:288/288
P11:183/183 P12:265/265 P13:191/208 P14:179/173 P15:233/237
P16:202/217 P17:408/413 P18:278/284 P19:222/222 P20:175/190
P21:167/170 P22:193/193 P23:253/267 P24:222/233 P25:165/165
P26:232/232 P27:271/271 P28:176/197 P29:276/289 P30:126/144
P31:263/297 P32:223/234 P33:215/215 P34:170/170 P35:183/188
P36:204/215 P37:197/199 P38:275/275 P39:309/321 P40:320/332

登海368（审定编号：国审玉20176029；种质库编号：XIN25143）

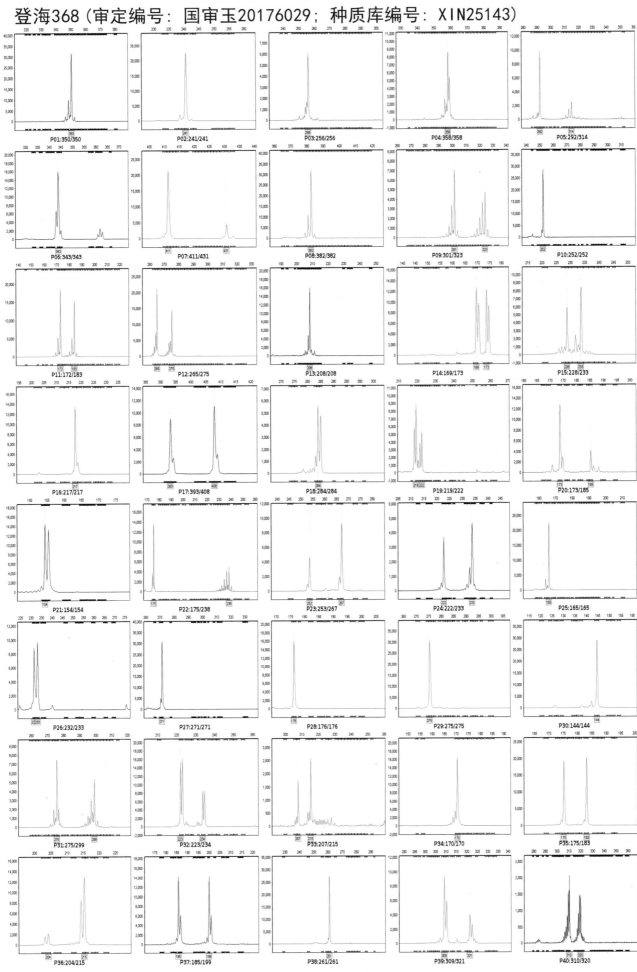

登海939（审定编号：国审玉20176030；种质库编号：XIN25141）

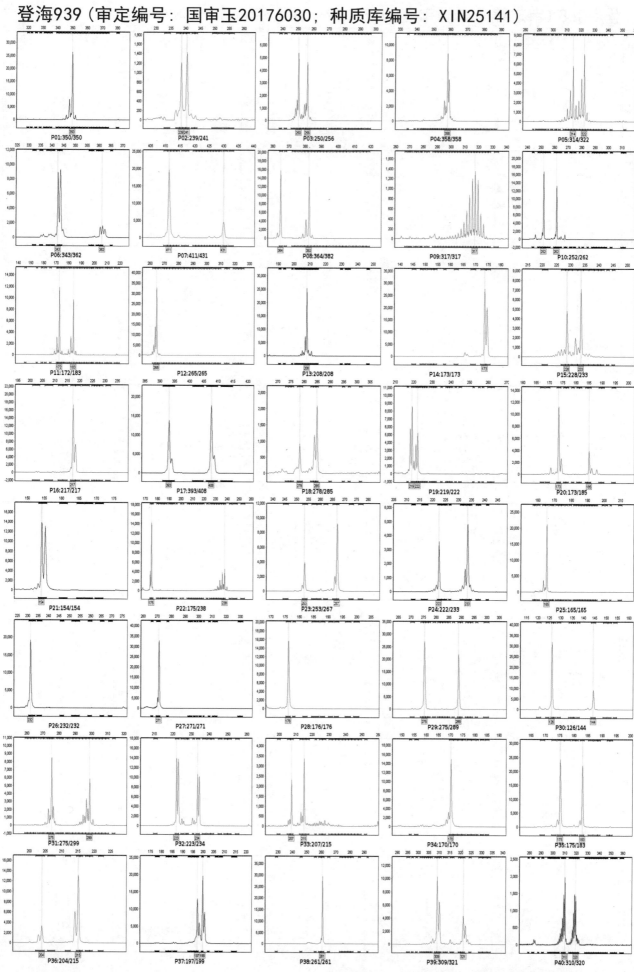

德单129（审定编号：国审玉20176032；种质库编号：S1G03410）

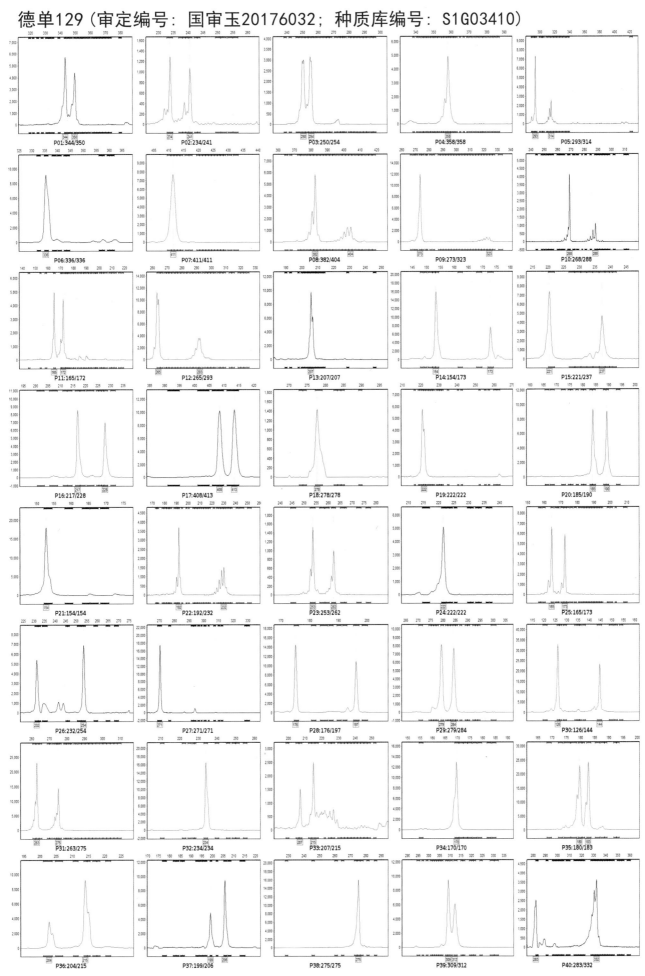

秋乐368（审定编号：国审玉20176035；种质库编号：XIN20920）

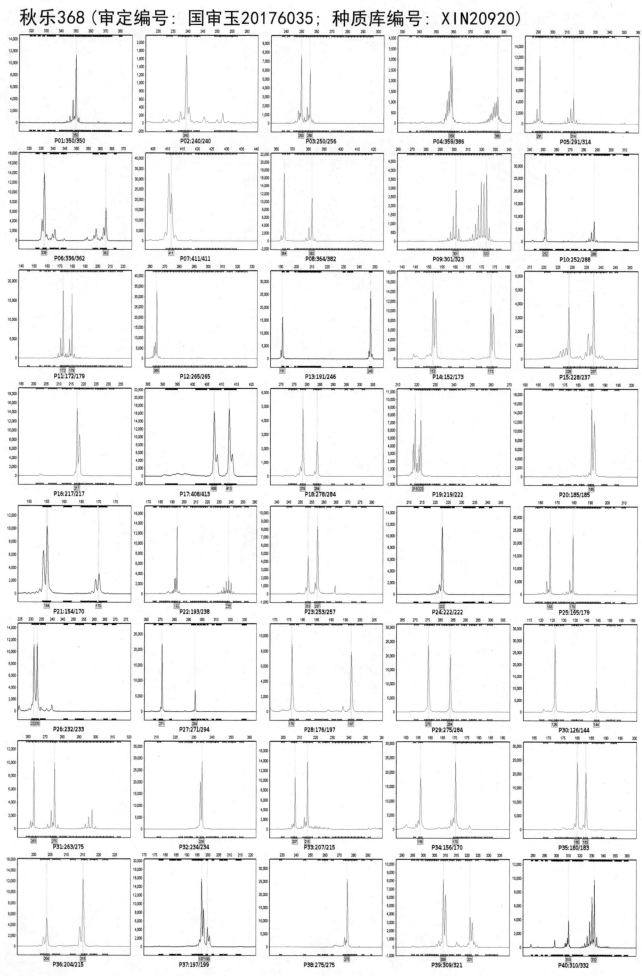

东单6531（审定编号：国审玉20176036；种质库编号：XIN22670）

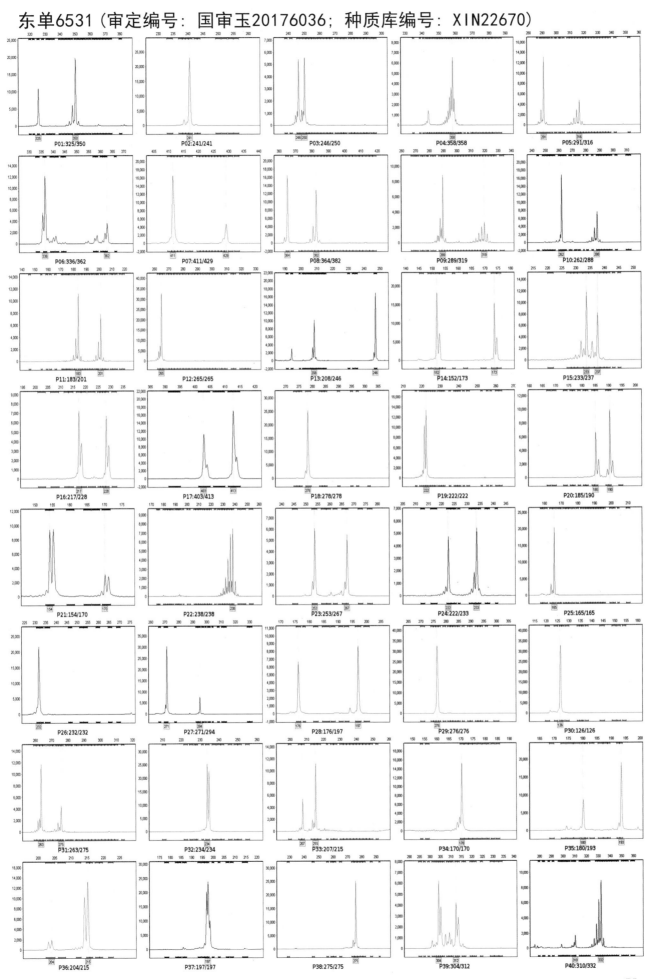

诚信1503（审定编号：国审玉20176038；种质库编号：XIN24949）

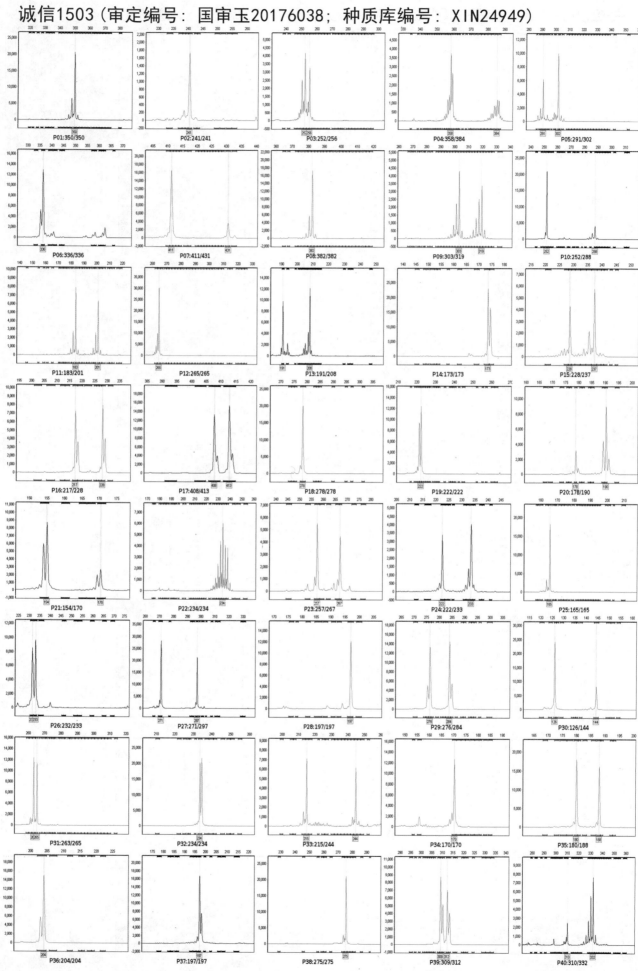

S1651（审定编号：国审玉20176041；种质库编号：XIN19922）

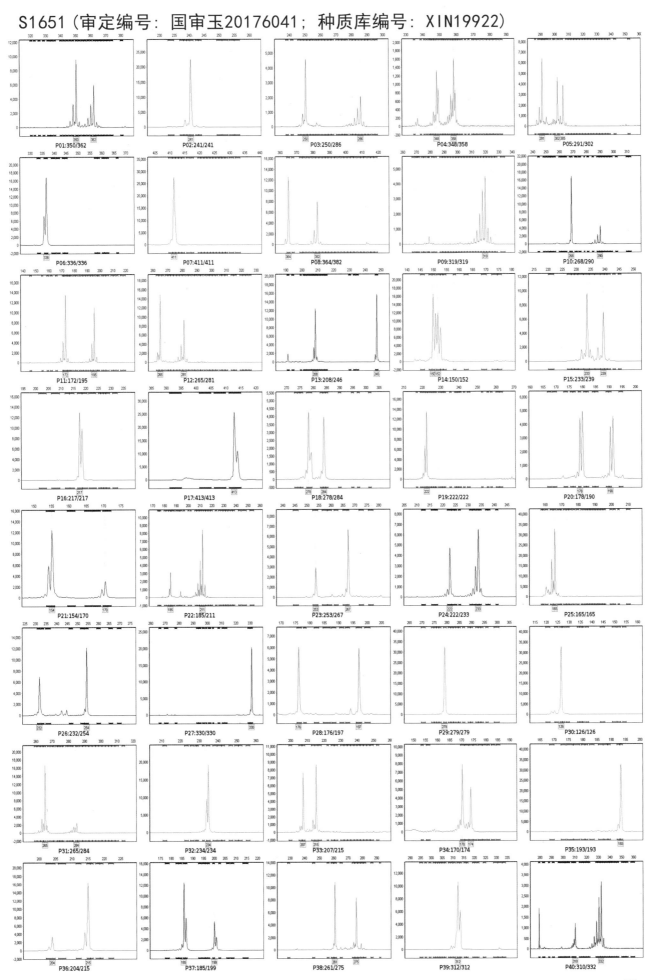

锦华202（审定编号：国审玉20176043；种质库编号：XIN19906）

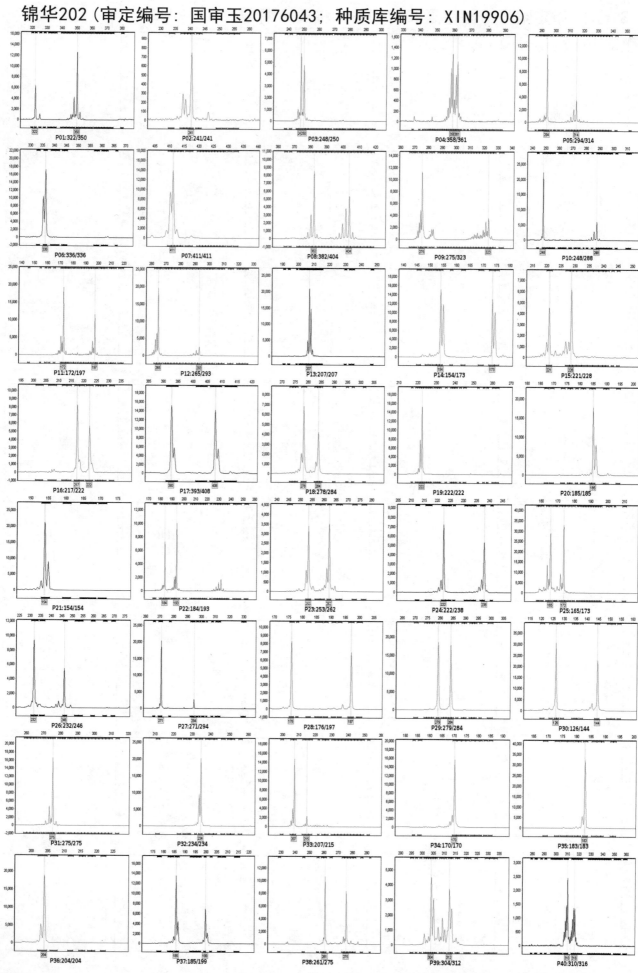

奥玉405（审定编号：国审玉20176053；种质库编号：XIN25162）

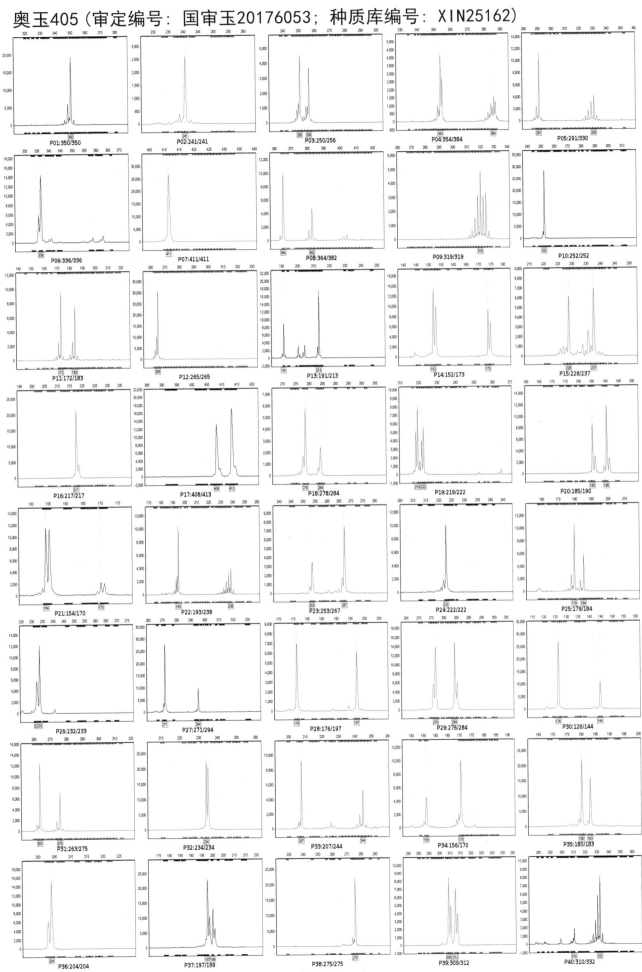

P01:350/350 P02:241/241 P03:250/256 P04:354/384 P05:291/330
P06:336/336 P07:411/411 P08:364/382 P09:319/319 P10:252/252
P11:172/183 P12:265/265 P13:191/213 P14:152/173 P15:228/237
P16:217/217 P17:408/413 P18:278/284 P19:219/222 P20:185/190
P21:154/170 P22:193/238 P23:253/267 P24:222/222 P25:179/184
P26:232/233 P27:271/294 P28:176/197 P29:276/284 P30:126/144
P31:263/275 P32:234/234 P33:207/244 P34:156/170 P35:180/183
P36:204/204 P37:197/199 P38:275/275 P39:309/312 P40:310/332

丰乐301（审定编号：国审玉20176054；种质库编号：XIN20263）

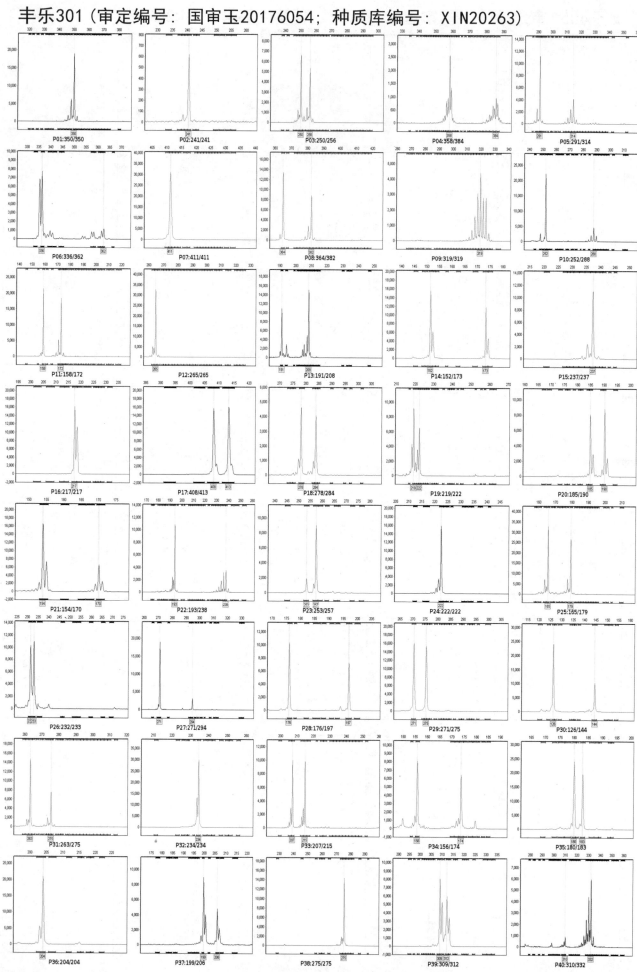

P01:350/350
P02:241/241
P03:250/256
P04:358/384
P05:291/314
P06:336/362
P07:411/411
P08:364/382
P09:319/319
P10:252/288
P11:158/172
P12:265/265
P13:191/208
P14:152/173
P15:237/237
P16:217/217
P17:408/413
P18:278/284
P19:219/222
P20:185/190
P21:154/170
P22:193/238
P23:253/257
P24:222/222
P25:165/179
P26:232/233
P27:271/294
P28:176/197
P29:271/275
P30:126/144
P31:263/275
P32:234/234
P33:207/215
P34:156/174
P35:180/183
P36:204/204
P37:199/206
P38:275/275
P39:309/312
P40:310/332

丰乐303（审定编号：国审玉20176055；种质库编号：XIN19911）

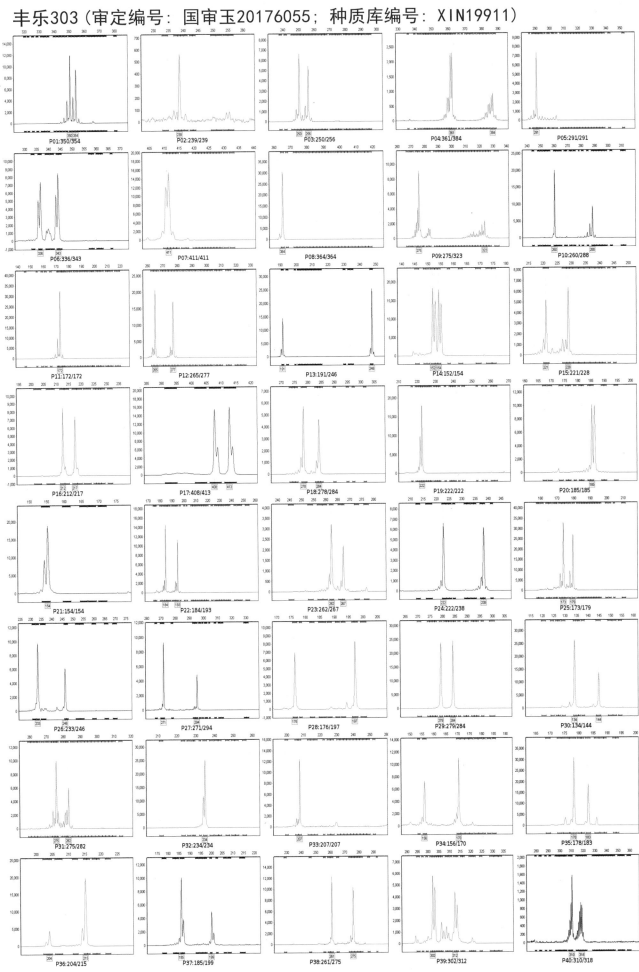

裕丰308（审定编号：国审玉20176056；种质库编号：XIN23538）

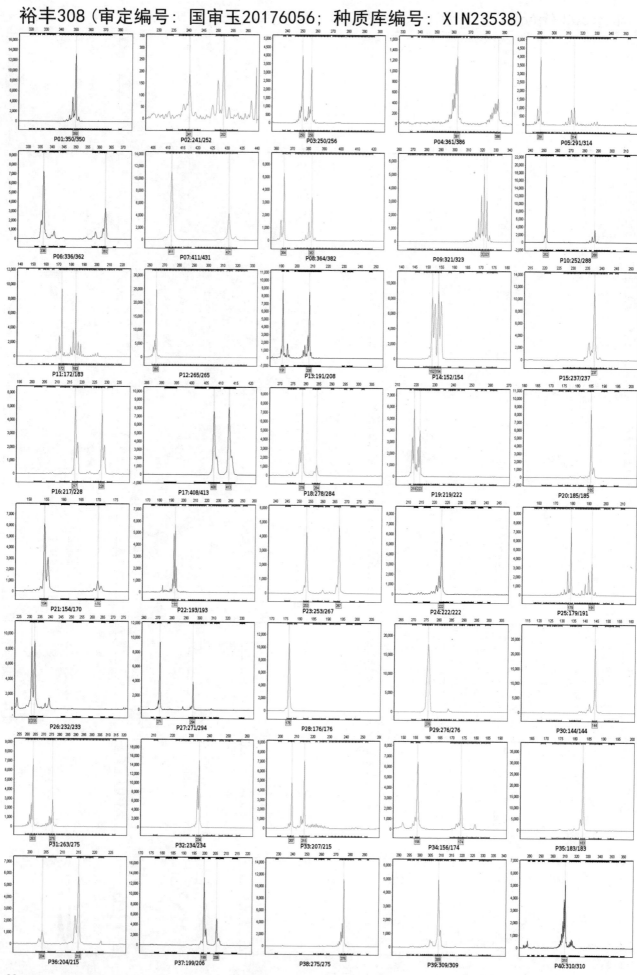

P01:350/350　P02:241/252　P03:250/256　P04:361/386　P05:291/314
P06:336/362　P07:411/431　P08:364/382　P09:321/323　P10:252/288
P11:172/183　P12:265/265　P13:191/208　P14:152/154　P15:237/237
P16:217/228　P17:408/413　P18:278/284　P19:219/222　P20:185/185
P21:154/170　P22:193/193　P23:253/267　P24:222/222　P25:179/191
P26:232/233　P27:271/294　P28:176/176　P29:276/276　P30:144/144
P31:263/275　P32:234/234　P33:207/215　P34:156/174　P35:183/183
P36:204/215　P37:199/206　P38:275/275　P39:309/309　P40:310/310

隆平218（审定编号：国审玉20176057；种质库编号：XIN19956）

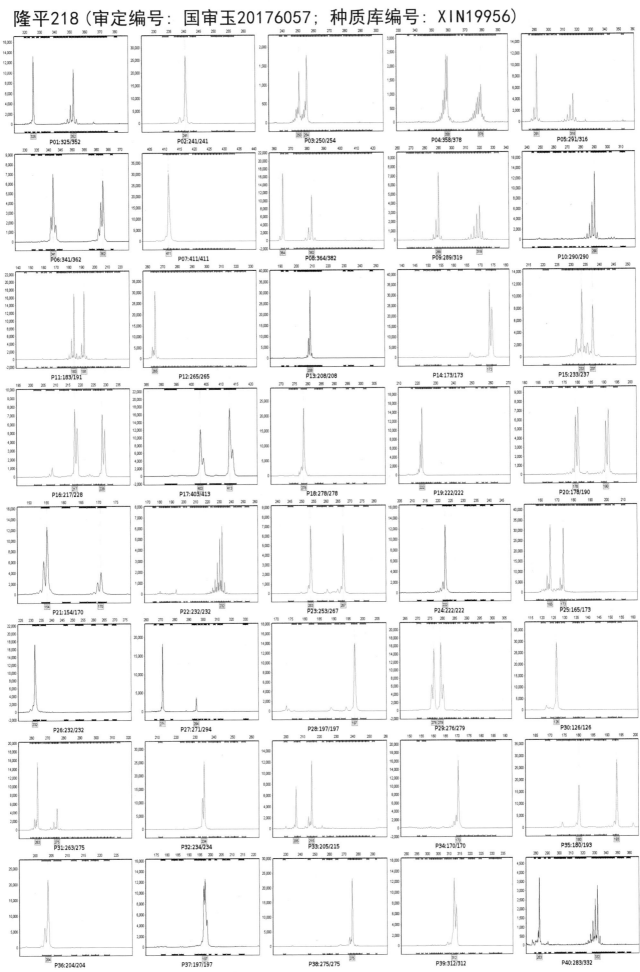

P01:325/352　P02:241/241　P03:250/254　P04:358/378　P05:291/316
P06:341/362　P07:411/411　P08:364/382　P09:289/319　P10:290/290
P11:183/191　P12:265/265　P13:208/208　P14:173/173　P15:233/237
P16:217/228　P17:403/413　P18:278/278　P19:222/222　P20:178/190
P21:154/170　P22:232/232　P23:253/267　P24:222/222　P25:165/173
P26:232/232　P27:271/294　P28:197/197　P29:276/279　P30:126/126
P31:263/275　P32:234/234　P33:205/215　P34:170/170　P35:180/193
P36:204/204　P37:197/197　P38:275/275　P39:312/312　P40:283/332

隆平240（审定编号：国审玉20176058；种质库编号：XIN19957）

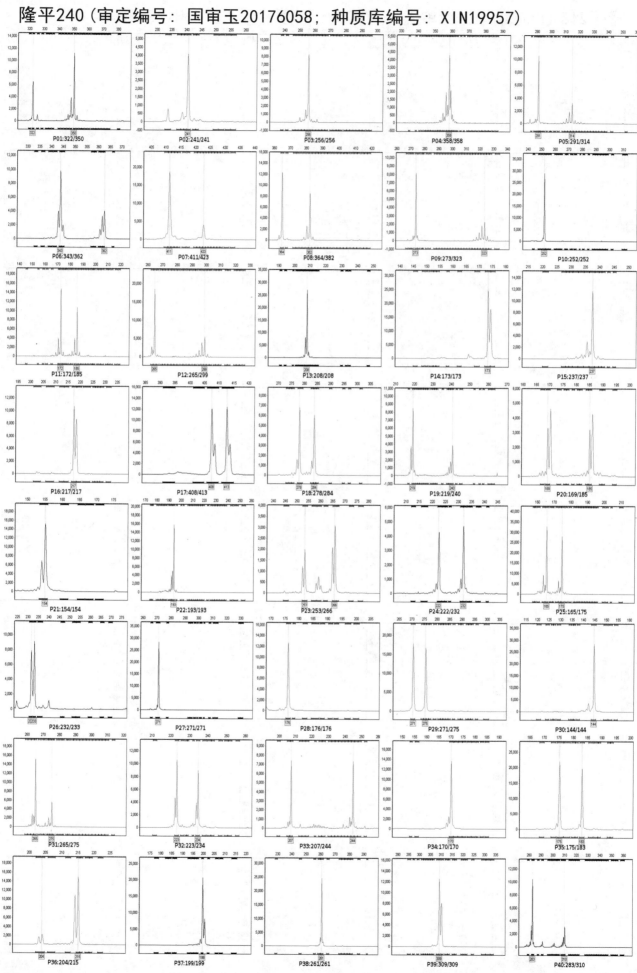

隆平269（审定编号：国审玉20176059；种质库编号：XIN19954）

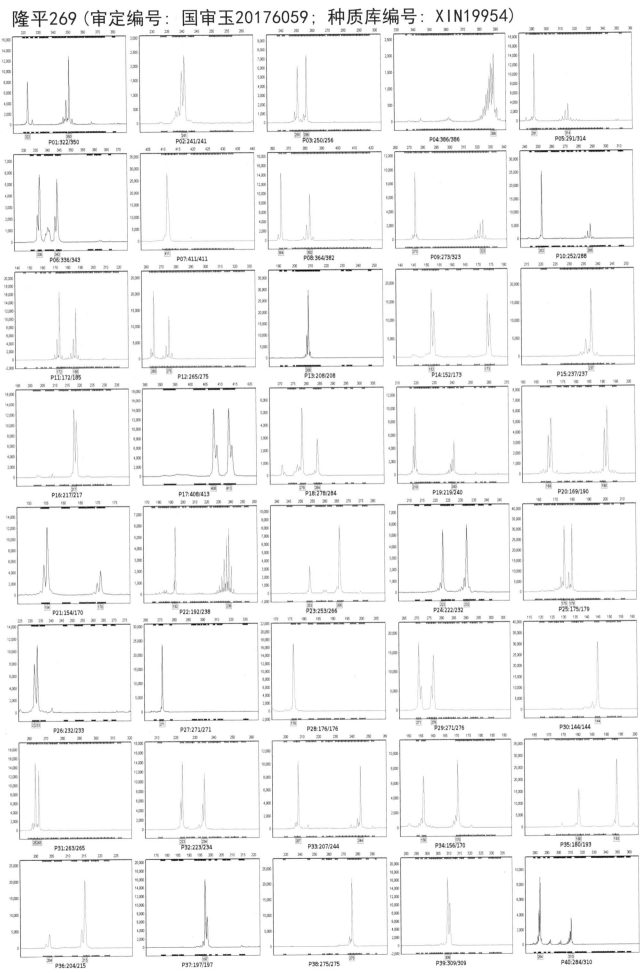

华皖617（审定编号：国审玉20176060；种质库编号：XIN19961）

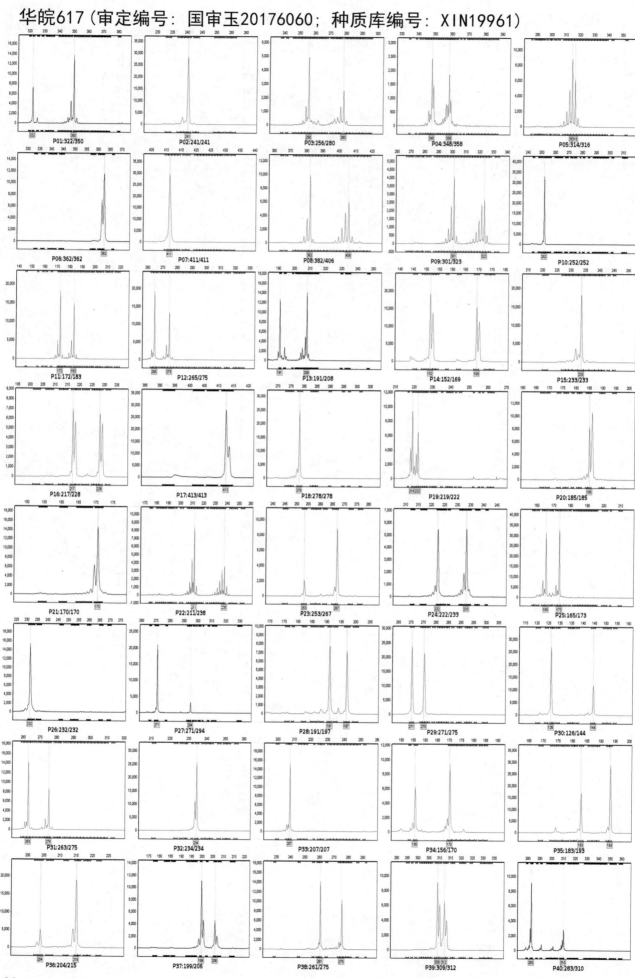

隆平275（审定编号：国审玉20176061；种质库编号：XIN23977）

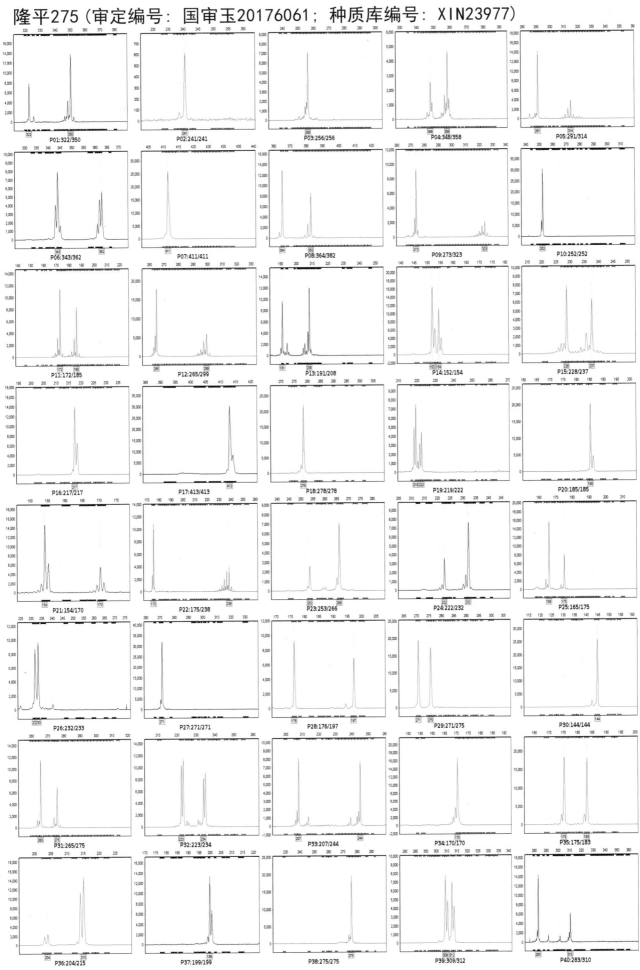

P01:322/350　P02:241/241　P03:256/256　P04:348/358　P05:291/314
P06:343/362　P07:411/411　P08:364/382　P09:273/323　P10:252/252
P11:172/185　P12:265/299　P13:191/208　P14:152/154　P15:228/237
P16:217/217　P17:413/413　P18:278/278　P19:219/222　P20:185/185
P21:154/170　P22:175/238　P23:253/266　P24:222/232　P25:165/175
P26:232/233　P27:271/271　P28:176/197　P29:271/275　P30:144/144
P31:265/275　P32:223/234　P33:207/244　P34:170/170　P35:175/183
P36:204/215　P37:199/199　P38:275/275　P39:309/312　P40:283/310

联创825（审定编号：国审玉20176062；种质库编号：XIN19916）

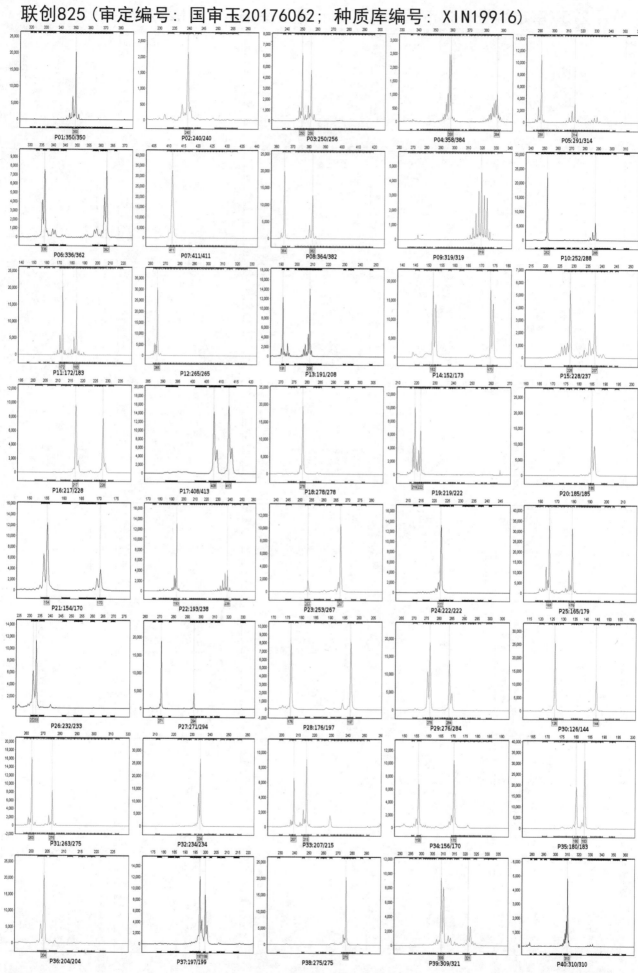

中科玉501（审定编号：国审玉20176063；种质库编号：ＸＩＮ19917）

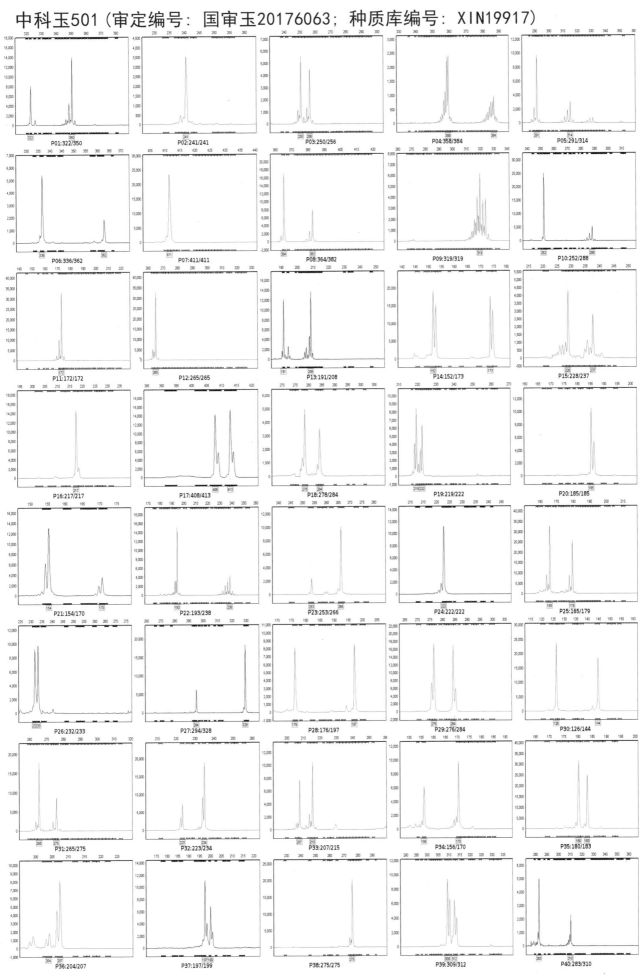

登海533（审定编号：国审玉20176064；种质库编号：XIN19970）

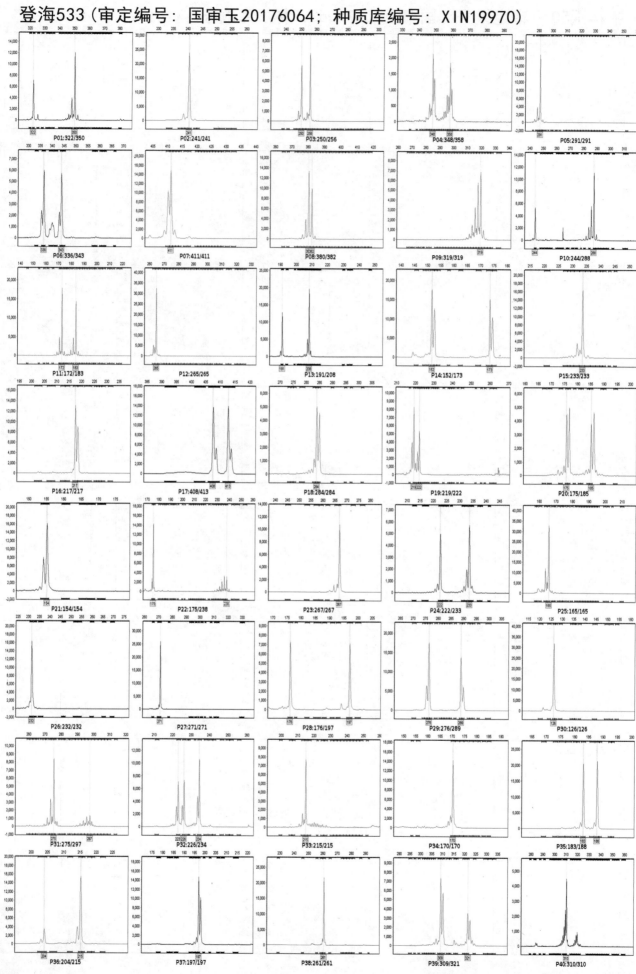

登海177（审定编号：国审玉20176065；种质库编号：XIN19974）

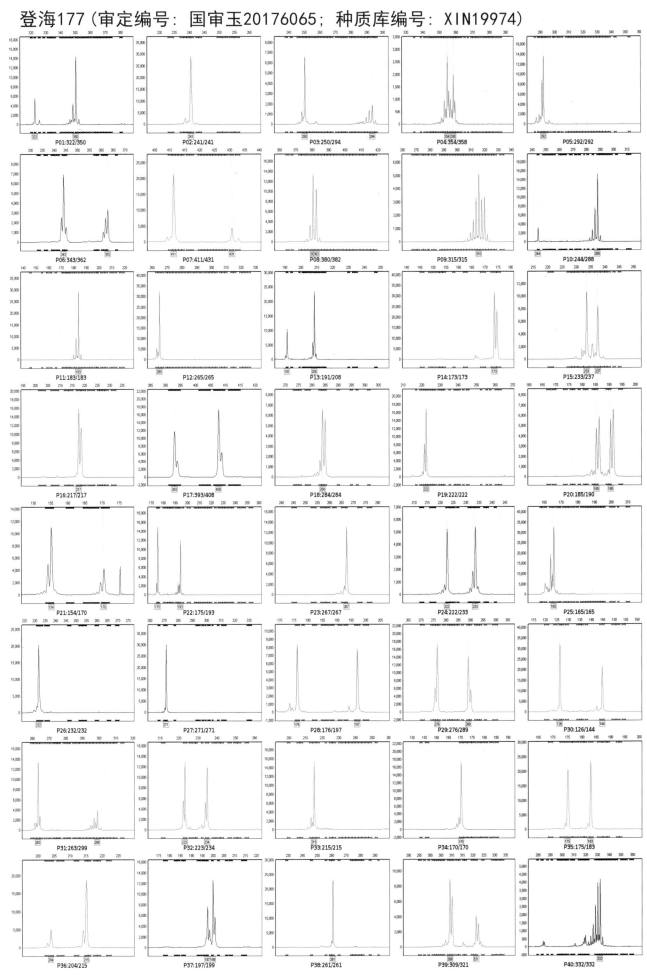

91

登海105（审定编号：国审玉20176066；种质库编号：XIN19971）

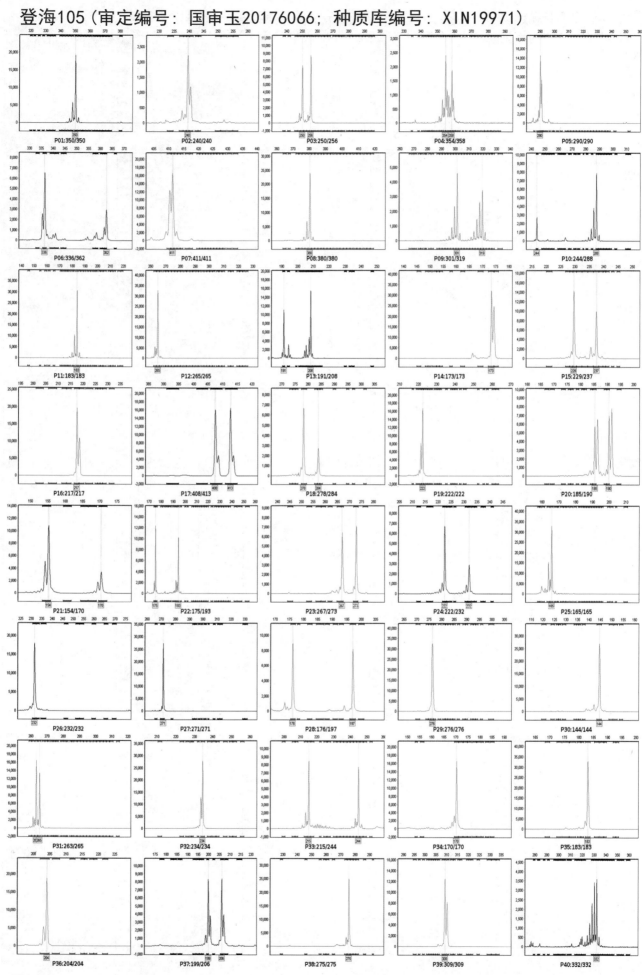

P01:350/350　P02:240/240　P03:250/256　P04:354/358　P05:290/290
P06:336/362　P07:411/411　P08:380/380　P09:301/319　P10:244/288
P11:183/183　P12:265/265　P13:191/208　P14:173/173　P15:229/237
P16:217/217　P17:408/413　P18:278/284　P19:222/222　P20:185/190
P21:154/170　P22:175/193　P23:267/279　P24:222/232　P25:165/165
P26:232/232　P27:271/271　P28:176/197　P29:276/276　P30:144/144
P31:263/265　P32:234/234　P33:215/244　P34:170/170　P35:183/183
P36:204/204　P37:199/206　P38:275/275　P39:309/309　P40:332/332

登海187（审定编号：国审玉20176067；种质库编号：XIN25148）

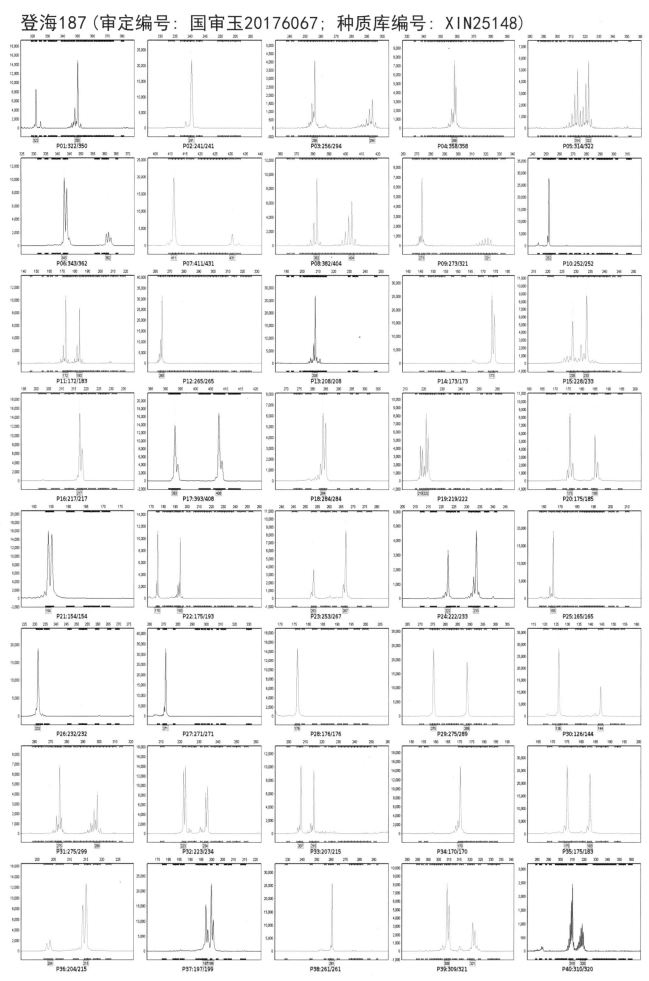

P01:322/350 P02:241/241 P03:256/294 P04:358/358 P05:314/322
P06:343/362 P07:411/431 P08:382/404 P09:273/321 P10:252/252
P11:172/183 P12:265/265 P13:208/208 P14:173/173 P15:228/233
P16:217/217 P17:393/408 P18:284/284 P19:219/222 P20:175/185
P21:154/154 P22:175/193 P23:253/267 P24:222/233 P25:165/165
P26:232/232 P27:271/271 P28:176/176 P29:275/289 P30:126/144
P31:275/299 P32:223/234 P33:207/215 P34:170/170 P95:175/183
P36:204/215 P37:197/199 P38:261/261 P39:309/321 P40:310/320

登海371（审定编号：国审玉20176068；种质库编号：XIN25146）

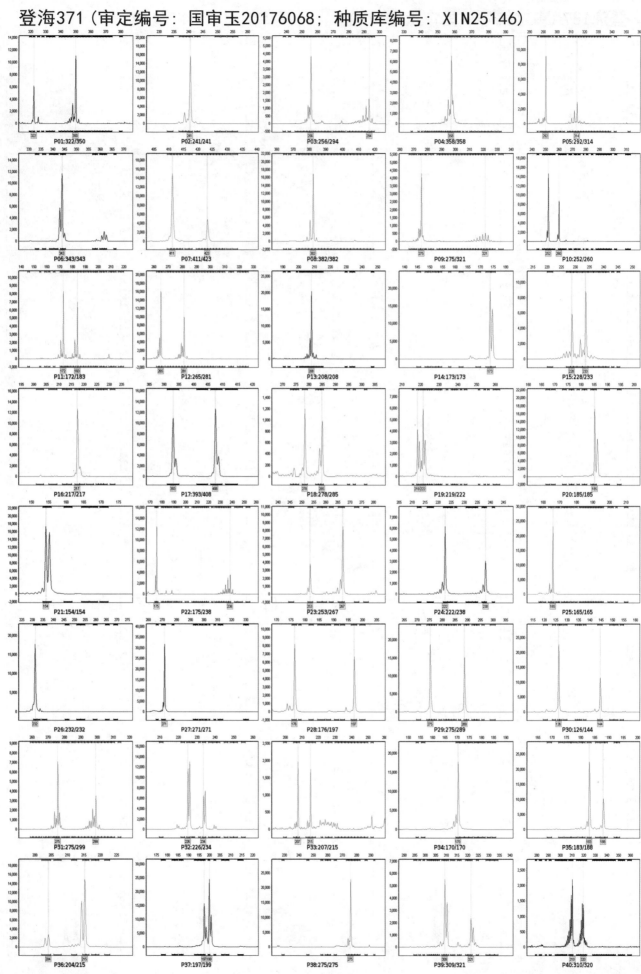

P01:322/350　P02:241/241　P03:256/294　P04:358/358　P05:292/314
P06:343/343　P07:411/423　P08:382/382　P09:275/321　P10:252/260
P11:172/183　P12:265/281　P13:208/208　P14:173/173　P15:228/233
P16:217/217　P17:393/408　P18:278/285　P19:219/222　P20:185/185
P21:154/154　P22:175/238　P23:253/267　P24:222/238　P25:165/165
P26:232/232　P27:271/271　P28:176/197　P29:275/289　P30:126/144
P31:275/299　P32:226/234　P33:207/215　P34:170/170　P35:183/188
P36:204/215　P37:197/199　P38:275/275　P39:309/321　P40:310/320

德单123（审定编号：国审玉20176069；种质库编号：S1G05683）

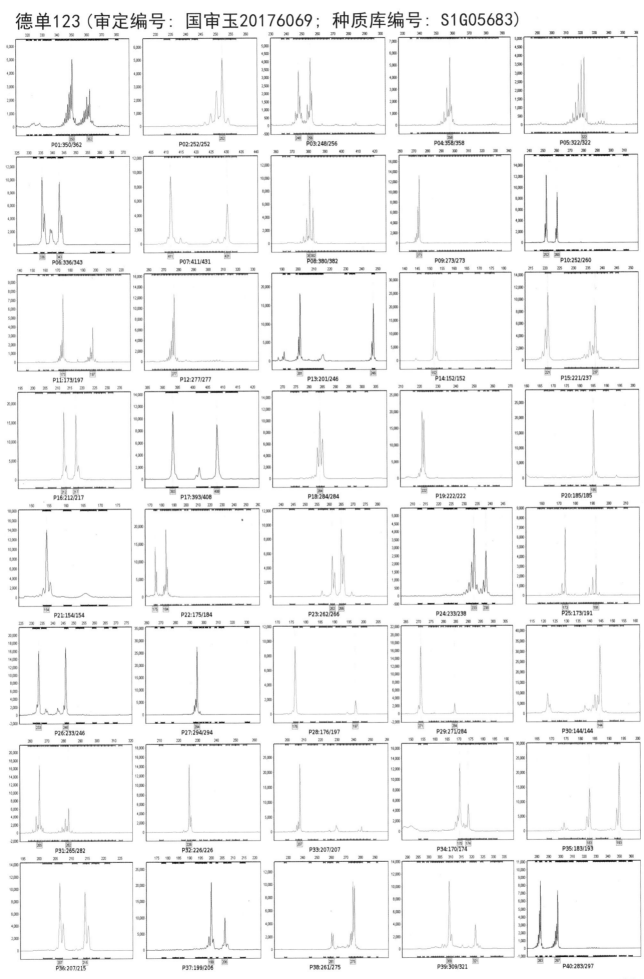

中地88（审定编号：国审玉20176072；种质库编号：S1G04275）

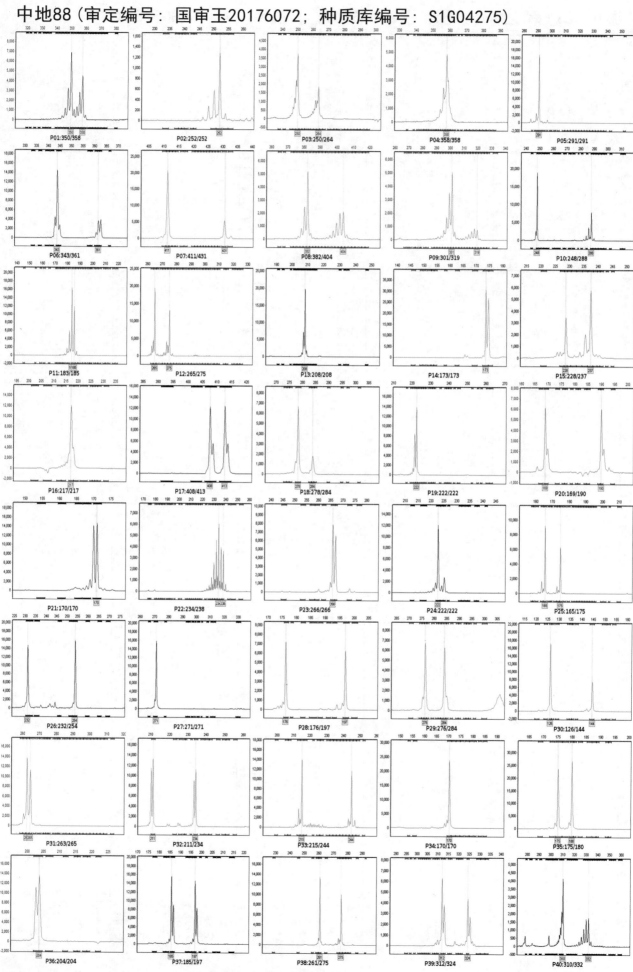

鑫研218（审定编号：国审玉20176073；种质库编号：XIN19908）

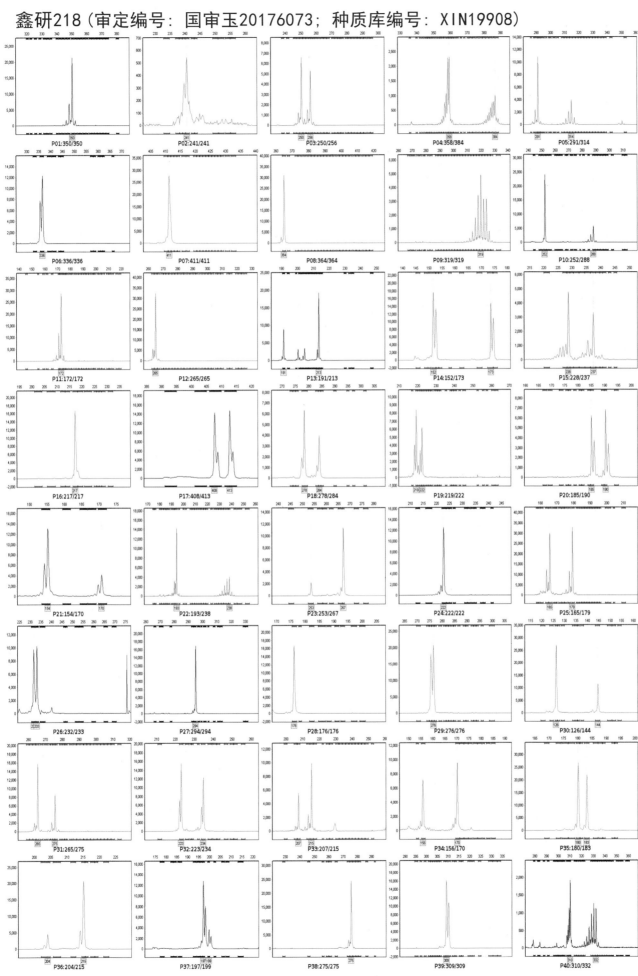

齐单703（审定编号：国审玉20176074；种质库编号：XIN20278）

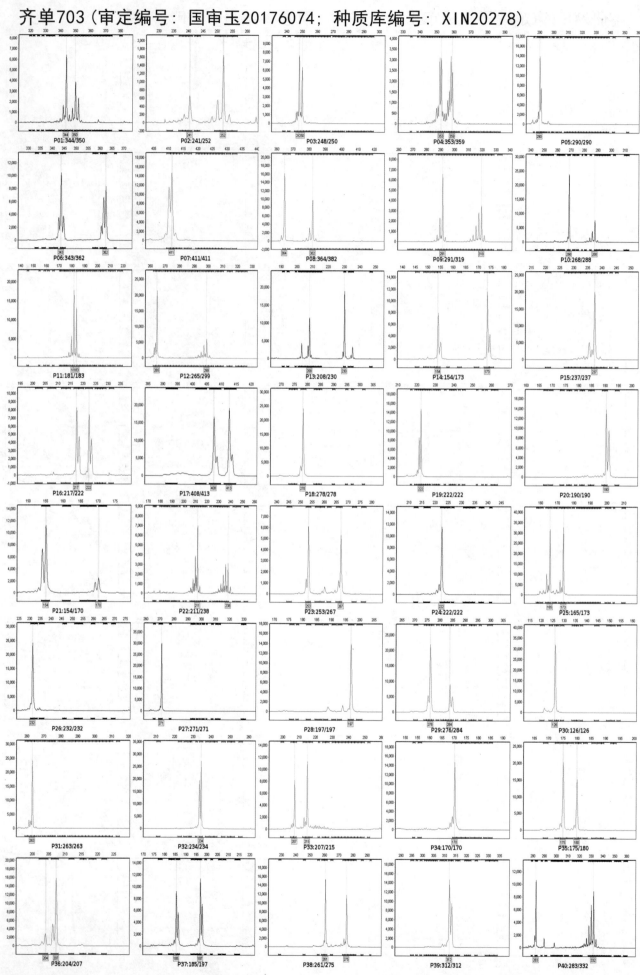

齐单101（审定编号：国审玉20176075；种质库编号：XIN19909）

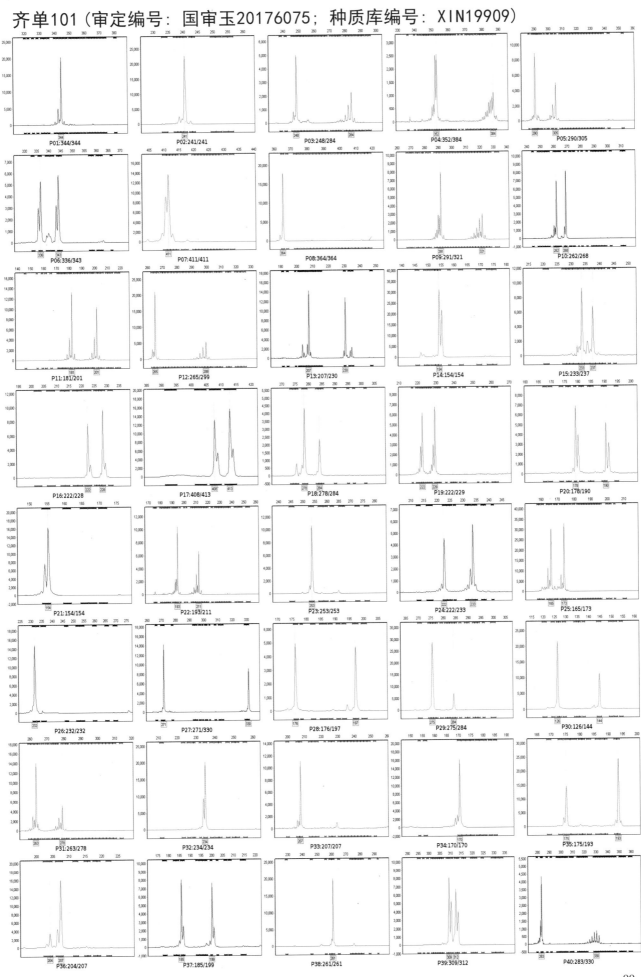

豫禾368（审定编号：国审玉20176077；种质库编号：XIN26254）

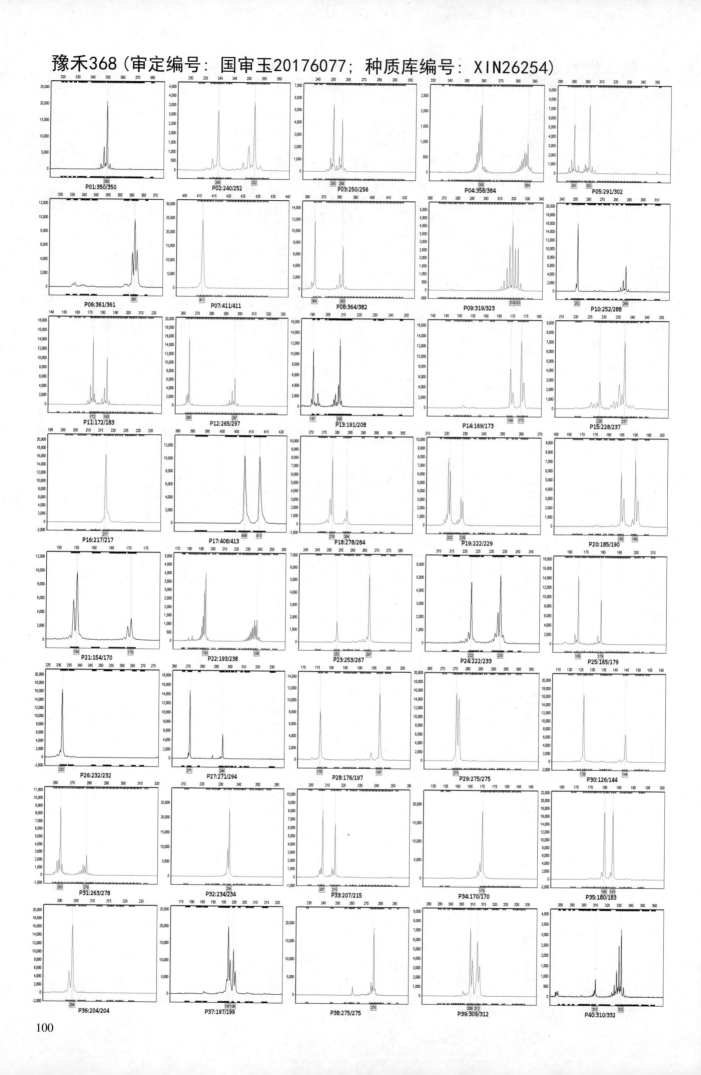

豫禾357（审定编号：国审玉20176081；种质库编号：S1G05444）

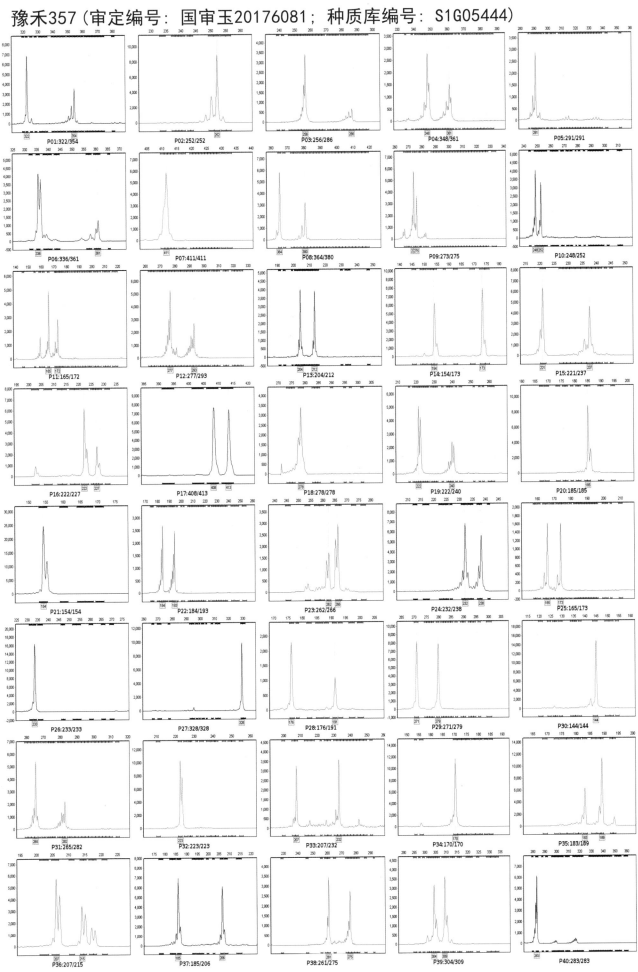

天泰316（审定编号：国审玉20176085；种质库编号：XIN23934）

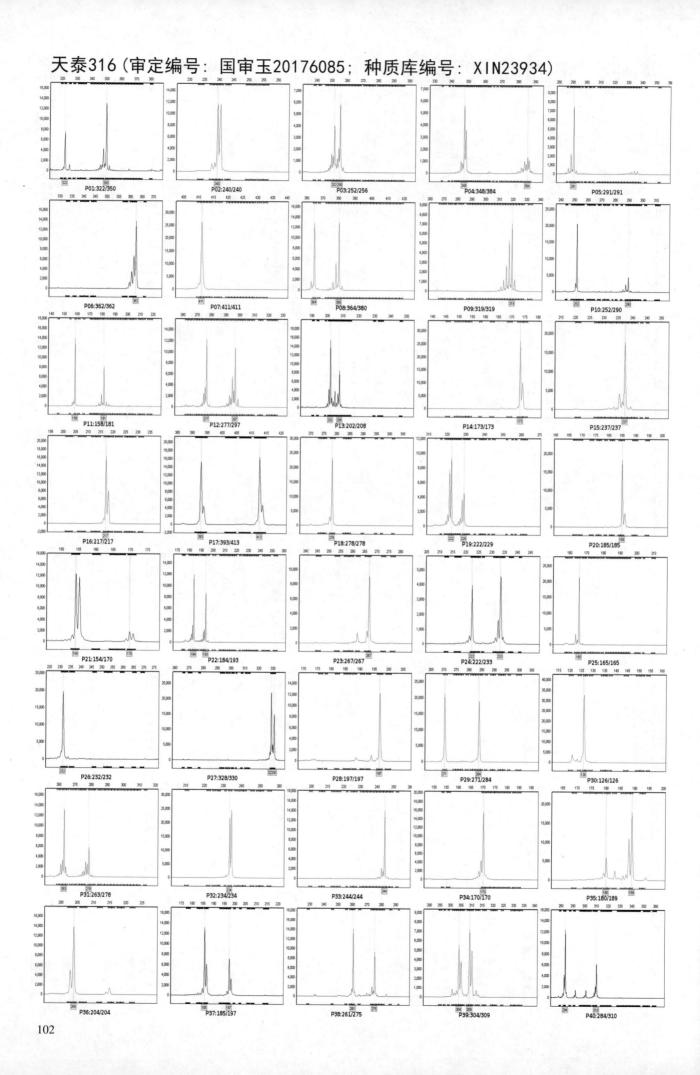

P01:322/350　P02:240/240　P03:252/256　P04:348/384　P05:291/291
P06:362/362　P07:411/411　P08:364/380　P09:319/319　P10:252/290
P11:158/181　P12:277/297　P13:202/208　P14:173/173　P15:237/237
P16:217/217　P17:393/413　P18:278/278　P19:222/229　P20:185/185
P21:154/170　P22:184/193　P23:267/267　P24:222/233　P25:165/165
P26:232/232　P27:328/330　P28:197/197　P29:271/284　P30:126/126
P31:263/278　P32:234/234　P33:244/244　P34:170/170　P35:180/189
P36:204/204　P37:185/197　P38:261/275　P39:304/309　P40:284/310

巡天1102（审定编号：国审玉20176086，国审玉2015009；种质库编号：S1G05138）

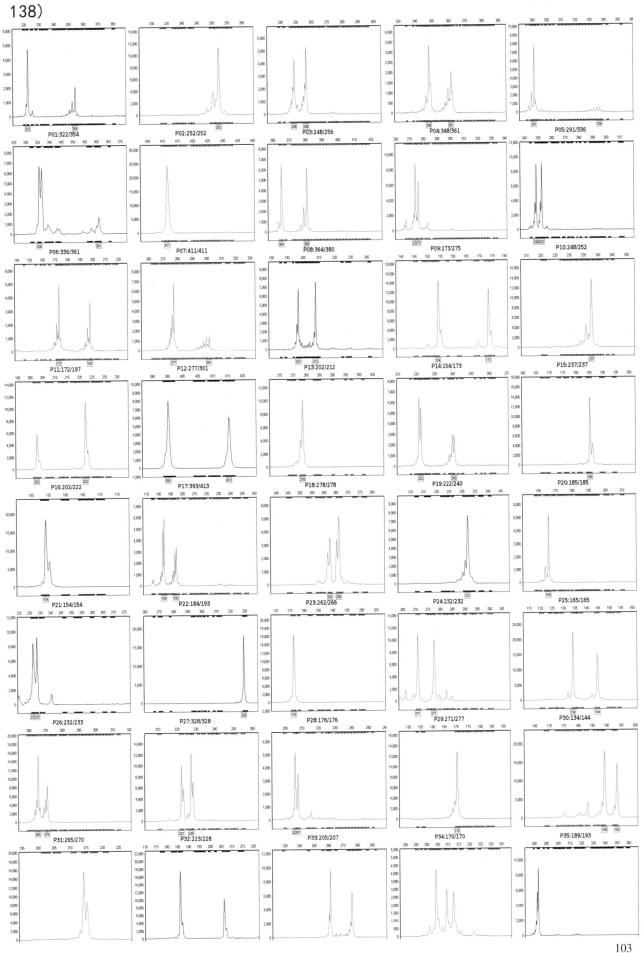

农华5号（审定编号：国审玉20176087；种质库编号：XIN23526）

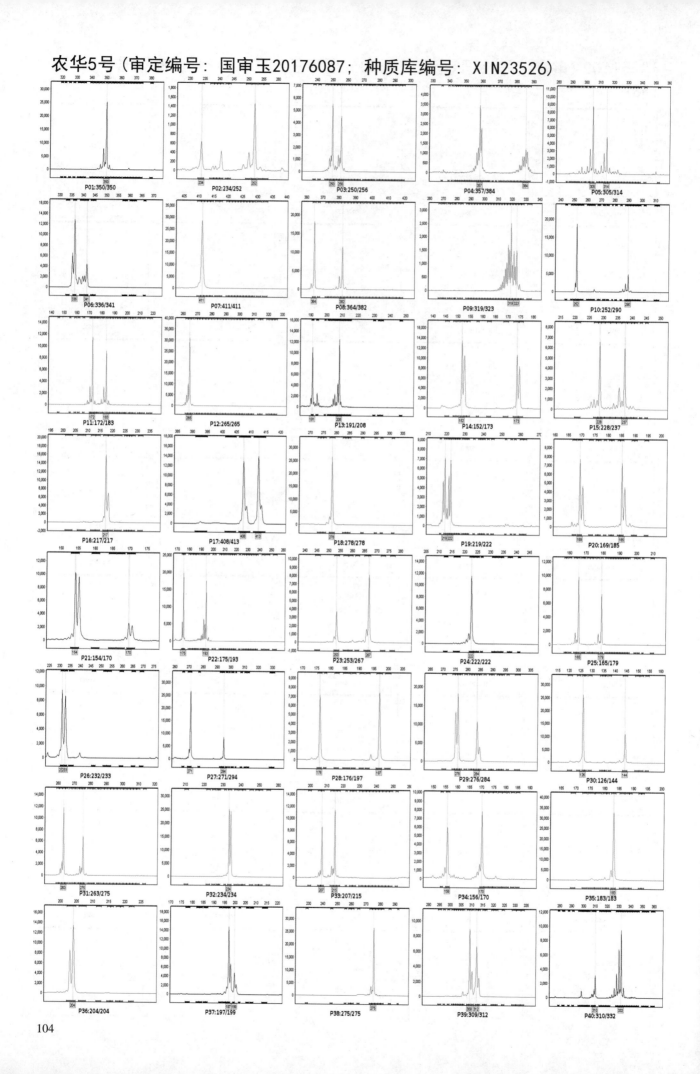

P01:350/350　P02:234/252　P03:250/256　P04:357/384　P05:305/314

P06:336/341　P07:411/411　P08:364/382　P09:319/323　P10:252/290

P11:172/183　P12:265/265　P13:191/208　P14:152/173　P15:228/237

P16:217/217　P17:408/413　P18:278/278　P19:219/222　P20:169/185

P21:154/170　P22:175/193　P23:253/267　P24:222/222　P25:165/179

P26:232/233　P27:271/294　P28:176/197　P29:276/284　P30:126/144

P31:263/275　P32:234/234　P53:207/215　P34:156/170　P35:183/183

P36:204/204　P37:197/199　P38:275/275　P39:309/312　P40:310/332

104

农华305（审定编号：国审玉20176088；种质库编号：XIN21719）

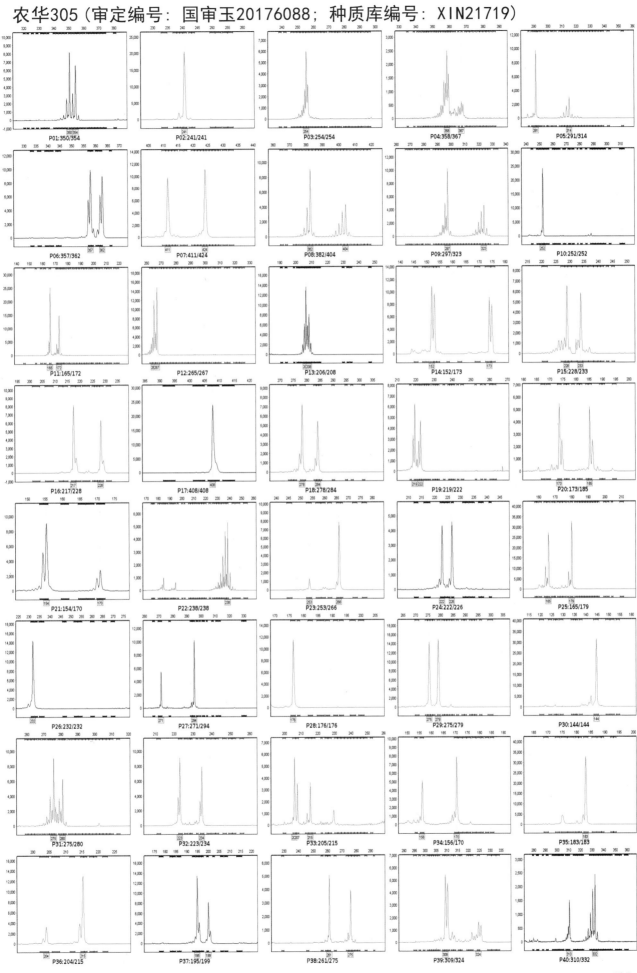

P01:350/354 P02:241/241 P03:254/254 P04:358/367 P05:291/314
P06:357/362 P07:411/424 P08:382/404 P09:297/323 P10:252/252
P11:165/172 P12:265/267 P13:206/208 P14:152/173 P15:228/233
P16:217/228 P17:408/408 P18:278/284 P19:219/222 P20:173/185
P21:154/170 P22:238/238 P23:253/266 P24:222/226 P25:165/179
P26:232/232 P27:271/294 P28:176/176 P29:275/279 P30:144/144
P31:275/280 P33:223/234 P33:205/215 P34:156/170 P35:183/183
P36:204/215 P37:195/199 P38:261/275 P39:309/324 P40:310/332

105

登海167（审定编号：国审玉20176096；种质库编号：XIN19973）

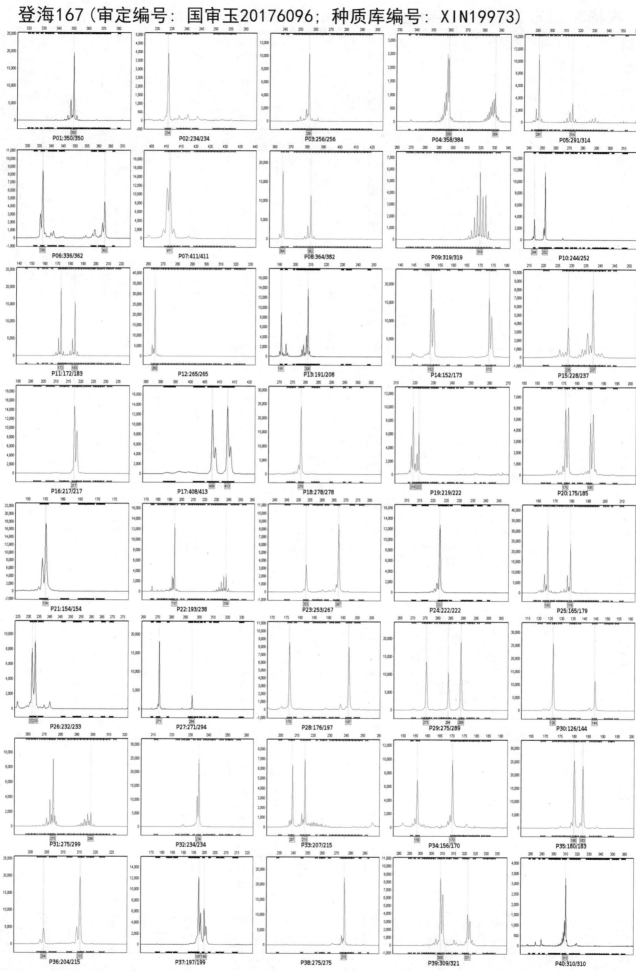

登海182（审定编号：国审玉20176097；种质库编号：XIN25149）

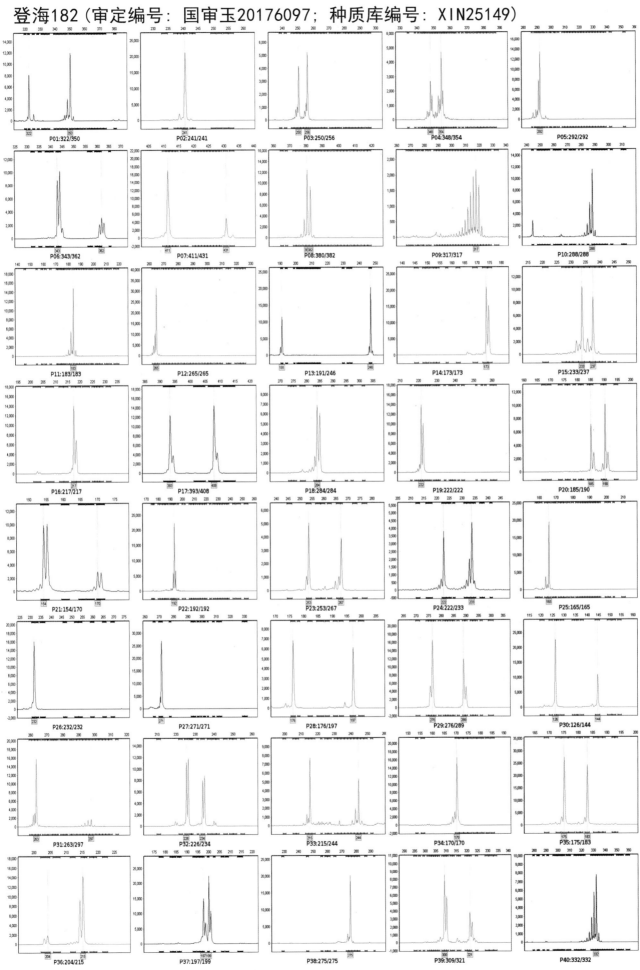

齐单828（审定编号：国审玉20176098；种质库编号：XIN23514）

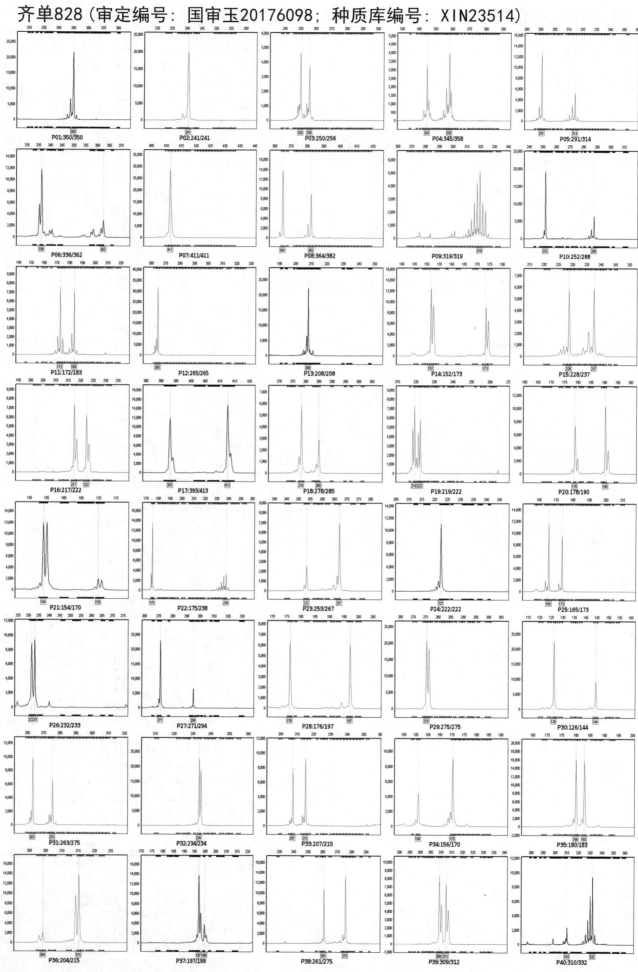

P01:350/350　P02:241/241　P03:250/256　P04:345/358　P05:291/314
P06:336/362　P07:411/411　P08:364/382　P09:319/319　P10:252/288
P11:172/183　P12:265/265　P13:208/208　P14:152/173　P15:228/237
P16:217/222　P17:393/413　P18:278/285　P19:219/222　P20:178/190
P21:154/170　P22:175/238　P23:253/267　P24:222/222　P25:165/173
P26:232/233　P27:271/294　P28:176/197　P29:275/275　P30:126/144
P31:263/275　P32:234/234　P33:207/215　P34:156/170　P35:180/183
P36:204/215　P37:197/199　P38:261/275　P39:309/312　P40:310/332

108

天泰359（审定编号：国审玉20176099；种质库编号：XIN23937）

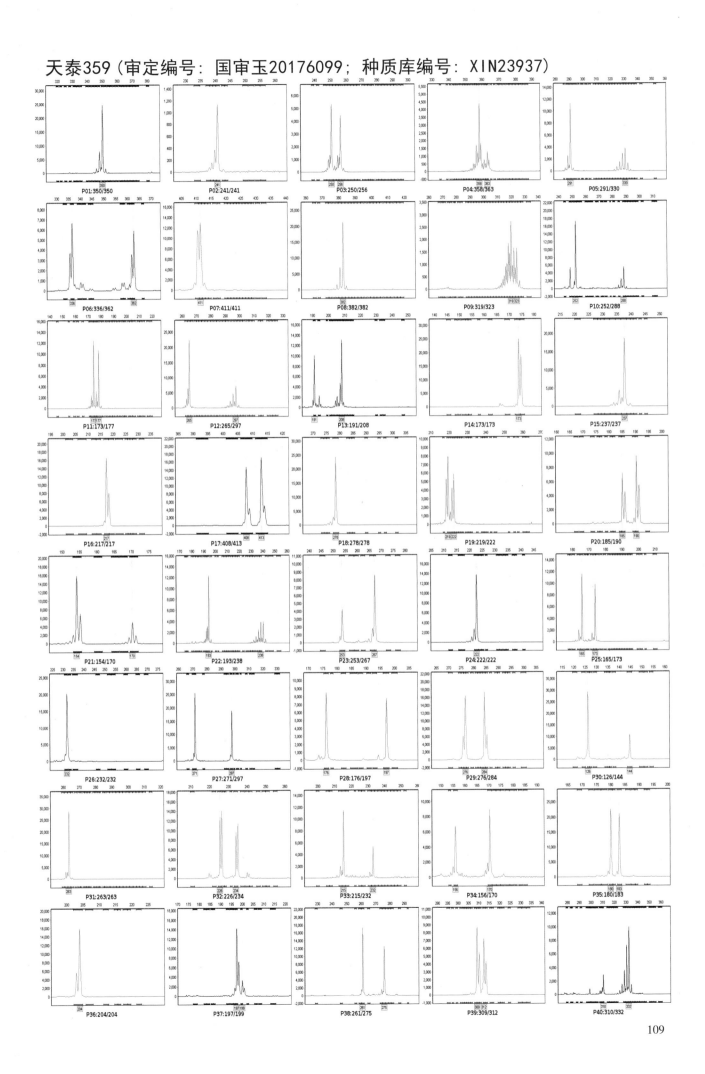

P01:350/350　P02:241/241　P03:250/256　P04:358/363　P05:291/330
P06:336/362　P07:411/411　P08:382/382　P09:319/323　P10:252/288
P11:173/177　P12:265/297　P13:191/208　P14:173/173　P15:237/237
P16:217/217　P17:408/413　P18:278/278　P19:219/222　P20:185/190
P21:154/170　P22:193/238　P23:253/267　P24:222/222　P25:165/173
P26:232/232　P27:271/297　P28:176/197　P29:276/284　P30:126/144
P31:263/263　P32:226/234　P33:215/232　P34:156/170　P35:180/183
P36:204/204　P37:197/199　P38:261/275　P39:309/312　P40:310/332

同玉609（审定编号：国审玉20176100；种质库编号：XIN24799）

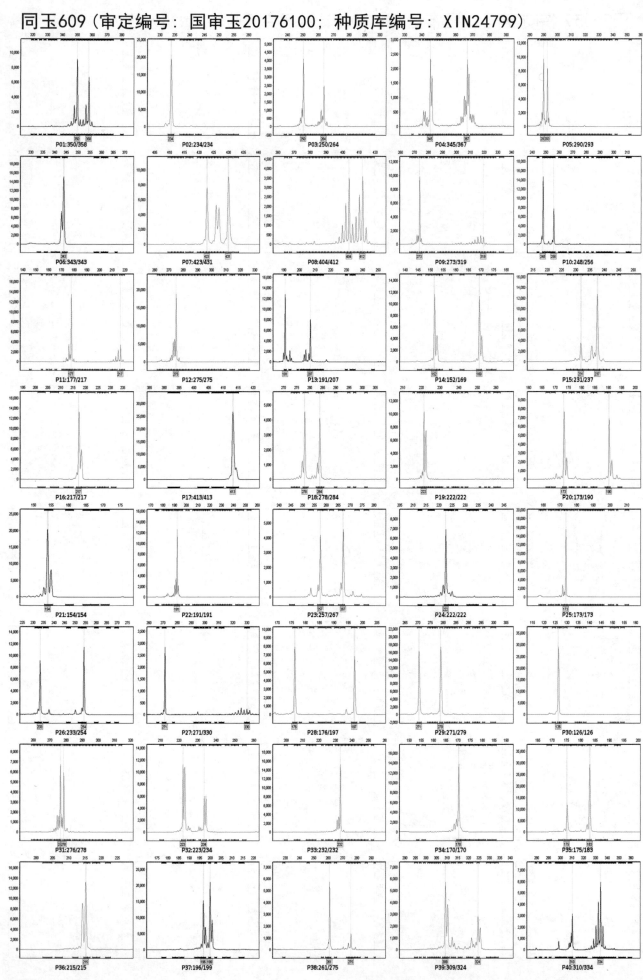

P01:350/358   P02:234/234   P03:250/264   P04:345/367   P05:290/293
P06:343/343   P07:423/431   P08:404/412   P09:273/319   P10:248/256
P11:177/217   P12:275/275   P13:191/207   P14:152/169   P15:231/237
P16:217/217   P17:413/413   P18:278/284   P19:222/222   P20:173/190
P21:154/154   P22:191/191   P23:257/267   P24:222/222   P25:173/173
P26:233/254   P27:271/330   P28:176/197   P29:271/279   P30:126/126
P31:276/278   P32:223/234   P33:232/232   P34:170/170   P35:175/183
P36:215/215   P37:196/199   P38:261/275   P39:309/324   P40:310/334

同玉593（审定编号：国审玉20176101；种质库编号：XIN24798）

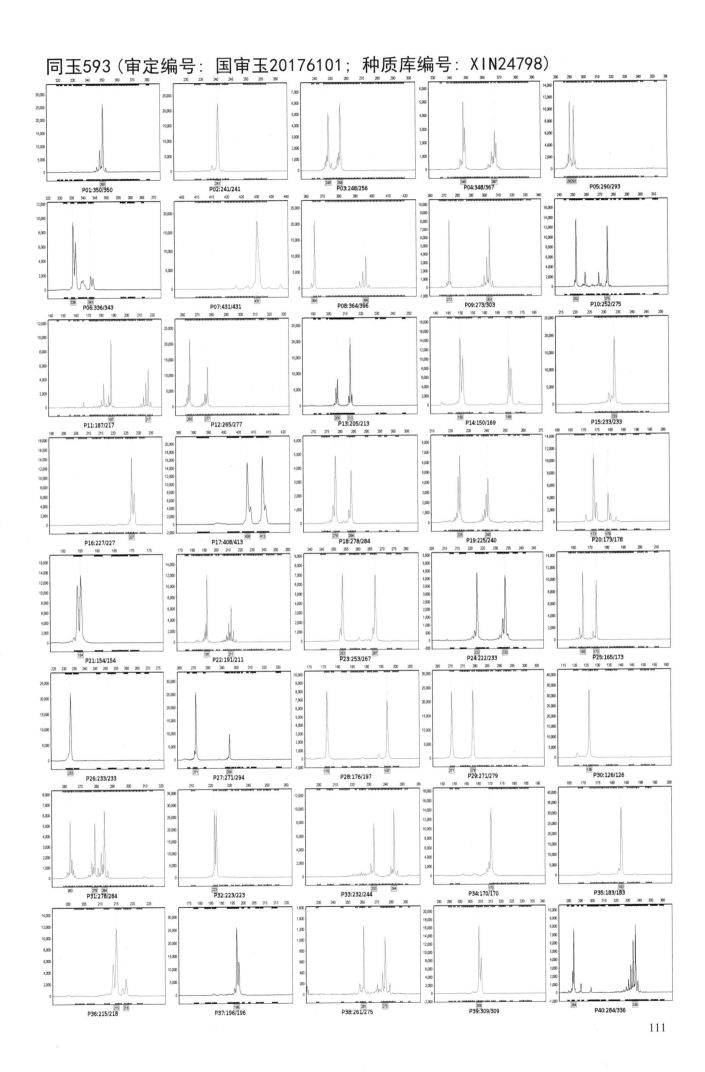

同玉213（审定编号：国审玉20176102；种质库编号：XIN24800）

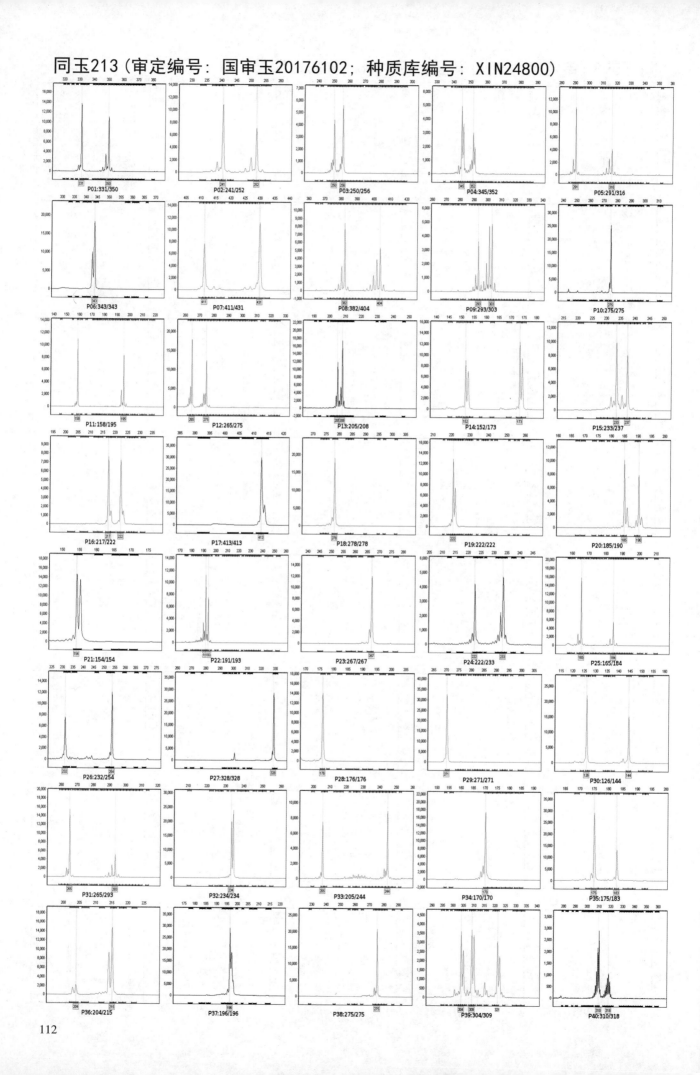

登海856（审定编号：国审玉20176103；种质库编号：XIN19967）

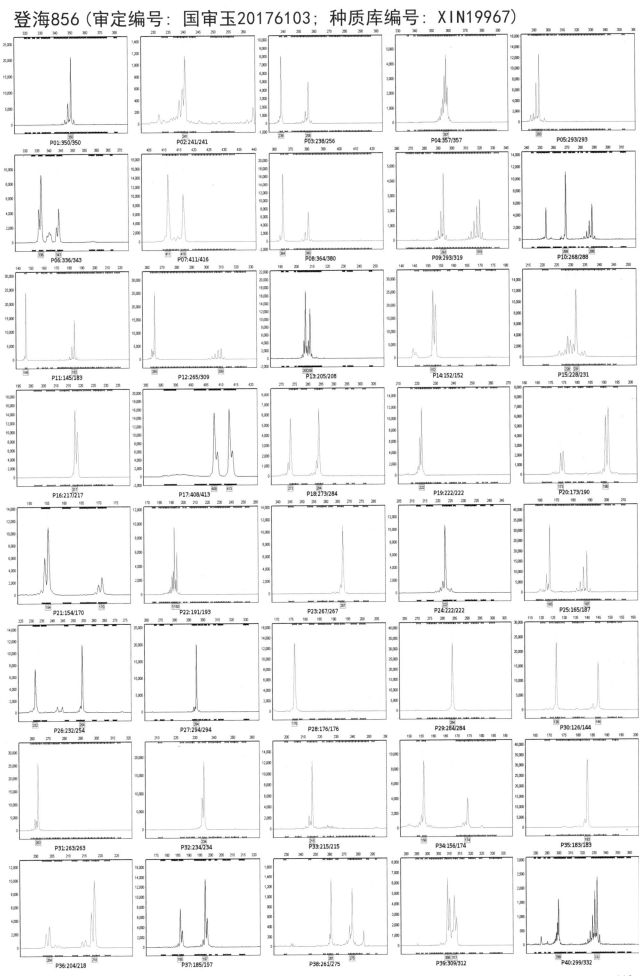

P01:350/350 　P02:241/241 　P03:238/256 　P04:357/357 　P05:293/293

P06:336/343 　P07:411/416 　P08:364/380 　P09:293/319 　P10:268/288

P11:145/183 　P12:265/309 　P13:205/208 　P14:152/152 　P15:228/231

P16:217/217 　P17:408/413 　P18:273/284 　P19:222/222 　P20:173/190

P21:154/170 　P22:191/193 　P23:267/267 　P24:222/222 　P25:165/187

P26:232/254 　P27:294/294 　P28:176/176 　P29:284/284 　P30:126/144

P31:263/263 　P32:234/234 　P33:215/215 　P34:156/174 　P35:183/183

P36:204/218 　P37:185/197 　P38:261/275 　P39:309/312 　P40:299/332

113

东单1806（审定编号：国审玉20176104；种质库编号：XIN20505）

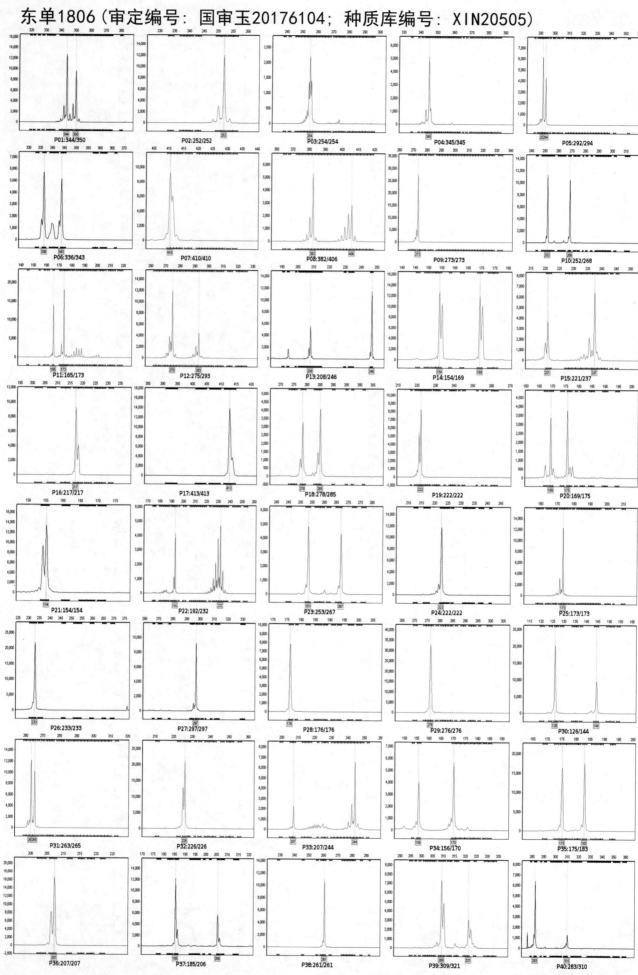

P01:344/350 P02:252/252 P03:254/254 P04:345/345 P05:292/294
P06:336/343 P07:410/410 P08:382/406 P09:273/273 P10:252/268
P11:165/173 P12:275/293 P13:208/246 P14:154/169 P15:221/237
P16:217/217 P17:413/413 P18:278/285 P19:222/222 P20:169/175
P21:154/154 P22:192/232 P23:253/267 P24:222/222 P25:173/173
P26:233/233 P27:297/297 P28:176/176 P29:276/276 P30:126/144
P31:263/265 P32:226/226 P33:207/244 P34:156/170 P35:175/183
P36:207/207 P37:185/206 P38:261/261 P39:309/321 P40:283/310

金海13号（审定编号：国审玉20176107；种质库编号：S1G05824）

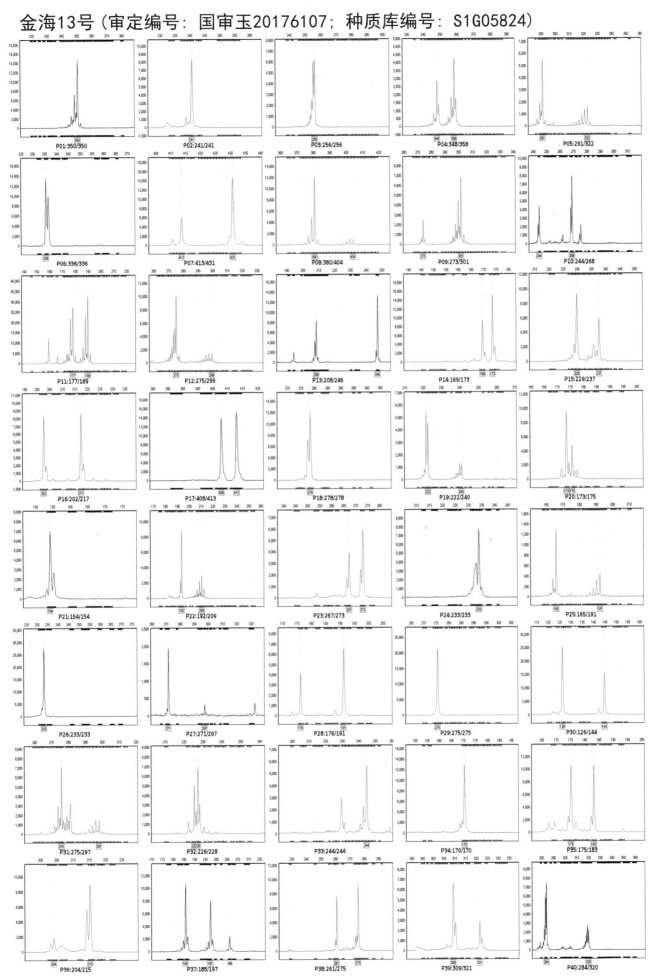

丰乐668（审定编号：国审玉20176108；种质库编号：S1G04744）

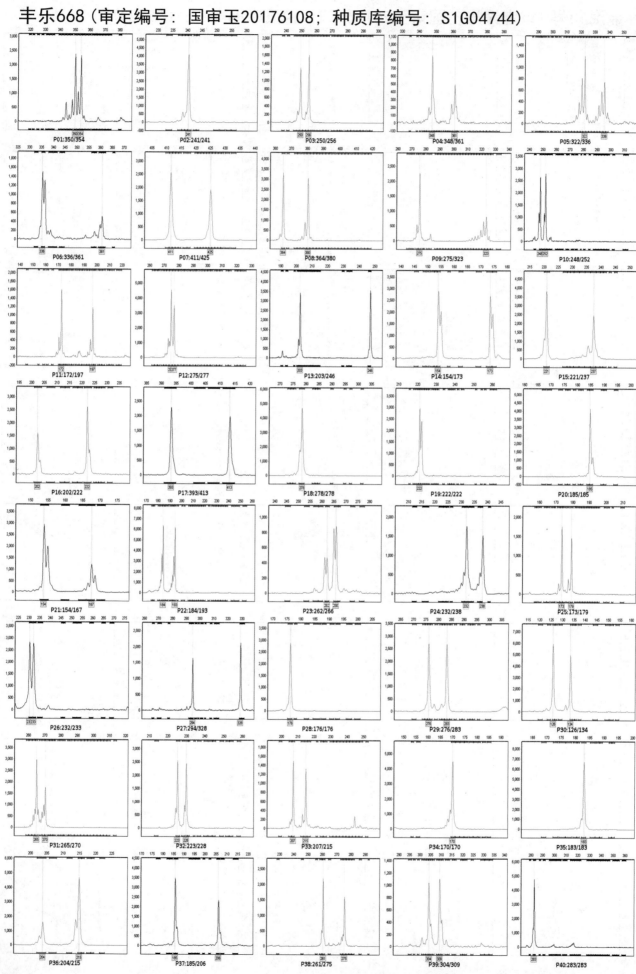

华皖267（审定编号：国审玉20176109；种质库编号：S1G04740）

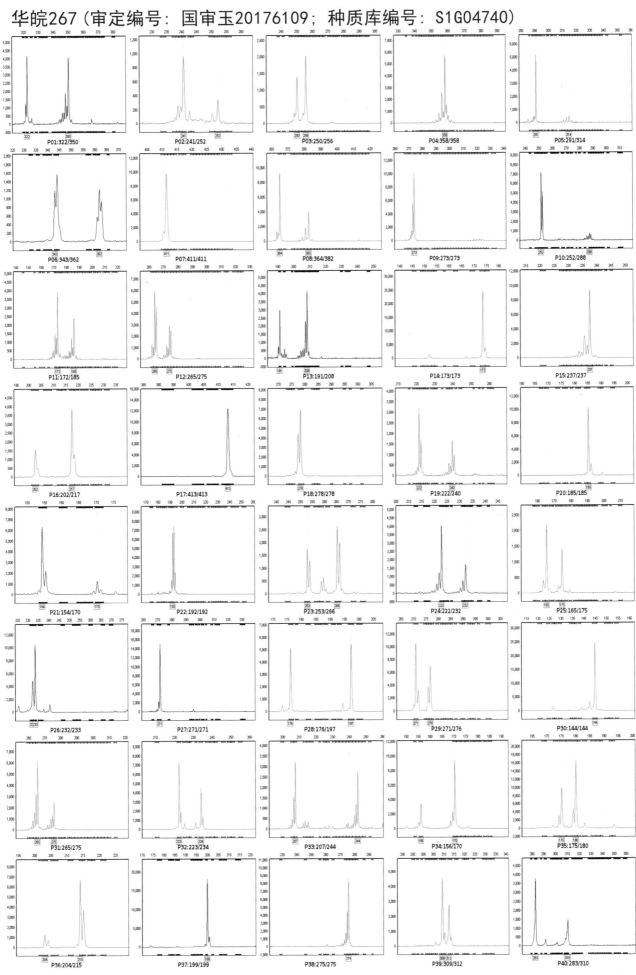

华皖611（审定编号：国审玉20176110；种质库编号：S1G04504）

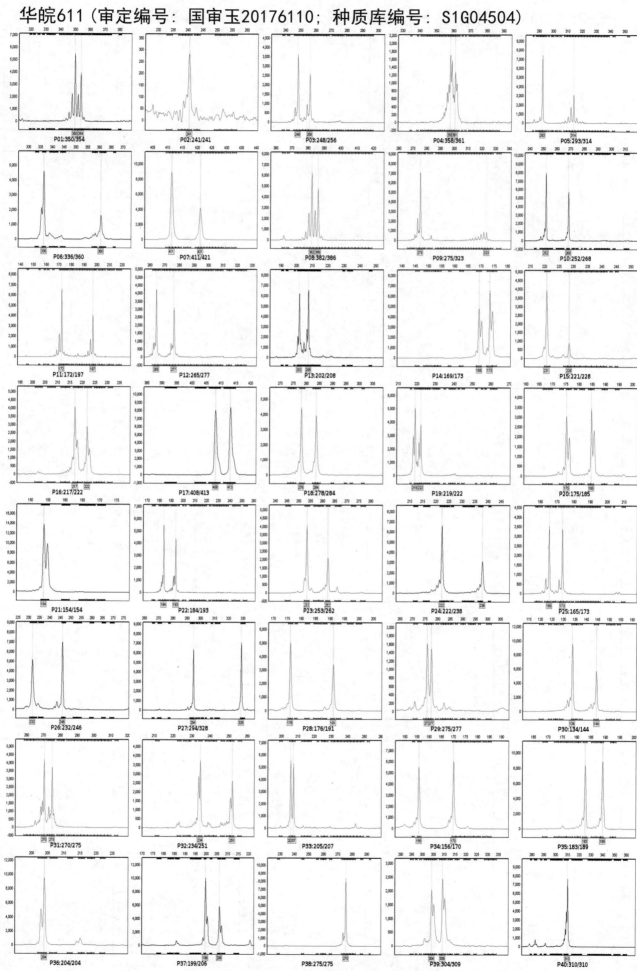

冠丰118（审定编号：国审玉20176111；种质库编号：S1G00641）

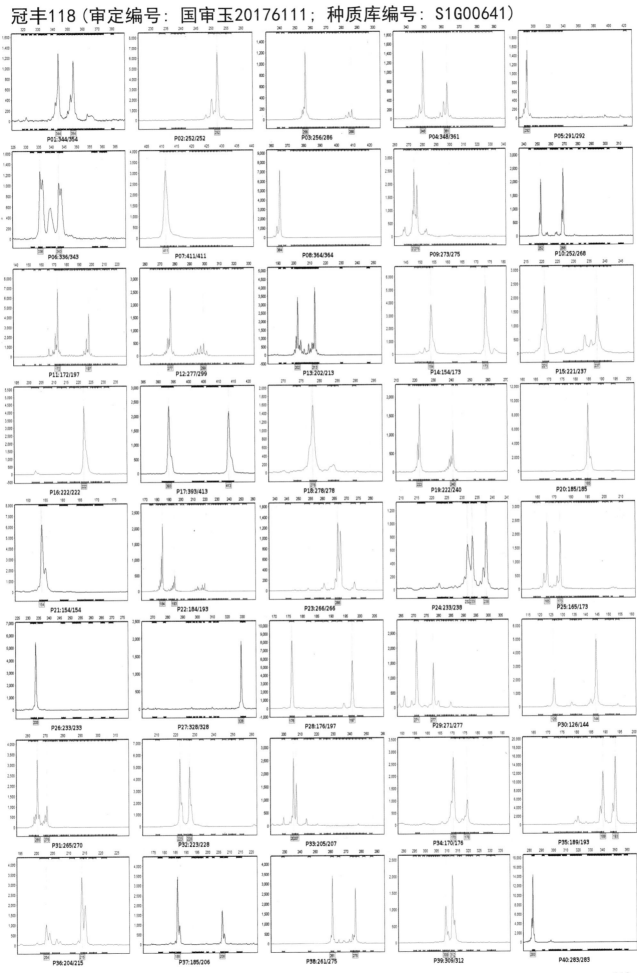

大京九6号（审定编号：国审玉20176112；种质库编号：S1G04196）

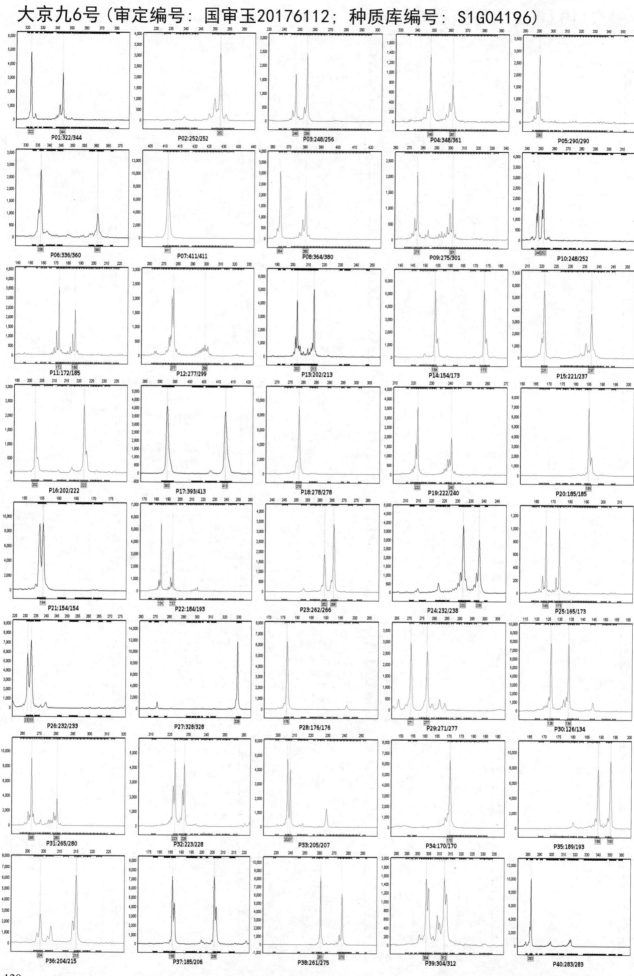

登海618（审定编号：国审玉20176113；种质库编号：S1G03940）

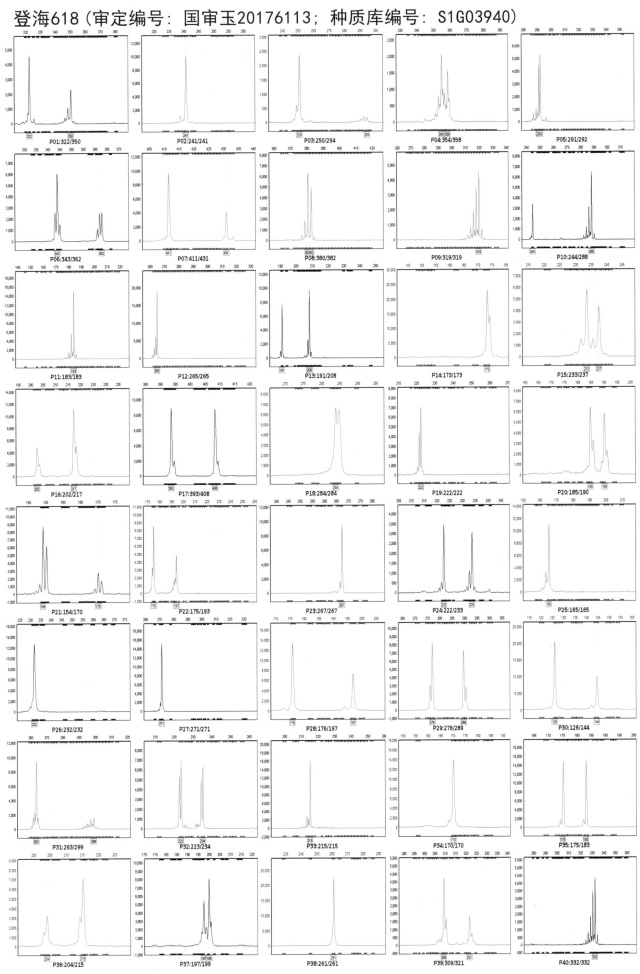

登海3737（审定编号：国审玉20176114；种质库编号：S1G03941）

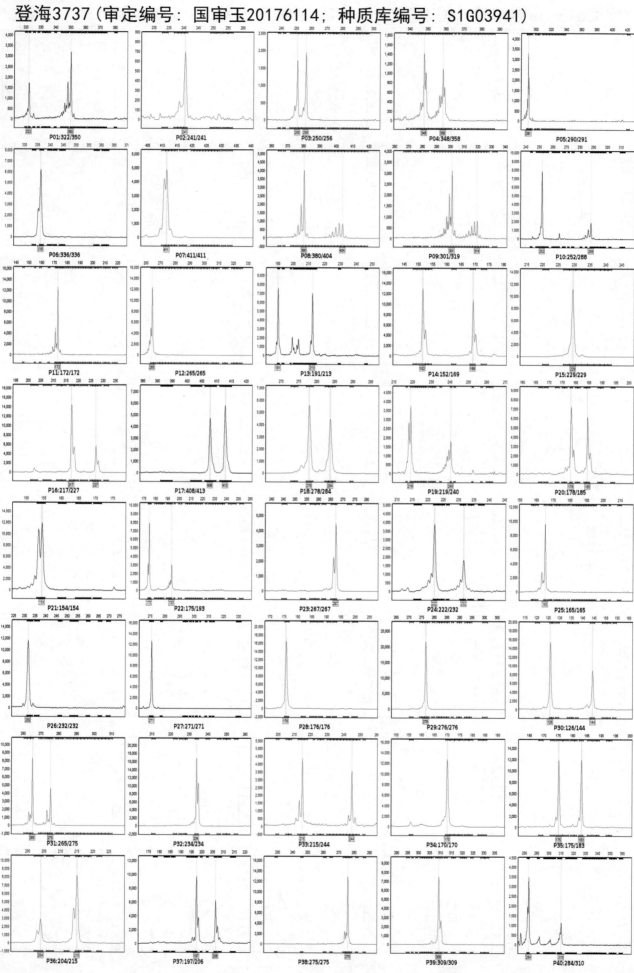

豫禾988（审定编号：国审玉20176115；种质库编号：S1G01151）

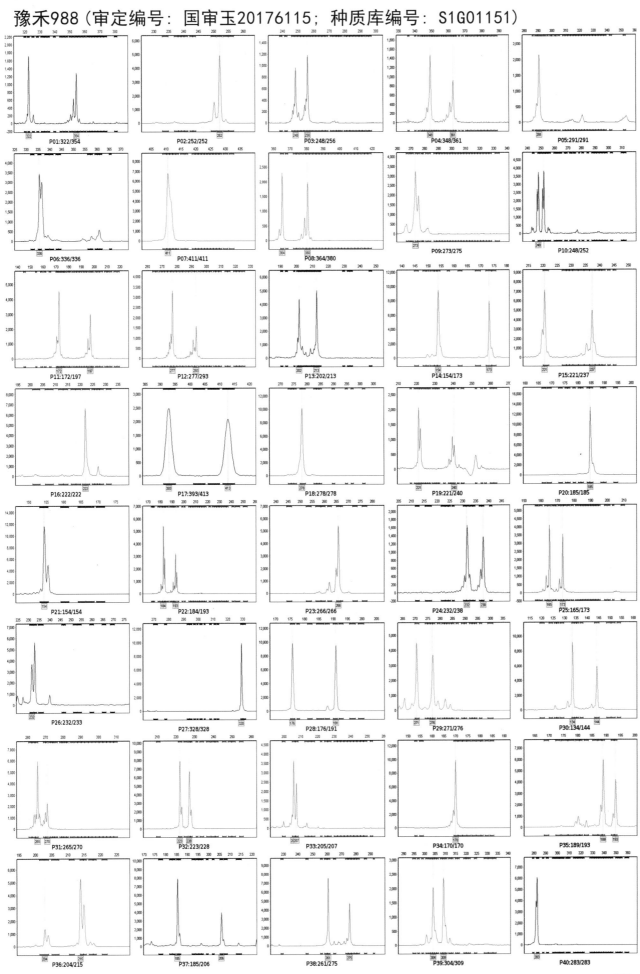

P01:322/354　P02:252/252　P03:248/256　P04:348/561　P05:291/291
P06:336/336　P07:411/411　P08:364/380　P09:273/275　P10:248/252
P11:172/197　P12:277/293　P13:202/213　P14:154/173　P15:221/237
P16:222/222　P17:393/413　P18:278/278　P19:221/240　P20:185/185
P21:154/154　P22:184/193　P23:266/266　P24:232/238　P25:165/173
P26:232/233　P27:328/328　P28:176/191　P29:271/276　P30:134/144
P31:265/270　P32:223/228　P33:205/207　P34:170/170　P35:189/193
P36:204/215　P37:185/206　P38:261/275　P39:304/309　P40:283/283

美锋969（审定编号：国审玉20176116；种质库编号：S1G04465）

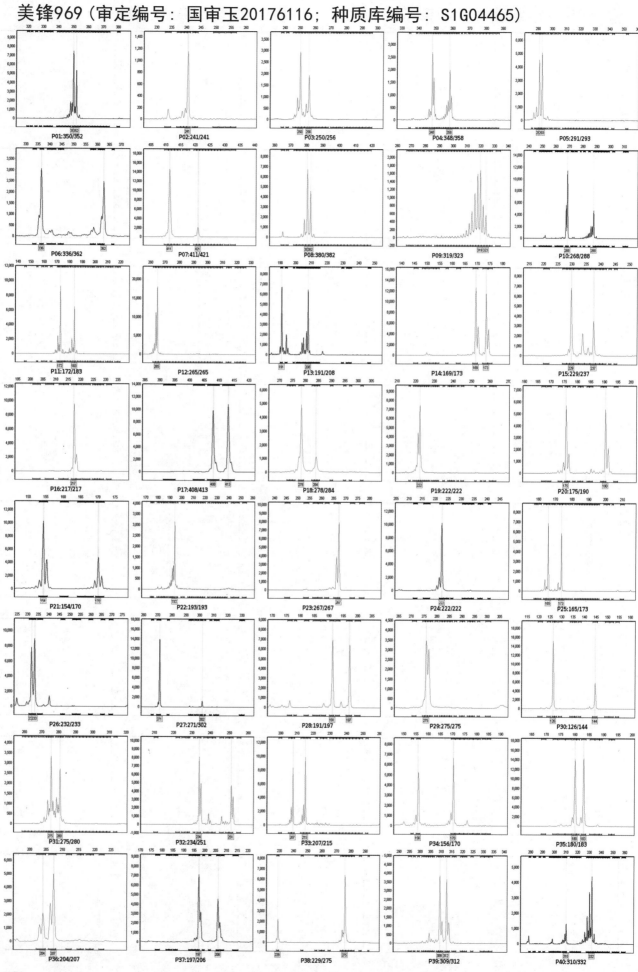

124

敦玉328（审定编号：国审玉20176117；种质库编号：XIN22686）

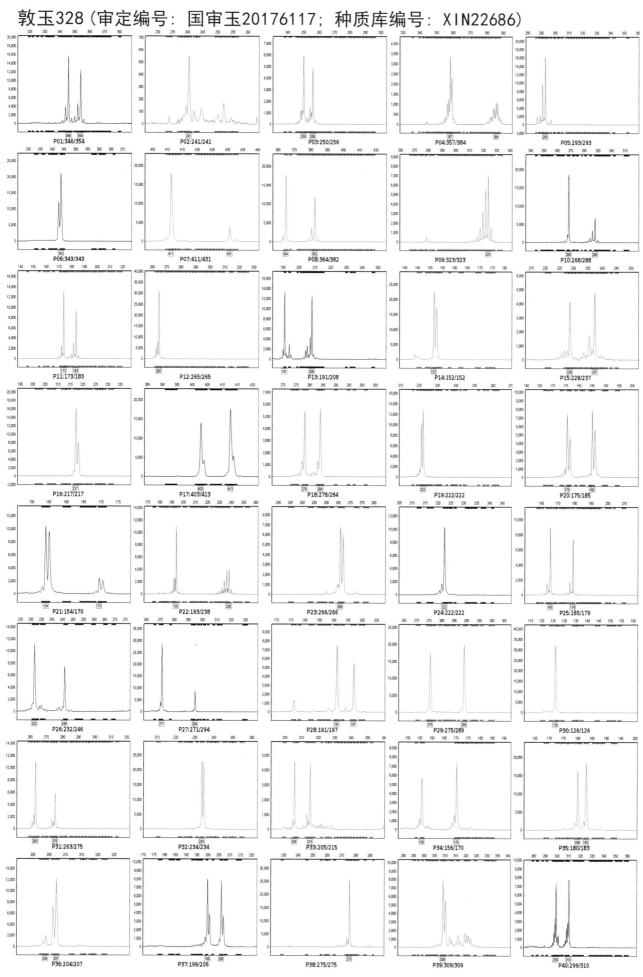

敦玉15（审定编号：国审玉20176118；种质库编号：S1G04248）

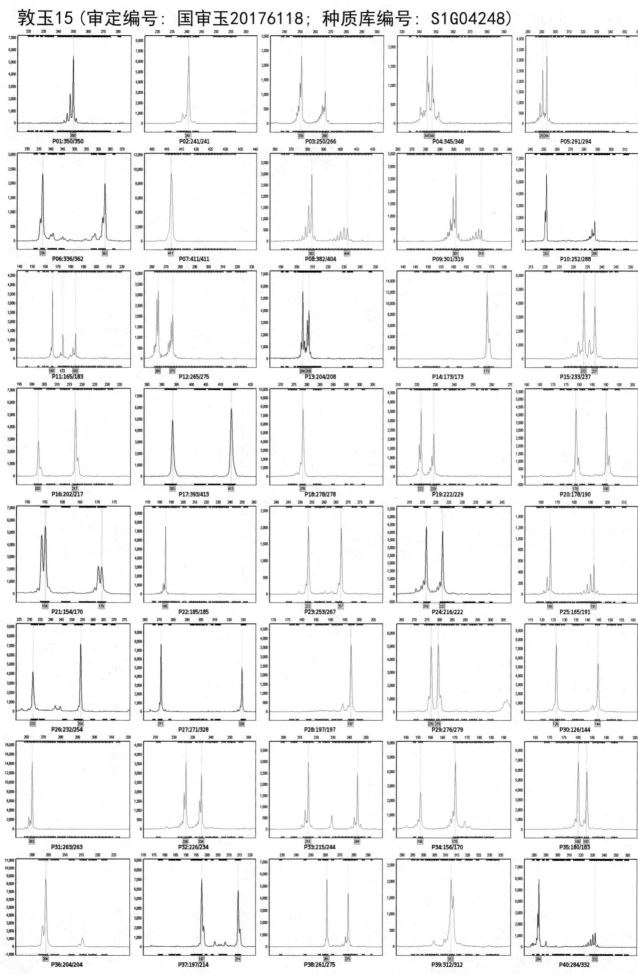

126

吉单558（审定编号：国审玉20176119；种质库编号：S1G03404）

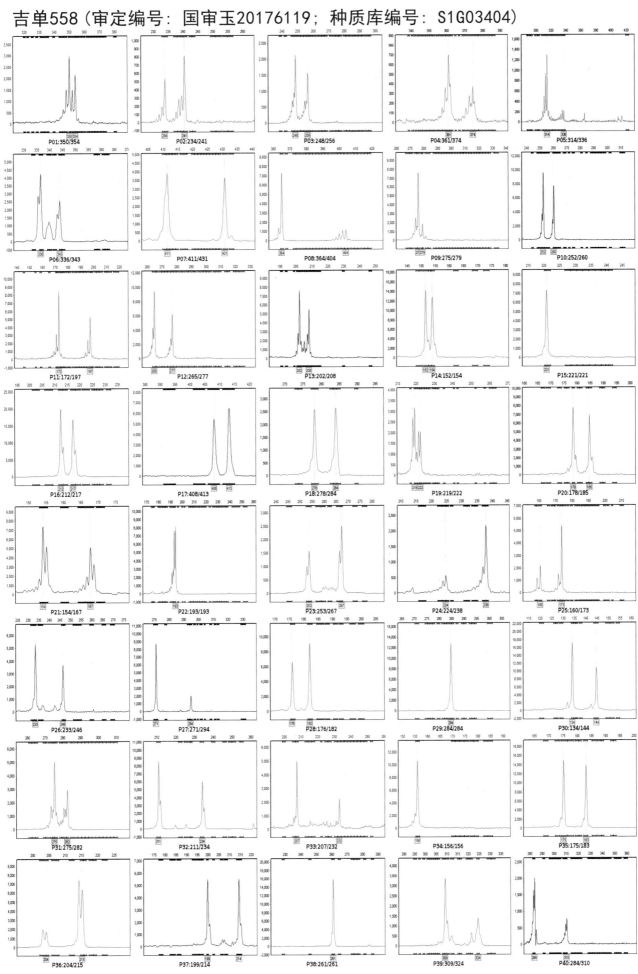

P01:350/354　P02:234/241　P03:248/256　P04:361/374　P05:314/336

P06:336/343　P07:411/431　P08:364/404　P09:275/279　P10:252/260

P11:172/197　P12:265/277　P13:202/208　P14:152/154　P15:221/221

P16:212/217　P17:408/413　P18:278/284　P19:219/222　P20:178/185

P21:154/167　P22:193/193　P23:253/267　P24:224/238　P25:160/173

P26:233/246　P27:271/294　P28:176/182　P29:284/284　P30:134/144

P31:275/282　P32:211/234　P33:207/232　P34:156/156　P35:175/183

P36:204/215　P37:199/214　P38:261/261　P39:309/324　P40:284/310

陕单609（审定编号：国审玉2016001；种质库编号：S1G04081）

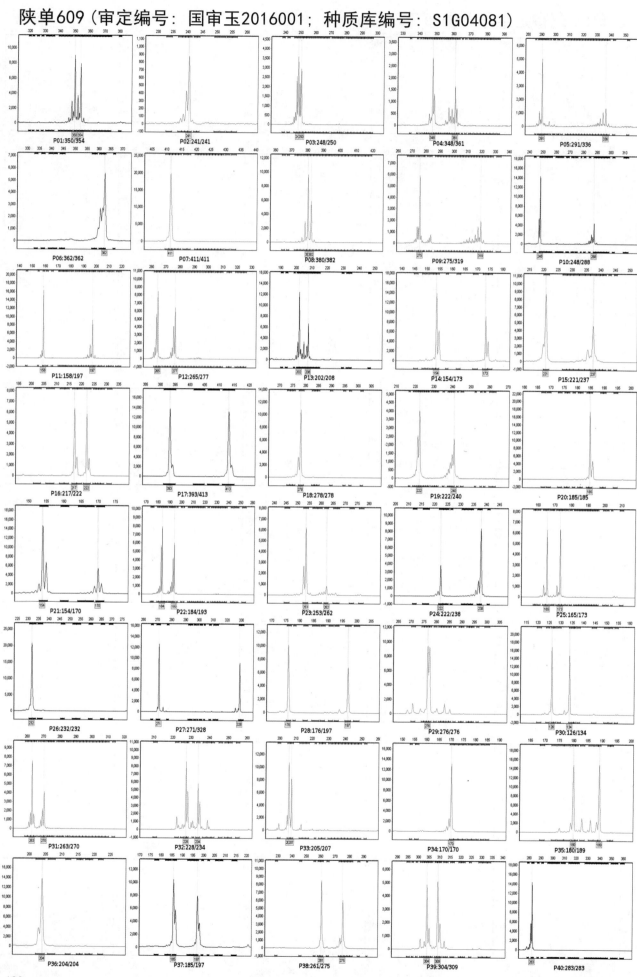

延科288（审定编号：国审玉2016002, 国审玉2014018；种质库编号：S1G04099）

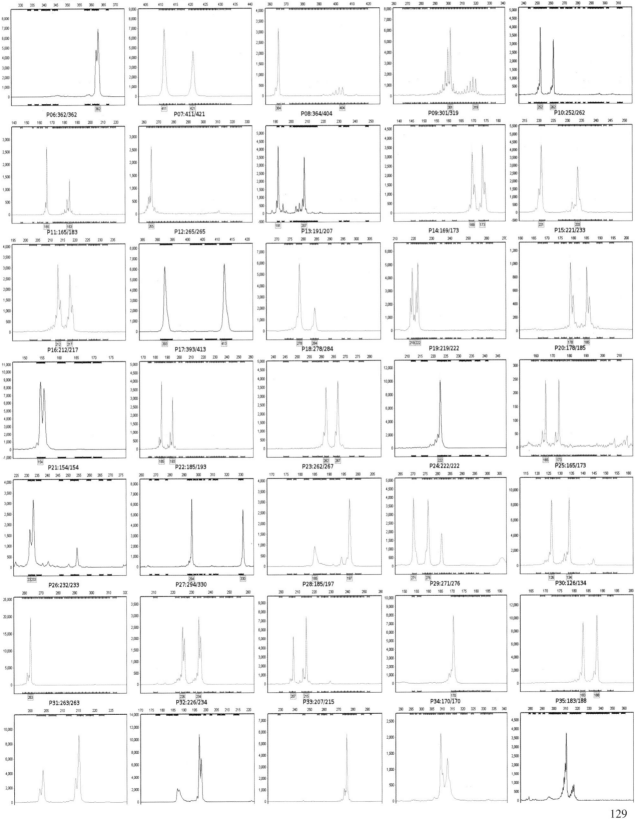

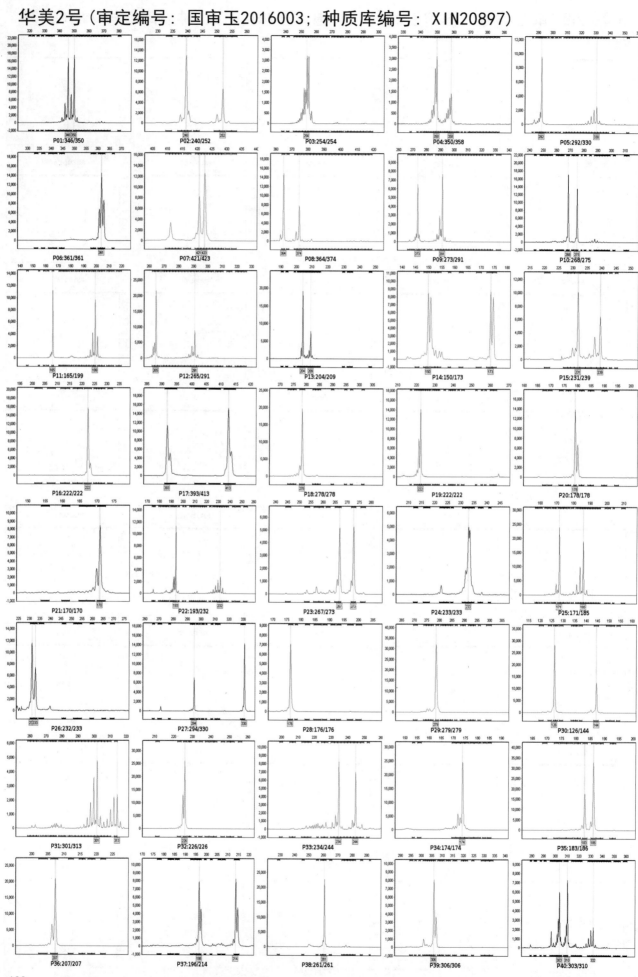

甜糯182号（审定编号：国审玉2016004；种质库编号：XIN20916）

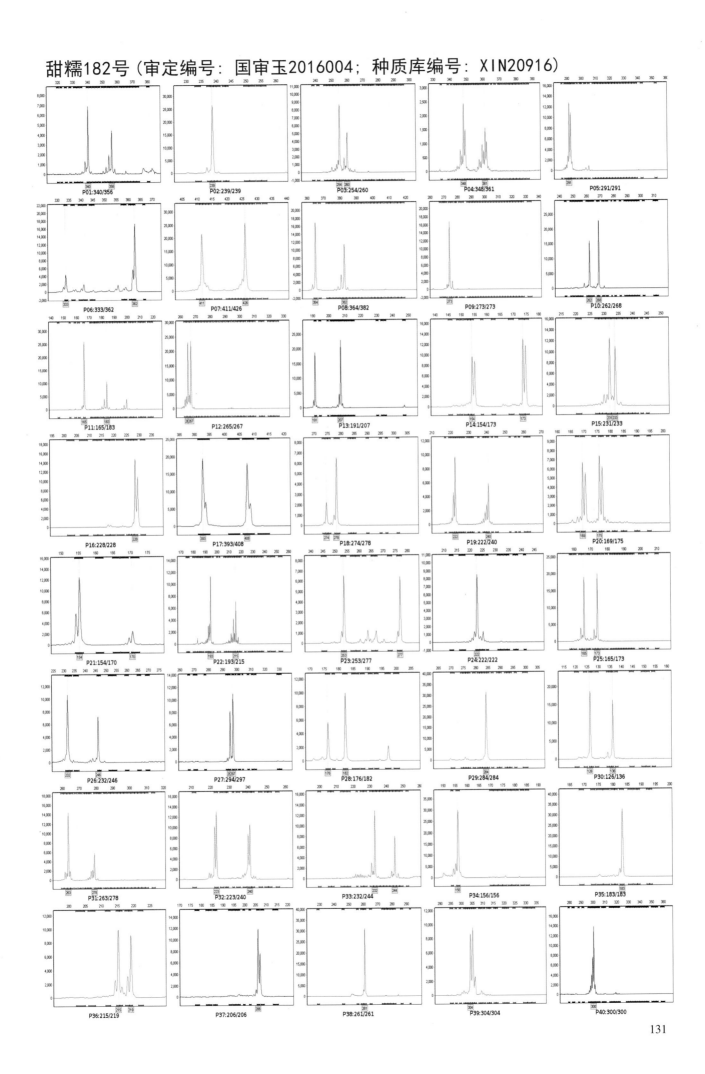

131

佳彩甜糯（审定编号：国审玉2016005；种质库编号：S1G04703）

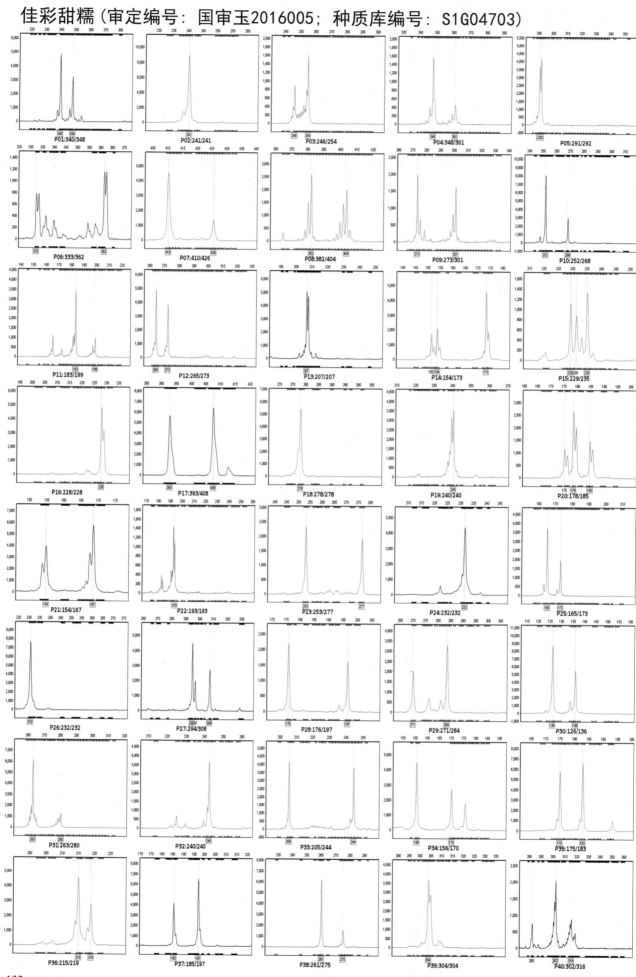

鲜玉糯5号（审定编号：国审玉2016006；种质库编号：XIN21744）

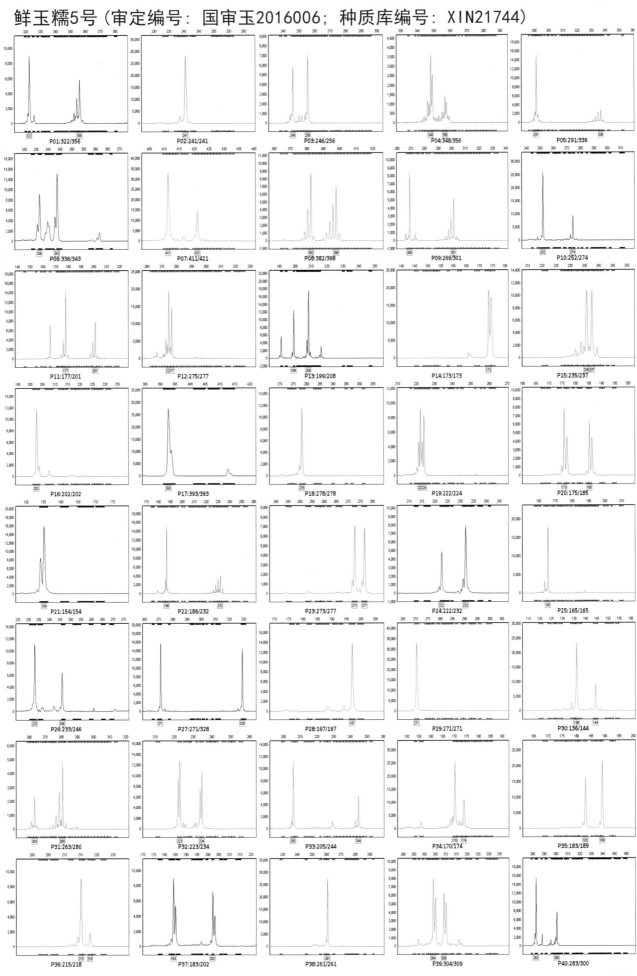

P01:322/356　P02:241/241　P03:246/256　P04:348/356　P05:291/336
P06:336/343　P07:411/421　P08:382/398　P09:269/301　P10:252/274
P11:177/201　P12:275/277　P13:199/208　P14:173/173　P15:235/237
P16:202/202　P17:393/393　P18:278/278　P19:222/224　P20:175/185
P21:154/154　P22:186/232　P23:273/277　P24:222/232　P25:165/165
P26:233/246　P27:271/328　P28:197/197　P29:271/271　P30:136/144
P31:263/280　P32:223/234　P33:205/244　P34:170/174　P35:183/189
P36:215/218　P37:183/202　P38:261/261　P39:304/309　P40:283/300

珠玉糯1号（审定编号：国审玉2016007；种质库编号：S1G04858）

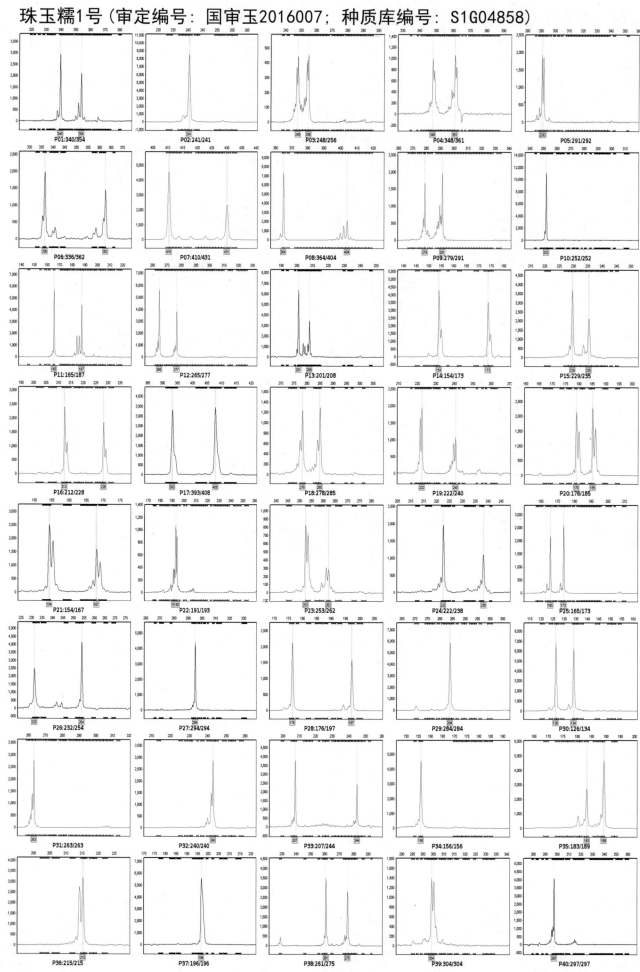

万糯2000（审定编号：国审玉2016008，国审玉2015032；种质库编号：S1G045
21）

農科玉368（审定编号：国审玉2016009，国审玉2015034；种质库编号：S1G05084）

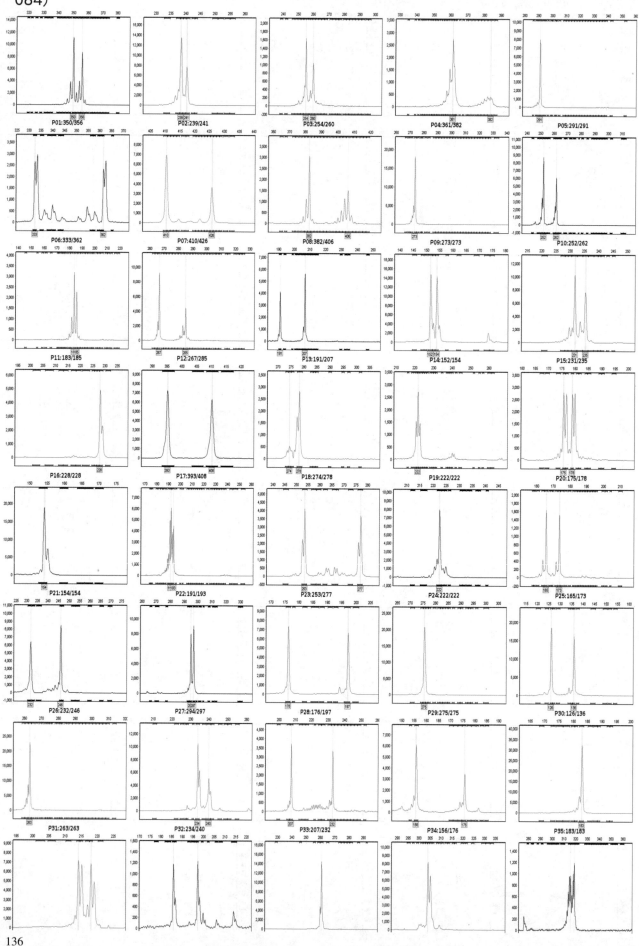

金糯102（审定编号：国审玉2016010；种质库编号：S1G03610）

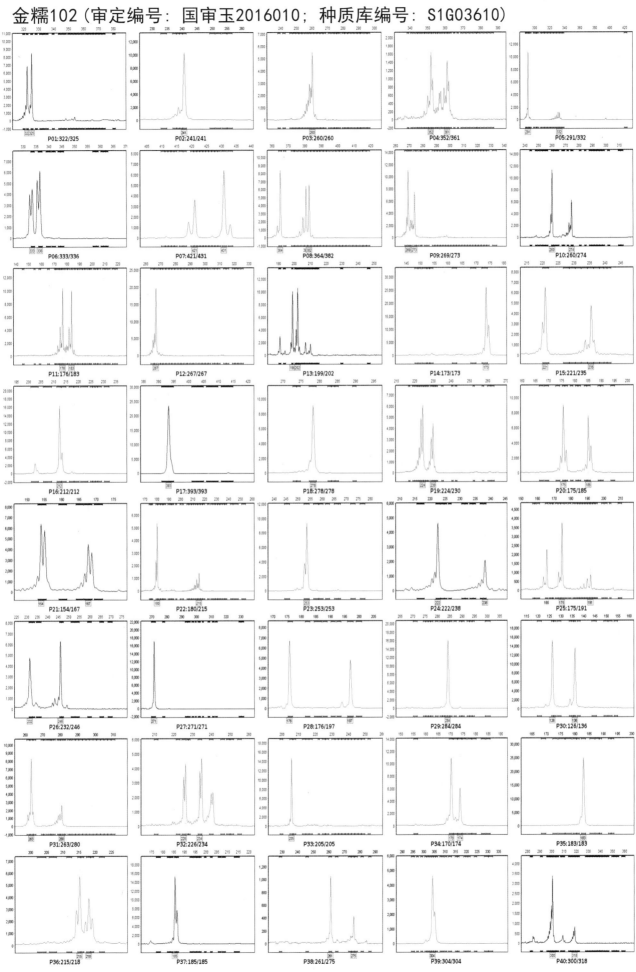

桂甜糯525（审定编号：国审玉2016011；种质库编号：S1G03565）

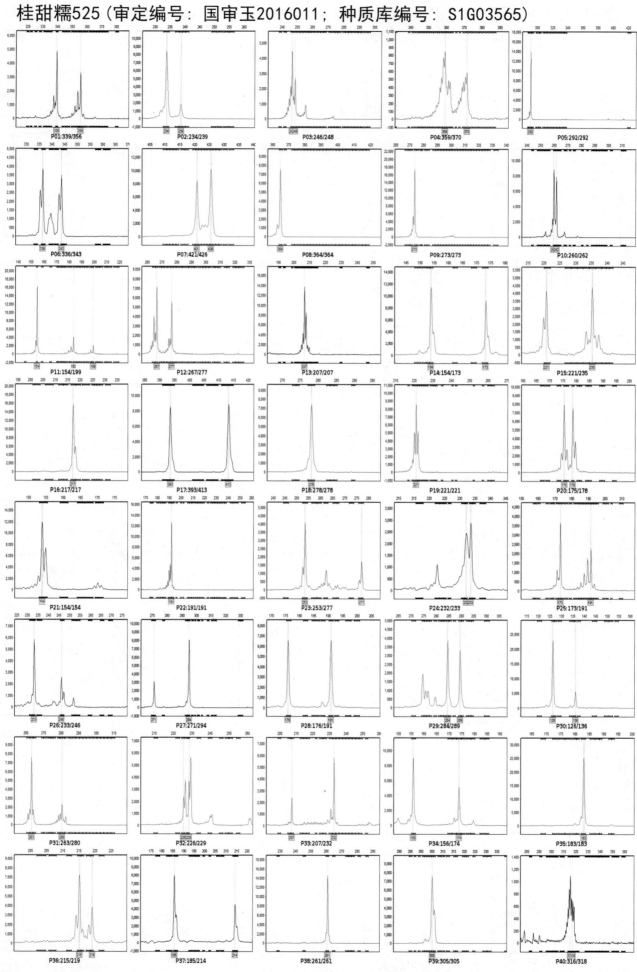

138

苏科糯10号（审定编号：国审玉2016012；种质库编号：XIN20913）

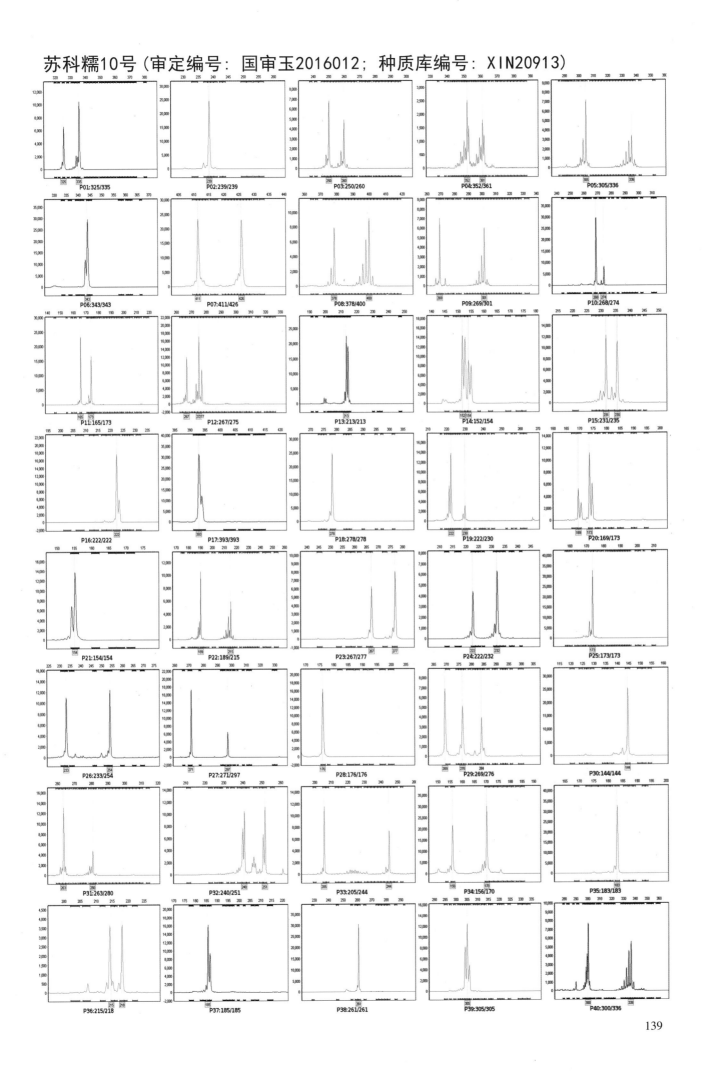

美玉9号（审定编号：国审玉2016013；种质库编号：S1G02854）

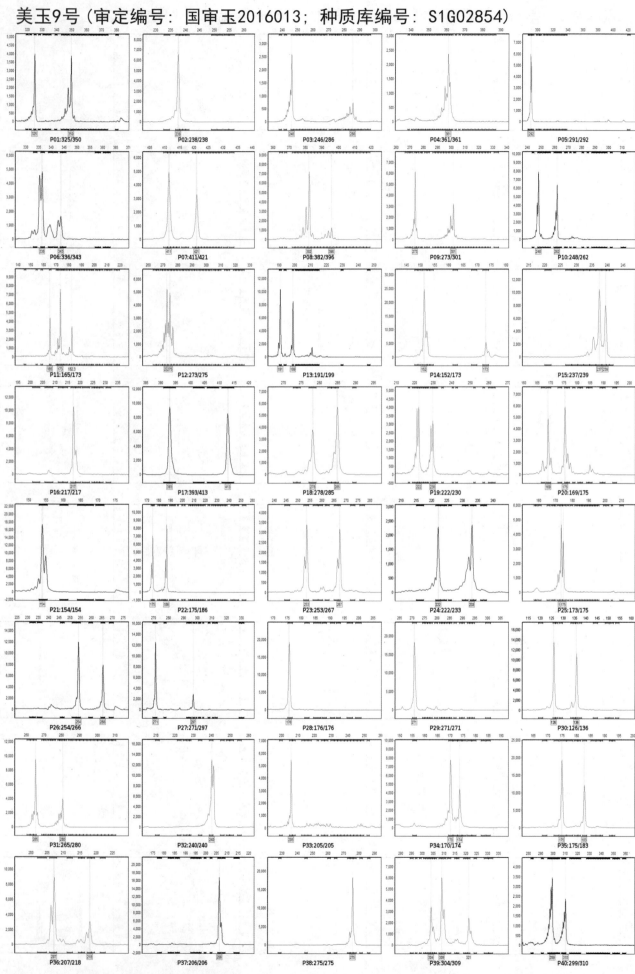

金冠218（审定编号：国审玉2016014；种质库编号：XIN22678）

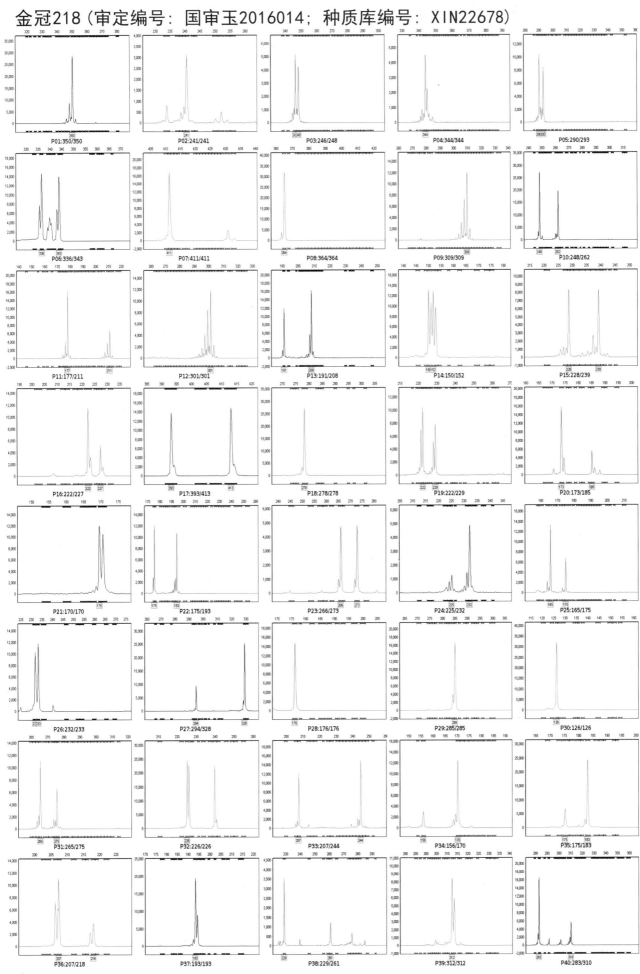

P01:350/350 P02:241/241 P03:246/248 P04:344/344 P05:290/293
P06:336/343 P07:411/411 P08:364/364 P09:309/309 P10:248/262
P11:177/211 P12:301/301 P13:191/208 P14:150/152 P15:228/239
P16:222/227 P17:393/413 P18:278/278 P19:222/229 P20:173/185
P21:170/170 P22:175/193 P23:266/273 P24:225/232 P25:165/175
P26:232/233 P27:294/328 P28:176/176 P29:285/285 P30:126/126
P31:265/275 P32:226/226 P33:207/244 P34:156/170 P35:175/183
P36:207/218 P37:193/193 P38:229/261 P39:312/312 P40:283/310

石甜玉1号（审定编号：国审玉2016015；种质库编号：XIN20918）

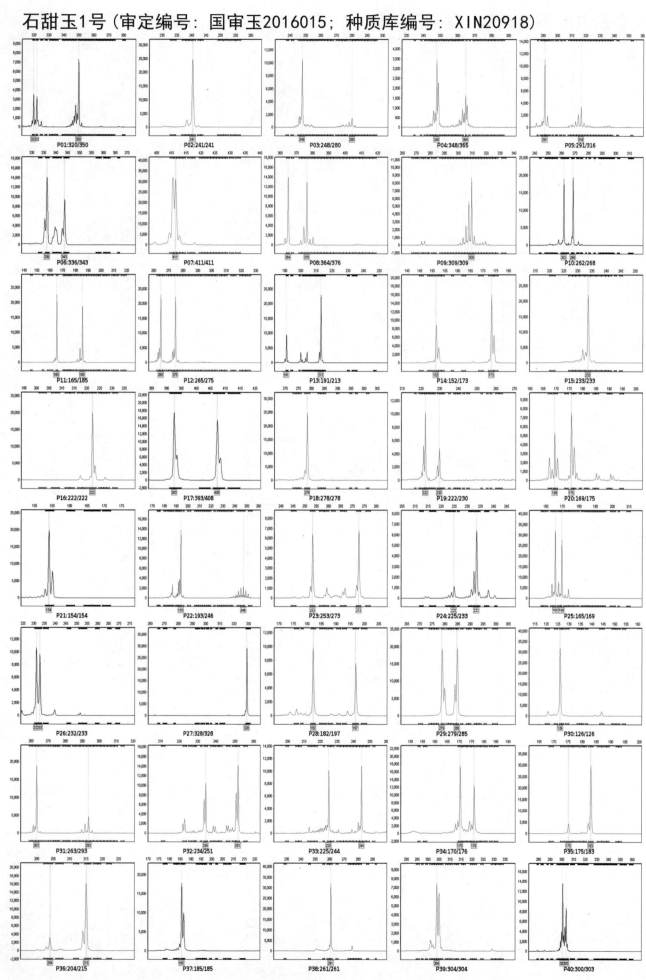

142

ND488（审定编号：国审玉2016016；种质库编号：XIN20919）

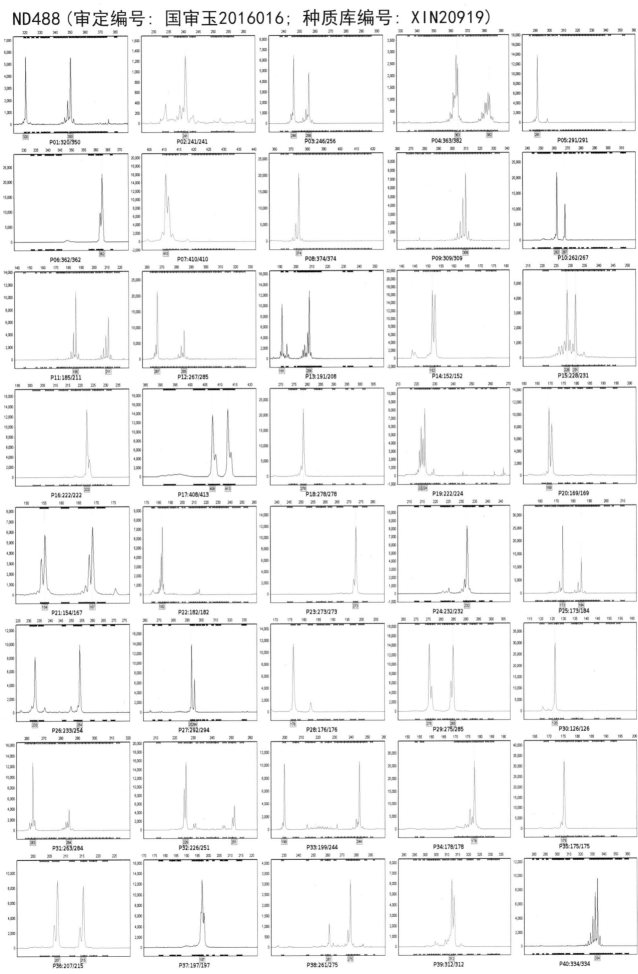

郑甜66（审定编号：国审玉2016017；种质库编号：XIN21745）

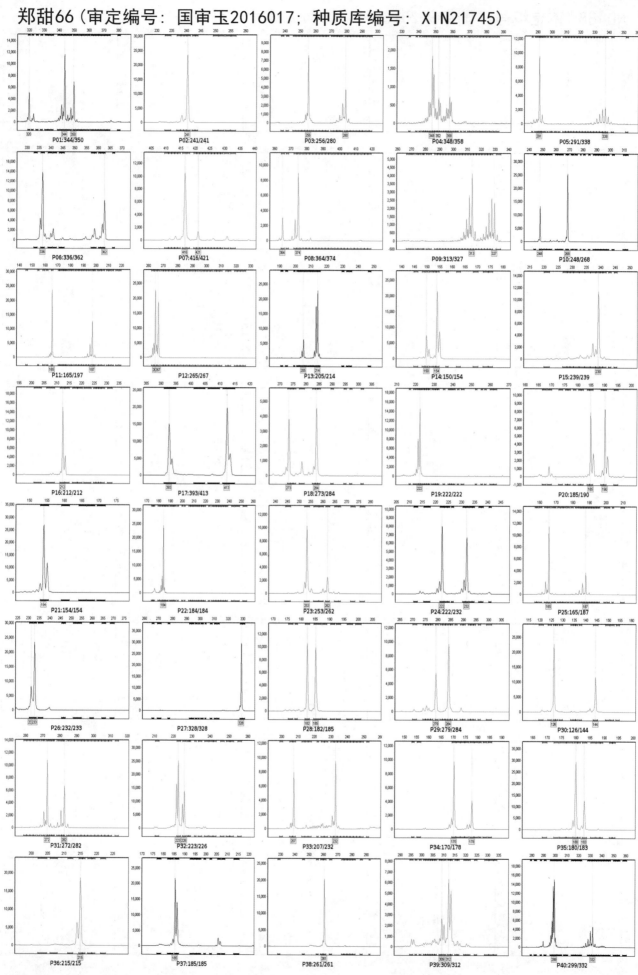

P01:344/350　P02:241/241　P03:256/280　P04:348/358　P05:291/338

P06:336/362　P07:416/421　P08:364/374　P09:313/327　P10:248/268

P11:165/197　P12:265/267　P13:205/214　P14:150/154　P15:239/239

P16:212/212　P17:393/413　P18:273/284　P19:222/222　P20:185/190

P21:154/154　P22:184/184　P23:253/262　P24:222/232　P25:165/187

P26:232/233　P27:328/328　P28:182/185　P29:279/284　P30:126/144

P31:272/282　P32:223/226　P33:207/232　P34:170/178　P35:180/183

P36:215/215　P37:185/185　P38:261/261　P39:309/312　P40:299/332

粤甜22号（审定编号：国审玉2016018；种质库编号：XIN22676）

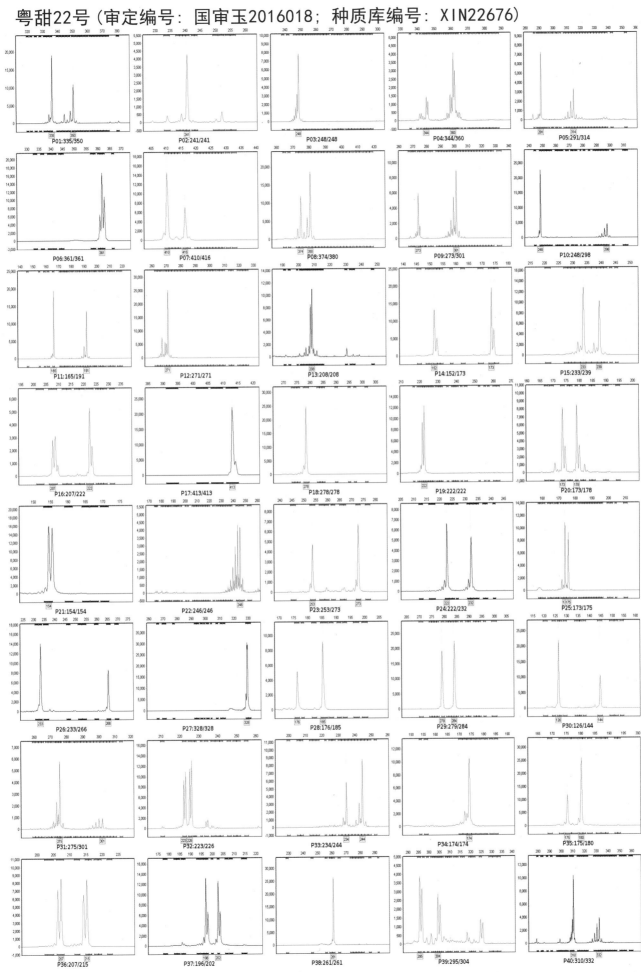

仲鲜甜3号（审定编号：国审玉2016019；种质库编号：XIN22677）

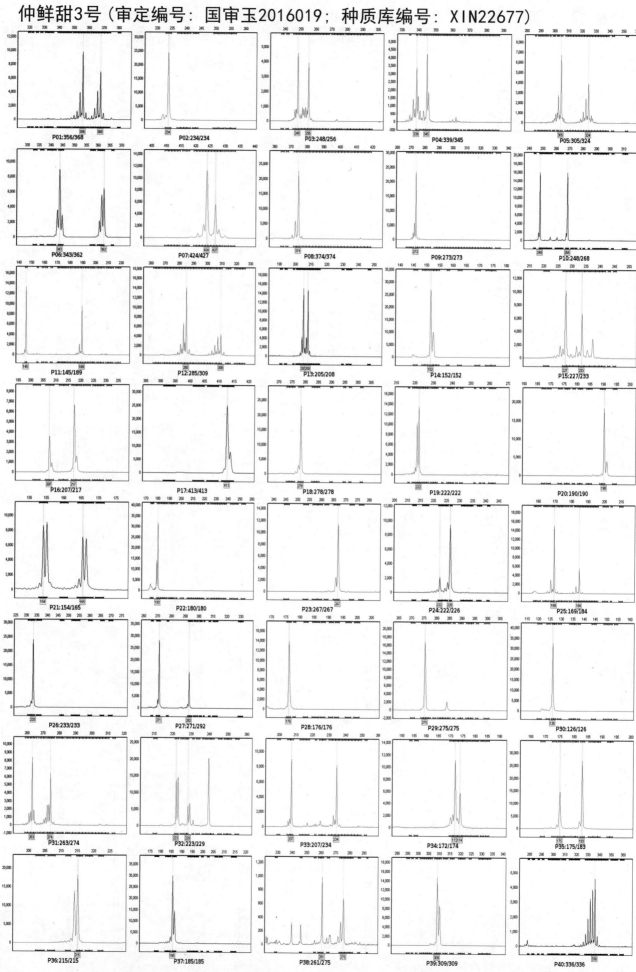

金谷103（审定编号：国审玉2016020；种质库编号：XIN20873）

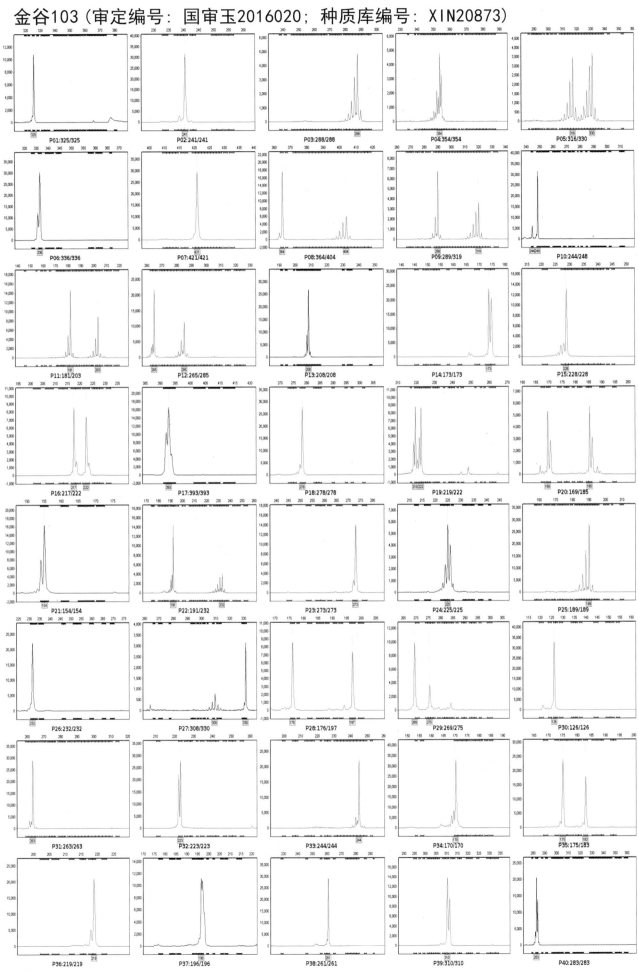

沈爆5号（审定编号：国审玉2016021；种质库编号：XIN20871）

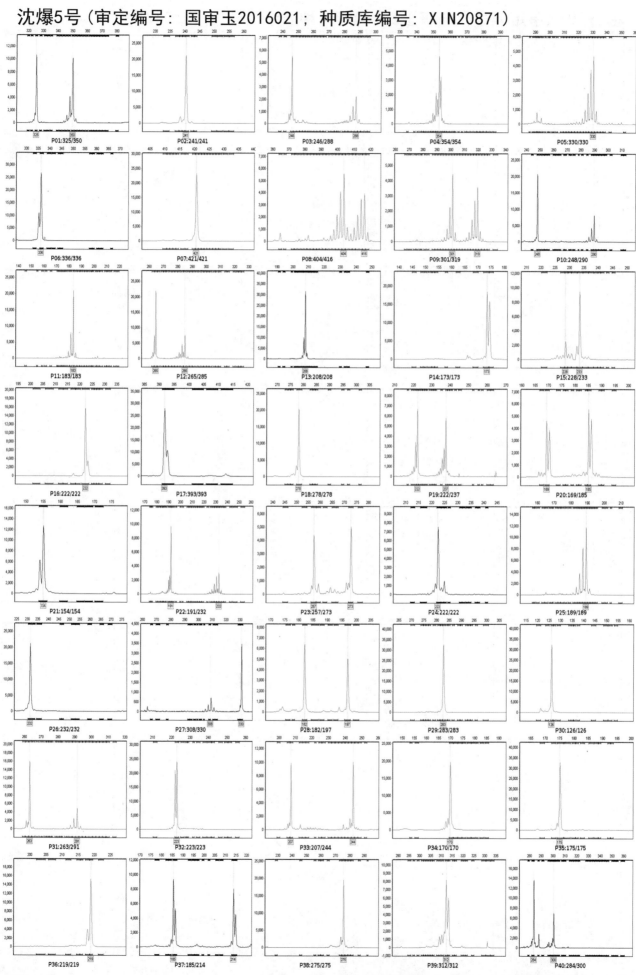

P01:325/350 　 P02:241/241 　 P03:246/288 　 P04:354/354 　 P05:330/330

P06:336/336 　 P07:421/421 　 P08:404/416 　 P09:301/319 　 P10:248/290

P11:183/183 　 P12:265/285 　 P13:208/208 　 P14:173/173 　 P15:228/233

P16:222/222 　 P17:393/393 　 P18:278/278 　 P19:222/237 　 P20:169/185

P21:154/154 　 P22:191/232 　 P23:257/273 　 P24:222/222 　 P25:189/189

P26:232/232 　 P27:308/330 　 P28:182/197 　 P29:283/283 　 P30:126/126

P31:263/291 　 P32:223/223 　 P33:207/244 　 P34:170/170 　 P35:175/175

P36:219/219 　 P37:185/214 　 P38:275/275 　 P39:312/312 　 P40:284/300

佳蝶117（审定编号：国审玉2016022；种质库编号：XIN20874）

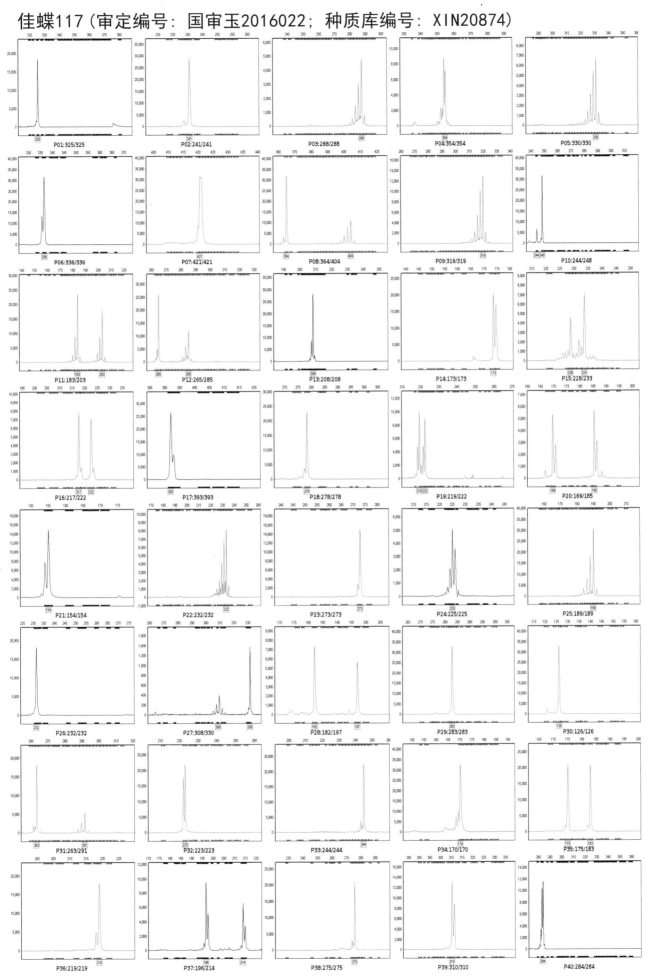

申科爆1号（审定编号：国审玉2016023；种质库编号：S1G05165）

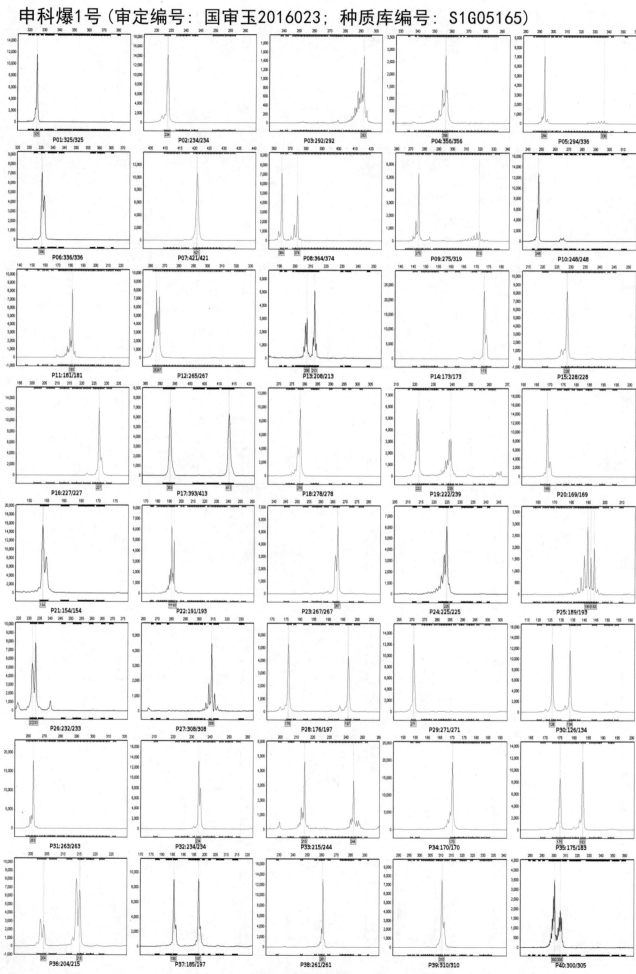

沈爆8号（审定编号：国审玉2016024；种质库编号：XIN20872）

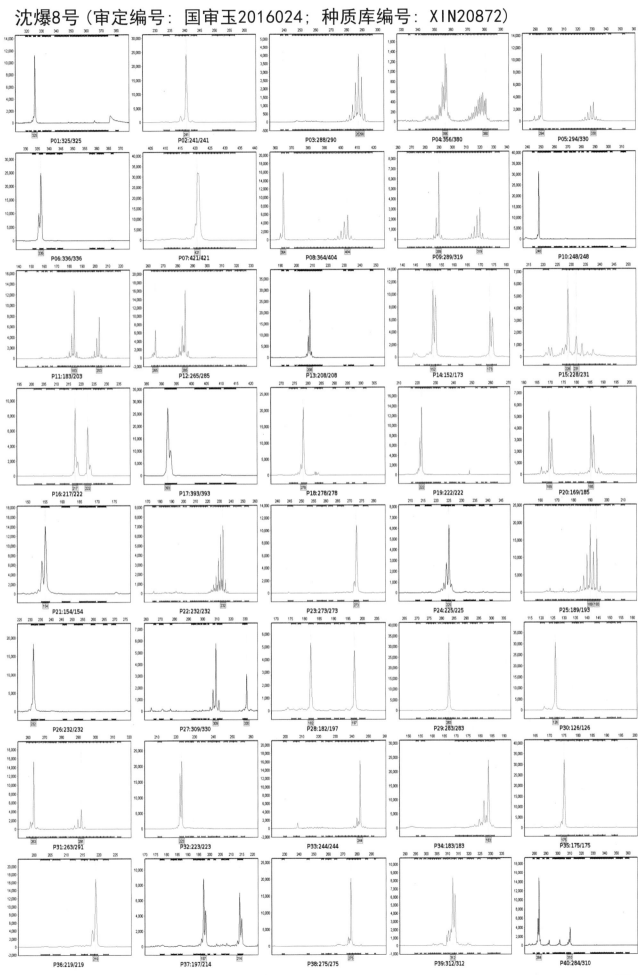

P01:325/325   P02:241/241   P03:288/290   P04:356/380   P05:294/330
P06:336/336   P07:421/421   P08:364/404   P09:289/319   P10:248/248
P11:183/203   P12:265/285   P13:208/208   P14:152/173   P15:228/231
P16:217/222   P17:393/393   P18:278/278   P19:222/222   P20:169/185
P21:154/154   P22:232/232   P23:273/273   P24:225/225   P25:189/193
P26:232/232   P27:309/330   P28:182/197   P29:283/283   P30:126/126
P31:263/291   P32:223/223   P33:244/244   P34:183/183   P35:175/175
P36:219/219   P37:197/214   P38:275/275   P39:312/312   P40:284/310

151

京科甜533（审定编号：国审玉2016025；种质库编号：S1G03607）

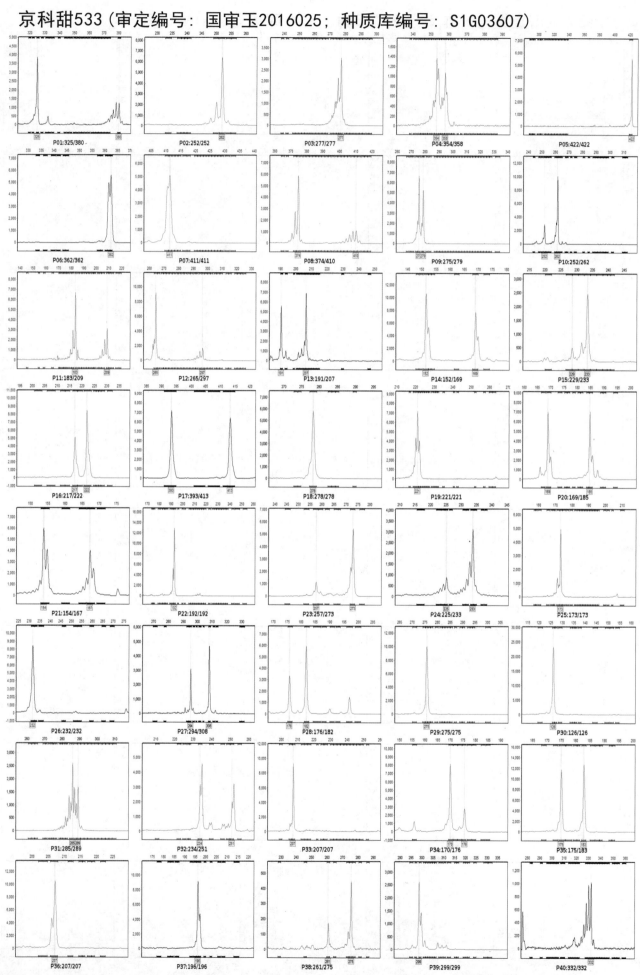

隆平208（审定编号：国审玉2016601；种质库编号：S1G02794）

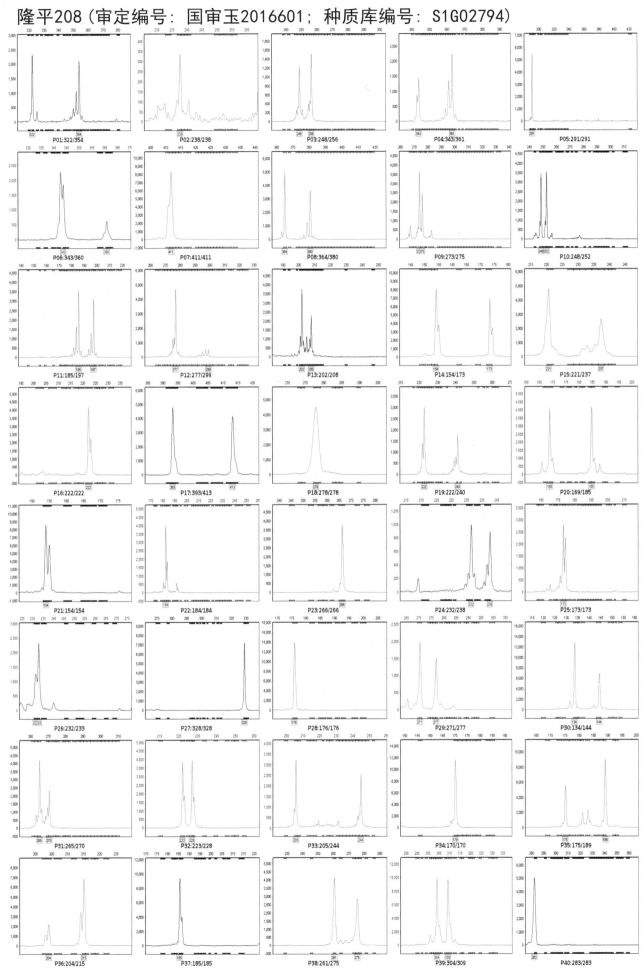

153

农华106（审定编号：国审玉2016602；种质库编号：S1G05423）

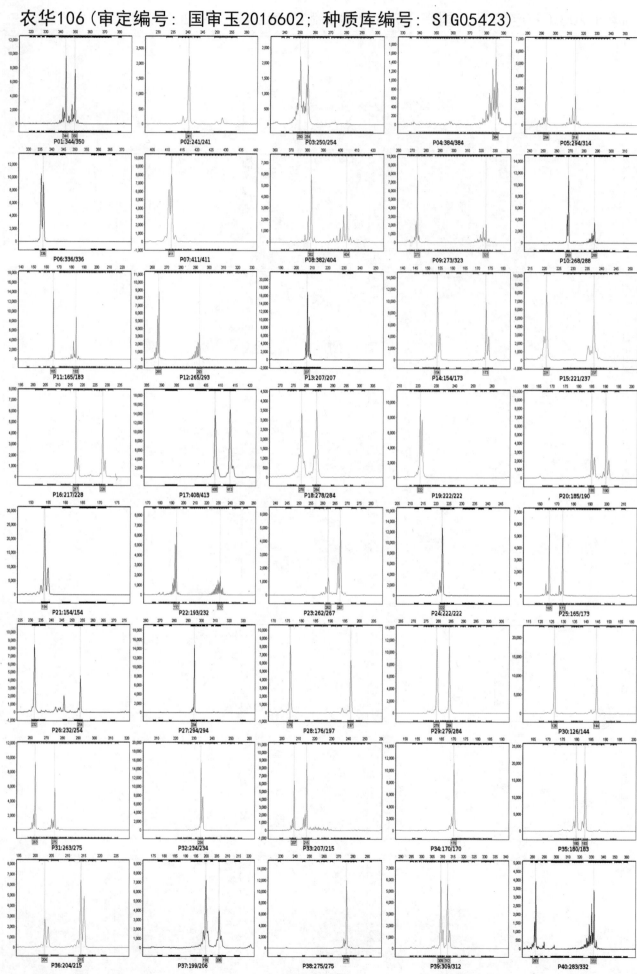

大民3301（审定编号：国审玉2016605；种质库编号：S1G04623）

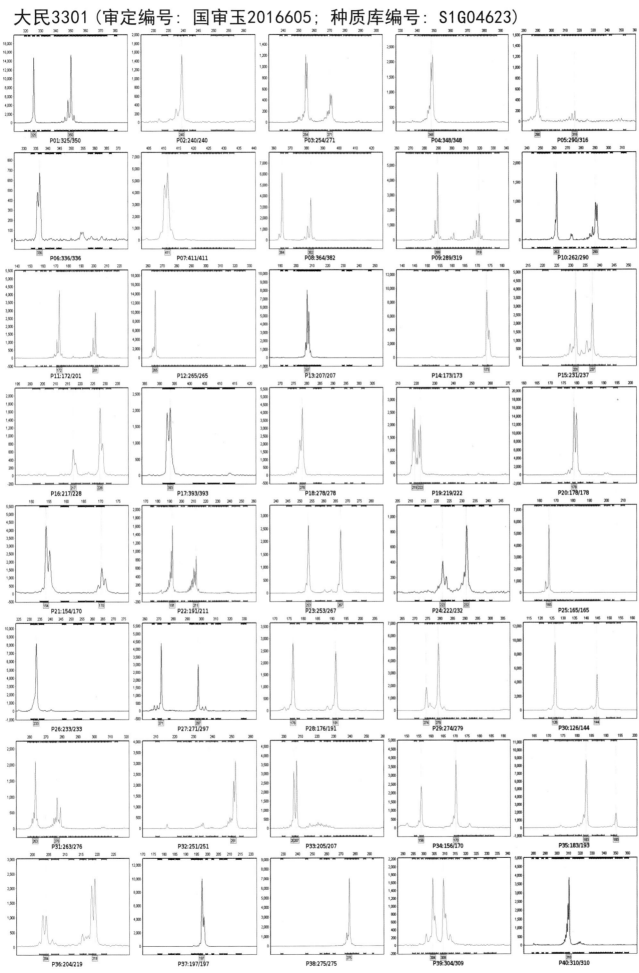

德单1002（审定编号：国审玉2016608；种质库编号：S1G03795）

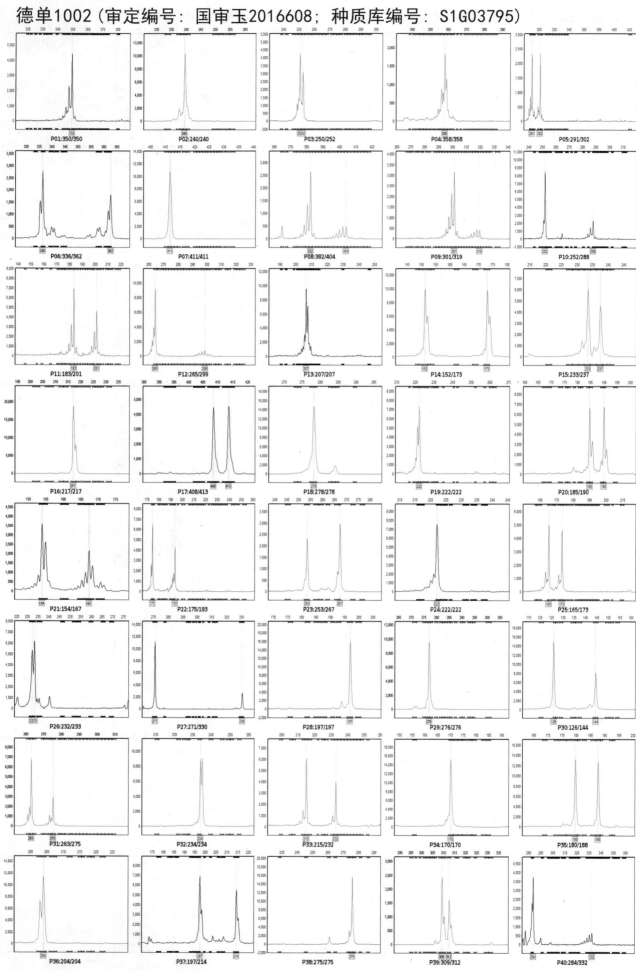

秋乐126（审定编号：国审玉2016609；种质库编号：S1G05725）

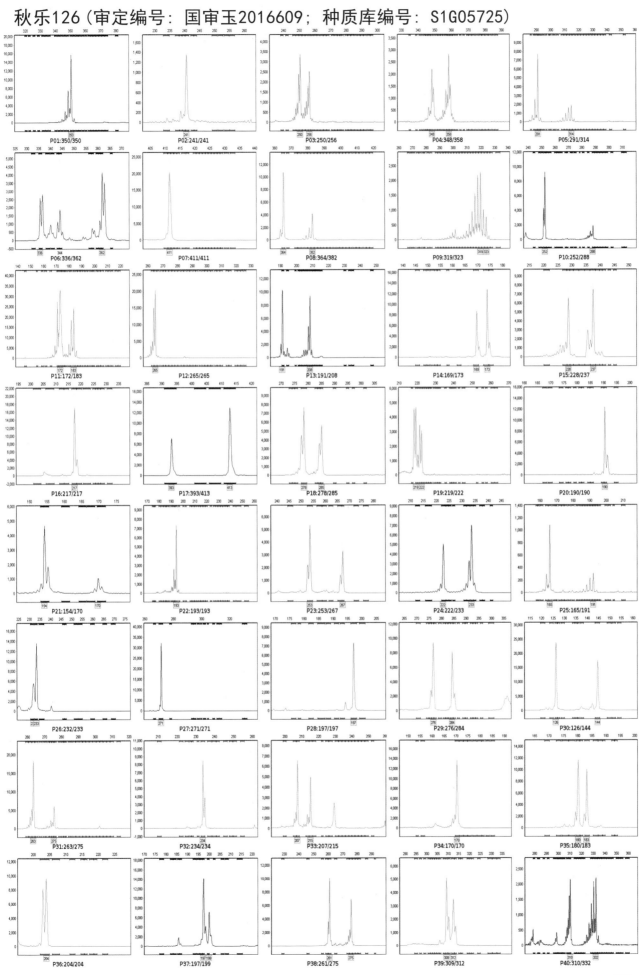

农华205（审定编号：国审玉2015006；种质库编号：S1G04511）

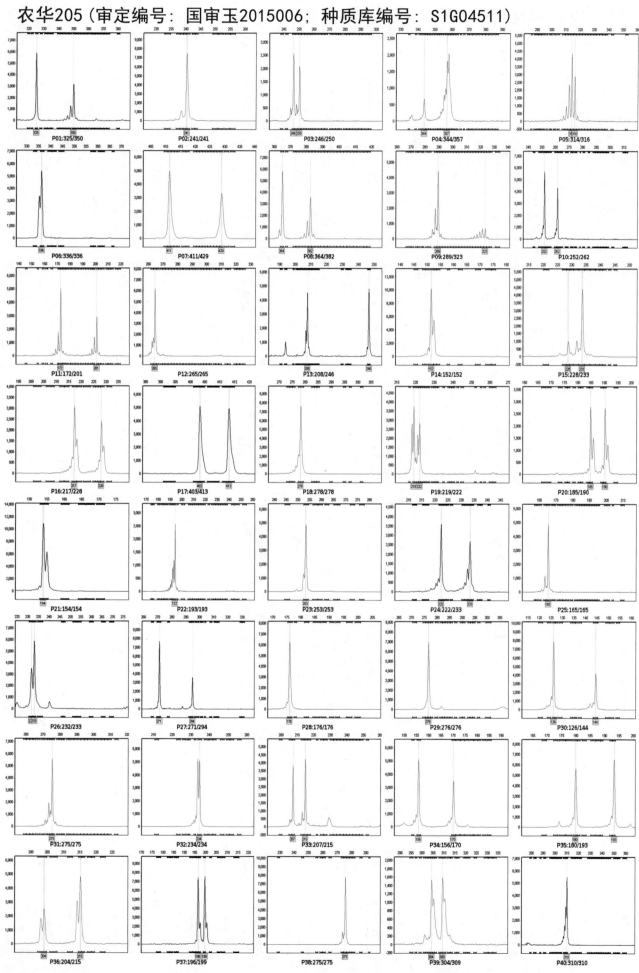

承 950（审定编号：国审玉2015007；种质库编号：XIN29209）

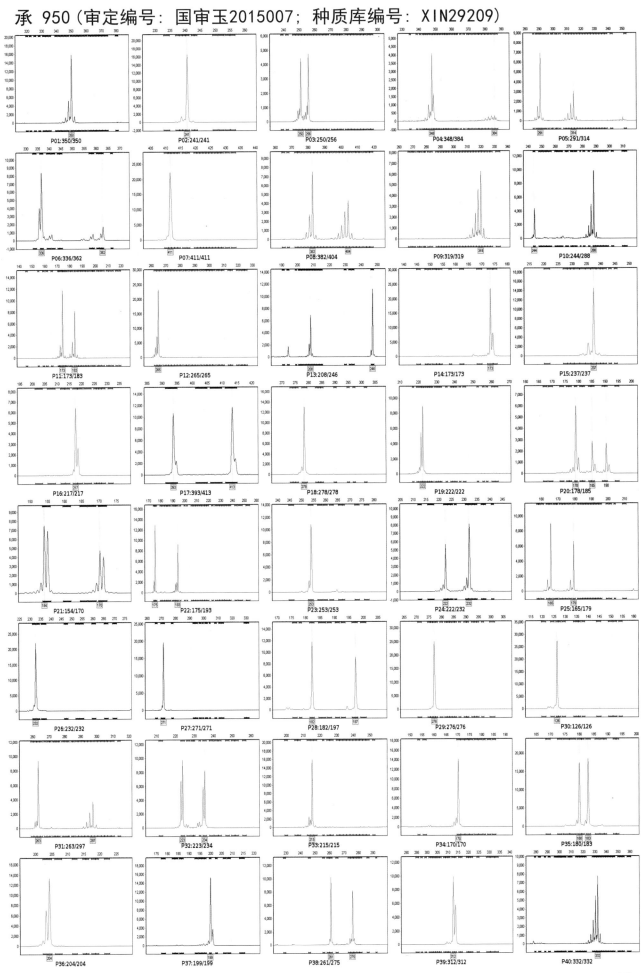

159

东单119（审定编号：国审玉2015008；种质库编号：S1G05507）

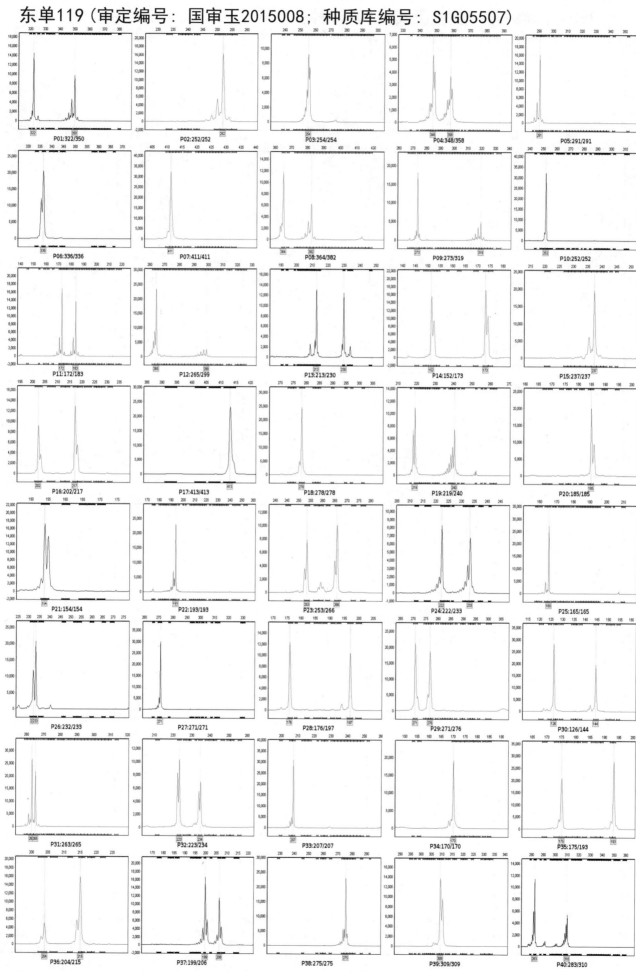

滑玉168（审定编号：国审玉2015012；种质库编号：XIN29221）

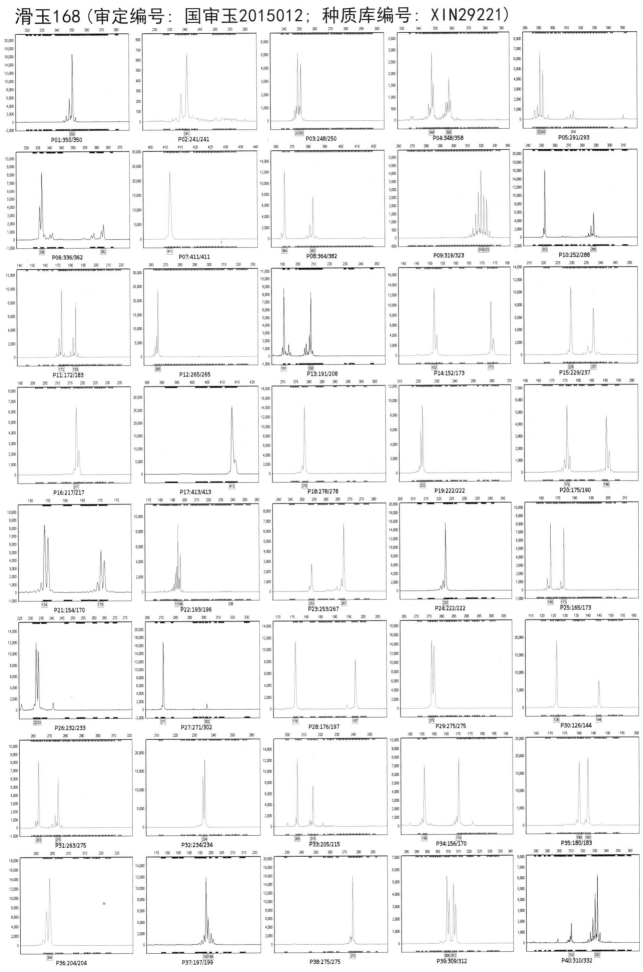

农大372（审定编号：国审玉2015014；种质库编号：XIN29219）

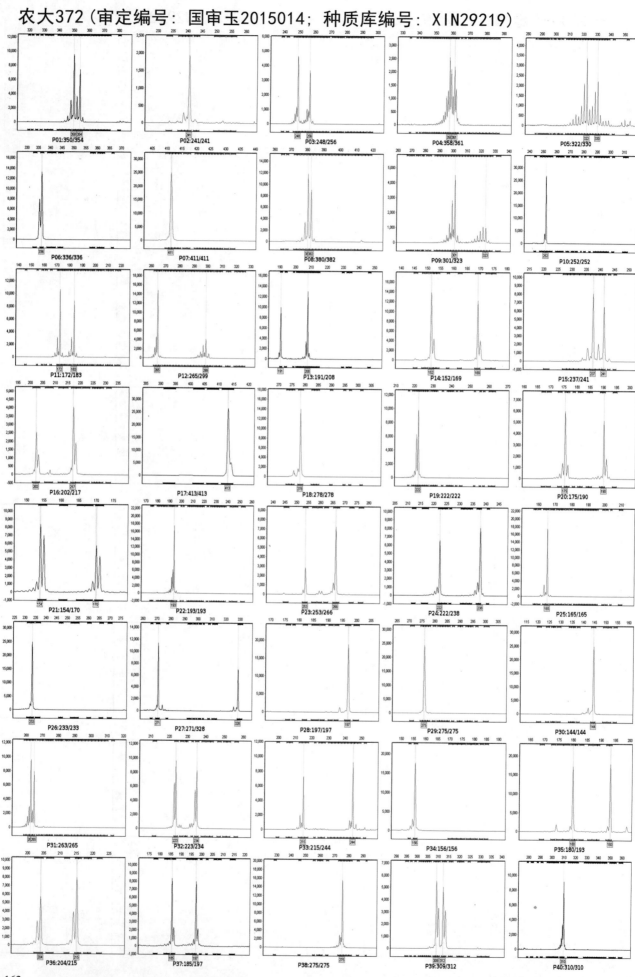

郑单1002（审定编号：国审玉2015017；种质库编号：S1G04369）

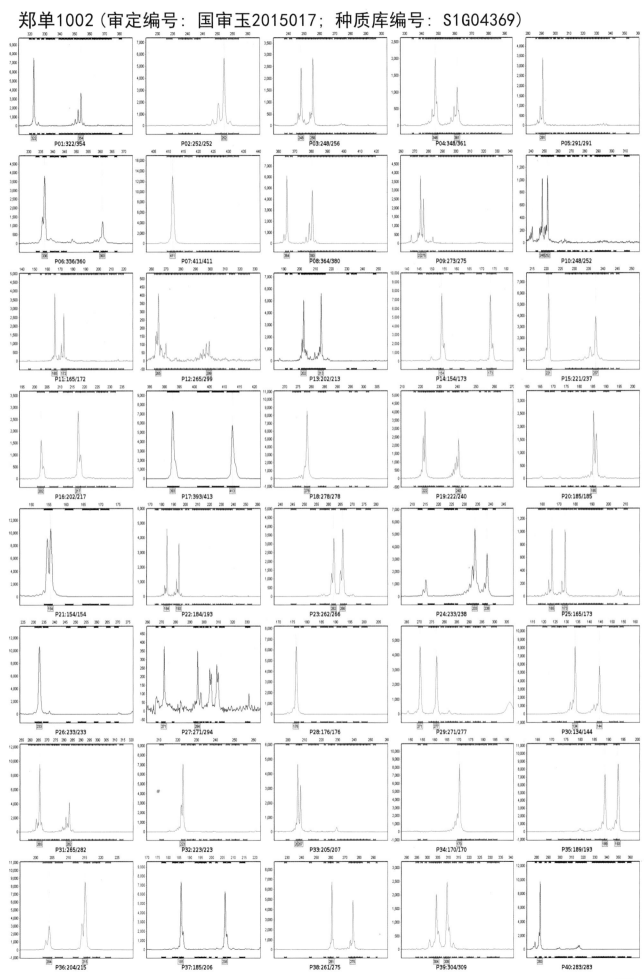

豫单606（审定编号：国审玉2015018；种质库编号：S1G04372）

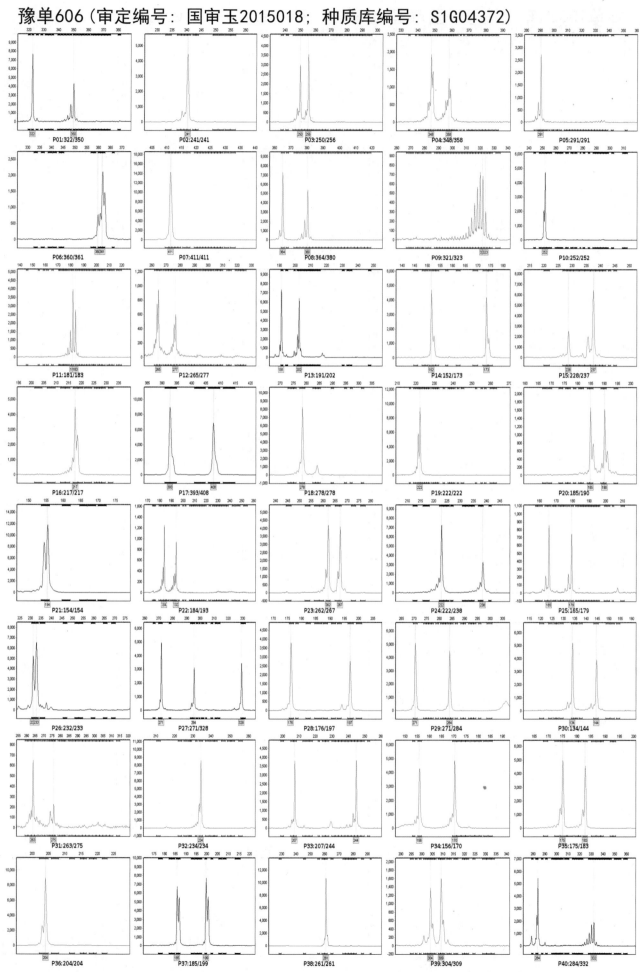

苏玉41（审定编号：国审玉2015019；种质库编号：S1G05724）

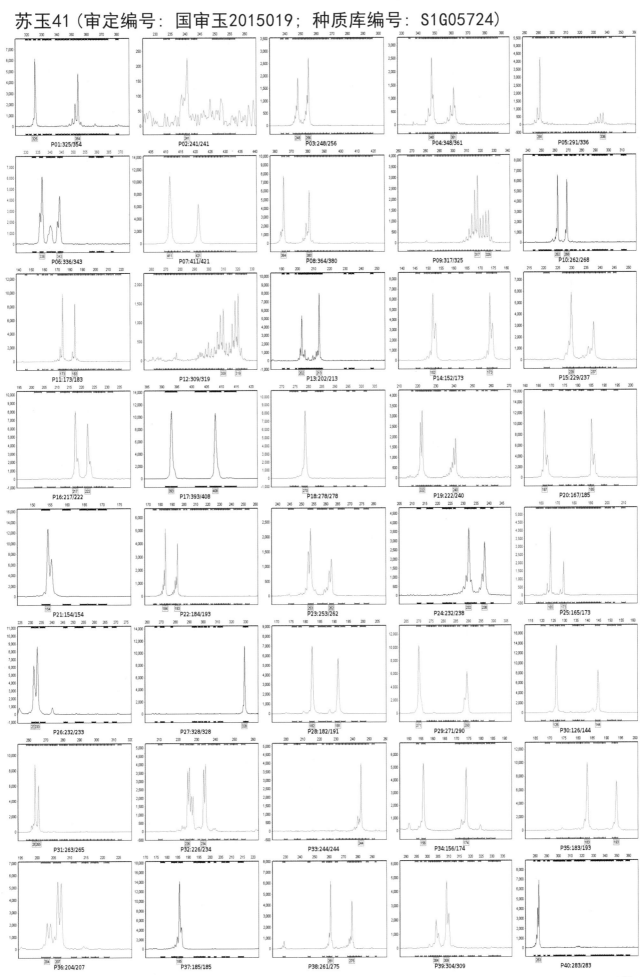

汉单777 (审定编号: 国审玉2015020; 种质库编号: S1G03442)

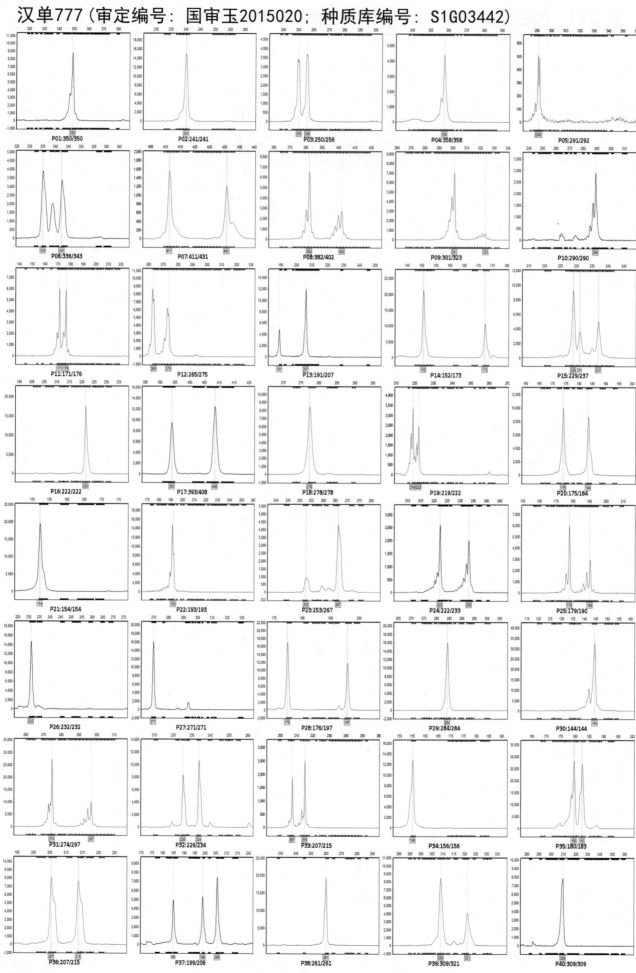

166

辽单588（审定编号：国审玉2015021；种质库编号：S1G04891）

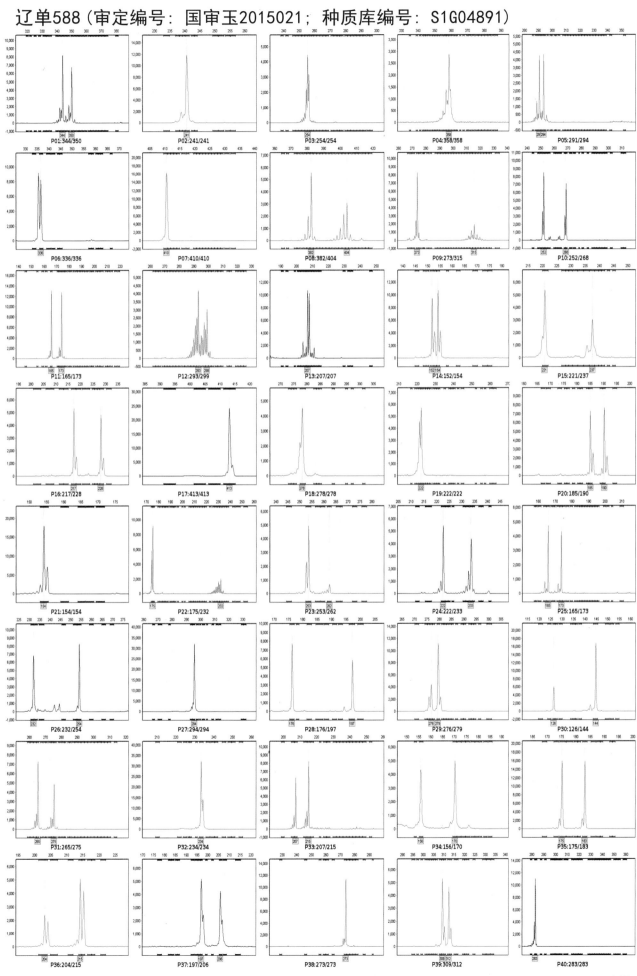

新玉52号（审定编号：国审玉2015022；种质库编号：S1G05194）

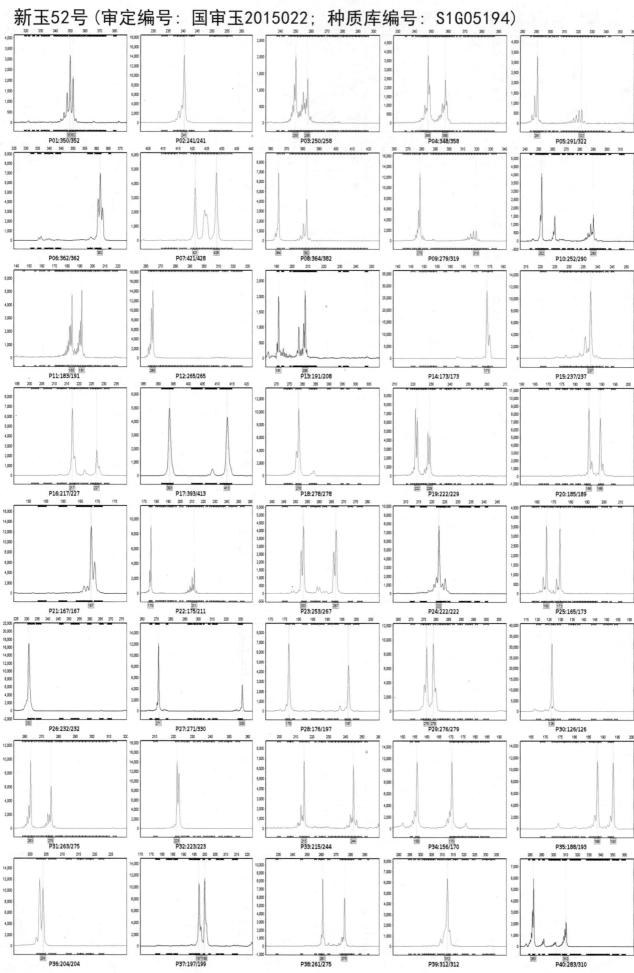

五谷568（审定编号：国审玉2015024；种质库编号：S1G04816）

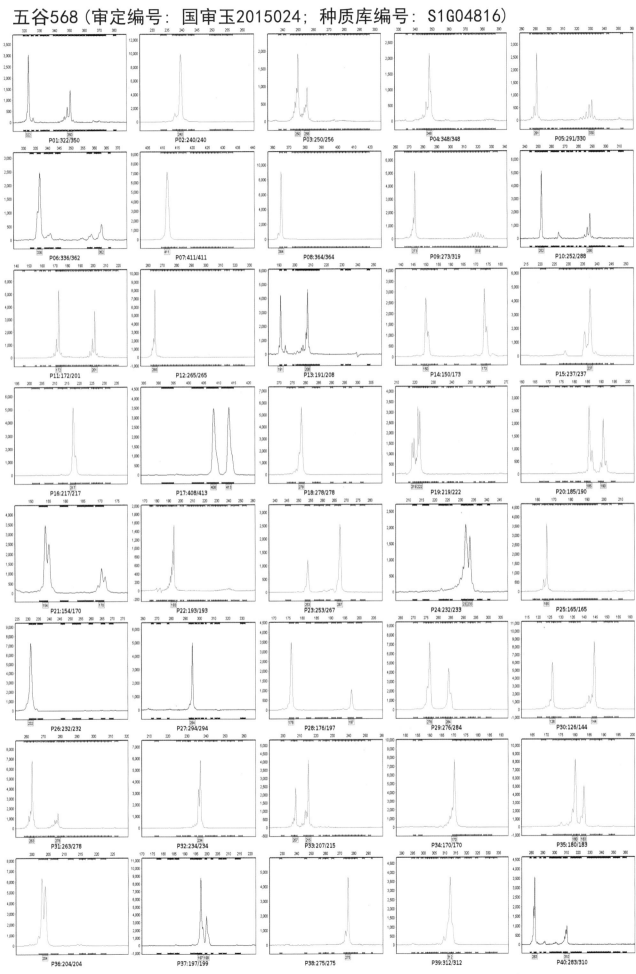

绵单1256（审定编号：国审玉2015025；种质库编号：XIN29225）

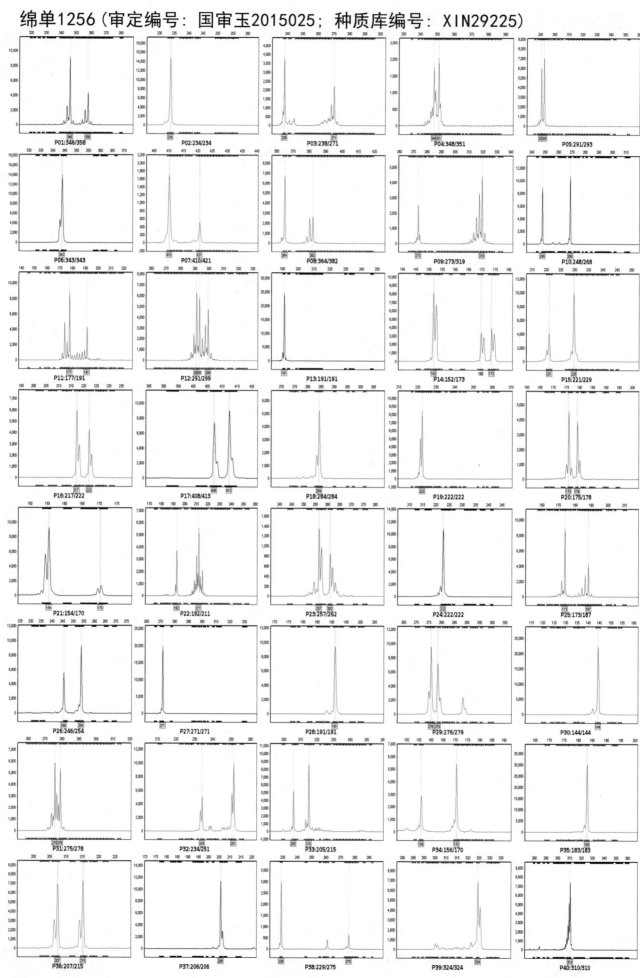

荣玉1210（审定编号：国审玉2015026；种质库编号：S1G04838）

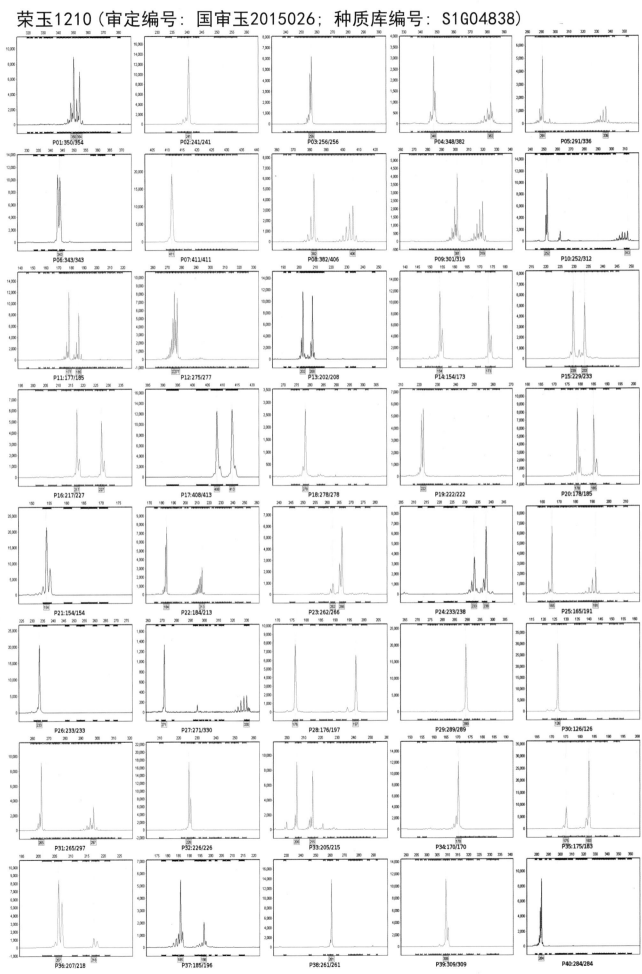

171

卓玉2号（审定编号：国审玉2015027；种质库编号：S1G04969）

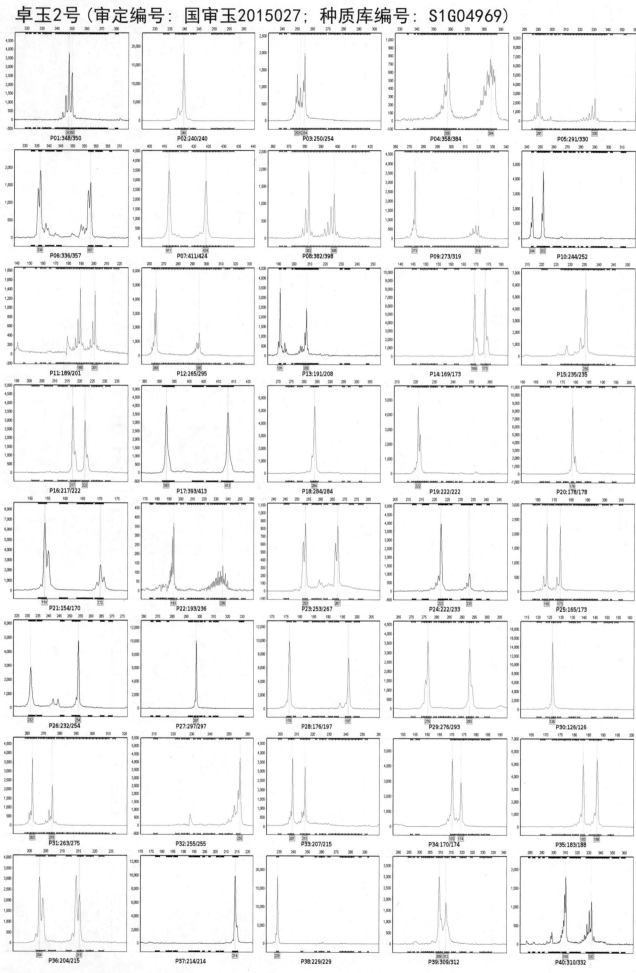

P01:348/350　P02:240/240　P03:250/254　P04:358/384　P05:291/330
P06:336/357　P07:411/424　P08:382/398　P09:273/319　P10:244/252
P11:189/201　P12:265/295　P13:191/208　P14:169/173　P15:235/235
P16:217/222　P17:393/413　P18:284/284　P19:222/222　P20:178/178
P21:154/170　P22:193/236　P23:253/267　P24:222/233　P25:165/173
P26:232/254　P27:297/297　P28:176/197　P29:276/293　P30:126/126
P31:263/275　P32:255/255　P33:207/215　P34:170/174　P35:183/188
P36:204/215　P37:214/214　P38:229/229　P39:309/312　P40:310/332

青青009（审定编号：国审玉2015029；种质库编号：XIN29226）

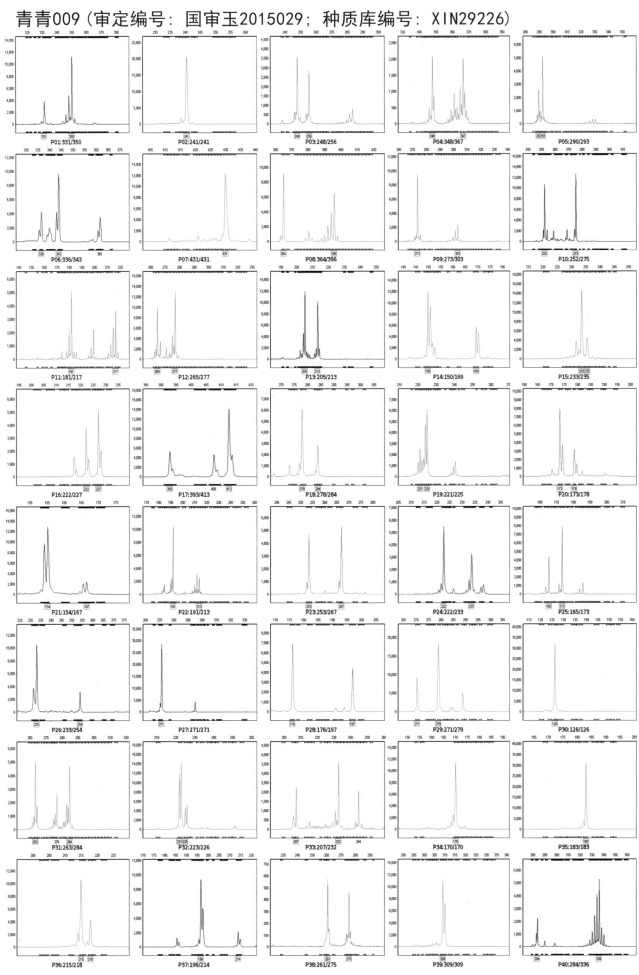

P01:331/350　P02:241/241　P03:248/256　P04:348/367　P05:290/293

P06:336/343　P07:431/431　P08:364/396　P09:273/303　P10:252/275

P11:181/217　P12:265/277　P13:205/213　P14:150/169　P15:233/235

P16:222/227　P17:393/413　P18:278/284　P19:221/225　P20:173/178

P21:154/167　P22:191/213　P23:253/267　P24:222/233　P25:165/173

P26:233/254　P27:271/271　P28:176/197　P29:271/279　P30:126/126

P31:263/284　P32:223/226　P33:207/232　P34:170/170　P35:183/183

P36:215/218　P37:196/214　P38:261/275　P39:309/309　P40:284/336

天单101（审定编号：国审玉2015031；种质库编号：S1G05732）

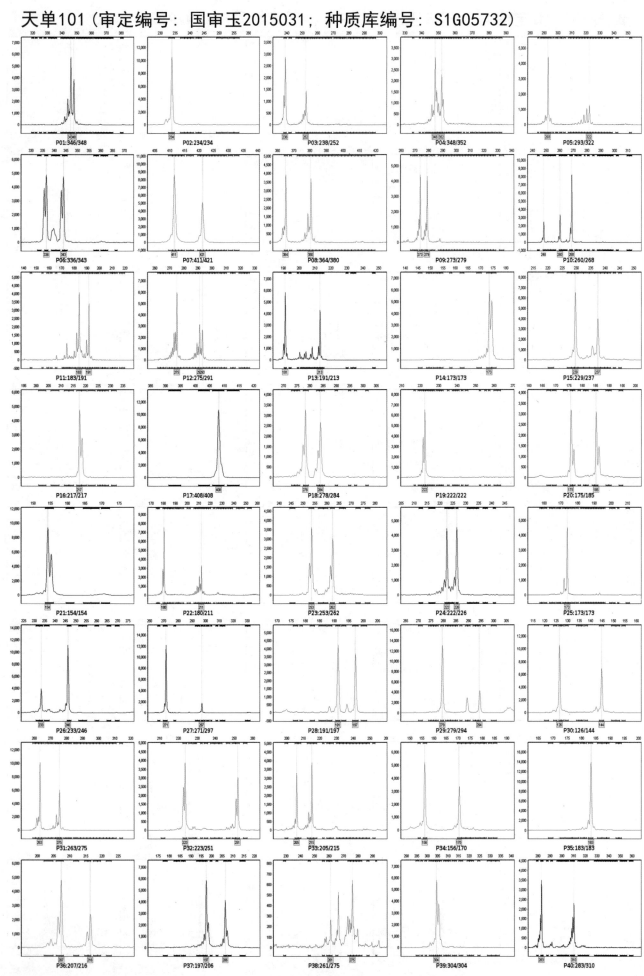

鲜玉糯4号（审定编号：国审玉2015035；种质库编号：S1G03284）

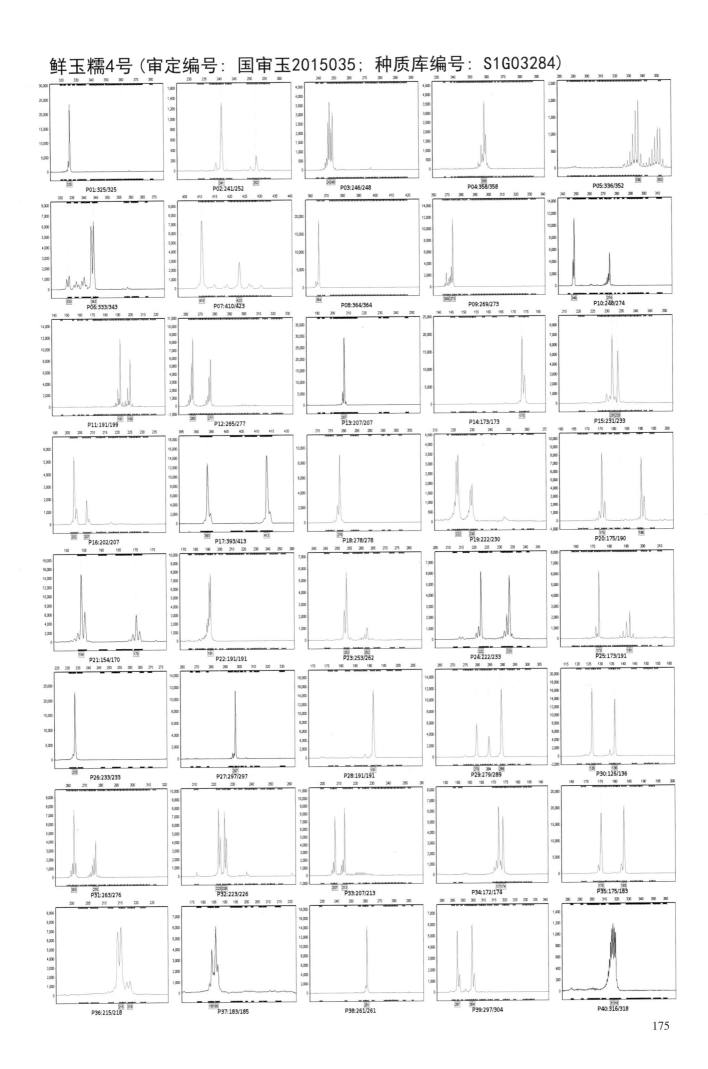

P01:325/325　P02:241/252　P03:246/248　P04:358/358　P05:336/352
P06:333/343　P07:410/423　P08:364/364　P09:269/273　P10:248/274
P11:191/199　P12:265/277　P13:207/207　P14:173/173　P15:231/233
P16:202/207　P17:393/413　P18:278/278　P19:222/230　P20:175/190
P21:154/170　P22:191/191　P23:253/262　P24:222/233　P25:173/191
P26:233/233　P27:297/297　P28:191/191　P29:279/289　P30:126/136
P31:263/276　P32:223/226　P33:207/213　P34:172/174　P35:175/183
P36:215/218　P37:183/185　P38:261/261　P39:297/304　P40:316/318

175

万彩糯3号（审定编号：国审玉2015038；种质库编号：S1G03452）

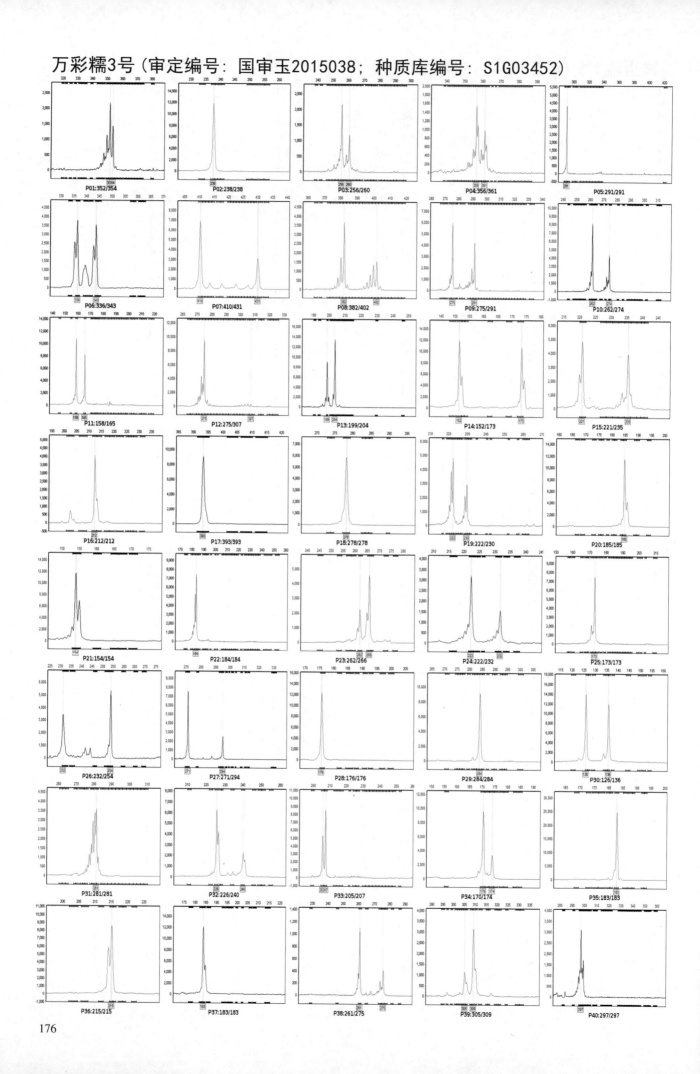

京科甜179（审定编号：国审玉2015040；种质库编号：S1G04514）

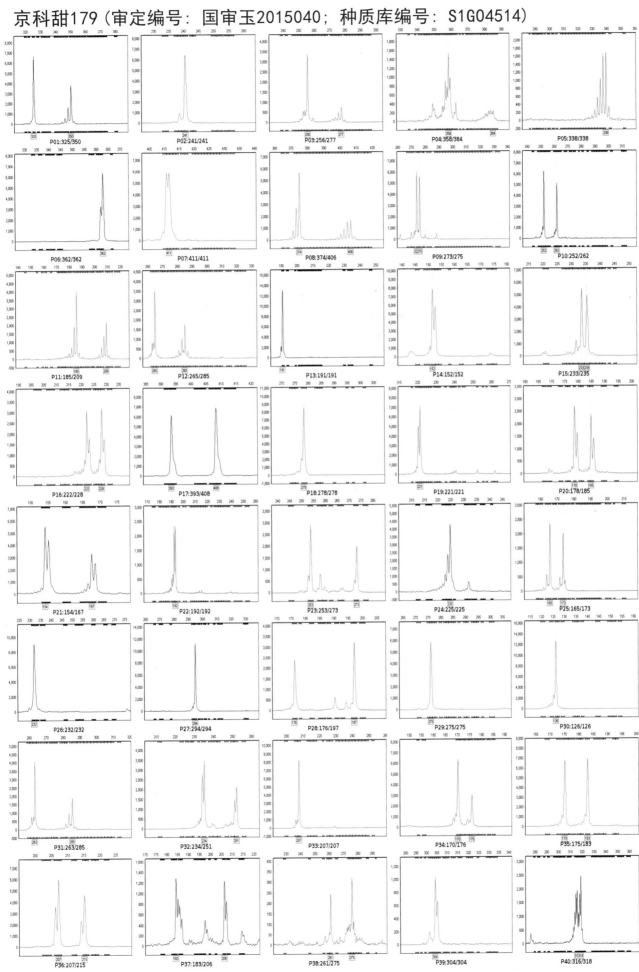

中农甜414（审定编号：国审玉2015041；种质库编号：S1G05102）

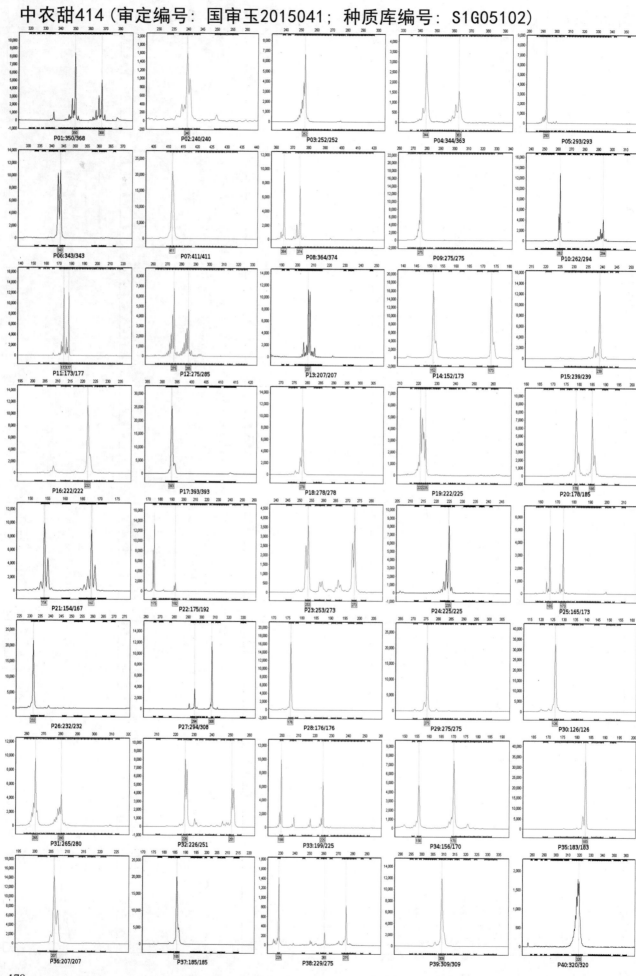

P01:350/368　P02:240/240　P03:252/252　P04:344/363　P05:293/293
P06:343/343　P07:411/411　P08:364/374　P09:275/275　P10:262/294
P11:173/177　P12:275/285　P13:207/207　P14:152/173　P15:239/239
P16:222/222　P17:393/393　P18:278/278　P19:222/225　P20:178/185
P21:154/167　P22:175/192　P23:253/273　P24:225/225　P25:165/173
P26:232/232　P27:294/308　P28:176/176　P29:275/275　P30:126/126
P31:265/280　P32:226/251　P33:199/225　P34:156/170　P35:183/183
P36:207/207　P37:185/185　P38:229/275　P39:309/309　P40:320/320

鲁星糯1号（审定编号：国审玉2015045；种质库编号：S1G03929）

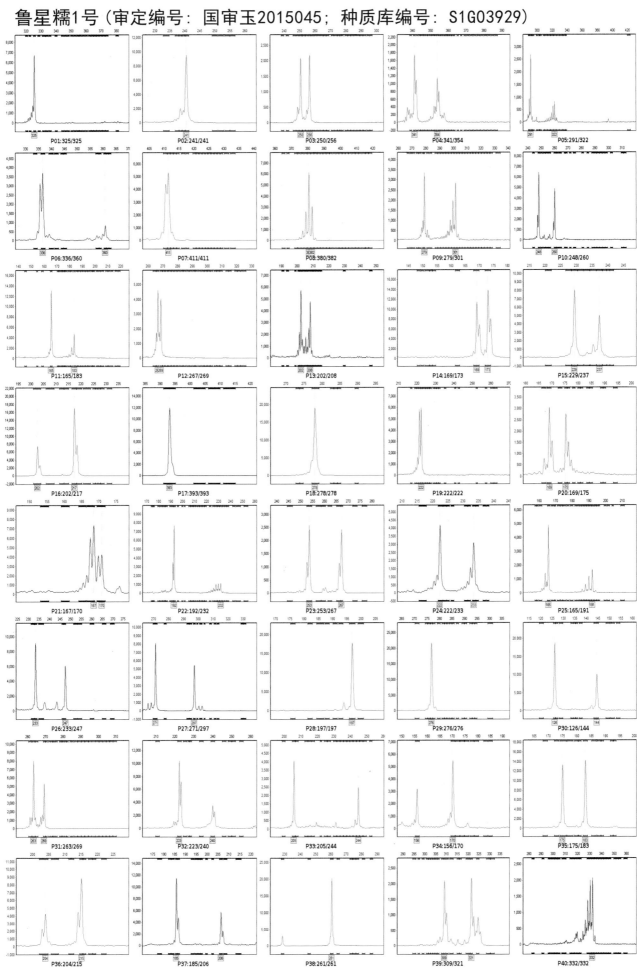

P01:325/325 P02:241/241 P03:250/256 P04:341/354 P05:291/322
P06:336/360 P07:411/411 P08:380/382 P09:279/301 P10:248/260
P11:165/183 P12:267/269 P13:202/208 P14:169/173 P15:229/237
P16:202/217 P17:393/393 P18:278/278 P19:222/222 P20:169/175
P21:167/170 P22:192/232 P23:253/267 P24:222/233 P25:165/191
P26:233/247 P27:271/297 P28:197/197 P29:276/276 P30:126/144
P31:263/269 P32:223/240 P33:205/244 P34:156/170 P35:175/183
P36:204/215 P37:185/206 P38:261/261 P39:309/321 P40:332/332

179

秋乐218（审定编号：国审玉2015610；种质库编号：S1G04882）

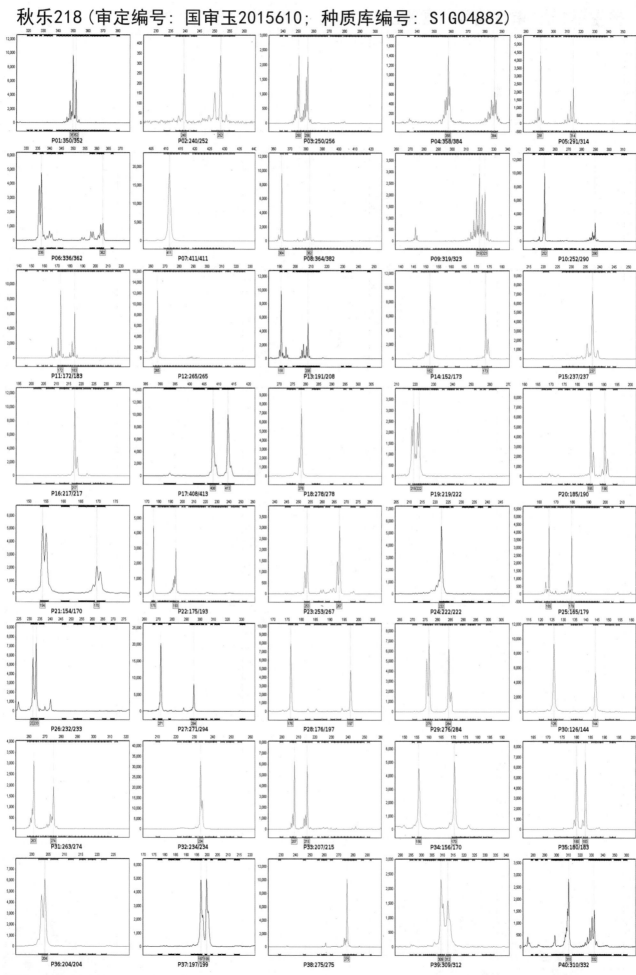

华农866（审定编号：国审玉2014001；种质库编号：S1G04686）

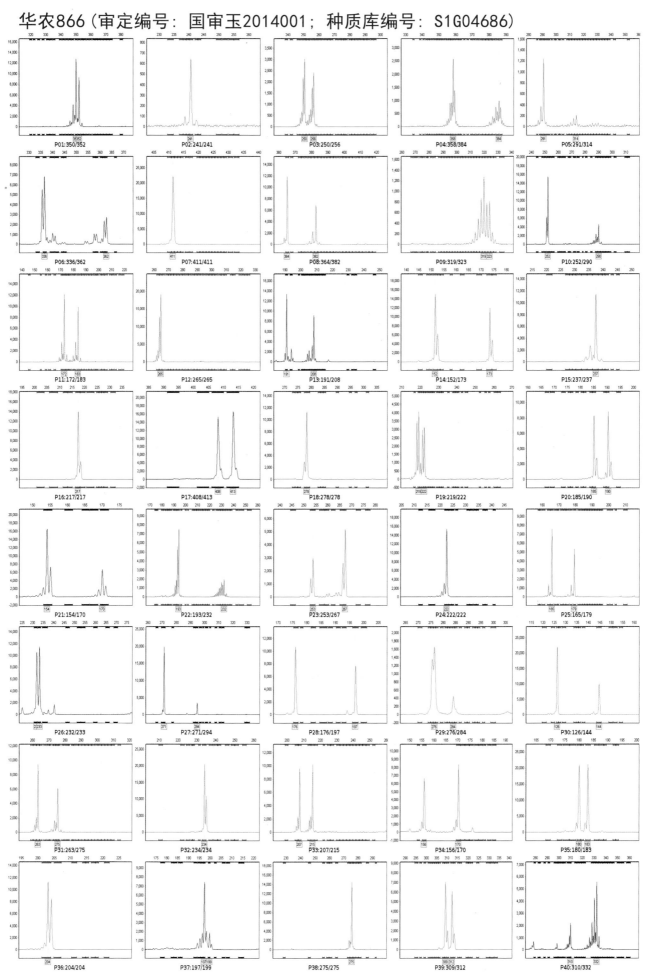

P01:350/352 P02:241/241 P03:250/256 P04:358/384 P05:291/314
P06:336/362 P07:411/411 P08:364/382 P09:319/323 P10:252/290
P11:172/183 P12:265/265 P13:191/208 P14:152/173 P15:237/237
P16:217/217 P17:408/413 P18:278/278 P19:219/222 P20:185/190
P21:154/170 P22:193/232 P23:253/267 P24:222/222 P25:165/179
P26:232/233 P27:271/294 P28:176/197 P29:276/284 P30:126/144
P31:263/275 P32:234/234 P33:207/215 P34:156/170 P35:180/183
P36:204/204 P37:197/199 P38:275/275 P39:309/312 P40:310/332

181

锦华150（审定编号：国审玉2014002；种质库编号：S1G04715）

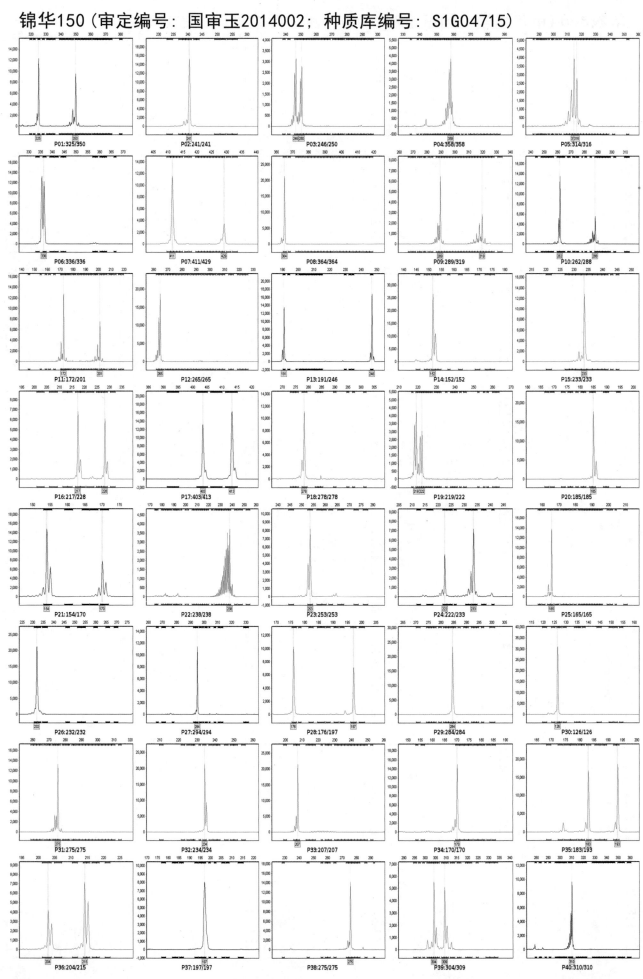

德育977（审定编号：国审玉2014003；种质库编号：S1G04716）

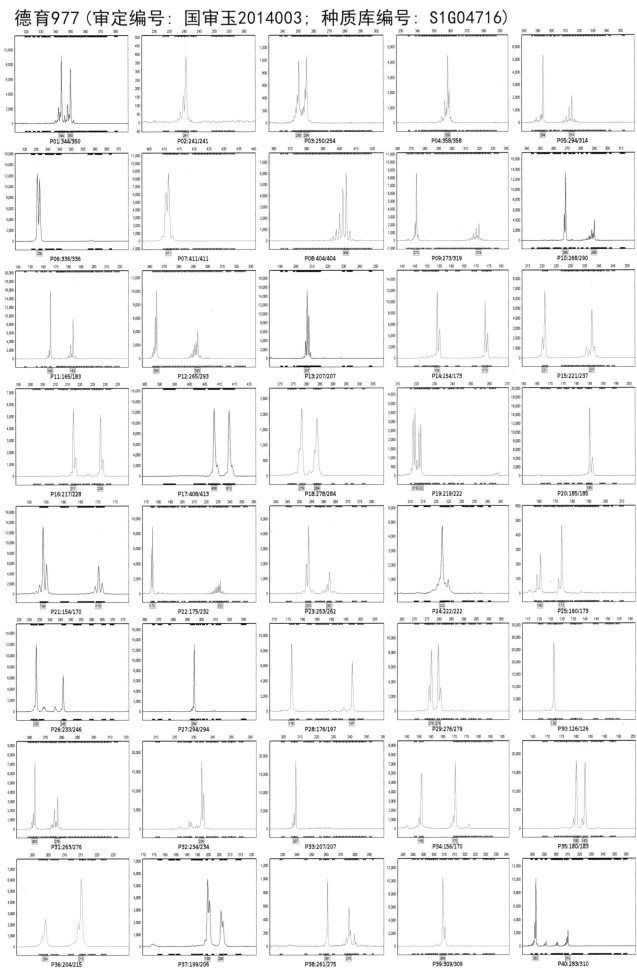

P01:344/350　P02:241/241　P03:250/254　P04:358/358　P05:294/314
P06:336/336　P07:411/411　P08:404/404　P09:273/319　P10:268/290
P11:165/183　P12:265/293　P13:207/207　P14:154/173　P15:221/237
P16:217/228　P17:408/413　P18:278/284　P19:219/222　P20:185/185
P21:154/170　P22:175/232　P23:253/262　P24:222/222　P25:160/173
P26:233/246　P27:294/294　P28:176/197　P29:276/279　P30:126/126
P31:263/276　P32:234/234　P33:207/207　P34:156/170　P35:180/183
P36:204/215　P37:199/206　P38:261/275　P39:309/309　P40:283/310

吉农大668（审定编号：国审玉2014004；种质库编号：S1G04717）

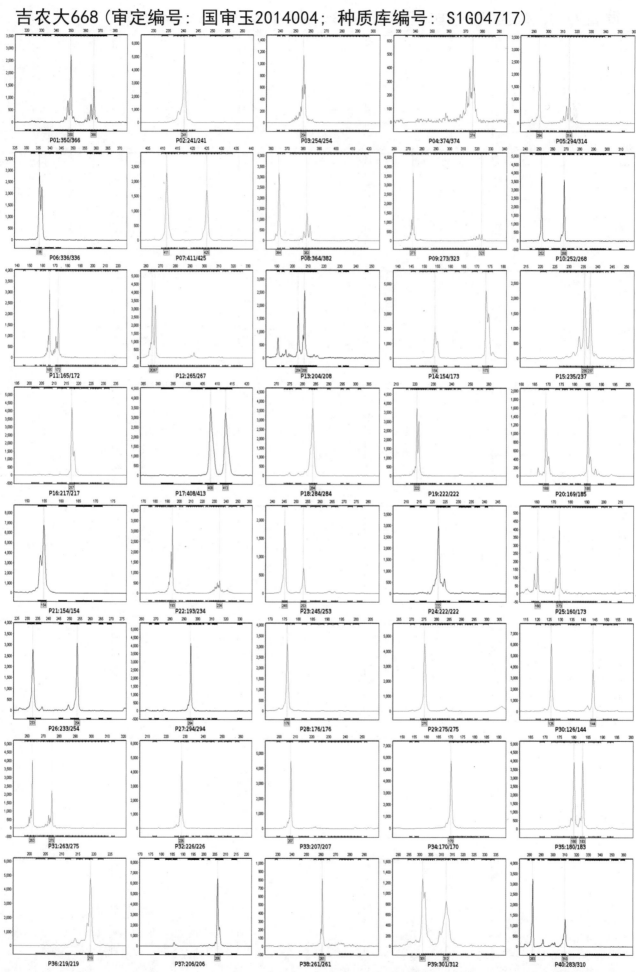

184

良玉918号（审定编号：国审玉2014005；种质库编号：S1G03480）

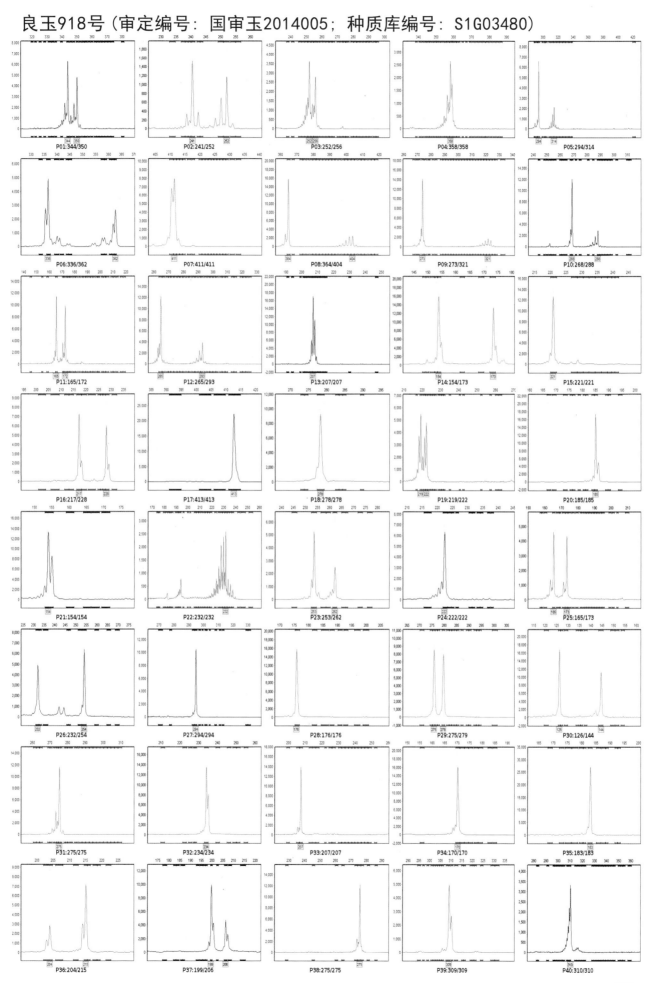

锦润911（审定编号：国审玉2014006；种质库编号：S1G05502）

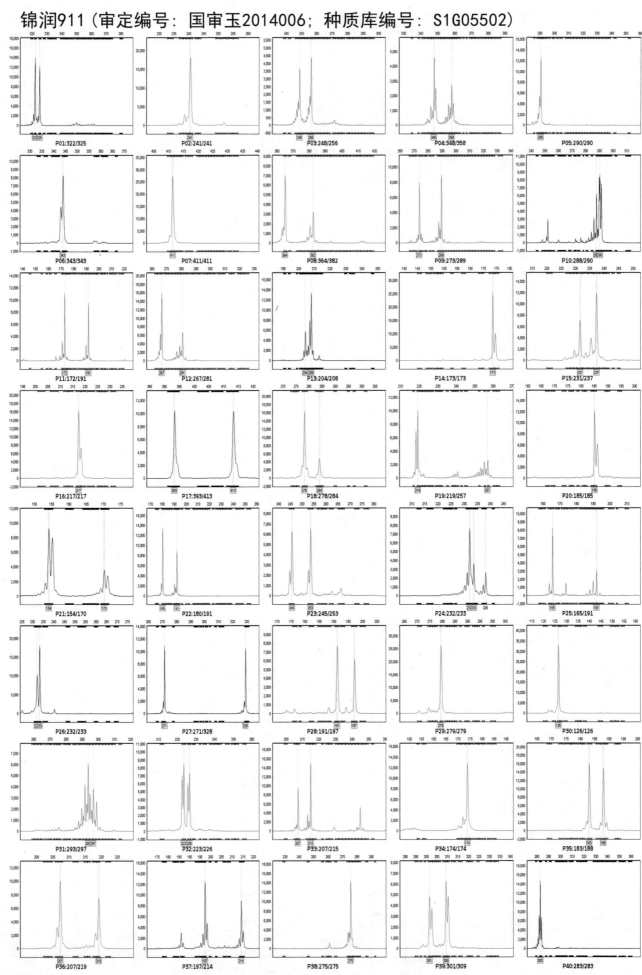

186

九玉5号（审定编号：国审玉2014008；种质库编号：S1G04718）

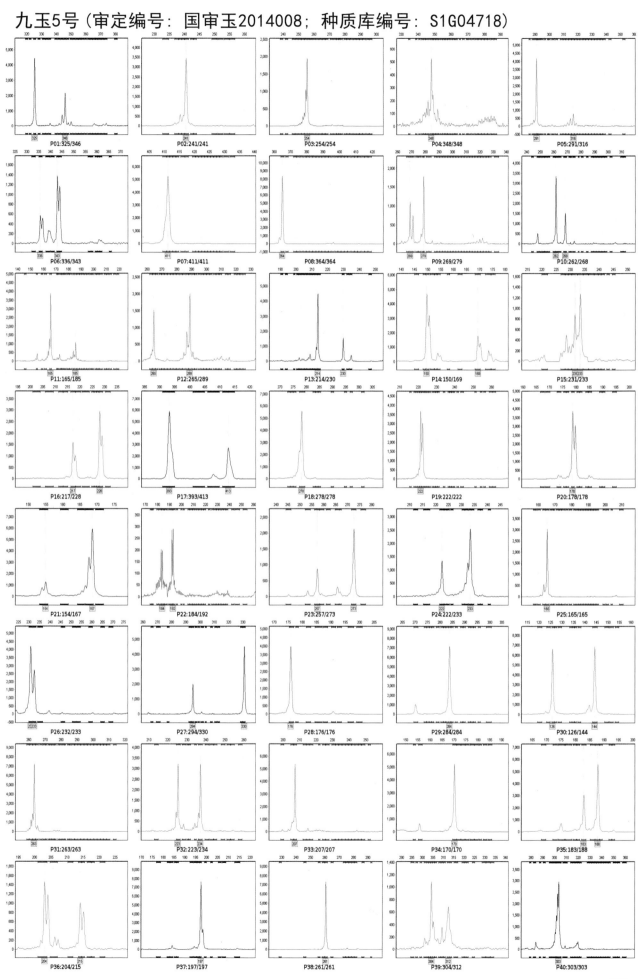

飞天358（审定编号：国审玉2014009；种质库编号：S1G04477）

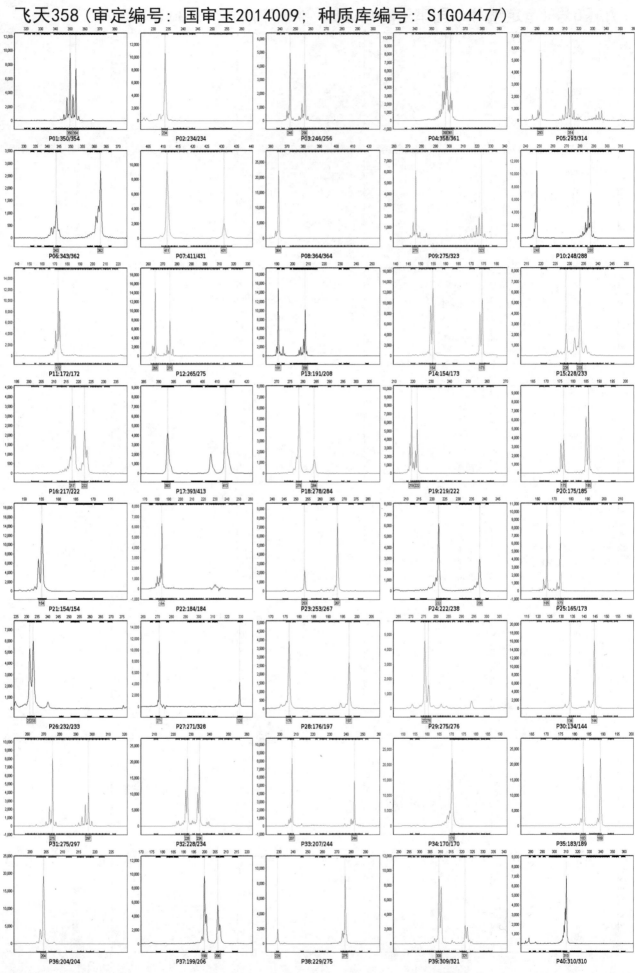

宇玉30号（审定编号：国审玉2014010；种质库编号：S1G03923）

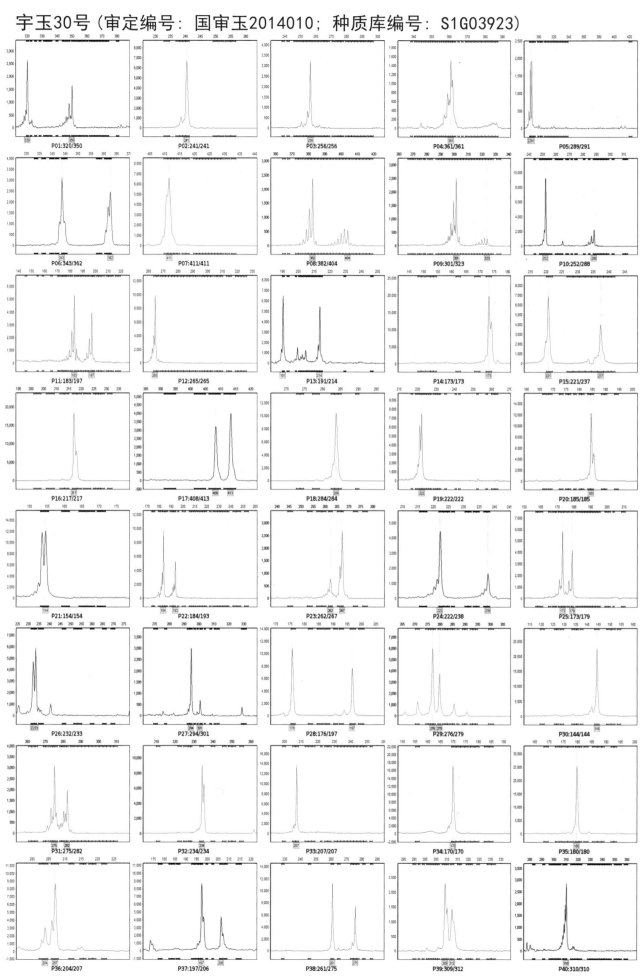

P01:320/350 　 P02:241/241 　 P03:256/256 　 P04:361/361 　 P05:289/291

P06:343/362 　 P07:411/411 　 P08:382/404 　 P09:301/323 　 P10:252/288

P11:183/197 　 P12:265/265 　 P13:191/214 　 P14:173/173 　 P15:221/237

P16:217/217 　 P17:408/413 　 P18:284/284 　 P19:222/222 　 P20:185/185

P21:154/154 　 P22:184/193 　 P23:262/267 　 P24:222/238 　 P25:173/179

P26:232/233 　 P27:294/301 　 P28:176/197 　 P29:276/279 　 P30:144/144

P31:275/282 　 P32:234/234 　 P33:207/207 　 P34:170/170 　 P35:180/180

P36:204/207 　 P37:197/206 　 P38:261/275 　 P39:309/312 　 P40:310/310

189

強盛369（审定编号：国审玉2014012；种质库编号：S1G04719）

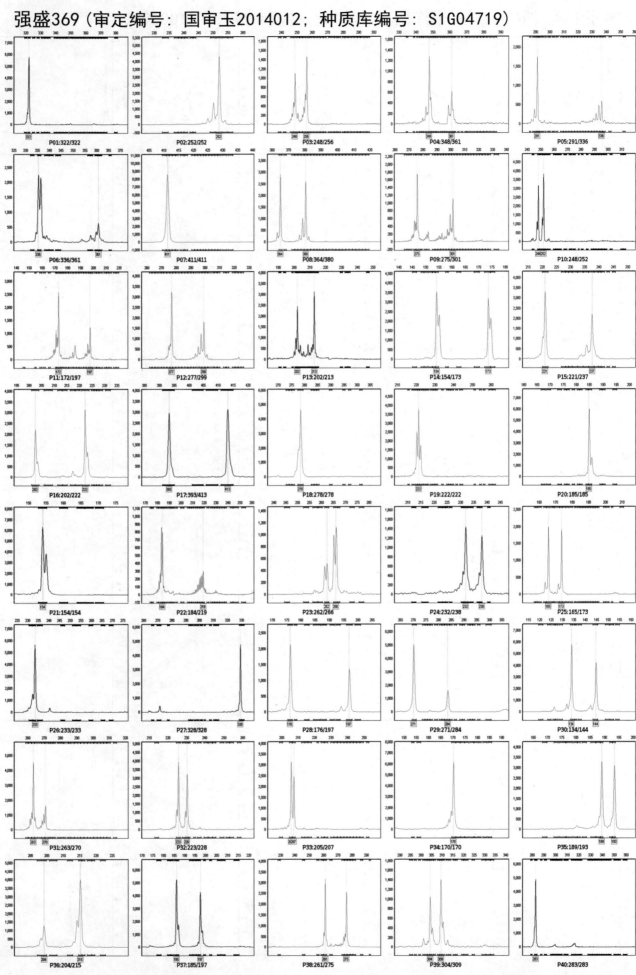

华农138（审定编号：国审玉2014013；种质库编号：XIN22683）

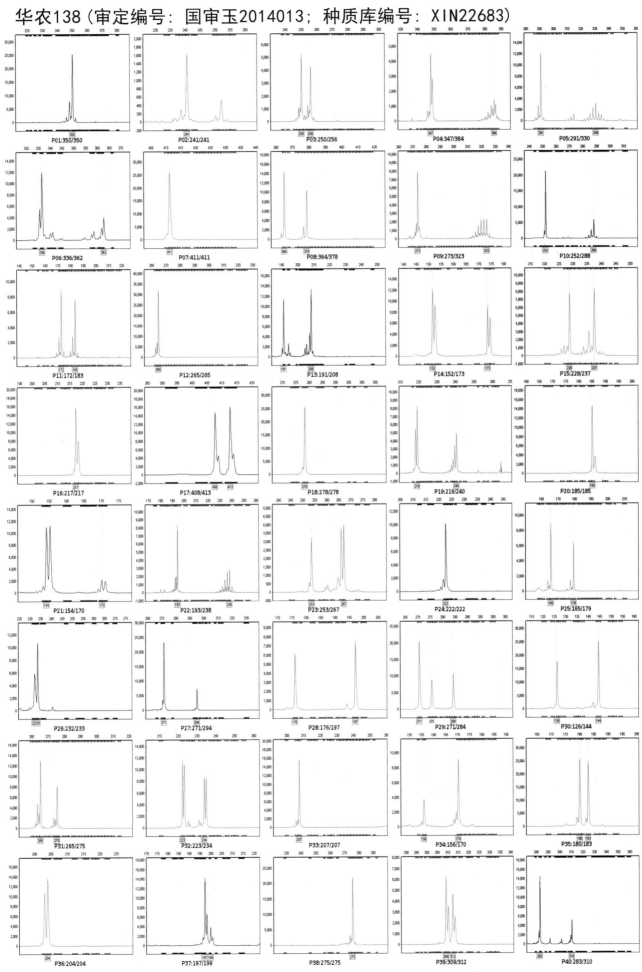

191

梦玉908（审定编号：国审玉2014014；种质库编号：S1G04720）

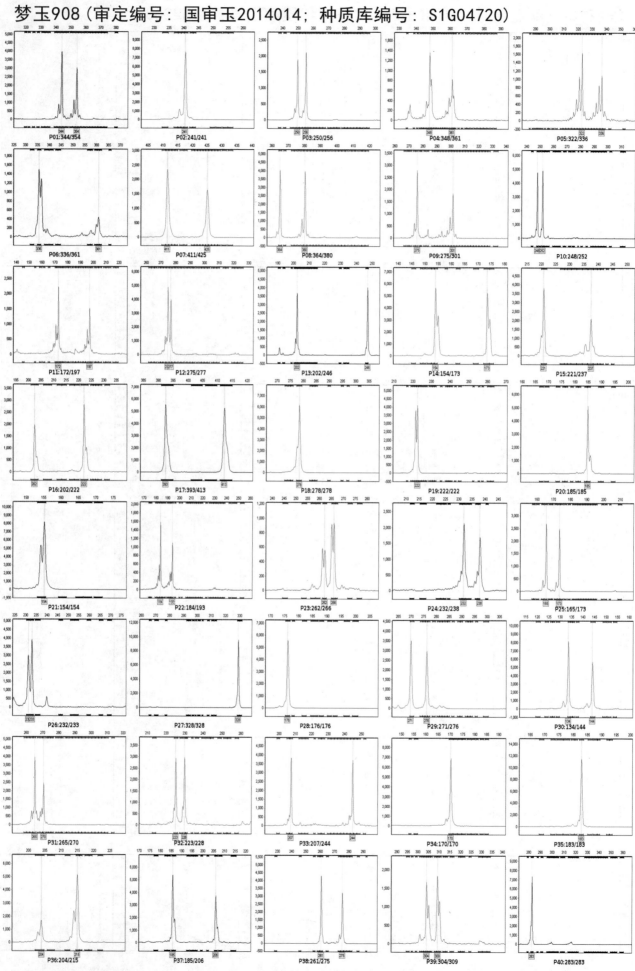

NK971（审定编号：国审玉2014016；种质库编号：S1G04721）

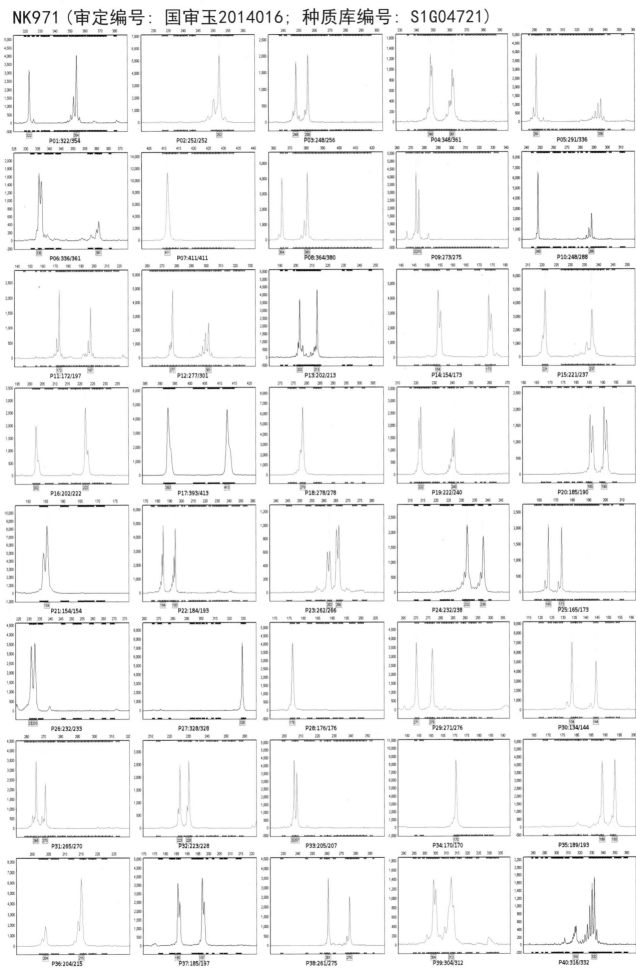

平玉8号（审定编号：国审玉2014017；种质库编号：S1G01097）

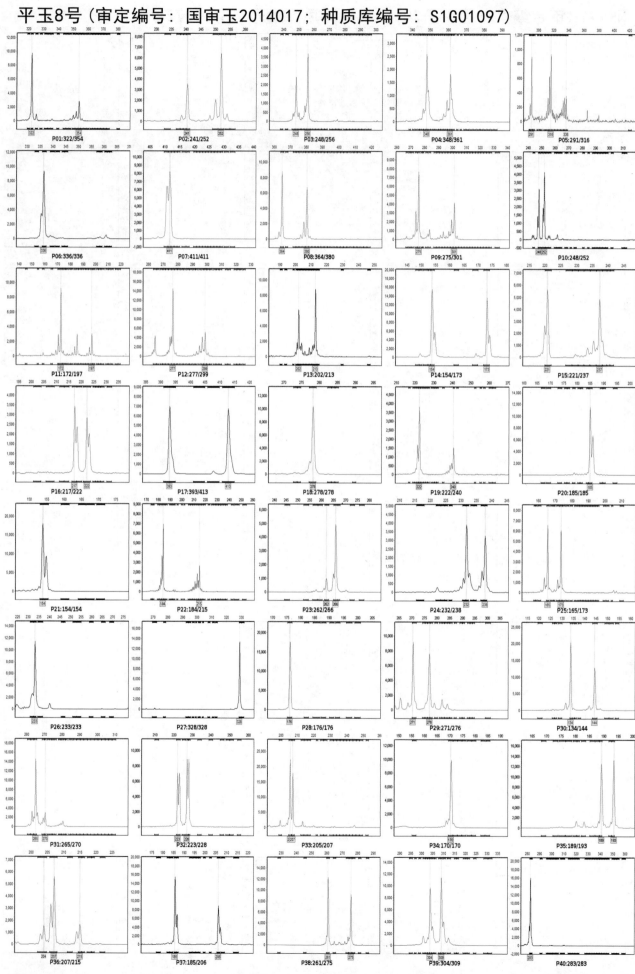

194

仲玉998（审定编号：国审玉2014019；种质库编号：S1G04722）

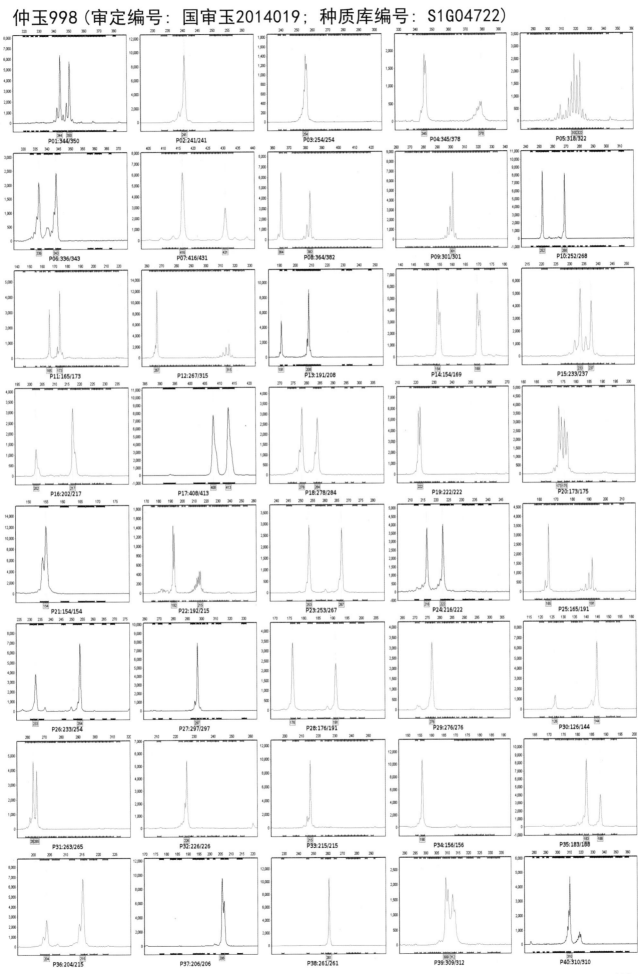

禾睦玉918（审定编号：国审玉2014020；种质库编号：S1G04723）

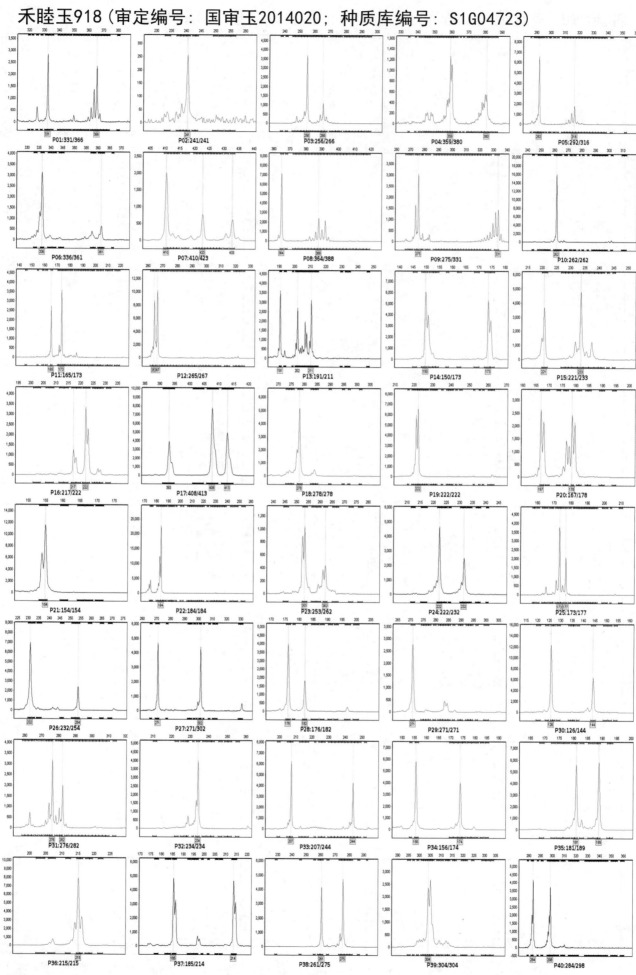

联创799（审定编号：国审玉2014021；种质库编号：S1G04743）

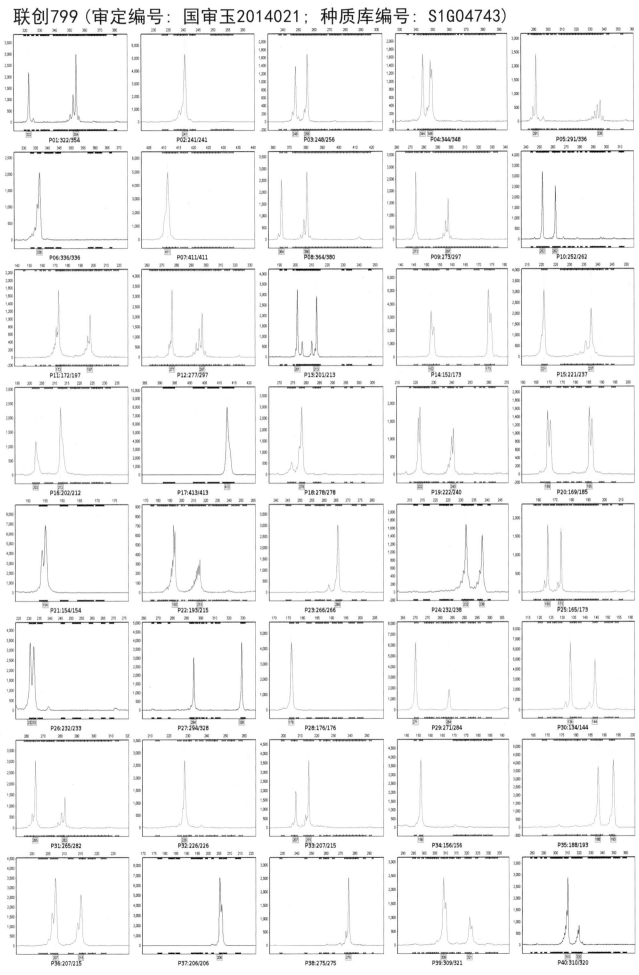

粤甜20号（审定编号：国审玉2014023；种质库编号：S1G03167）

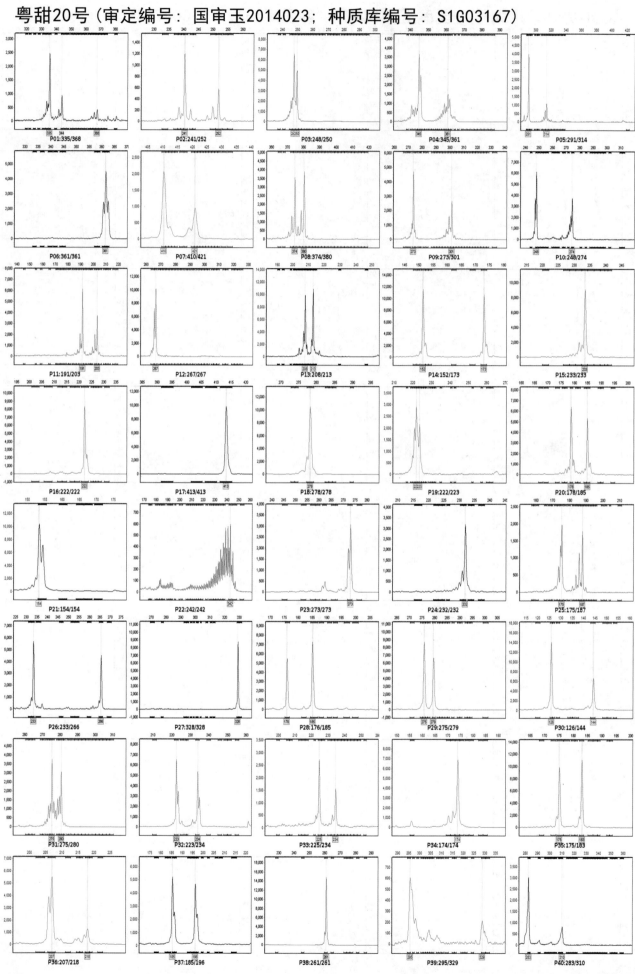

P01:335/368　P02:241/252　P03:248/250　P04:345/361　P05:291/314
P06:361/361　P07:410/421　P08:374/380　P09:273/301　P10:248/274
P11:191/203　P12:267/267　P13:208/213　P14:152/173　P15:233/233
P16:222/222　P17:413/413　P18:278/278　P19:222/223　P20:178/185
P21:154/154　P22:242/242　P23:273/273　P24:232/232　P25:175/187
P26:233/266　P27:328/328　P28:176/185　P29:275/279　P30:126/144
P31:275/280　P32:223/234　P33:225/234　P34:174/174　P35:175/183
P36:207/218　P37:185/196　P38:261/261　P39:295/329　P40:283/310

京科糯569（审定编号：国审玉2014024；种质库编号：S1G03298）

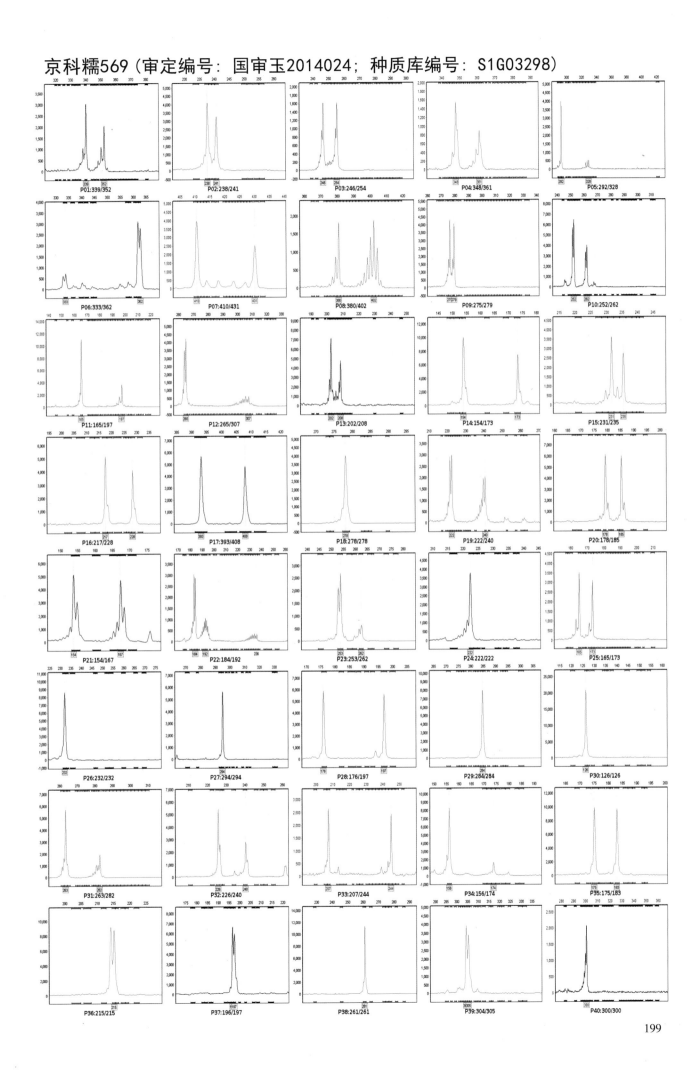

P01:339/352 P02:238/241 P03:246/254 P04:348/361 P05:292/328
P06:333/362 P07:410/431 P08:380/402 P09:275/279 P10:252/262
P11:165/197 P12:265/307 P13:202/208 P14:154/173 P15:231/235
P16:217/228 P17:393/408 P18:278/278 P19:222/240 P20:178/185
P21:154/167 P22:184/192 P23:253/262 P24:222/222 P25:165/173
P26:232/232 P27:294/294 P28:176/197 P29:284/284 P30:126/126
P31:263/282 P32:226/240 P33:207/244 P34:156/174 P35:175/183
P36:215/215 P37:196/197 P38:261/261 P39:304/305 P40:300/300

美玉糯16号（审定编号：国审玉2014025；种质库编号：S1G04365）

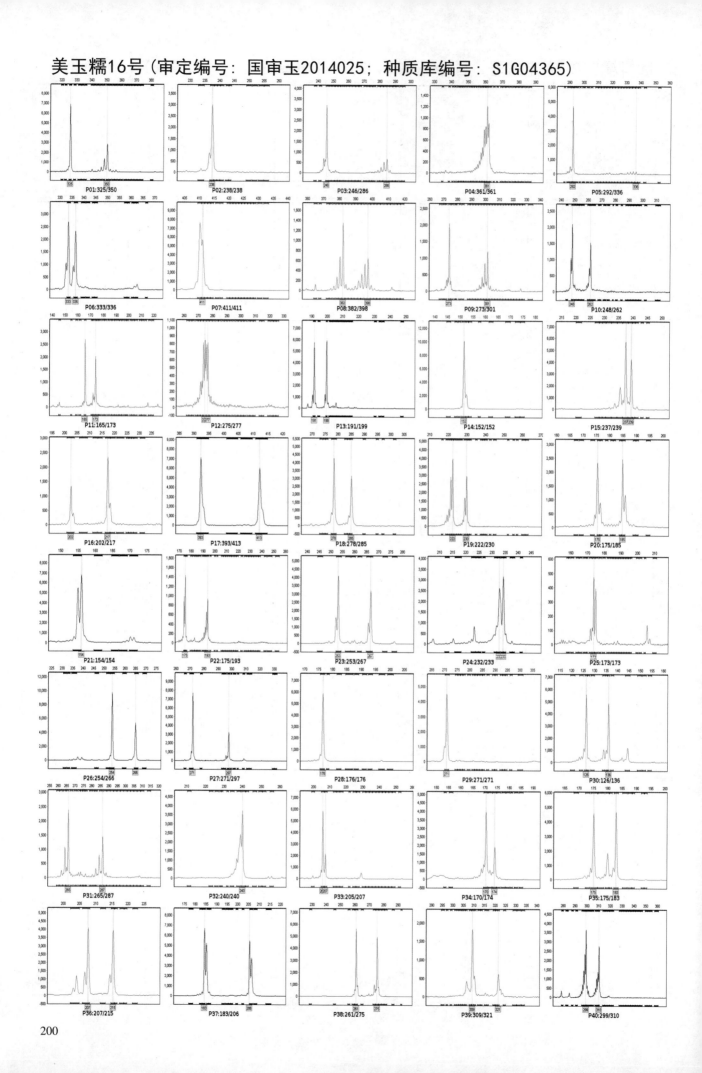

粤彩糯2号（审定编号：国审玉2014026；种质库编号：S1G03166）

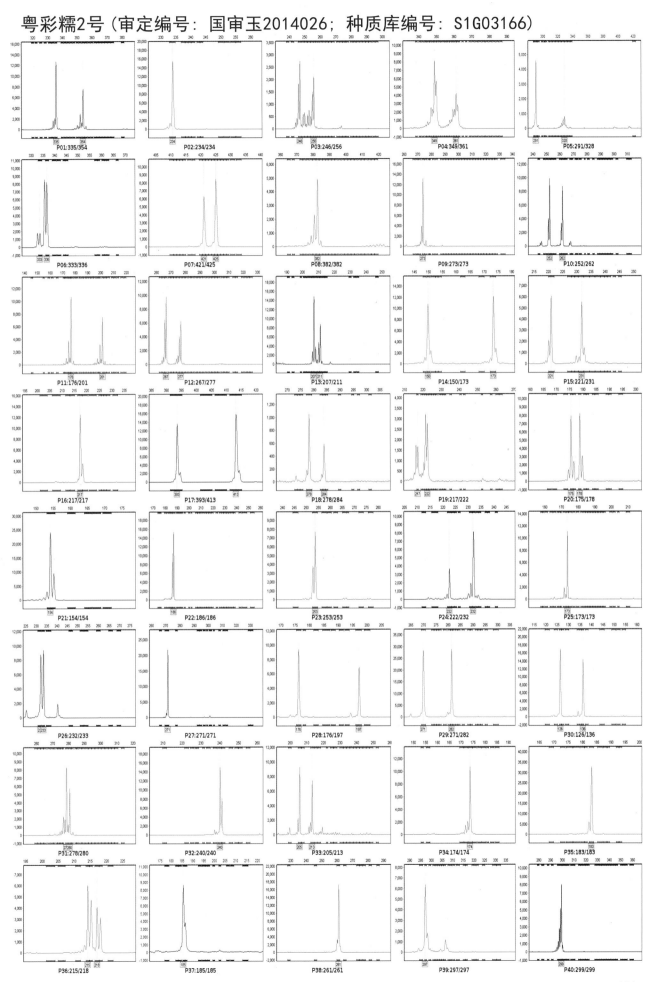

201

荣玉糯9号（审定编号：国审玉2014027；种质库编号：S1G04724）

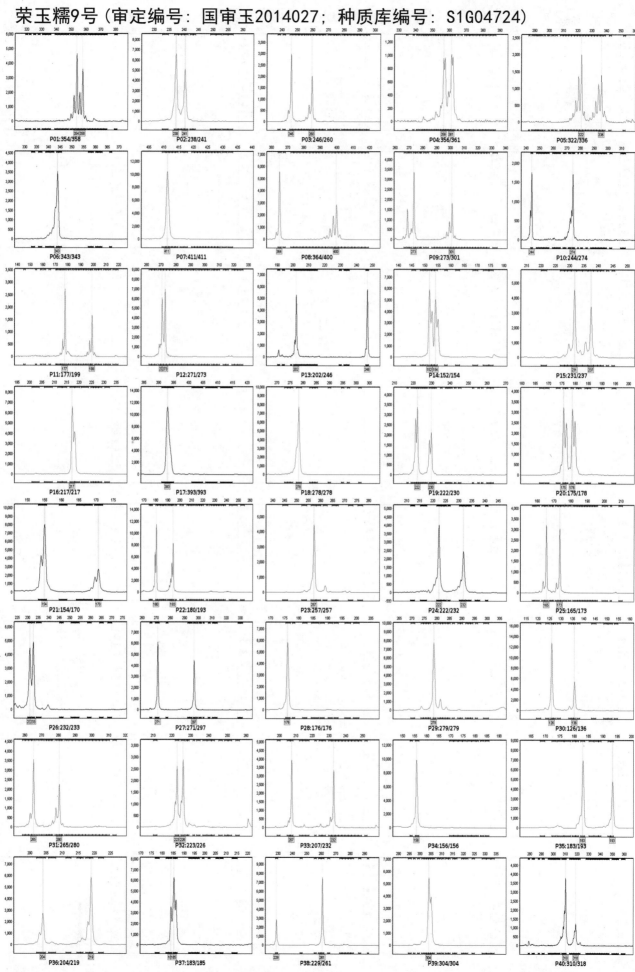

P01:354/358 P02:238/241 P03:246/260 P04:356/361 P05:322/336
P06:343/343 P07:411/411 P08:364/400 P09:273/301 P10:244/274
P11:177/199 P12:271/273 P13:202/246 P14:152/154 P15:231/237
P16:217/217 P17:393/393 P18:278/278 P19:222/230 P20:175/178
P21:154/170 P22:180/193 P23:257/257 P24:222/232 P25:165/173
P26:232/233 P27:271/297 P28:176/176 P29:279/279 P30:126/136
P31:265/280 P32:223/226 P33:207/232 P34:156/156 P35:183/193
P36:204/219 P37:183/185 P38:229/261 P39:304/304 P40:310/318

苏玉糯1502（审定编号：国审玉2014028；种质库编号：S1G04868）

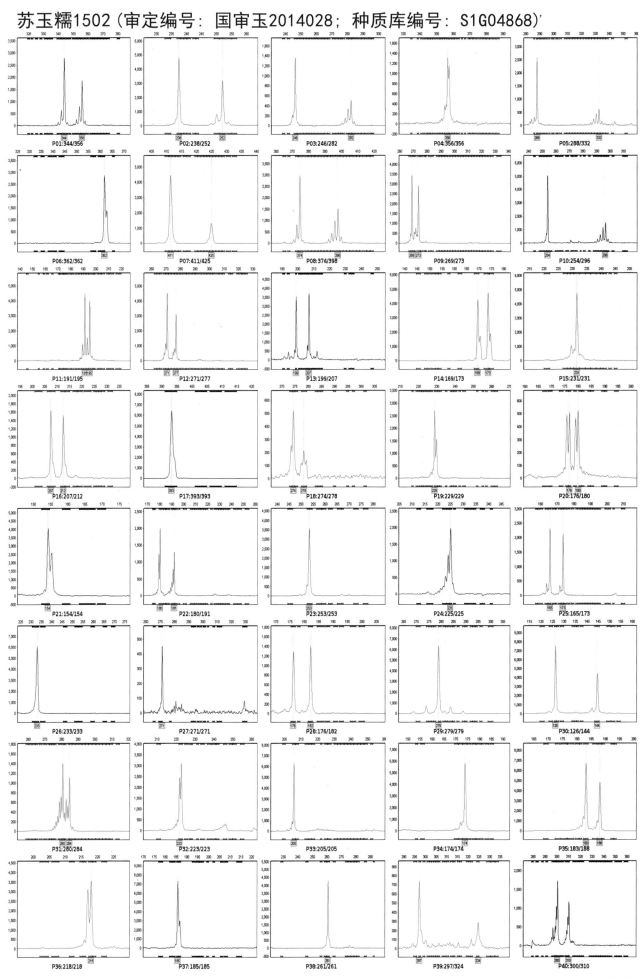

渝糯525（审定编号：国审玉2014029；种质库编号：S1G04725）

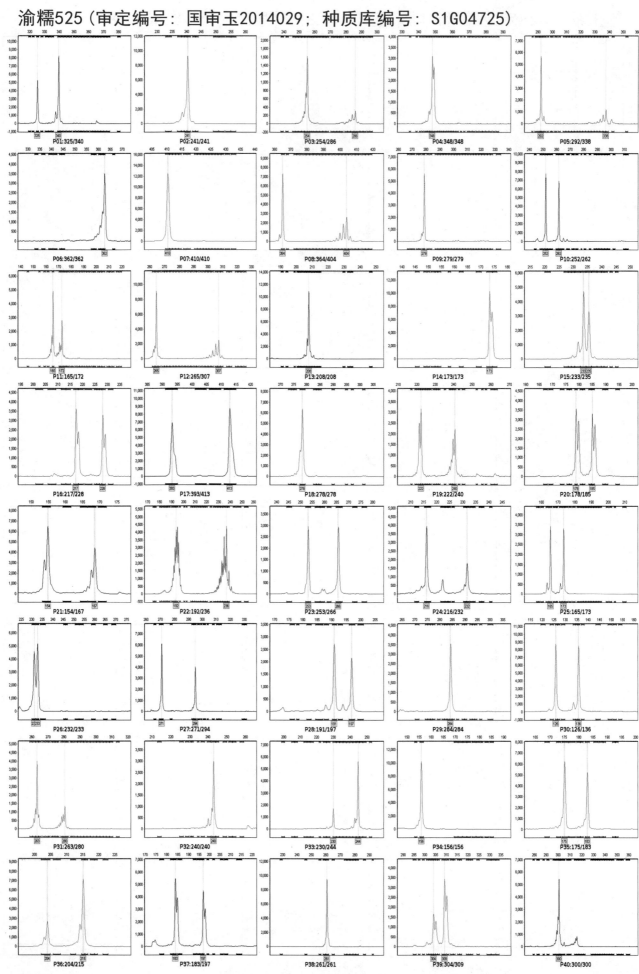

第二部分　品种审定公告

华农866

审定编号：国审玉2014001

选育单位：北京华农伟业种子科技有限公司

品种来源：B280×京66

特征特性：东华北春玉米区出苗至成熟126天，比郑单958早1天。幼苗叶鞘紫色，叶缘紫色，花药黄色，颖壳紫色。株型半紧凑，株高307厘米，穗位高116厘米，成株叶片数20片。花丝红色，果穗长筒形，穗长19厘米，穗行数16行，穗轴红色，籽粒黄色、马齿型，百粒重37.5克。接种鉴定，中抗弯孢菌叶斑病和灰斑病，感大斑病、丝黑穗病和镰孢茎腐病。籽粒容重757克/升，粗蛋白含量9.11%，粗脂肪含量3.92%，粗淀粉含量75.26%，赖氨酸含量0.29%。属高淀粉玉米品种。

产量表现：2012—2013年参加东华北春玉米品种区域试验，两年平均亩产813.8千克，比对照增产7.5%；2013年生产试验，平均亩产777.7千克，比对照郑单958增产8.8%。

栽培技术要点：中上等肥力地块种植，4月下旬至5月上旬播种，亩（1亩≈667平方米）种植密度3 800～4 200株。亩施农家肥2 000～3 000千克或三元复合肥30千克作为基肥，大喇叭口期亩追施尿素30千克。

适宜种植地区：适宜辽宁、吉林中晚熟区，内蒙古自治区（以下简称内蒙古）赤峰和通辽、河北北部、天津、北京北部、山西中晚熟区、陕西延安春播种植。

锦华150

审定编号：国审玉2014002

选育单位：北京金色农华种业科技股份有限公司

品种来源：Y558×B8328

特征特性：东华北春玉米区出苗至成熟125天，比对照郑单958早2天。幼苗叶鞘紫色，叶片绿色，叶缘紫色，花药浅紫色，颖壳绿色。株型半紧凑，株高292厘米，穗位高105厘米，成株叶片数21片。花丝浅紫色，果穗筒形，穗长19.0厘米，穗行数16～18行，穗轴红色，籽粒黄色、马齿型，百粒重33.4克。接种鉴定，中抗大斑病、茎腐病和弯孢菌叶斑病，抗灰斑病，感丝黑穗病。籽粒容重750克/升，粗蛋白含量9.1%，粗脂肪含量3.5%，粗淀粉含量74.3%，赖氨酸含量0.3%。

产量表现：2012—2013年参加东华北玉米品种区域试验，两年平均亩产807.9千克，比对照增产8.7%；2013年生产试验，平均亩产779.4千克，比对照郑单958增产9.1%。

栽培技术要点：中等肥力以上地块栽培，4月下旬至5月上旬播种，亩种植密度4 500株。

适宜种植地区：适宜吉林、辽宁、山西中晚熟区，北京、天津、河北北部、内蒙古赤峰和通辽、陕西延安春播种植。

德育977

审定编号：国审玉2014003

选育单位：吉林德丰种业有限公司

品种来源：Lk910×LK122

特征特性：东华北春玉米区出苗至成熟126天，比郑单958晚1天。幼苗叶鞘深紫色，叶片绿色，叶缘紫色，花药浅紫色，颖壳绿色。株型紧凑，株高308厘米，穗位高123厘米，成株叶片数21片。花丝浅紫色，果穗筒形，穗长18厘米，穗行数16～18行，穗轴红色，籽粒黄色、马齿型，百粒重36.5克。接种鉴定，中抗灰斑病，感大斑病、丝黑穗病、镰孢茎腐病和弯孢菌叶斑病。籽粒容重728克/升，粗蛋白含量9.54%，粗脂肪含量4.05%，粗淀粉含量71.7%，赖氨酸含量0.30%。

产量表现：2012—2013年参加东华北春玉米品种区域试验，两年平均亩产796.4千克，比对照增产3.4%；2013年生产试验，平均亩产758.6千克，比对照郑单958增产6.1%。

栽培技术要点：中等肥力以上地块栽培，4月中下旬至5月上旬播种，亩种植密度4 000株左右，注意防治大斑病、丝黑穗病、弯孢菌叶斑病和茎腐病。

适宜种植地区：适宜辽宁、吉林、山西的中晚熟区，河北北部、内蒙古赤峰和通辽地区、北京、天津、陕西延安春播种植。

吉农大668

审定编号：国审玉2014004

选育单位：吉林农大科茂种业有限责任公司

品种来源：km8×F349

特征特性：东华北春玉米区出苗至成熟127天，与郑单958相当。幼苗叶鞘深紫色，叶片深绿色，叶缘紫色，花药黄色，颖壳绿色。株型平展，株高205厘米，穗位高121厘米，成株叶片数21片。花丝绿色，果穗筒形，穗长20厘米，穗行数18行，穗轴红色，籽粒黄色、马齿型，百粒重34.5克。平均倒伏（折）率5.2%。接种鉴定，中抗灰斑病和丝黑穗病，感大斑病、镰孢茎腐病和弯孢菌叶斑病。籽粒容重724克/升，粗蛋白含量10.16%，粗脂肪含量4.18%，粗淀粉含量71.05%，赖氨酸含量0.29%。

产量表现：2012—2013年参加东华北春玉米品种区域试验，两年平均亩产813.7千克，比对照增产5.7%；2013年生产试验，平均亩产777.6千克，比对照郑单958增产8.8%。

栽培技术要点：中等肥力以上地块栽培，4月中下旬至5月上旬播种，亩种植密度4 000株左右。注意防治大斑病、弯孢菌叶斑病和茎腐病。注意防倒伏。

适宜种植地区：适宜辽宁、吉林和山西的中晚熟区，河北北部、内蒙古通辽和赤峰地区、北京、天津、陕西延安春播种植。

良玉918号

审定编号：国审玉2014005

选育单位：丹东登海良玉种业有限公司

品种来源：良玉M53×良玉S127

特征特性：东华北春玉米区出苗至成熟126天，比郑单958早1天。幼苗叶鞘紫色，叶片绿色，叶缘紫色，花药紫色，颖壳紫色。株型紧凑，株高308厘米，穗位高112厘米，成株叶片数19~20片。花丝紫色，果穗筒形，穗长18.5厘米，穗行数16~20行，穗轴红色，籽粒黄色、半马齿型，百粒重36.3克。接种鉴定，中抗丝黑穗病、镰孢茎腐病、灰斑病，感大斑病、弯孢菌叶斑病。籽粒容重732克/升，粗蛋白含量9.00%，粗脂肪含量3.30%，粗淀粉含量71.36%，赖氨酸含量0.28%。

产量表现：2012—2013年参加东华北春玉米品种区域试验，两年平均亩产796.5千克，比对照增产3.5%；2013年生产试验，平均亩产774.2千克，比对照郑单958增产8.3%。

栽培技术要点：中等肥力以上地块栽培，4月下旬至5月上旬播种，亩种植密度4 000~4 500株。注意防治大斑病和弯孢菌叶斑病。

适宜种植地区：适宜辽宁、吉林和山西中晚熟区，天津、河北北部、内蒙古赤峰和通辽地区、陕西延安春播种植。

锦润911

审定编号：国审玉2014006

选育单位：锦州市农业科学院、辽宁东润种业有限公司

品种来源：锦02-59×锦04-77

特征特性：东华北春玉米区生育期128天，与对照郑单958相当。幼苗叶鞘紫色，叶片绿色，叶缘紫色，花药浅紫色，颖壳绿色。株型半紧凑，株高298厘米，穗位高127厘米，成株叶片数20片。花丝浅紫色，果穗筒形，穗长18.2厘米，穗行数16~20行，穗轴红色，籽粒黄色、半马齿型，百粒重34.3克。接种鉴定，中抗灰斑病、丝黑穗病和弯孢菌叶斑病，感大斑病和镰孢茎腐病。籽粒容重746.3克/升，粗蛋白含量9.59%，粗脂肪含量5.00%，粗淀粉含量72.13%，赖氨酸含量0.28%。

产量表现： 2012—2013年参加东华北春玉米品种区域试验，两年平均亩产798.8千克，比对照增产3.9%；2013年生产试验，平均亩产767.2千克，比对照郑单958增产7.3%。

栽培技术要点： 中上等肥力地块栽培，4月下旬播种，亩种植密度4 000株，注意防治大斑病和茎腐病。

适宜种植地区： 适宜辽宁、吉林和山西中晚熟区，天津、河北北部、内蒙古赤峰和通辽地区、陕西延安春播种植。

安旱10

审定编号： 国审玉2014007

选育单位： 李平

品种来源： J12×ZJ01

特征特性： 极早熟春玉米区出苗至成熟114天，比冀承单3号晚3天，比元华116早4天。幼苗叶鞘紫色，叶片深绿色，叶缘紫色，花药黄色，颖壳白色。株型半紧凑，株高214厘米，穗位高73厘米，成株叶片数18片。花丝绿色，果穗锥形，穗长16厘米，穗行数16～18行，穗轴白色，籽粒黄色、半马齿型，百粒重28.3克。接种鉴定，感大斑病、丝黑穗病、茎腐病和弯孢菌叶斑病。籽粒容重747克/升，粗蛋白含量9.93%，粗脂肪含量4.16%，粗淀粉含量73.42%，赖氨酸含量0.34%。

产量表现： 2012—2013年参加极早熟春玉米品种区域试验，两年平均亩产651.1千克，比对照增产7.8%；2013年生产试验，平均亩产650.0千克，比对照元华116增产10.9%。

栽培技术要点： 适期早播，中等肥力以上地块栽培，5月上旬播种，亩种植密度5 000株左右。注意防治大斑病、丝黑穗病和茎腐病。

适宜种植地区： 适宜河北张家口及承德北部接坝冷凉区、吉林东部极早熟区、黑龙江第四积温带、内蒙古呼伦贝尔岭南及通辽与赤峰北部极早熟区、宁夏回族自治区（以下简称宁夏）南部极早熟玉米区春播种植。

九玉5号

审定编号： 国审玉2014008

选育单位： 内蒙古九丰种业有限责任公司

品种来源： AS014×AS078

特征特性： 极早熟春玉米区出苗至成熟110天，比冀承单3号晚熟2天。幼苗叶鞘浅紫色，叶缘绿色，花药绿色，颖壳浅绿色。株型半紧凑，株高220厘米，穗位高63厘米，成株叶片数15～17片，花丝绿色，果穗长筒形，穗长17厘米，穗行数14～16行，穗轴白色，籽粒黄色、半马齿型，百粒重35.8克。接种鉴定，感大斑病、丝黑穗病和弯孢菌叶斑病，高感茎腐病。籽粒容重731克/升，粗蛋白含量10.40%，粗脂肪含量3.47%，粗淀粉含量72.04%，赖氨酸含量0.33%。

产量表现： 2011—2012年参加极早熟春玉米品种区域试验，两年平均亩产589.7千克，比对照增产4.3%；2012年生产试验，平均亩产606.0千克，比对照冀承单3号增产15.6%。

栽培技术要点： 中等肥力以上地块栽培，4月下旬至5月上旬播种，亩种植密度4 500～5 000株，注意防治茎腐病和玉米螟。

适宜种植地区： 适宜河北张家口及承德北部接坝冷凉区、吉林东部极早熟区、黑龙江第四积温带、内蒙古呼伦贝尔岭南及通辽市北部地区、宁夏南部极早熟玉米区春播种植。

飞天358

审定编号： 国审玉2014009
选育单位： 武汉敦煌种业有限公司
品种来源： FT0908×FT0809
特征特性： 东北早熟春玉米区出苗至成熟131天，与先玉335相当。幼苗叶鞘紫色，叶片深绿色，叶缘紫色，花药紫色，颖壳绿色。株型半紧凑，株高299厘米，穗位高115厘米，成株叶片数20片。花丝紫色，果穗筒形，穗长17.5厘米，穗行数16～18行，穗轴红色，籽粒橙黄色、半马齿型，百粒重37.8克。接种鉴定，高抗茎腐病，中抗灰斑病，感大斑病和丝黑穗病，高感弯孢菌叶斑病。籽粒容重749克/升，粗蛋白含量9.29%，粗脂肪含量3.55%，粗淀粉含量73.76%，赖氨酸含量0.28%。京津唐夏播玉米区出苗至成熟102天，比对照京单28长1天。株高277厘米，穗位高103厘米，成株叶片数17片。花丝淡紫色，果穗筒形，穗长16厘米，穗行数16～18行，穗轴红色，籽粒黄色、半硬粒型，百粒重36.05克。接种鉴定，中抗大斑病、小斑病和腐霉茎腐病，感镰孢茎腐病和弯孢菌叶斑病。籽粒容重789克/升，粗蛋白含量9.45%，粗脂肪含量3.73%，粗淀粉含量74.10%，赖氨酸含量0.28%。

产量表现： 2012—2013年参加东北早熟春玉米品种区域试验，两年平均亩产812.7千克，比对照增产3.4%；2013年生产试验，平均亩产815.2千克，比对照先玉335增产4.1%。2012—2013年参加京津唐夏播玉米品种区域试验，两年平均亩产699.6千克，比对照京单28增产5.8%；2013年生产试验，平均亩产622.7千克，比京单28增产10.0%。

栽培技术要点： 中等肥力以上地块栽培，东北早熟春玉米区4月中下旬至5月上旬播种，京津唐夏播玉米6月中下旬播种，亩种植密度4 500株，注意防治大斑病、丝黑穗病、弯孢菌叶斑病和玉米螟。

适宜种植地区： 适宜辽宁东部山区、吉林中熟区、黑龙江第一积温带和内蒙古中东部中熟区春播种植，北京、天津和河北的唐山、廊坊、沧州及保定北部地区夏播种植。

宇玉30号

审定编号： 国审玉2014010

选育单位： 山东神华种业有限公司

品种来源： SX1132-2×SX3821

特征特性： 京津唐夏播玉米区生育期101天，黄淮海夏播玉米区生育期100天，比郑单958早熟1天。幼苗长势中等，幼苗叶鞘紫色。株型半紧凑，株高280厘米，穗位103厘米，成株叶片数20片。雄穗分枝较少且长，花药绿色，花丝浅紫色，果穗长筒形，穗轴红色，籽粒黄色、硬粒型。穗长19.5厘米，穗行数14～16行。百粒重35.2～38.1克。接种鉴定，中抗小斑病和腐霉茎腐病，感弯孢菌叶斑病和镰孢茎腐病，高感大斑病、瘤黑粉病和粗缩病。籽粒容重789～792克/升，粗蛋白质含量9.3%～9.9%，粗脂肪含量3.8%～4.1%，粗淀粉含量73.2%～74.4%，赖氨酸含量0.28%～0.29%。

产量表现： 2012—2013年参加京津唐夏播玉米品种区域试验，两年平均亩产704.6千克，比对照增产6.7%；2013年生产试验，平均亩产631.7千克，比对照京单28增产11.6%。2012—2013年参加黄淮海夏玉米品种区域试验，两年平均亩产691.9千克，比对照增产6.6%；2013年生产试验，平均亩产622.9千克，比对照郑单958增产6.4%。

栽培技术要点： 中等地力以上地块种植，亩种植密度5 000株左右，注意防治大斑病、弯孢菌叶斑病和茎腐病。

适宜种植地区： 适宜北京、天津、河北、河南、山东、陕西关中灌区、山西运城地区、江苏北部、安徽北部夏播种植。瘤黑粉病和粗缩病高发区慎用。

华农887

审定编号： 国审玉2014011

选育单位： 北京华农伟业种子科技有限公司

品种来源： B8×京66

特征特性： 东北早熟春玉米区出苗至成熟131天，与先玉335相当。幼苗叶鞘紫色，叶缘紫色，花药浅紫色，颖壳紫色。株型半紧凑，株高316厘米，穗位高117厘米，成株叶片数21片。花丝紫色，果穗长筒形，穗长20厘米，穗行数16行，穗轴红色，籽粒黄色、半马齿型，百粒重38.7克。接种鉴定，中抗镰孢茎腐病和灰斑病，感大斑病、弯孢菌叶斑病和丝黑穗病。籽粒容重726克/升，粗蛋白含量8.8%，粗脂肪含量4.0%，粗淀粉含量74.0%，赖氨酸含量0.3%。

产量表现： 2012—2013年参加东北早熟春玉米品种区域试验，两年平均亩产829.6千克，比对照增产

5.6%；2013年生产试验，平均亩产821.8千克，比对照先玉335增产5.0%。

栽培技术要点：中上等肥力地块种植，4月下旬至5月上旬播种，亩密度3 800～4 200株；亩施农家肥2 000～3 000千克或三元复合肥30千克作为基肥，大喇叭口期亩追施尿素30千克。

适宜种植地区：适宜辽宁东部山区、吉林中熟区、黑龙江第一积温带和内蒙古东部中熟区春播种植。

强盛369

审定编号：国审玉2014012

选育单位：山西强盛种业有限公司

品种来源：6143×997

特征特性：黄淮海夏玉米区出苗至成熟98天，比郑单958早1天。幼苗叶鞘浅紫色，叶片绿色，叶缘绿色，花药浅紫色，颖壳黄色。株型紧凑，株高246厘米，穗位高105厘米，成株叶片数19～20片。花丝浅紫色，果穗筒形，穗长17.6厘米，穗行数14～16行，穗轴红色，籽粒黄色、半马齿型，百粒重34.3克。接种鉴定，中抗小斑病和茎腐病，感大斑病，高感弯孢菌叶斑病、瘤黑粉病和粗缩病。籽粒容重792克/升，粗蛋白含量9.0%，粗脂肪含量3.78%，粗淀粉含量73.98%，赖氨酸含量0.27%。

产量表现：2012—2013年参加黄淮海夏玉米品种区域试验，两年平均亩产688.6千克，比对照增产4.8%；2013年生产试验，平均亩产625.2千克，比对照郑单958增产6.8%。

栽培技术要点：中等肥力以上地块栽培，6月初播种，亩种植密度4 500～5 000株，一般亩施底肥磷酸二铵15～20千克、磷酸锌1千克、氯化钾2～3千克，拔节期追施尿素10～15千克。注意防治弯孢菌叶斑病、瘤黑粉病和粗缩病。

适宜种植地区：适宜山东、河南、河北南部及山西南部、陕西关中灌区和江苏北部、安徽北部夏播种植。

华农138

审定编号：国审玉2014013

选育单位：天津科润津丰种业有限责任公司、北京华农伟业种子科技有限公司

品种来源：B105×京66

特征特性：黄淮海夏玉米区出苗至成熟102天，与对照相当。幼苗叶鞘紫色，叶缘紫色，花药浅紫色，颖壳紫色。株型半紧凑，株高281厘米，穗位高102厘米，成株叶片数19片。花丝浅紫色，果穗长筒形，穗长17.5厘米，穗行数16行，穗轴红色，籽粒黄色、半马齿型，百粒重37克。接种鉴定，抗腐霉茎腐

病，中抗小斑病，感镰孢茎腐病、大斑病和弯孢菌叶斑病，高感粗缩病、瘤黑粉病和南方锈病。籽粒容重792克/升，粗蛋白含量9.29%，粗脂肪含量3.78%，粗淀粉含量72.17%，赖氨酸含量0.3%。

产量表现：2012—2013年参加黄淮海夏玉米品种区域试验，两年平均亩产696.0千克，比对照增产6.0%；2013年生产试验，平均亩产620.4千克，比对照郑单958增产6.1%。

栽培技术要点：中上等肥力地块种植，6月上中旬播种，亩种植密度4 000～4 500株；亩施农家肥2 000～3 000千克或三元复合肥30千克作为基肥，大喇叭口期亩追施尿素30千克。注意防治瘤黑粉病、粗缩病和南方锈病。

适宜种植地区：适宜山东、河南、河北保定及以南地区及山西南部、陕西关中灌区和江苏北部、安徽北部夏播种植。

梦玉908

审定编号：国审玉2014014

选育单位：合肥丰乐种业股份有限公司

品种来源：DK58-2×京772-2

特征特性：黄淮海夏玉米地区出苗至成熟102天，与郑单958相当。幼苗叶鞘浅紫色，叶片绿色，叶缘绿色，花药浅紫色，颖壳绿色。株型紧凑，株高257厘米，穗位高96厘米，成株叶片数19～20片。花丝浅紫色，果穗筒形，穗长17.7厘米，穗行数14～16行，穗轴白色，籽粒黄色、半马齿型，百粒重34.0克。接种鉴定，中抗小斑病，感大斑病、茎腐病、弯孢菌叶斑病，高感瘤黑粉病和粗缩病。籽粒容重788克/升，粗蛋白含量9.70%，粗脂肪含量4.31%，粗淀粉含量72.10%，赖氨酸含量0.30%。

产量表现：2012—2013年参加黄淮海夏玉米品种区域试验，两年平均亩产697.0千克，比对照增产6.8%；2013年生产试验，平均亩产623.6千克，比对照郑单958增产6.5%。

栽培技术要点：中等肥力以上地块栽培，6月上中旬播种，亩种植密度4 500株，注意防治粗缩病和瘤黑粉病。

适宜种植地区：适宜河南、山东、河北保定及以南地区、陕西关中灌区、江苏北部、安徽北部及山西南部夏播种植。

大成168

审定编号：国审玉2014015

选育单位：宝丰县农业科学研究所

品种来源：802×6107A

特征特性：黄淮海夏玉米区出苗至成熟102天，与郑单958相当。幼苗叶鞘浅紫色，叶片绿色，叶缘绿色，花药浅绿色，颖壳绿色。株型紧凑，株高237厘米，穗位高94厘米，成株叶片数19～20片。花丝浅紫色，果穗筒形，穗长17.3厘米，穗行数14行，穗轴白色，籽粒黄色、半马齿型，百粒重38克。接种鉴定，中抗腐霉病和茎腐病，感大斑病、小斑病、镰孢茎腐病和弯孢菌叶斑病，高感瘤黑粉病和粗缩病。籽粒容重792克/升，粗蛋白含量8.65%，粗脂肪含量3.91%，粗淀粉含量72.7%，赖氨酸含量0.29%。

产量表现：2012—2013年参加黄淮海夏玉米品种区域试验，两年平均亩产688.3千克，比对照增产5.7%；2013年生产试验，平均亩产621.4千克，比对照郑单958增产6.1%。

栽培技术要点：中等肥力以上地块栽培，5月下旬至6月中旬播种，亩种植密度4 500～5 000株，注意防治小斑病、茎腐病、大斑病、瘤黑粉病、粗缩病、弯孢菌叶斑病和玉米螟。

适宜种植地区：适宜河南、山东、河北保定及以南地区、陕西关中灌区、江苏北部、安徽北部及山西南部夏播种植。

NK971

审定编号：国审玉2014016

选育单位：北京市农林科学院玉米研究中心

品种来源：京388×京372

特征特性：黄淮海夏玉米区出苗至成熟102天，与郑单958相当。幼苗叶鞘淡紫色，叶缘绿色，花药淡紫色，颖壳淡紫色。株型紧凑，株高262厘米，穗位高112厘米，成株叶片数20片，花丝淡紫色，果穗长筒形，穗长18厘米，穗行数14行，穗轴白色，籽粒黄色、半马齿型，百粒重34.1克。接种鉴定，抗小斑病，感大斑病和镰孢茎腐病，高感腐霉茎腐病。籽粒容重786克/升，粗蛋白含量10.18%，粗脂肪含量3.23%，粗淀粉含量73.07%，赖氨酸含量0.33%。

产量表现：2012—2013年参加黄淮海夏玉米品种区域试验，两年平均亩产685.6千克，比对照增产4.5%；2013年生产试验，平均亩产627.0千克，比对照郑单958增产7.2%。

栽培技术要点：中等肥力以上地块种植，亩种植密度4 000～4 500株。注意防治茎腐病，瘤黑粉病高发区慎用。

适宜种植地区：适宜山东、河北保定及以南地区、河南、陕西关中灌区、安徽北部、江苏北部、山西运城地区夏播种植。

平玉8号

审定编号：国审玉2014017

选育单位：武威市农业科学研究院、平顶山市农业科学院

品种来源：武9086×5172

特征特性：西北春玉米区出苗至成熟130天，比郑单958早1天。幼苗叶鞘紫色，叶片深绿色，叶缘紫红色，花药紫红色，颖壳绿色。株型半紧凑，株高260厘米，穗位高112厘米，成株叶片数18.4片。花丝浅紫色，果穗筒形，穗长18厘米，穗行数16～18行，穗轴红色，籽粒黄色、半马齿型，百粒重35.9克。接种鉴定，抗小斑病，感大斑病、丝黑穗病和茎腐病。籽粒容重765克/升，粗蛋白含量8.95%，粗脂肪含量4.71%，粗淀粉含量74.50%，赖氨酸含量0.26%。

产量表现：2012—2013年参加西北春玉米品种区域试验，两年平均亩产998.6千克，比对照增产5.0%；2013年生产试验，平均亩产940.6千克，比对照郑单958增产3.8%。

栽培技术要点：中等肥力以上地块栽培，4月中旬播种，适期早播，亩种植密度5 500株。注意防治丝黑穗病、大斑病和茎腐病。

适宜种植地区：适宜陕西榆林、甘肃、宁夏、新疆维吾尔自治区（以下简称新疆）和内蒙古西部地区春播种植。

延科288

审定编号：国审玉2014018

选育单位：延安延丰种业有限公司

品种来源：莫改42×黄改6334

特征特性：西南春玉米区出苗至成熟112天，比渝单8号早熟4天。幼苗叶鞘紫色，株型紧凑，全株叶片数18～19片，株高220厘米，穗位高85厘米，花药紫色，花丝顶部粉红色，雄穗分枝5～7个，果穗长锥形，穗长18厘米，穗行数16～18行，穗轴红色，籽粒黄色、半马齿型，百粒重38.4克。接种鉴定，中抗穗粒腐病，感大斑病、小斑病、丝黑穗病和纹枯病，高感茎腐病。籽粒容重786克/升，粗蛋白含量10.2%，粗脂肪含量3.0%，粗淀粉含量73.1%，赖氨酸含量0.3%。

产量表现：2012—2013年参加西南玉米品种区域试验，两年平均亩产614.7千克，比对照增产4.5%；2013年生产试验，平均亩产614.1千克，比对照增产13.4%。

栽培技术要点：中上等肥力地块种植，3月下旬至4月上旬播种，亩种植密度3 500～3 800株。亩施优质农家肥1 500～2 000千克，播种时亩施三元复合肥30千克；轻施苗肥，以氮肥为主；在四叶期至拔节期亩施尿素8～10千克；大喇叭口期重施穗肥，亩施尿素15～20千克。注意防治茎腐病、叶斑病和丝黑穗病。

适宜种植地区：适宜四川、重庆、云南、贵州、广西壮族自治区（以下简称广西）、湖南、湖北、陕西汉中地区种植。

仲玉998

审定编号： 国审玉2014019

选育单位： 仲衍种业股份有限公司

品种来源： 998×H08

特征特性： 西南地区春播出苗至成熟117天，与渝单8号相当。幼苗叶鞘浅紫色，叶片绿色，叶缘浅紫色。株型半紧凑，株高279厘米，穗位103厘米，成株叶片数19片。花药黄绿色，颖壳浅紫色，花丝浅紫色。果穗筒形，穗长19.0厘米，穗行数16~18行，穗轴红色，籽粒黄色、马齿型，百粒重31.1克。接种鉴定，抗小斑病，中抗大斑病、茎腐病和丝黑穗病，感穗粒腐病和纹枯病。籽粒容重754.0克/升，粗蛋白含量9.2%，粗脂肪含量3.6%，粗淀粉含量71.0%，赖氨酸含量0.3%。

产量表现： 2012—2013年参加西南玉米品种区域试验，两年平均亩产621.4千克，比对照渝单8号增产5.5%；2013年生产试验，平均亩产603.2千克，比渝单8号增产11.4%。

栽培技术要点： 3月上旬至4月初播种，亩种植密度3 000~3 600株。施足底肥，早施苗肥，重施穗肥，增施有机肥和磷钾肥。注意防治穗粒腐病、纹枯病和玉米螟。

适宜种植地区： 适宜四川、重庆、云南、贵州、湖北、湖南、广西、陕西汉中地区的平坝丘陵和低山区春播种植。

禾睦玉918

审定编号： 国审玉2014020

选育单位： 贵州禾睦福种子有限公司

品种来源： QS6822×QS50

特征特性： 西南春玉米区出苗至成熟117天，比渝单8号晚1天。幼苗叶鞘紫色，叶缘紫红色，花药黄色，颖壳浅紫色。株型半紧凑，株高273厘米，穗位高117厘米，成株叶片数20片。花丝浅红色，果穗筒形，穗长19厘米，穗行数14~16行，穗轴白色，籽粒黄色、半马齿型，百粒重34.2克。接种鉴定，抗纹枯病，中抗穗粒腐病，感大斑病、小斑病、茎腐病和丝黑穗病。籽粒容重782克/升，粗蛋白含量9.51%，粗脂肪含量3.72%，粗淀粉含量71.53%，赖氨酸含量0.32%。

产量表现： 2011—2012年参加西南玉米品种区域试验，两年平均亩产614.9千克，比对照增产6.2%；2012年生产试验，平均亩产569.7千克，比对照渝单8号增产8.8%。

栽培技术要点： 中等肥力以上地块种植，3月下旬至5月中旬播种，亩种植密度3 200~4 500株。注意防治丝黑穗病。

适宜种植地区：适宜四川、重庆、云南、湖南、湖北、贵州、广西和陕西汉中地区的平坝丘陵低山区春播种植。注意防治丝黑穗病。

联创799

审定编号：国审玉2014021

选育单位：北京联创种业股份有限公司

品种来源：CT3141×CT5898

特征特性：东南玉米区出苗至成熟100天，比苏玉29早1天。幼苗叶鞘紫色，叶片绿色，花药紫至浅紫色，颖壳绿色。株型紧凑，株高255厘米，穗位高87厘米，成株叶片数17片。花丝紫色，果穗筒形，穗长20厘米，穗行数14～16行，穗轴白色，籽粒黄色、马齿型，百粒重30.5克。平均倒伏（折）率5.8%。接种鉴定，抗茎腐病，中抗小斑病，感大斑病和纹枯病。籽粒容重710克/升，粗蛋白含量10.46%，粗脂肪含量4.51%，粗淀粉含量70.61%，赖氨酸含量0.33%。

产量表现：2012—2013年参加东南玉米品种区域试验，两年平均亩产530.9千克，比对照苏玉29增产7.9%；2013年生产试验，平均亩产536.8千克，比苏玉29增产7.3%。

栽培技术要点：中等肥力以上地块栽培，3月中下旬至4月中下旬播种，亩种植密度3 500～4 000株。注意防治纹枯病。

适宜种植地区：适宜江苏南部、安徽南部、浙江、江西、福建、广东春播种植。

晋超甜1号

审定编号：国审玉2014022

选育单位：山西省农业科学院玉米研究所

品种来源：TY32-111×TY37/7710

特征特性：黄淮海夏玉米区出苗至鲜穗采摘73天，比中农大甜413早1天。幼苗叶鞘绿色，叶片绿色，叶缘绿色，花药黄色，颖壳绿色。株型松散，株高200厘米，穗位72厘米，成株叶片数19片。花丝绿色，果穗筒形，穗长20厘米，穗行数14～16行，穗轴白色，籽粒黄色、甜质型，百粒重（鲜籽粒）35.1克。接种鉴定，高抗茎腐病和矮花叶病，中抗小斑病，感瘤黑粉病。籽粒还原糖含量7.6%，水溶性糖含量22.9%。

产量表现：2012—2013年参加北方鲜食甜玉米品种区域试验，两年平均亩产鲜穗783.7千克，比对照中农大甜413增产11.4%。2013年生产试验，平均亩产鲜穗712.8千克，比中农大甜413增产6.5%。

栽培技术要点：中等肥力以上地块栽培，6月中下旬播种，亩种植密度3 500～3 800株。隔离种植，适时采收。注意及时防治瘤黑粉病。

适宜种植地区：适宜北京、天津、河北、山东、河南、江苏北部、安徽北部、陕西关中灌区夏播种植。

粤甜20号

审定编号：国审玉2014023

选育单位：广东省农业科学院作物研究所

品种来源：夏威夷-1×泰甜5号-2

特征特性：东南地区出苗至成熟84天，与粤甜16号相当。幼苗叶鞘绿色，叶片绿色，叶缘绿色，花药黄绿色，颖壳绿色。株型半紧凑，株高219厘米，穗位高89厘米，成株叶片数18~20片。花丝浅绿色，果穗筒形，穗长21厘米，秃尖2.8~2.9厘米，穗轴白色，籽粒黄色、硬粒型甜质，百粒重（鲜籽粒）35.7克。接种鉴定，高抗腐霉茎腐病，感大斑病、小斑病和纹枯病。两年区域试验品尝鉴定，分别为87.6分和86.9分；品质检测，皮渣率13.05%，水溶糖含量20.3%，还原糖含量11.8%。

产量表现：2012—2013年参加东南鲜食甜玉米品种区域试验，两年平均亩产鲜穗955.9千克，比对照粤甜16号增产0.9%；2013年生产试验，平均亩产鲜穗932.0千克，比粤甜16号增产6.4%。

栽培技术要点：东南地区中等肥力以上地块栽培，亩种植密度3 200~3 400株。隔离种植、适时采收。注意防治大斑病、小斑病、纹枯病和玉米螟。

适宜种植地区：适宜广东、广西、江苏南部、上海、江西、浙江、福建和海南作鲜食甜玉米种植。

京科糯569

审定编号：国审玉2014024

选育单位：北京市农林科学院玉米研究中心、北京华奥农科玉育种开发有限责任公司

品种来源：N39×白糯6

特征特性：东华北春玉米区出苗至鲜穗采收期93天。幼苗叶鞘紫色，叶片浅绿色，叶缘绿色，花药粉色，颖壳浅紫色。株型半紧凑，株高266.2厘米，穗位高119.9厘米，成株叶片数18片。花丝浅红色，果穗筒形，穗长19.6厘米，穗行数14~16行，穗轴白色，籽粒白色、马齿型，百粒重（鲜籽粒）36.2克。平均倒伏（折）率5.3%。接种鉴定，感大斑病和丝黑穗病。品尝鉴定87.8分；粗淀粉含量64.5%，直链淀粉占粗淀粉的1.8%，皮渣率5.4%。

产量表现：2011—2012年参加东华北鲜食糯玉米品种区域试验，两年平均亩产鲜穗1 090千克，比对照垦粘1号增产17.4%；2013年生产试验，平均亩产鲜穗1 062千克，比垦粘1号增产19.9%。

栽培技术要点：中等肥力以上地块栽培，4月底5月初播种，亩种植密度3 500株左右。隔离种植，授粉后22～25天为最佳采收期。注意防治大斑病和丝黑穗病。

适宜种植地区：适宜北京、河北、山西、内蒙古、黑龙江、吉林、辽宁、新疆作鲜食糯玉米春播种植。

美玉糯16号

审定编号：国审玉2014025

选育单位：海南绿川种苗有限公司

品种来源：HE703×HE729nct

特征特性：东南地区出苗至成熟81天，比苏玉糯5号晚1天。幼苗叶鞘黄绿色，叶片绿色，叶缘绿色，花药粉色，颖壳绿色。株型半紧凑，株高229厘米，穗位高97厘米，成株叶片数20片。花丝红色，果穗粗锥形，穗长18厘米，穗行数16～18行，穗轴白色，籽粒紫白色、珍珠型，百粒重（鲜籽粒）29.0克。接种鉴定，高抗茎腐病，感小斑病、纹枯病和大斑病。专家品尝鉴定，达到鲜食糯玉米二级标准；品质检测，支链淀粉占总淀粉含量的97%。

产量表现：2011—2012年参加东南鲜食糯玉米品种区域试验，两年平均亩产鲜穗855.5千克，比对照苏玉糯5号增产13.1%；2013年生产试验，平均亩产鲜穗846.4千克，比苏玉糯5号增产13.4%。

栽培技术要点：中等肥力以上地块栽培，3月上中旬播种，亩种植密度3 500株左右，隔离种植。注意防治大斑病、小斑病和棉铃虫。

适宜种植地区：适宜海南、广东、广西、上海、浙江、江西、福建、江苏中南部、安徽中南部作鲜食糯玉米品种春播种植。

粤彩糯2号

审定编号：国审玉2014026

选育单位：广东省农业科学院作物研究所

品种来源：N32-107×N61-32

特征特性：东南地区出苗至鲜穗采摘期83天，比苏玉糯5号晚1天。幼苗叶鞘紫红色，叶片绿色，叶缘绿色，花药黄色，颖壳绿色。株型半紧凑，株高214厘米，穗位高85厘米，成株叶片数18片。花丝绿色，果穗近锥形，穗长17厘米，穗行数12行，穗轴白色，籽粒紫红白色相间、硬粒型，百粒重（鲜籽粒）32.4克。接种鉴定，高抗茎腐病，中抗大斑病、小斑病、纹枯病。专家品尝鉴定，达到鲜食糯玉米二级标准。支链淀粉占总淀粉含量的98.55%。

产量表现： 2012—2013年参加东南鲜食糯玉米品种区域试验，两年平均亩产鲜穗729.5千克，比对照苏玉米糯5号减产3.0%；2013年生产试验，平均亩产鲜穗782.3千克，比苏玉糯5号增产4.7%。

栽培技术要点： 中等肥力以上地块栽培，亩种植密度3 200～3 500株。注意及时防治苗期地下害虫以及玉米螟、小斑病和纹枯病等病虫害。

适宜种植地区： 适宜广东、广西、江苏中南部、安徽中南部、上海、浙江、江西、福建和海南作鲜食糯玉米品种种植。

荣玉糯9号

审定编号： 国审玉2014027

选育单位： 四川农业大学玉米研究所

品种来源： WX014×WX015

特征特性： 东南地区出苗至鲜穗采摘期85天，比苏玉糯5号晚2天。幼苗叶鞘浅紫色，叶片绿色，叶缘绿色，花药浅紫色，颖壳浅紫色。株型半紧凑，株高240厘米，穗位高95厘米，成株叶片数17片。花丝浅紫色，果穗筒形，穗长18厘米，穗行数16～18行，穗轴白色，籽粒白色、糯粒，百粒重（鲜籽粒）28.5克。接种鉴定，抗茎腐病，中抗小斑病和纹枯病，高感大斑病。专家品尝鉴定，达到鲜食糯玉米二级标准。品质检测，支链淀粉占总淀粉含量的97.9%。

产量表现： 2012—2013年参加东南鲜食糯玉米品种区域试验，两年平均亩产鲜穗946.8千克，比对照苏玉糯5号增产26.3%；2013年生产试验，平均亩产鲜穗936.2千克，比对照增产27.0%。

栽培技术要点： 中等肥力以上地块栽培，亩种植密度3 500株左右。注意隔离种植，适时收获，带苞叶采摘、运输、贮藏。注意防治蚜虫、玉米螟等病虫害。

适宜种植地区： 适宜广东、广西、江苏中南部、安徽中南部、上海、浙江、福建、江西和海南作鲜食糯玉米品种种植。

苏玉糯1502

审定编号： 国审玉2014028

选育单位： 江苏沿江地区农业科学研究所

品种来源： L150×T2

特征特性： 东南地区出苗至鲜穗采收期82天，与苏玉糯5号相当。幼苗叶鞘绿色，叶片绿色，叶缘紫色，花药紫红色，颖壳浅紫色。株型半紧凑，株高223厘米，穗位高82厘米，成株叶片数18片。花丝紫色，果穗锥形，穗长18厘米，穗行数14～16行，穗轴白色，籽粒紫白色、糯质偏硬粒型，百粒重（鲜籽粒）33.8克。接种鉴定，高抗茎腐病，中抗纹枯病，感大斑病和小斑病。专家品尝鉴定，达到鲜食糯玉米二级标准。品质检测，支链淀粉占总淀粉含量的98.7%。

产量表现： 2012—2013年参加东南鲜食糯玉米品种区域试验，两年平均亩产鲜穗823.2千克，比对照苏玉糯5号增产9.4%；2013年生产试验，平均亩产鲜穗809.9千克，比苏玉糯5号增产9.0%。

栽培技术要点： 中等肥力以上地块栽培，3月10日至4月10日播种，亩种植密度4 000株左右。隔离种植，适时采收。注意防治大斑病、小斑病和玉米螟。

适宜种植地区： 适宜江苏中南部、安徽中南部、上海、浙江、江西、福建、广东、广西、海南作鲜食糯玉米种植。

渝糯525

审定编号： 国审玉2014029

选育单位： 重庆市农业科学院

品种来源： EX931 × D518

特征特性： 西南地区出苗至鲜穗采收90天，比渝糯7号晚2天。幼苗叶鞘绿色，叶片绿色，叶缘绿色，花药浅紫色，颖壳绿色。株型半紧凑，株高228.5厘米，穗位高87.7厘米，成株叶片数20片。花丝绿色，果穗筒形，穗长19厘米，穗行数12~14行，穗轴白色，籽粒白色、硬粒型，百粒重（鲜籽粒）36.5克。接种鉴定，高抗茎腐病，中抗小斑病和纹枯病，感大斑病。专家品尝鉴定，达到鲜食糯玉米二级标准。品质检测，支链淀粉占总淀粉含量的98.88%，达到糯玉米标准。

产量表现： 2012—2013年参加西南鲜食糯玉米品种区域试验，两年平均亩产鲜穗875.7千克，比对照渝糯7号增产8.2%；2013年生产试验，平均亩产鲜穗785.7千克，比渝糯7号增产8.3%。

栽培技术要点： 中等肥力以上地块栽培，3—4月播种，亩种植密度2 800~3 600株。隔离种植、适时采收。注意防治大斑病。

适宜种植地区： 适宜四川、重庆、云南、贵州、湖南和湖北作鲜食糯玉米种植。

佳禾18

审定编号： 国审玉2015001

选育单位： 围场满族蒙古族自治县佳禾种业有限公司

品种来源： 佳788-2 × F11

特征特性： 极早熟春玉米区出苗至成熟118天，与对照德美亚1号相同。幼苗叶鞘淡紫色，叶片绿色，叶缘淡紫色，花药黄色，颖壳紫色。株型半紧凑，株高248厘米，穗位高90厘米，成株叶片数17~18片。

花丝浅紫色，果穗筒形，穗长16.5厘米，平均穗行数15.8行，穗轴红色，籽粒黄色、半马齿型，百粒重27.7克。接种鉴定，抗穗腐病，中抗镰孢茎腐病和灰斑病，感大斑病、丝黑穗病。籽粒容重759克/升，粗蛋白含量9.72%，粗脂肪含量3.74%，粗淀粉含量73.98%，赖氨酸含量0.27%。

产量表现：2013—2014年参加极早熟春玉米品种区域试验，两年平均亩产674.2千克，比对照增产3.5%；2014年生产试验，平均亩产694.5千克，比对照德美亚1号增产8.5%。

栽培技术要点：中等肥力以上地块栽培，4月下旬至5月上旬播种，亩种植密度5 500~6 000株。亩施农家肥2 000~2 500千克或玉米专用复合肥40千克作为基肥，大喇叭口期追施尿素30千克。注意防治大斑病和丝黑穗病。

适宜种植地区：适宜河北张家口及承德北部接坝冷凉区、吉林东部极早熟区、黑龙江第四积温带、内蒙古呼伦贝尔岭南及通辽北部、赤峰北部地区、宁夏南部极早熟玉米区春播种植。

元华8号

审定编号：国审玉2015002

选育单位：曹冬梅、徐英华

品种来源：WFC0148×WFC0427

特征特性：极早熟春玉米区出苗至成熟112天，比德美亚1号早2天。幼苗叶鞘紫色，叶片绿色，叶缘绿色，花药黄色，颖壳绿色。株型半紧凑，株高248厘米，穗位高81厘米，成株叶片数16片。花丝绿色，果穗锥形，穗长17.7厘米，穗行数12~16行，穗轴白色，籽粒黄色、硬粒型，百粒重35.5克。接种鉴定，抗灰斑病、穗腐病，中抗茎腐病、弯孢菌叶斑病，感大斑病、丝黑穗病。籽粒容重798克/升，粗蛋白含量10.92%，粗脂肪含量4.86%，粗淀粉含量72.77%，赖氨酸含量0.30%。

产量表现：2013—2014年参加极早熟春玉米品种区域试验，两年平均亩产684.0千克，比对照增产5.0%；2014年生产试验，平均亩产697.9千克，比对照德美亚1号增产9.1%。

栽培技术要点：适期早播，中等肥力以上地块栽培，4月下旬至5月上旬播种，亩种植密度6 000株左右。注意防治大斑病和丝黑穗病。

适宜种植地区：适宜河北张家口及承德北部接坝冷凉区、吉林东部极早熟区、黑龙江第四积温带、内蒙古呼伦贝尔岭南及通辽北部、赤峰北部极早熟区、宁夏南部极早熟玉米区春播种植。

先达101

审定编号：国审玉2015003

选育单位：先正达（中国）投资有限公司隆化分公司

品种来源： NP1914×NP1941-357

特征特性： 极早熟春玉米区出苗至成熟116天，比德美亚1号早2天。幼苗叶鞘紫色，叶片绿色，叶缘紫红色，花药紫色，颖壳紫色。株型紧凑，株高256厘米，穗位高88厘米，成株叶片数16片。花丝紫色，果穗筒形，穗长17.7厘米，穗行数12～16行，穗轴红色，籽粒黄色、硬粒型，百粒重32.4克。接种鉴定，抗穗腐病、中抗茎腐病、弯孢菌叶斑病，感大斑病、丝黑穗病和灰斑病。籽粒容重790克/升，粗蛋白含量11.98%，粗脂肪含量4.92%，粗淀粉含量72.71%，赖氨酸含量0.30%。

产量表现： 2013—2014年参加极早熟春玉米品种区域试验，两年平均亩产683.1千克，比对照增产4.8%；2014年生产试验，平均亩产685.2千克，比对照德美亚1号增产7.1%。

栽培技术要点： 适期早播，中等肥力以上地块栽培，4月下旬至5月上旬播种，亩种植密度6 000株左右。注意防治大斑病、丝黑穗病和灰斑病。

适宜种植地区： 适宜河北张家口及承德北部接坝冷凉区、吉林东部极早熟区、黑龙江第四积温带、内蒙古呼伦贝尔岭南及通辽北部、赤峰北部极早熟区、宁夏南部极早熟玉米区春播种植。

吉东81号

审定编号： 国审玉2015004

选育单位： 吉林省辽源市农业科学院

品种来源： M407×F62

特征特性： 东北中熟春玉米区出苗至成熟131天，与先玉335相当。幼苗叶鞘紫色，叶片绿色，叶缘白色，花药浅紫色，颖壳绿色。株型半紧凑，株高298厘米，穗位高116厘米，成株叶片数21片。花丝浅紫色，果穗筒形，穗长18.7厘米，穗行数16～18行，穗轴红色，籽粒黄色、马齿型，百粒重35.5克。接种鉴定，抗茎腐病和穗腐病，中抗灰斑病和弯孢菌叶斑病，感大斑病和丝黑穗病。籽粒容重738克/升，粗蛋白含量9.84%，粗脂肪含量3.62%，粗淀粉含量73.48%，赖氨酸含量0.31%。

产量表现： 2013—2014年参加东北中熟春玉米品种区域试验，两年平均亩产885.7千克，比对照增产2.8%；2014年生产试验，平均亩产905.5千克，比对照先玉335增产6.5%。

栽培技术要点： 中等肥力以上地块栽培，4月下旬至5月上旬播种，亩种植密度3 800～4 200株；亩施农家肥2 000～3 000千克或三元复合肥30千克作为基肥，大喇叭口期亩追施尿素30千克。注意防治大斑病和丝黑穗病。

适宜种植地区： 适宜辽宁东部山区、吉林中熟区、黑龙江第一积温带、内蒙古中东部中熟区春播种植。

沈玉801

审定编号：国审玉2015005

选育单位：沈阳市农业科学院、沈阳市农业科学院种业有限公司

品种来源：沈391×沈8078

特征特性：东北中熟春玉米区出苗至成熟131天，与先玉335相当。幼苗叶鞘浅紫色，叶片绿色，叶缘白色，花药紫色，颖壳绿色。株型紧凑，株高311厘米，穗位高120厘米，成株叶片数21片。花丝浅紫色，果穗筒形，穗长18.4厘米，穗行数18～20行，穗轴红色，籽粒黄色、半马齿型，百粒重38.4克。接种鉴定，抗穗腐病，中抗茎腐病，感大斑病、灰斑病和丝黑穗病，高感弯孢菌叶斑病。籽粒容重730克/升，粗蛋白含量9.00%，粗脂肪含量4.01%，粗淀粉含量73.59%，赖氨酸含量0.30%。

产量表现：2013—2014年参加东北中熟春玉米品种区域试验，两年平均亩产902.4千克，比对照增产4.8%；2014年生产试验，平均亩产903.4千克，比对照先玉335增产6.3%。

栽培技术要点：中等肥力以上地块栽培，4月下旬至5月上旬播种，亩种植密度4 500株。注意防治大斑病、灰斑病、弯孢菌叶斑病和丝黑穗病。

适宜种植地区：适宜辽宁东部山区、吉林中熟区、黑龙江第一积温带、内蒙古中东部中熟区春播种植。

农华205

审定编号：国审玉2015006

选育单位：北京金色农华种业科技股份有限公司

品种来源：H985×B8328

特征特性：东华北春玉米区出苗至成熟124天，比郑单958早2天。幼苗叶鞘紫色，叶片绿色，叶缘绿色，花药浅紫色，颖壳绿色。株型半紧凑，株高283厘米，穗位高100厘米，成株叶片数20片。花丝浅紫色，果穗筒形，穗长19.4厘米，穗行数14～16行，穗轴红色，籽粒黄色、半马齿型，百粒重37克。接种鉴定，高抗穗腐病，中抗大斑病、灰斑病、茎腐病、弯孢菌叶斑病和丝黑穗病。籽粒容重748克/升，粗蛋白含量9.40%，粗脂肪含量3.05%，粗淀粉含量75.90%，赖氨酸含量0.28%。

产量表现：2013—2014年参加东华北玉米品种区域试验，两年平均亩产850.4千克，比对照增产2.9%；2014年生产试验，平均亩产842.7千克，比对照郑单958增产6.9%。

栽培技术要点：中等肥力以上地块栽培，4月下旬至5月上旬播种，亩种植密度4 000～4 500株。

适宜种植地区：适宜北京、天津、河北北部、内蒙古通辽和赤峰、山西、辽宁、吉林中晚熟区春播种植。

承950

审定编号：国审玉2015007

选育单位：承德裕丰种业有限公司

品种来源：承系110×承系157

特征特性：东华北春玉米区出苗至成熟125天，比郑单958早2天。幼苗叶鞘浅紫色，叶缘绿色，花药黄色，颖壳浅紫色。株型紧凑，株高288厘米，穗位高107厘米，成株叶片数21片。花丝浅紫色，果穗长筒形，穗长21厘米，穗行数16～18行，穗轴红色，籽粒黄色、马齿型，百粒重33.9克。接种鉴定，高抗穗腐病，抗丝黑穗病，中抗弯孢菌叶斑病和灰斑病，感大斑病和茎腐病。籽粒容重764克/升，粗蛋白含量9.22%，粗脂肪含量3.80%，粗淀粉含量74.63%，赖氨酸含量0.31%。

产量表现：2013—2014年参加东华北春玉米品种区域试验，两年平均亩产846.6千克，比对照增产3.7%；2014年生产试验，平均亩产834.7千克，比对照郑单958增产5.5%。

栽培技术要点：中上等肥力地块种植，4月下旬至5月上旬播种，亩种植密度4 000～4 500株。

适宜种植地区：适宜天津、河北北部、内蒙古通辽和赤峰，山西、辽宁、吉林中晚熟区春播种植。

东单119

审定编号：国审玉2015008

选育单位：辽宁东亚种业科技股份有限公司、辽宁东亚种业有限公司

品种来源：F6wc-1×F7292-37

特征特性：东华北春玉米区出苗至成熟124天，比郑单958早2天。幼苗叶鞘紫色，叶缘紫色，花药浅紫色，颖壳紫色。株型紧凑，株高280厘米，穗位高118厘米，成株叶片数19～21片，花丝绿色，果穗锥形，穗长18.7厘米，穗行数14～16行，穗轴红色，籽粒黄色、马齿型，百粒重39.1克。接种鉴定，高抗穗腐病，中抗大斑病、丝黑穗病、灰斑病和茎腐病，感弯孢菌叶斑病。籽粒容重759克/升，粗蛋白含量9.57%，粗脂肪含量3.88%，粗淀粉含量74.47%，赖氨酸含量0.30%。

产量表现：2013—2014年参加东华北春玉米品种区域试验，两年平均亩产843.3千克，比对照增产2.8%；2014年生产试验，平均亩产839.8千克，比对照郑单958增产7.1%。

栽培技术要点：中等肥力以上地块栽培，4月下旬至5月上旬播种，亩种植密度4 000～4 500株。注意防治弯孢菌叶斑病。

适宜种植地区：适宜天津、河北北部、内蒙古通辽和赤峰，山西、辽宁、吉林中晚熟区春播种植。

巡天1102

审定编号：国审玉2015009

选育单位：河北巡天农业科技有限公司

品种来源：H111426×X1098

特征特性：东华北春玉米区出苗至成熟126天，比郑单958早1天。幼苗叶鞘浅紫色，叶片绿色，叶缘浅紫色，花药浅绿色，颖壳紫色。株型紧凑，株高263厘米，穗位高111厘米，成株叶片数20片。花丝浅紫色，果穗筒形，穗长18.0厘米，穗行数14～16行，穗轴白色，籽粒黄色、半马齿型，百粒重37.6克。接种鉴定，中抗玉米大斑病、丝黑穗病、镰孢茎腐病和弯孢菌叶斑病，感灰斑病。籽粒容重766克/升，粗蛋白含量10.0%，粗脂肪含量3.85%，粗淀粉含量73.81%，赖氨酸含量0.27%。西北春玉米区出苗至成熟133天，比郑单958晚1天。株高267厘米，穗位高118厘米，成株叶片数18～19片。穗长17.7厘米，穗行数14～16行，百粒重37.8克。接种鉴定，感腐霉茎腐病、大斑病、丝黑穗病，中抗穗腐病。籽粒容重772克/升，粗蛋白含量9.65%，粗脂肪含量3.99%，粗淀粉含量73.77%，赖氨酸含量0.25%。

产量表现：2013—2014年参加东华北春玉米品种区域试验，两年平均亩产847.1千克，比对照增产3.0%；2014年生产试验，平均亩产833.0千克，比对照郑单958增产5.4%。2013—2014年参加西北春玉米品种区域试验，两年平均亩产1 064千克，比对照增产5.7%；2014年生产试验，平均亩产1 054千克，比对照郑单958增产8.4%。

栽培技术要点：中等肥力以上地块栽培，4月下旬至5月上旬播种，亩种植密度4 500～4 800株。

适宜种植地区：适宜北京、天津、河北北部、内蒙古赤峰和通辽，山西、辽宁、吉林中晚熟区，陕西延安春播种植；注意防治灰斑病。该品种还适宜甘肃、宁夏、新疆和内蒙古西部地区春播种植；注意防治丝黑穗病。

裕丰303

审定编号：国审玉2015010

选育单位：北京联创种业股份有限公司

品种来源：CT1669×CT3354

特征特性：东华北春玉米区出苗至成熟125天，与郑单958相当。幼苗叶鞘紫色，叶缘绿色，花药淡紫色，颖壳绿色。株型半紧凑，株高296厘米，穗位高105厘米，成株叶片数20片。花丝淡紫到紫色，果穗筒形，穗长19厘米，穗行数16行，穗轴红色，籽粒黄色、半马齿型，百粒重36.9克。接种鉴定，高抗镰孢茎腐病，中抗弯孢菌叶斑病，感大斑病、丝黑穗病和灰斑病。籽粒容重766克/升，粗蛋白含量10.83%，粗脂肪含量3.40%，粗淀粉含量74.65%，赖氨酸含量0.31%。黄淮海夏玉米区出苗至成熟102天，与郑单958相当。株高270厘米，穗位高97厘米，成株叶片数20片，穗长17厘米，穗行数14～16行，百粒重33.9克。接种鉴定，中抗弯孢菌叶斑病，感小斑病、大斑病、茎腐病，高感瘤黑粉病、粗缩病和穗腐病。籽粒容重778克/升，粗蛋白含量10.45%，粗脂肪含量3.12%，粗淀粉含量72.70%，赖氨酸含量0.32%。

产量表现： 2013—2014年参加东华北春玉米品种区域试验，两年平均亩产880.1千克，比对照增产6.3%；2014年生产试验，平均亩产856.5千克，比对照郑单958增产8.8%。2013—2014年参加黄淮海夏玉米品种区域试验，两年平均亩产684.6千克，比对照增产4.7%；2014年生产试验，平均亩产672.7千克，比对照郑单958增产5.6%。

栽培技术要点： 中上等肥力地块种植，亩种植密度3 800～4 200株。

适宜种植地区： 适宜北京、天津、河北北部、内蒙古赤峰和通辽，山西、辽宁、吉林中晚熟区春播种植；注意防治大斑病、丝黑穗病和灰斑病。该品种还适宜北京、天津、河北保定及以南地区、山西南部、河南、山东、江苏淮北、安徽淮北、陕西关中灌区夏播种植；注意防治粗缩病和穗腐病，瘤黑粉病高发区慎用。

登海685

审定编号： 国审玉2015011

选育单位： 山东登海种业股份有限公司

品种来源： DH382×DH357-14

特征特性： 黄淮海夏玉米区出苗至成熟104天，比郑单958晚熟1天。幼苗叶鞘紫色，叶片绿色，叶缘绿色，花药绿色，颖壳浅紫色。株型紧凑，株高265厘米，穗位高97厘米，成株叶片数18～19片。花丝浅紫色，果穗筒形，穗长19厘米，穗行数14～16行，穗轴紫色，籽粒黄色、马齿型，百粒重30.8克。接种鉴定，中抗小斑病，感茎腐病和穗腐病，高感弯孢菌叶斑病、瘤黑粉病和粗缩病。籽粒容重729克/升，粗蛋白含量9.42%，粗脂肪含量3.76%，粗淀粉含量73.7%，赖氨酸含量0.30%。

产量表现： 2013—2014年参加黄淮海夏玉米品种区域试验，两年平均亩产674.6千克，比对照增产3.7%；2014年生产试验，平均亩产668.2千克，比对照郑单958增产4.7%。

栽培技术要点： 中等肥力以上地块栽培，6月上中旬播种，亩种植密度4 500株。注意防治叶斑病和粗缩病。

适宜种植地区： 适宜北京、天津、河北保定及以南地区、山西南部、河南、山东、江苏淮北、安徽淮北、陕西关中灌区夏播种植。

滑玉168

审定编号： 国审玉2015012

选育单位： 河南滑丰种业科技有限公司

品种来源： HF2458-1×MC712-2111

特征特性： 黄淮海夏玉米区出苗至成熟102天，与郑单958相当。幼苗叶鞘紫色，叶片绿色，花药浅紫色。株型紧凑，株高292厘米，穗位高100厘米，成株叶片数19～20片。花丝浅紫色，果穗筒形，穗长17.3厘米，穗行数16～18行，穗轴红色，籽粒黄色、半马齿型，百粒重32.5克。接种鉴定，抗大斑病，中抗小斑病、茎腐病和穗腐病，感弯孢菌叶斑病，高感瘤黑粉病和粗缩病。籽粒容重790克/升，粗蛋白含量10.64%，粗脂肪含量3.13%，粗淀粉含量73.54%，赖氨酸含量0.35%。

产量表现： 2013—2014年参加黄淮海夏玉米品种区域试验，两年平均亩产685.6千克，比对照增产5.3%；2014年生产试验，平均亩产674千克，比对照郑单958增产5.8%。

栽培技术要点： 中等肥力以上地块栽培，6月上中旬播种，亩种植密度4 000～4 500株。注意防治粗缩病和玉米螟。

适宜种植地区： 适宜北京、天津、河北保定及以南地区、山西南部、河南、山东、江苏淮北、安徽淮北、陕西关中灌区夏播种植。

伟科966

审定编号： 国审玉2015013

选育单位： 郑州伟科作物育种科技有限公司

品种来源： WK3958×WK898

特征特性： 黄淮海夏玉米区出苗至成熟104天，与郑单958相当。幼苗叶鞘紫色，叶片绿色，叶缘绿色，花药绿色，颖壳绿色。株型紧凑，株高261厘米，穗位高110厘米，成株叶片数20片。花丝浅紫色，果穗筒形，穗长17.4厘米，穗行数16～18行，穗轴白色，籽粒黄色、半马齿型，百粒重31.7克。接种鉴定，中抗小斑病，中抗穗腐病，感弯孢菌叶斑病和茎腐病，高感瘤黑粉病和粗缩病。籽粒容重744克/升，粗蛋白含量10.04%，粗脂肪含量3.34%，粗淀粉含量73.71%，赖氨酸含量0.28%。

产量表现： 2013—2014年参加黄淮海夏玉米品种区域试验，两年平均亩产681.5千克，比对照增产4.5%；2014年生产试验，平均亩产683.1千克，比对照郑单958增产6.9%。

栽培技术要点： 中上等肥力地块种植，6月上中旬播种，亩种植密度4 000～4 500株；亩施农家肥2 000～3 000千克或三元复合肥30千克作为基肥，大喇叭口期亩追施尿素30千克。注意防治瘤黑粉病和粗缩病。

适宜种植地区：适宜北京、天津、河北保定及以南地区、山西南部、河南、山东、江苏淮北、安徽淮北、陕西关中灌区夏播种植。

农大372

审定编号：国审玉2015014

选育单位：北京华奥农科玉育种开发有限公司

品种来源：X24621×BA702

特征特性：黄淮海夏玉米区出苗至成熟103天，与对照郑单958相当。幼苗叶鞘紫色，叶片绿色，叶缘浅紫色，花药浅紫色，颖壳浅紫色。株型半紧凑，株高280厘米，穗位高105厘米，成株叶片数21片。花丝绿色，果穗长筒形，穗长21厘米，穗行数14~16行，穗轴红色，籽粒黄色、半马齿型，百粒重35.7克。接种鉴定，抗镰孢茎腐病和大斑病，中抗小斑病和腐霉茎腐病，感弯孢菌叶斑病、茎腐病和穗腐病，高感瘤黑粉病和粗缩病。籽粒容重764克/升，粗蛋白含量8.61%，粗脂肪含量3.05%，粗淀粉含量75.86%，赖氨酸含量0.28%。

产量表现：2013—2014年参加黄淮海夏玉米品种区域试验，两年平均亩产691.1千克，比对照增产6.1%；2014年生产试验，平均亩产689.3千克，比对照郑单958增产8.3%。

栽培技术要点：中上等肥力地块种植，6月上中旬播种，亩种植密度4 500~5 000株；亩施农家肥2 000~3 000千克或三元复合肥30千克作为基肥，大喇叭口期亩追施尿素30千克。注意防治瘤黑粉病、粗缩病。

适宜种植地区：适宜河北保定以南地区、山西南部、山东、河南、江苏淮北、安徽淮北、陕西关中灌区夏播种植。

联创808

审定编号：国审玉2015015

选育单位：北京联创种业股份有限公司

品种来源：CT3566×CT3354

特征特性：黄淮海夏玉米区出苗至成熟102天，比郑单958早熟1天。幼苗叶鞘紫色，叶片绿色，叶缘绿色，花药浅紫色，颖壳绿色。株型半紧凑，株高285厘米，穗位高102厘米，成株叶片数19~20片。花丝浅绿色，果穗筒形，穗长18.3厘米，穗行数14~16行，穗轴红色，籽粒黄色、半马齿型，百粒重32.9克。接种鉴定，中抗大斑病，感小斑病、粗缩病和茎腐病，高感弯孢菌叶斑病、瘤黑粉病和粗缩病。籽粒容重

765克/升，粗蛋白含量9.65%，粗脂肪含量3.06%，粗淀粉含量74.46%，赖氨酸含量0.29%。

产量表现：2013—2014年参加黄淮海夏玉米品种区域试验，两年平均亩产695.8千克，比对照增产5.6%；2014年生产试验，平均亩产687.0千克，比对照郑单958增产7.8%。

栽培技术要点：中等肥力以上地块栽培，5月下旬至6月中旬播种，亩种植密度4 000株左右。注意防治粗缩病、弯孢菌叶斑病、瘤黑粉病、茎腐病和玉米螟。

适宜种植地区：适宜北京、天津、河北保定及以南地区、山西南部、河南、山东、江苏淮北、安徽淮北、陕西关中灌区夏播种植。

农华816

审定编号：国审玉2015016

选育单位：北京金色农华种业科技股份有限公司

品种来源：7P402×B8328

特征特性：黄淮海夏玉米区出苗至成熟101天，比郑单958早1天。幼苗叶鞘紫色，叶片绿色，叶缘紫色，花药浅紫色，颖壳绿色。株型半紧凑，株高265厘米，穗位高100厘米，成株叶片数18～19片。花丝绿色，果穗筒形，穗长18.3厘米，穗行数14～16行，穗轴红色，籽粒黄色、马齿型，百粒重30.9克。接种鉴定，抗大斑病，中抗小斑病、弯孢菌叶斑病和腐霉茎腐病，感镰孢茎腐病和穗腐病，高感瘤黑粉病和粗缩病。籽粒容重743克/升，粗蛋白含量9.62%，粗脂肪含量3.86%，粗淀粉含量74.77%，赖氨酸含量0.31%。

产量表现：2013—2014年参加黄淮海夏玉米品种区域试验，两年平均亩产683.8千克，比对照增产3.8%；2014年生产试验，平均亩产680.8千克，比对照郑单958增产6.5%。

栽培技术要点：中等肥力以上地块栽培，6月中上旬播种，亩种植密度4 500～5 000株。注意防治瘤黑粉病和粗缩病。

适宜种植地区：适宜河北保定及以南地区、山西南部、河南、山东、江苏淮北、安徽淮北、陕西关中灌区夏播种植。

郑单1002

审定编号：国审玉2015017

选育单位：河南省农业科学院粮食作物研究所

品种来源：郑588×郑H71

特征特性：黄淮海夏玉米区出苗至成熟103天，与郑单958相同。幼苗叶鞘紫色，叶片绿色，叶缘绿色，花药浅紫色，颖壳绿色。株型紧凑，株高257厘米，穗位高105厘米，成株叶片数19～20片。花丝浅紫色，果穗筒形，穗长16.5厘米，穗行数14～16行，穗轴白色，籽粒黄色、半马齿型，百粒重33.2克。接种鉴定，高抗小斑病，感瘤黑粉病和茎腐病，高感弯孢菌叶斑病、穗腐病和粗缩病。籽粒容重776克/升，粗蛋白含量9.64%，粗脂肪含量4.11%，粗淀粉含量74.22%，赖氨酸含量0.28%。

产量表现：2013—2014年参加黄淮海夏玉米品种区域试验，两年平均亩产673.6千克，比对照增产2.3%；2014年生产试验，平均亩产666.9千克，比对照郑单958增产4.4%。

栽培技术要点：中等肥力以上地块栽培，5月下旬至6月中旬播种，亩种植密度4 500～5 000株。注意防治瘤黑粉病、粗缩病、茎腐病、弯孢菌叶斑病和玉米螟。

适宜种植地区：适宜河北保定及以南地区、山西南部、河南、山东、江苏淮北、安徽淮北、陕西关中灌区夏播种植。

豫单606

审定编号：国审玉2015018
选育单位：河南农业大学
品种来源：豫A9241×新A3
特征特性：黄淮海夏玉米区出苗至成熟103天，比郑单958早熟1天。幼苗叶鞘紫色，成株株型半紧凑。株高284厘米，穗位高104厘米，成株叶片数20片，茎秆坚韧。雄穗分枝中等，花药紫色，花丝浅紫色。果穗筒形，穗长16.9厘米，穗行数16行。白轴黄粒，硬粒型，百粒重32.9克。接种鉴定，高抗弯孢菌叶斑病，中抗小斑病、穗腐病和茎腐病，高感瘤黑粉病和粗缩病。籽粒容重792克/升，粗蛋白含量9.56%，粗脂肪含量3.79%，粗淀粉含量73.65%，赖氨酸含量0.31%。

产量表现：2013—2014年参加黄淮海夏玉米品种区域试验，两年平均亩产679.3千克，比对照增产4.5%；2014年生产试验，平均亩产679千克，比对照郑单958增产6.2%。

栽培技术要点：适期早播，中上等肥力地块种植，亩种植密度4 000～4 200株；亩施三元复合肥30千克作为基肥，大喇叭口期亩追施尿素15～30千克。注意防治瘤黑粉病和粗缩病。

适宜种植地区：适宜北京、天津、河北及山西南部、河南、山东、江苏淮北、安徽淮北、陕西关中灌区夏播种植。

苏玉41

审定编号：国审玉2015019
选育单位：江苏省农业科学院粮食作物研究所
品种来源：苏95-1×JS09306

特征特性： 东南玉米区春播出苗至成熟100天，比苏玉29早2～3天。幼苗叶鞘淡紫色，叶片绿色，叶缘绿色，花药绿到淡紫色，颖壳淡紫色。株型半紧凑，株高233厘米，穗位高95厘米，成株叶片数19片。花丝绿到淡紫色，果穗筒形，穗长18.0厘米，穗行数14～16行，穗轴白色，籽粒黄色、偏马齿型，百粒重31.6克。平均倒伏（折）率4.3%。接种鉴定，抗大斑病，中抗小斑病和茎腐病，感纹枯病。籽粒容重732克/升，粗蛋白含量11.18%，粗脂肪含量4.44%，粗淀粉含量69.29%，赖氨酸含量0.35%。

产量表现： 2012—2013年参加东南玉米品种区域试验，两年平均亩产535.3千克，比对照苏玉29增产8.8%；2013年生产试验，平均亩产545.8千克，比对照苏玉29增产9.1%。

栽培技术要点： 中等肥力以上地块栽培，3月中下旬至4月中下旬播种，亩种植密度4 500～5 000株。注意防治纹枯病和玉米螟。

适宜种植地区： 适宜江苏淮南、安徽淮南、浙江、江西、福建、广东春播种植。

汉单777

审定编号： 国审玉2015020

选育单位： 湖北省种子集团有限公司

品种来源： H70202×H70492

特征特性： 东南玉米区春播出苗至成熟104天，与苏玉29相当。幼苗叶鞘浅紫色，花药浅紫色。株型半紧凑，株高253厘米，穗位高97厘米。花丝浅紫色，果穗筒形，穗长17.6厘米，穗行数16～18行，穗轴红色，籽粒黄色、半马齿型，百粒重26.3克。平均倒伏（折）率6.2%。接种鉴定，抗穗腐病，中抗大斑病，感茎腐病、纹枯病和小斑病。籽粒容重759克/升，粗蛋白含量9.42%，粗脂肪含量3.72%，粗淀粉含量72.94%，赖氨酸含量0.30%。

产量表现： 2013—2014年参加东南玉米品种区域试验，两年平均亩产538.6千克，比对照苏玉29增产6.7%；2014年生产试验，平均亩产552.1千克，比苏玉29增产3.8%。

栽培技术要点： 中等肥力以上地块栽培，3月中下旬至4月中下旬播种，亩种植密度3 500～4 000株。

适宜种植地区： 适宜江苏淮南、安徽淮南、浙江、江西、福建、广东春播种植。

辽单588

审定编号： 国审玉2015021

选育单位： 辽宁省农业科学院玉米研究所、辽宁东方农业科技有限公司

品种来源： 辽8821×S121

特征特性： 西北春玉米区出苗至成熟134天，比郑单958晚2天。幼苗叶鞘浅紫色，花丝浅紫色，花药

浅紫色。株型紧凑，株高282厘米，穗位高118厘米，成株叶片数18～19片。果穗筒形，穗长19.3厘米，穗行数14～18行，穗轴红色，籽粒黄色、马齿型，百粒重37.5克。接种鉴定，中抗茎腐病、小斑病和穗腐病，感大斑病、丝黑穗病。籽粒容重744克/升，粗蛋白含量9.46%，粗脂肪含量3.89%，粗淀粉含量73.10%，赖氨酸含量0.27%。

产量表现：2013—2014年参加西北春玉米品种区域试验，两年平均亩产1 053.1千克，比对照增产4.1%；2014年生产试验，平均亩产1 004.4千克，比对照郑单958增产3.4%。

栽培技术要点：中等肥力以上地块栽培，4月中下旬播种，亩种植密度5 500株。注意防治丝黑穗病。

适宜种植地区：适宜甘肃、宁夏、新疆和内蒙古西部地区春播种植。

新玉52号

审定编号：国审玉2015022

选育单位：新疆华西种业有限公司

品种来源：472R×231

特征特性：西北春玉米区出苗至成熟132天，与郑单958相当。幼苗叶鞘浅紫色，叶片绿色，叶缘绿色，花药浅紫色，颖壳绿色。株型紧凑，株高288厘米，穗位高111厘米，成株叶片数18.3片。花丝绿色，果穗筒形，穗长18.3厘米，穗行数16～18行，穗轴红色，籽粒黄色、马齿型，百粒重35.4克。接种鉴定，中抗小斑病，感丝黑穗病和茎腐病，高感大斑病。籽粒容重724克/升，粗蛋白含量9.11%，粗脂肪含量3.05%，粗淀粉含量74.76%，赖氨酸含量0.28%。

产量表现：2013—2014年参加西北春玉米品种区域试验，两年平均亩产1 074.0千克，比对照增产6.1%；2014年生产试验，平均亩产1 020.3千克，比对照郑单958增产5.0%。

栽培技术要点：中等肥力以上地块栽培，4月中旬播种，适期早播，亩种植密度5 500株。注意防治大斑病、丝黑穗病和茎腐病。

适宜种植地区：适宜甘肃、宁夏、新疆和内蒙古西部地区春播种植。

科河24号

审定编号：国审玉2015023

选育单位：内蒙古巴彦淖尔市科河种业有限公司

品种来源：KH786×KH467

特征特性：西北春玉米区出苗至成熟133天，与郑单958相当。幼苗叶鞘紫色，叶鞘浅紫色，花药浅绿色。株型半紧凑，株高292厘米，穗位高115厘米，成株叶片数18.5片。花丝浅绿色，果穗长筒形，穗长18.7厘米，穗行数16～18行，穗轴红色，籽粒黄色、半马齿型，百粒重34.4克。接种鉴定，抗腐霉茎腐病，中抗穗腐病，感大斑病和丝黑穗病。籽粒容重774克/升，粗蛋白含量9.69%，粗脂肪含量3.81%，粗淀粉含量73.19%，赖氨酸含量0.31%。

产量表现： 2013—2014年参加西北春玉米品种区域试验，两年平均亩产1 042.0千克，比对照增产4.6%；2014年生产试验，平均亩产1 032.3千克，比对照郑单958增产6.3%。

栽培技术要点： 中等肥力以上地块栽培，4月中旬播种，适期早播，亩种植密度5 500株。注意防治丝黑穗病和大斑病。

适宜种植地区： 适宜甘肃、宁夏、新疆和内蒙古西部地区春播种植。

五谷568

审定编号： 国审玉2015024

选育单位： 甘肃五谷种业有限公司

品种来源： H9310×WG603

特征特性： 西北春玉米区出苗至成熟133天，与郑单958相当。幼苗叶鞘紫色，叶片绿色，叶缘紫色，花药浅紫色，颖壳浅绿色。株型紧凑，株高309厘米，穗位高120厘米，成株叶片数19.3片。花丝浅紫色，果穗柱形，穗长19.3厘米，穗行数16～18行，行粒数36.5，穗轴红色，籽粒黄色、半马齿型，百粒重36.2克。接种鉴定，高抗腐霉茎腐病，中抗小斑病、丝黑穗病和穗腐病，感大斑病。籽粒容重770克/升，粗蛋白含量9.77%，粗脂肪含量4.01%，粗淀粉含量72.74%，赖氨酸含量0.30%。

产量表现： 2013—2014年参加西北春玉米品种区域试验，两年平均亩产1 056.3千克，比对照增产5.5%；2014年生产试验，平均亩产1 031.8千克，比对照郑单958增产6.2%。

栽培技术要点： 中等肥力以上地块栽培，4月上中旬播种，适期早播，亩种植密度5 500株。注意防治大斑病。

适宜种植地区： 适宜甘肃、宁夏、新疆和内蒙古西部地区春播种植。

绵单1256

审定编号： 国审玉2015025

选育单位： 绵阳市农业科学研究院

品种来源： 绵723×S52

特征特性： 西南地区春播出苗至成熟116天，比渝单8号早1天。幼苗叶鞘紫色，株型半紧凑，株高287厘米，穗位高109厘米，成株叶片数20片。花药浅紫色，颖壳浅紫色，花丝绿色。果穗筒形，穗长18.0厘米，穗行数18行，穗轴白色，籽粒黄色、马齿型，百粒重31.0克。接种鉴定，中抗大斑病和茎腐病，感小斑病和丝黑穗病，高感穗腐病和灰斑病。籽粒容重718克/升，粗蛋白含量11.68%，粗脂肪含量4.15%，粗淀粉含量69.81%，赖氨酸含量0.34%。

产量表现：2013—2014年参加西南玉米品种区域试验，两年平均亩产611.4千克，比对照增产5.5%；2014年生产试验，平均亩产614.0千克，比对照渝单8号增产11.0%。

栽培技术要点：3月上旬至4月初播种，亩种植密度3 000~3 600株。施足底肥，早施苗肥，重施穗肥，增施有机肥和磷、钾肥。注意防治穗腐病和灰斑病。

适宜种植地区：适宜四川、重庆、云南、贵州、广西、湖南、湖北、陕西汉中地区的平坝丘陵和低山区春播种植。

荣玉1210

审定编号：国审玉2015026

选育单位：四川农业大学玉米研究所

品种来源：SCML202×LH8012

特征特性：西南地区春播出苗至成熟116天，与渝单8号相当。幼苗叶鞘浅紫色，叶片绿色，叶缘浅紫色。株型紧凑，株高290厘米，穗位高120厘米，成株叶片数20片。花药浅紫色，颖壳浅紫色，花丝紫色。果穗筒形，穗长18厘米，穗行数16~18行，穗轴红色，籽粒黄色、马齿型，百粒重34.7克。接种鉴定，中抗大斑病、小斑病、纹枯病，感茎腐病、丝黑穗病、穗粒腐病和灰斑病。籽粒容重714.0克/升，粗蛋白含量10.5%，粗脂肪含量3.3%，粗淀粉含量71.8%，赖氨酸含量0.3%。

产量表现：2013—2014年参加西南玉米品种区域试验，两年平均亩产595.1千克，比对照增产4.7%；2014年生产试验，平均亩产617.5千克，比对照渝单8号增产11.6%。

栽培技术要点：3月上旬至4月中旬播种，在中等肥力以上地块栽培，亩种植密度3 200~4 000株。施足底肥，轻施苗肥，重施穗肥，增施有机肥和磷、钾肥。注意防治茎腐病、丝黑穗病、穗粒腐病、灰斑病和玉米螟。

适宜种植地区：适宜四川、重庆、云南、贵州、湖北、湖南、广西、陕西汉中地区的平坝丘陵和低山区春播种植。

卓玉2号

审定编号：国审玉2015027

选育单位：贵州卓信农业科学研究所

品种来源： QB662×2219

特征特性： 西南春玉米区出苗至成熟118天，比渝单8号晚1天。幼苗叶鞘浅紫色，叶缘绿色，花药黄色，颖壳绿色。株型半紧凑，株高305厘米，穗位高125厘米，成株叶片数20片。花丝绿色，果穗筒形，穗长21厘米，穗行数14~16行，穗轴红色，籽粒黄色、半马齿型，百粒重34.5克。接种鉴定，抗小斑病，中抗茎腐病，感大斑病、丝黑穗病、纹枯病和灰斑病，高感穗腐病。容重750克/升，粗蛋白含量10.81%，粗脂肪含量4.88%，粗淀粉含量70.03%，赖氨酸含量0.32%。

产量表现： 2013—2014年参加西南玉米品种区域试验，两年平均亩产622.0千克，比对照增产9.4%；2014年生产试验，平均亩产620.4千克，比对照渝单8号增产12.2%。

栽培技术要点： 中等肥力以上地块种植，3月下旬至5月中旬播种，亩种植密度3 200~3 800株。注意防治纹枯病和穗腐病。

适宜种植地区： 适宜四川、重庆、云南、贵州、湖南、湖北、广西、陕西汉中地区的平坝丘陵和低山区春播种植。

野风160

审定编号： 国审玉2015028

选育单位： 北京金色农华种业科技股份有限公司

品种来源： M13B×ZX424

特征特性： 西南春玉米区出苗至成熟114天，比渝单8号早2天。幼苗叶鞘浅紫色，叶缘浅紫色，花药浅紫色，颖壳绿色。株型半紧凑，株高292厘米，穗位高117厘米，成株叶片数20~21片。花丝浅紫色，果穗筒形，穗长18.8厘米，穗行数18行，穗轴红色，籽粒黄色、马齿型，百粒重30克。接种鉴定，感大斑病、小斑病、丝黑穗病和纹枯病，高感茎腐病、穗腐病和灰斑病。籽粒容重768克/升，粗蛋白含量9.16%，粗脂肪含量3.31%，粗淀粉含量73.10%，赖氨酸含量0.32%。

产量表现： 2013—2014年参加西南玉米品种区域试验，两年平均亩产624.3千克，比对照增产6.6%；2014年生产试验，平均亩产613.6千克，比对照渝单8号增产11.0%。注意防治茎腐病、穗腐病和灰斑病。

栽培技术要点： 中等肥力以上地块种植，3月下旬至5月中旬播种，亩种植密度3 200~4 500株。

适宜种植地区： 适宜四川、重庆、云南、贵州、湖北、湖南、广西、陕西汉中地区的平坝丘陵和低山区春播种植。

青青009

审定编号： 国审玉2015029

选育单位：贵州省遵义市辉煌种业有限公司

品种来源：ZHF408×ZHL908

特征特性：西南地区春播出苗至成熟118天，比渝单8号长3天。幼苗叶鞘紫色，叶片绿色。株型半紧凑，株高276.1厘米，穗位高107.8厘米，成株叶片数20片。雄穗分枝数12个左右，花药浅紫色。果穗筒形，穗长19.2厘米，穗粗5.4厘米，秃尖0.9厘米，穗行数17.6行，行粒数37.2，穗轴红色，籽粒黄色、半马齿型，百粒重32.3克。接种鉴定，中抗大斑病和灰斑病，感小斑病、茎腐病、丝黑穗病和纹枯病。籽粒容重770.0克/升，粗蛋白含量10.32%，粗脂肪含量3.46%，粗淀粉含量70.25%，赖氨酸含量0.32%。

产量表现：2013—2014年参加西南玉米品种区域试验，两年平均亩产620.5千克，比对照增产5.9%；2014年生产试验，平均亩产612.2千克，比对照渝单8号增产10.7%。

栽培技术要点：3月上旬至4月底播种，亩种植密度3 000～4 000株。施足底肥，早施苗肥，重施穗肥，增施有机肥和磷、钾肥。注意防治丝黑穗病、纹枯病和玉米螟。

适宜种植地区：适宜四川、重庆、云南、贵州、湖北、湖南、广西、陕西汉中地区的平坝丘陵和低山区春播种植。

康农玉007

审定编号：国审玉2015030

选育单位：四川高地种业有限公司

品种来源：FL316×FL218

特征特性：在西南地区出苗至成熟117天，比渝单8号晚1天。株高260厘米左右，穗位高108厘米左右，株型半紧凑，幼苗叶鞘紫色，成株叶片数19片左右，雄穗分枝数14个左右，花药浅紫色，花丝淡紫色，果穗与茎秆夹角中，穗柄短，苞叶长。果穗锥形，穗长18.4厘米，穗行数16～18行，穗轴白色，籽粒黄色、半马齿型，百粒重34.9克。接种鉴定，中抗大斑病和小斑病，感丝黑穗病、灰斑病和纹枯病，高感茎腐病和穗粒腐病。籽粒容重718克/升，粗蛋白含量9.48%，粗脂肪含量3.54%，粗淀粉含量70.29%，赖氨酸含量0.32%。

产量表现：2012—2013年参加西南玉米品种区域试验，两年平均亩产632.3千克，比对照增产7.2%；2013年生产试验，平均亩产602.8千克，比对照渝单8号增产11.4%。

栽培技术要点：在中等肥力以上地块栽培，适宜播种期3月下旬至4月中旬，每亩适宜密度3 200～3 500株。注意防治茎腐病、穗粒腐病和玉米螟。

适宜种植地区：适宜四川、重庆、贵州、云南、湖南、湖北、广西和陕西汉中地区的平坝丘陵和低山区春播种植。

天单101

审定编号： 国审玉2015031

选育单位： 四川国垠天府种业有限公司、四川省内江市农业科学院

品种来源： C38012×S52

特征特性： 西南地区出苗至成熟118天，比渝单8号早1天。幼苗叶鞘紫色，叶片绿色，叶缘紫色。株型半紧凑，株高290～300厘米，穗位高120～130厘米，成株叶片数20片左右。花药黄色，花丝浅绿色。果穗筒形，穗长18.9厘米，穗行数14～16行，穗轴白色，籽粒黄色、马齿型，百粒重32.9克。接种鉴定，中抗大斑病和纹枯病，感小斑病和丝黑穗病，高感茎腐病、穗粒腐病和灰斑病。籽粒容重722克/升，粗蛋白含量10.26%，粗脂肪含量3.78%，粗淀粉含量70.79%，赖氨酸含量0.34%。

产量表现： 2012—2013年参加西南玉米品种区域试验，两年平均亩产622.4千克，比对照增产8.7%。2013年生产试验，平均亩产610.0千克，比对照渝单8号增产12.7%。

栽培技术要点： 西南地区3月下旬至4月中下旬前播种，中等肥力以上地块栽培，亩密度3 000～3 500株。施足基肥，增施钾肥，轻施苗肥，以氮肥为主，在四叶期至拔节期亩施尿素8～10千克，大喇叭口期重施穗肥，亩施尿素15～20千克。及时中耕除草、培土壅蔸，注意防治穗粒腐病、茎腐病、灰斑病和玉米螟。

适宜种植地区： 适宜四川、重庆、云南、湖南、湖北、贵州、广西（百色地区除外）和陕西汉中地区的平坝丘陵和低山区种植。

万糯2000

审定编号： 国审玉2015032

选育单位： 河北省万全县华穗特用玉米种业有限责任公司

品种来源： W67×W68

特征特性： 东华北春玉米区出苗至鲜穗采摘期90天，比垦粘1号晚6天。幼苗叶鞘浅紫色，叶片深绿色，叶缘白色，花药浅紫色，颖壳绿色。株型半紧凑，株高243.8厘米，穗位高100.3厘米，成株叶片数20片。花丝绿色，果穗长筒形，穗长21.7厘米，穗行数14～16行，穗轴白色，籽粒白色、硬粒型，百粒重（鲜籽粒）44.1克。接种鉴定，抗丝黑穗病，感大斑病。专家品尝鉴定87.1分，达到鲜食糯玉米二级标准。支链淀粉占总淀粉含量的98.72%，皮渣率3.86%。黄淮海夏玉米区出苗至鲜穗采摘期77天，比苏玉糯2号晚3天。株高226.8厘米，穗位高85.9厘米，成株叶片数20片。果穗长锥形，穗长20.3厘米，穗行数14～16行，百粒重（鲜籽粒）41.3克。接种鉴定，高抗茎腐病，感小斑病、瘤黑粉病、高感矮花叶病。品

尝鉴定88.35分，达到鲜食糯玉米二级标准。粗淀粉含量63.86%，支链淀粉占总淀粉含量的99.01%，皮渣率9.09%。

产量表现： 2013—2014年参加东华北鲜食糯玉米品种区域试验，两年平均亩产鲜穗1 160千克，比对照垦粘1号增产16.3%；2014年生产试验，平均亩产鲜穗1 201千克，比垦粘1号增产9.0%。2013—2014年参加黄淮海鲜食糯玉米品种区域试验，两年平均亩产鲜穗861.1千克，比对照苏玉糯2号增产10.9%；2014年生产试验，平均亩产鲜穗928.1千克，比苏玉糯2号增产8.1%。

栽培技术要点： 中等肥力以上地块栽培，亩种植密度3 500株，隔离种植。及时防治苗期地下害虫。

适宜种植地区： 适宜北京、河北、山西、内蒙古、辽宁、吉林、黑龙江、新疆作鲜食糯玉米品种春播种植；注意防治玉米螟、大斑病。该品种还适宜北京、天津、河北、山东、河南、江苏淮北、安徽淮北、陕西关中灌区作鲜食糯玉米品种夏播种植；注意及时防治玉米螟、小斑病、矮花叶病、瘤黑粉病。

佳糯668

审定编号： 国审玉2015033

选育单位： 万全县万佳种业有限公司

品种来源： 糯49×糯69

特征特性： 东华北春玉米区出苗至鲜穗采收90天。幼苗叶鞘紫色，叶片绿色，叶缘紫色，花药黄色，颖壳紫色。株型半紧凑，株高260.0厘米，穗位高118.6厘米，成株叶片数20片。花丝绿色，果穗筒形，穗长20.9厘米，穗行数12～14行，穗轴白色，籽粒白色、马齿型，百粒重（鲜籽粒）39.6克。平均倒伏（折）率4.9%。接种鉴定，高抗丝黑穗病，感大斑病。品尝鉴定85.9分；支链淀粉占粗淀粉的99.04%，皮渣率5.4%。黄淮海夏玉米区出苗至鲜穗采收75天。株高233.0厘米，穗位高102厘米，成株叶片数20片。果穗长锥形，穗长19.6厘米，穗行数12～14行，籽粒白色、硬粒型，百粒重（鲜籽粒）37.8克。平均倒伏（折）率3.4%。接种鉴定，抗茎腐病，感小斑病和瘤黑粉病，高感矮花叶病。品尝鉴定86.1分，达到部颁鲜食糯玉米二级标准。品质检测，支链淀粉占总淀粉含量的98.0%，皮渣率8.99%。

产量表现： 2013—2014年参加东华北鲜食糯玉米品种区域试验，两年平均亩产鲜穗1 148千克，比对照垦粘1号增产10.1%；2014年生产试验，平均亩产鲜穗1 122千克，比垦粘1号增产1.8%。2013—2014年参加黄淮海鲜食糯玉米品种区域试验，两年平均亩产鲜穗925.0千克，比对照苏玉糯2号增产18.7%；2014年生产试验，平均亩产鲜穗993.0千克，比苏玉糯2号增产15.6%。

栽培技术要点： 中等肥力以上地块栽培。亩种植密度，东华北区3 500株，黄淮海区3 500～4 000株。隔离种植，适时采收。注意防治小斑病、矮花叶病、瘤黑粉病。

适宜种植地区： 适宜北京、河北、山西、内蒙古、辽宁、吉林、黑龙江、新疆作鲜食糯玉米品种春播种植；注意防治大斑病。该品种还适宜北京、天津、河北、河南、山东、江苏淮北、安徽淮北、陕西关中灌区作鲜食糯玉米夏播种植。

农科玉368

审定编号： 国审玉2015034

选育单位： 北京市农林科学院玉米研究中心、北京华奥农科玉育种开发有限责任公司

品种来源： 京糯6×D6644

特征特性： 黄淮海夏玉米区出苗至鲜穗采收期76天。幼苗叶鞘紫色，叶片绿色，叶缘绿色，花药紫色，颖壳淡紫色。株型半紧凑，株高233.2厘米，穗位高97.5厘米，成株叶片数19片。花丝淡紫色，果穗锥形，穗长18.6厘米，穗行数12～14行，穗轴白色，籽粒白色、硬粒质型，百粒重（鲜籽粒）38.7克。接种鉴定，中抗茎腐病，感小斑病、矮花叶病和瘤黑粉病。品尝鉴定86.4分。粗淀粉含量64.3%，直链淀粉占粗淀粉的2.4%，皮渣率7.4%。

产量表现： 2013—2014年参加黄淮海鲜食糯玉米品种区域试验，两年平均亩产鲜穗848.7千克，比对照苏玉糯2号增产9.0%；2014年生产试验，平均亩产鲜穗927.2千克，比苏玉糯2号增产8.0%。

栽培技术要点： 中等肥力以上地块栽培，4月底5月初播种，亩种植密度3 500株左右。隔离种植，授粉后22～25天为最佳采收期。注意防治小斑病、矮花叶病和瘤黑粉病。

适宜种植地区： 适宜北京、天津、河北、山东、河南、江苏淮北、安徽淮北、陕西关中灌区作鲜食糯玉米夏播种植。

鲜玉糯4号

审定编号： 国审玉2015035

选育单位： 海南省农业科学院粮食作物研究所

品种来源： N02-7×T10

特征特性： 东南地区春播出苗至鲜穗采摘期83天，与苏玉糯5号相当。幼苗叶鞘红色，叶片绿色，叶缘白色，花药黄色，颖壳绿色。株型半紧凑，株高182厘米，穗位高65厘米，成株叶片数19片。花丝浅黄色，果穗锥形，穗长20厘米，穗行数14～16行，穗轴白色，籽粒紫白色，百粒重（鲜籽粒）34.3克。接种鉴定，感小斑病、腐霉茎腐病和纹枯病。专家品尝鉴定，达到鲜食糯玉米二级标准。品质检测，支链淀粉占总淀粉含量的97.6%。

产量表现： 2013—2014年参加东南鲜食糯玉米品种区域试验，两年平均亩产鲜穗886.1千克，比对照苏玉糯5号增产23.9%；2014年生产试验，平均亩产鲜穗857.1千克，比对照苏玉糯5号增产19.4%。

栽培技术要点： 中等肥力以上地块栽培，亩种植密度3 500株，隔离种植，适时带苞叶收获。注意防治小斑病、腐霉茎腐病和纹枯病。

适宜种植地区： 适宜海南、江苏淮南、安徽淮南、上海、浙江、江西、福建、广东、广西作鲜食糯玉米品种种植。

苏科糯8号

审定编号： 国审玉2015036
选育单位： 江苏省农业科学院粮食作物研究所
品种来源： JSW10721×JSW10684
特征特性： 东南地区出苗至鲜穗采收期84天，比苏玉糯5号晚1天。幼苗叶鞘紫色，叶片绿色，叶缘绿色，花药淡红色，颖壳绿色。株型半紧凑，株高212.0厘米，穗位高86.5厘米，成株叶片数20片。花丝红色，果穗锥形，穗长18.7厘米，穗行数14行，穗轴白色，籽粒白色，糯质型，百粒重（鲜籽粒）31.8克。接种鉴定，抗茎腐病，感纹枯病，高感小斑病。专家品尝鉴定，达到鲜食糯玉米二级标准。品质检测，支链淀粉占总淀粉含量的97.9%。

产量表现： 2013—2014年参加东南鲜食糯玉米品种区域试验，两年平均亩产鲜穗759.4千克，比对照苏玉糯5号增产5.8%；2014年生产试验，平均亩产鲜穗790.0千克，比苏玉糯5号增产10.6%。

栽培技术要点： 中等肥力以上地块栽培，3—4月播种，亩种植密度4 000株左右。隔离种植，适时采收。注意防治小斑病和纹枯病。

适宜种植地区： 适宜江苏淮南、安徽淮南、上海、浙江、江西、福建、广东、广西、海南作鲜食糯玉米春播种植。

明玉1203

审定编号： 国审玉2015037
选育单位： 江苏明天种业科技有限公司
品种来源： JSW0388×JSW10722
特征特性： 东南地区春播出苗至鲜穗采收83天，与苏玉糯5号相当。幼苗叶鞘紫色，叶片绿色，叶缘绿色，花药淡红色，颖壳绿色。株型半紧凑，株高198.7厘米，穗位高79.6厘米，成株叶片数18片。花丝红色，果穗锥形，穗长17.9厘米，穗行数14~16行，穗轴白色，籽粒白色，糯质型，百粒重（鲜籽粒）31.4克。接种鉴定，抗茎腐病，中抗纹枯病，高感小斑病。专家品尝鉴定，达到鲜食糯玉米二级标准。品质检测，支链淀粉占总淀粉含量的97.4%。

产量表现：2013—2014年参加东南鲜食糯玉米品种区域试验，两年平均亩产鲜穗766.8千克，比对照苏玉糯5号增产6.3%；2014年生产试验，平均亩产鲜穗738.1千克，比对照苏玉糯5号增产5.0%。

栽培技术要点：中等肥力以上地块栽培，3—4月播种，亩种植密度4 000株左右。隔离种植，适时采收。注意防治小斑病和玉米螟。

适宜种植地区：适宜江苏淮南、安徽淮南、上海、浙江、江西、福建、广东、广西、海南作鲜食糯玉米春播种植。

万彩糯3号

审定编号：国审玉2015038

选育单位：河北省万全县华穗特用玉米种业有限责任公司

品种来源：W60×W59

特征特性：东南地区出苗至鲜穗采收期83天，比苏玉糯5号晚2天。幼苗叶鞘紫色，叶片绿色，叶缘白色，花药黄色，颖壳绿色。株型半紧凑，株高230.5厘米，穗位高97厘米，成株叶片数21片。花丝紫色，果穗长筒形，穗长17.6厘米，穗行数14～16行，穗轴白色，籽粒紫白色、糯质硬粒型，百粒重（鲜籽粒）29.9克。接种鉴定，高抗茎腐病，抗纹枯病，中抗大斑病，高感小斑病。品尝鉴定，达到鲜食糯玉米二级标准。品质检测，支链淀粉占总淀粉含量的98.5%。

产量表现：2012—2013年参加东南鲜食糯玉米品种区域试验，两年平均亩产鲜穗830.7千克，比对照苏玉糯5号增产10.5%；2013年生产试验，平均亩产鲜穗862.0千克，比苏玉糯5号增产17.0%。

栽培技术要点：中等肥力以上地块栽培，亩种植密度4 000株左右。隔离种植，适时采收。注意防治小斑病和玉米螟。

适宜种植地区：适宜江苏淮南、安徽淮南、上海、浙江、江西、福建、广东、广西、海南作鲜食糯玉米品种春播种植。

玉糯258

审定编号：国审玉2015039

选育单位：重庆市农业科学院

品种来源：EX955×D1003

特征特性：西南地区春播出苗至成熟89天，比渝糯7号晚3天。幼苗叶鞘紫色，叶片绿色，叶缘绿色，花药浅紫色，颖壳绿色。株型半紧凑，株高256.3厘米，穗位高121.1厘米，成株叶片数20片。花丝浅粉色，果穗筒形，穗长19.2厘米，穗行数16行，穗轴白色，籽粒白色，粒型为硬粒型，百粒重（鲜籽粒）

32.1克。接种鉴定，中抗小斑病和抗纹枯病。品尝鉴定，达到鲜食糯玉米二级标准。品质检测，支链淀粉占总淀粉含量的99.18%。

产量表现： 2013—2014年参加西南鲜食糯玉米品种区域试验，两年平均亩产844.9千克，比对照渝糯7号增产9.5%；2014年生产试验，平均亩产874.2千克，比渝糯7号增产8.2%。

栽培技术要点： 中等肥力以上地块栽培，3—4月播种，亩种植密度2 800～3 500株，注意隔离种植，防止串粉影响品质。

适宜种植地区： 适宜四川、重庆、云南、贵州、湖南和湖北作鲜食糯玉米春播种植。

京科甜179

审定编号： 国审玉2015040

选育单位： 北京市农林科学院玉米研究中心

品种来源： T68×T8867

特征特性： 东华北春玉米区出苗至鲜穗采摘82天，比中农大甜413早6天。幼苗叶鞘绿色，叶片浅绿色，叶缘绿色，花药粉色，颖壳浅绿色。株型平展，株高224厘米，穗位高82.6厘米，成株叶片数18片。花丝绿色，果穗筒形，穗长19.9厘米，穗粗4.9厘米，穗行数14～16行，穗轴白色，籽粒黄白色、甜质型，百粒重（鲜籽粒）38.0克。接种鉴定，中抗丝黑穗病，感大斑病。品尝鉴定86.6分。品质检测，皮渣率4.5%，还原糖含量9.9%，水溶性糖含量33.6%。黄淮海夏玉米区出苗至鲜穗采摘72天，比中农大甜413早2天。株高207.8厘米，穗位高66.9厘米。穗长18.7厘米，穗粗4.8厘米，百粒重（鲜籽粒）39.2克。接种鉴定，感小斑病、茎腐病、瘤黑粉病，高感矮花叶病。品尝鉴定86.8分。品质检测，皮渣率11.2%，还原糖含量7.76%，水溶性糖含量23.47%。

产量表现： 2013—2014年参加东华北鲜食甜玉米品种区域试验，两年平均亩产鲜穗933.3千克，比对照中农大甜413减产0.5%；2014年生产试验，平均亩产鲜穗889.8千克，比中农大甜413增产0.8%。2013—2014年参加黄淮海鲜食甜玉米品种区域试验，两年平均亩产鲜穗786.7千克，比对照中农大甜413增产4.1%；2014年生产试验，平均亩产鲜穗820.9千克，比中农大甜413增产5.7%。

栽培技术要点： 中等肥力以上地块栽培，4月底5月初播种，亩种植密度3 500株。隔离种植，适时采收。注意防治小斑病、茎腐病、瘤黑粉病和矮花叶病。

适宜种植地区： 适宜北京、河北、山西、内蒙古、辽宁、吉林、黑龙江、新疆作鲜食甜玉米春播种植；注意防治大斑病。该品种还适宜北京、天津、河北、山东、河南、江苏淮北、安徽淮北、陕西关中灌区作鲜食甜玉米品种夏播种植。

中农甜414

审定编号： 国审玉2015041

选育单位： 中国农业大学

品种来源： BS641W×BS638

特征特性： 黄淮海地区夏播出苗至采收70天，比中农大413早5天。幼苗叶鞘绿色，叶片绿色，花丝绿色，花药黄绿色。株高176厘米，穗位高52厘米。果穗筒形，穗长19厘米，穗粗4.6厘米，穗行数14~16行，穗轴白色，籽粒黄白色、百粒重（鲜籽粒）37.6克。接种鉴定，中抗茎腐病、小斑病，高感矮花叶病，感瘤黑粉病。品尝鉴定为84.72分。品质检测，皮渣率10.51%，水溶糖含量20.3%，还原糖含量11.8%。

产量表现： 2012—2013年参加黄淮海鲜食甜玉米品种区域试验，两年平均亩产鲜穗725.2千克，比对照中农大甜413号减产1.7%；2014年生产试验，平均亩产鲜穗751.7千克，比中农大甜413减产3.2%。

栽培技术要点： 中等肥力以上地块栽培，亩种植密度3 500株。隔离种植，适时采收。注意防治瘤黑粉病和矮花叶病。

适宜种植地区： 适宜北京、天津、河北保定及以南地区、山东、河南、江苏淮北、安徽淮北作鲜食甜玉米夏播种植。

金爆1号

审定编号： 国审玉2015042

选育单位： 北京金农科种子科技有限公司

品种来源： JB0901×JB0715

特征特性： 春播生育期107天，比沈爆3号早熟3天，夏播105天，比沈爆3号早熟1天。株高230厘米，穗位93.7厘米，株型半紧凑。长锥形穗，穗长18.4厘米，穗粗4.1厘米，穗行数16~18行，行粒数40.4粒。轴白色，籽粒橘黄色，百粒重15.9克。属于珍珠型大粒品种，粒度60粒/10克。爆花率96%，膨爆倍数33.5倍。花型为蝶形。抗病性鉴定，抗丝黑穗病，中抗小斑病，感大斑病。

产量表现： 2013—2014年参加国家爆裂玉米品种区域试验，两年平均亩产346.5千克，比对照沈爆3号增产13.5%；2014年生产试验，平均产量347.4千克，比对照沈爆3号增产8.7%。

栽培技术要点： 中等肥力以上地块栽培，4月底5月初播种，亩种植密度4 500株。注意防治大斑病。

适宜种植地区： 适宜辽宁、吉林、天津、上海、陕西和新疆春播种植，河南、山东夏播种植。

沈爆4号

审定编号： 国审玉2015043

选育单位： 沈阳农业大学特种玉米研究所

品种来源： 沈爆Q7×沈爆303

特征特性： 春播生育期109天，夏播生育期104天，均比沈爆3号早1天。幼苗叶鞘紫色，叶片浓绿、健壮。花丝粉红色，花颖淡紫色。株型半紧凑，株高256厘米，穗位高116厘米。果穗筒形，穗长18.5厘米，穗粗3.3厘米，穗行数14～16行，穗轴白色，籽粒橘黄色有光泽，百粒重15克。珍珠型大粒品种，粒度64粒/10克。接种鉴定，中抗丝黑穗病，感大斑病和小斑病。膨胀倍数32倍，花形为蝶形花，爆花率99.5%。

产量表现： 2013—2014年参加国家爆裂玉米品种区域试验，两年平均亩产359.1千克，比对照沈爆3号增产17.4%；2014年生产试验，平均亩产377.2千克，比沈爆3号增产18.0%。

栽培技术要点： 中等肥力以上地块栽培，防止低洼易涝地块种植。春播区4月中下旬至5月上旬播种，夏播区6月中下旬播种，亩种植密度4 000～4 500株，充分成熟时收获。注意防治大斑病。

适宜种植地区： 适宜辽宁、吉林、天津、上海、陕西和新疆春播种植，河南、山东夏播种植。

金爆1237

审定编号： 国审玉2015044

选育单位： 沈阳金色谷特种玉米开发有限公司

品种来源： 沈爆260×金爆D7

特征特性： 春播生育期109天，比沈爆3号早1天。夏播生育期102天，比沈爆3号早3天。幼苗叶鞘紫色，叶片中绿，根系发达、健壮。花丝淡绿色，雄穗黄绿色。株型较平展，株高253厘米，穗位高120厘米。果穗筒形，穗长17.8厘米，穗粗3.2厘米，穗行数14～16行，穗轴白色，籽粒橘黄色有光泽，百粒重16.6克。珍珠型大粒品种，粒度57粒/10克。接种鉴定，感小斑病和丝黑穗病，高感大斑病。膨胀倍数31倍，花形为蝶形花，爆花率99.5%。

产量表现： 2013—2014年参加国家爆裂玉米品种区域试验，两年平均亩产321.8千克，比对照沈爆3号增产6.2%；2014年生产试验，平均亩产308千克，比沈爆3号减产3.6%。

栽培技术要点： 中等肥力以上地块栽培，不宜在低洼易涝地块种植。春播区4月中下旬至5月上旬播种，夏播区6月中下旬播种，亩种植密度4 000～4 500株，充分成熟时收获。注意防治大斑病。

适宜种植地区： 适宜辽宁、吉林、天津、上海、陕西和新疆春播种植，河南、山东夏播种植。

鲁星糯1号

审定编号： 国审玉2015045

选育单位： 莱州市鲁丰种业有限公司

品种来源： N46119×B108

特征特性： 黄淮海夏玉米区出苗至鲜穗采收77天，比苏玉糯2号晚2天。幼苗叶鞘紫色，叶片浓绿色，叶缘紫红色，花药黄色，颖壳浅紫色。株型半紧凑，株高271厘米，穗位高117厘米，成株叶片数21片。花丝淡紫色，果穗长筒形，穗长22.6厘米，穗行数16～18行，穗轴白色，籽粒白色，粒型为偏硬粒，百粒重（鲜籽粒）35.75克。接种鉴定，高抗镰孢茎腐病和腐霉茎腐病，中抗小斑病，感矮花叶病，高感瘤黑粉病。专家品尝鉴定，达到部颁鲜食糯玉米二级标准。品质检测，支链淀粉占总淀粉含量的98.97%。

产量表现： 2012—2013年参加黄淮海鲜食糯玉米品种区域试验，两年平均亩产鲜穗916.3千克，比苏玉糯2号增产19.0%。

栽培技术要点： 中等肥力以上地块栽培，5月初至7月中旬播种，亩种植密度3 500～4 000株，苗期适当蹲苗控制株高，早春播种和冷凉地区注意药剂拌种。

适宜种植地区： 适宜河北、山东、河南、江苏北部、安徽北部、山西南部、陕西关中灌区作鲜食糯玉米种植。注意防治大斑病、小斑病、矮花叶病、瘤黑粉病和棉铃虫。

垦沃3号

审定编号： 国审玉2015601

选育单位： 北大荒垦丰种业股份有限公司

品种来源： KW9F591×KW6F600

特征特性： 东华北早熟春玉米区出苗至成熟119.5天，与哲单37熟期相当，幼苗叶鞘紫色，叶片绿色，花药绿色，花丝绿色。株型半紧凑，株高252厘米，穗位高89厘米，成株叶片数16片。果穗圆筒形，穗长17.77厘米，穗粗4.51厘米，行粒数是39.76粒，秃尖长0.53厘米，百粒重30.07克，出籽率79.32%。田间倒伏率0.86%，倒折率0.92%，空秆率0.73%。接种鉴定，中抗大斑病、弯孢菌叶斑病，感灰斑病、腐霉茎腐病、丝黑穗病。籽粒容重744克/升，粗淀粉含量74.24%，粗蛋白含量9.25%，粗脂肪含量3.55%。

产量表现： 2012—2013年参加中玉科企东华北早熟春玉米组区域试验，两年平均亩产622.8千克，比对照哲单37增产13.2%；2013—2014年生产试验，平均亩产725.3千克，比哲单37增产12.9%。

栽培技术要点： 中等肥力以上地块栽培，亩种植密度4 500株。

适宜种植地区：适宜河北北部、山西北部早熟区，内蒙古兴安盟、呼伦贝尔、赤峰北部，黑龙江第三积温带春玉米区种植。

东科308

审定编号：国审玉2015602

选育单位：辽宁东亚种业有限公司

品种来源：Q88×B321

特征特性：东华北早熟区出苗至成熟121.5天，比对照绥玉7号晚2天。幼苗叶鞘紫色，叶片绿色，花药深紫色，花丝紫色。株型紧凑，株高280.5厘米，穗位高104厘米，成株叶片数16.6片。果穗筒形，穗长19.1厘米，穗粗4.8厘米，秃尖长0.81厘米，穗轴红色，行粒数37.9粒，籽粒黄色、半马齿型，百粒重33.6克。接种鉴定，高抗腐霉茎腐病，中抗大斑病、灰斑病、镰孢穗腐病，感丝黑穗病。籽粒容重755克/升，粗蛋白含量9.19%，粗脂肪含量3.02%，粗淀粉含量75.65%。

产量表现：2012—2013年参加中玉科企东华北早熟春玉米组区域试验，两年平均亩产635.3千克，比对照哲单37增产15.35%；2013—2014年生产试验，两年平均亩产719.7千克，比哲单37增产11.84%。

栽培技术要点：中等肥力以上地块栽培，4月下旬至5月上旬，亩种植密度3 500~4 000株。茎腐病重发区慎用，注意防治丝黑穗病和大斑病。

适宜种植地区：适宜河北北部、山西北部早熟区，内蒙古兴安盟、呼伦贝尔、赤峰北部，黑龙江第三积温带春玉米区种植。

大民7702

审定编号：国审玉2015603

选育单位：大民种业股份有限公司

品种来源：L7×L22

特征特性：东华北中早熟区出苗至成熟120天，比对照吉单27晚1天，需有效积温2 520℃左右。幼苗叶鞘紫色，花药浅紫色，花丝浅紫色。株型开展，株高303厘米，穗位高113厘米，成株叶片18.5片；果穗锥形，穗长21.5厘米，穗行数17.2行，穗轴红色；籽粒黄色、半马齿型，百粒重33.2克。接种鉴定，高抗镰孢茎腐病、镰孢穗腐病，抗大斑病，感灰斑病、丝黑穗病。籽粒容重708克/升，粗蛋白含量8.27%，粗脂肪含量3.73%，粗淀粉含量75.34%。

产量表现：2012—2013年参加中玉科企东华北中早熟组玉米品种区域试验，两年平均亩产803.2千克，比对照吉单519增产11.7%；2013—2014年生产试验，两年平均亩产733.1千克，比对照吉单27增产

4.99%。

栽培技术要点：中等肥力以上地块栽培，亩种植密度4 500株。注意防治丝黑穗病。

适宜种植地区：适宜河北北部、山西北部、内蒙古中早熟区，黑龙江第二积温带下限、第三积温带上限，且与吉单27熟期相当的春玉米区种植。

富尔116

审定编号：国审玉2015604

选育单位：齐齐哈尔市富尔农艺有限公司

品种来源：TH45R×TH21A

特征特性：东华北中早熟春玉米区出苗至成熟115天，与对照品种吉单27相近，需≥10℃活动积温2 450℃左右。幼苗叶鞘紫色，叶片绿色，叶缘绿色，花药浅紫色，颖壳浅紫色。株型半紧凑，株高261厘米，穗位高86厘米，成株叶片数19片。花丝绿色，果穗筒形，穗长19.9厘米，穗行数15.7行，穗轴红色，籽粒橘黄色、半马齿型，百粒重42克。接种鉴定，高抗茎腐病，中抗大斑病和灰斑病，感丝黑穗病。籽粒容重720克/升，粗蛋白含量9.24%，粗脂肪含量4.08%，粗淀粉含量72.90%。

产量表现：2012—2013年参加中玉科企东华北中早熟春玉米组品种区域试验，两年平均亩产776.3千克，比对照吉单519增产5.49%；2013—2014年生产试验，平均亩产740.8千克，2013年比对照吉单519增产6.82%，2014年比对照吉单27增产4.47%。

栽培技术要点：中等以上肥力地块种植，亩种植密度4 500株。注意防治丝黑穗病。

适宜种植地区：适宜河北北部、山西北部、内蒙古中早熟区，黑龙江第二积温带下限、第三积温带上限，且与吉单27熟期相当的春玉米区种植。

屯玉4911

审定编号：国审玉2015605

选育单位：北京屯玉种业有限责任公司

品种来源：T3351×T5202

特征特性：东华北春玉米区出苗至成熟128天，比对照郑单958早2天。幼苗叶鞘紫色，第一叶片尖端形状椭圆形，花药紫色，花丝浅紫色。株型紧凑，株高279厘米，穗位高109厘米，成株叶片数18～19片，果穗筒形，穗长18.5厘米，穗粗5.2厘米，穗行数16.3行，穗轴白色，籽粒黄色、半马齿型，百粒重37.9克。接种鉴定，中抗大斑病、感腐霉茎腐病、弯孢菌叶斑病、灰斑病、丝黑穗病。籽粒容重788克/升，粗蛋白含量10.35%，粗脂肪含量3.94%，粗淀粉含量71.25%，赖氨酸含量0.33%。

产量表现：2012—2013年参加中玉科企东华北春玉米组品种区域试验，两年平均亩产797.9千克，比对照郑单958增产6.6%；2013—2014年生产试验，两年平均亩产812.9千克，比郑单958增产4.9%。

栽培技术要点：中等肥力以上地块栽培，亩种植密度4 500～5 000株。

适宜种植地区：适宜北京、天津、河北北部、内蒙古赤峰和通辽，山西、辽宁、吉林中晚熟区，陕西延安春播种植。

德单1266

审定编号：国审玉2015606

选育单位：北京德农种业有限公司

品种来源：AA4055×CT922

特征特性：东华北地区出苗至成熟130天，与郑单958相当。幼苗叶鞘紫色，第一叶片尖端形状匙形，花药紫色，花丝紫色。株型紧凑型，株高288厘米，穗位高121厘米，成株叶片数19片。果穗筒形，穗长19.44厘米，穗粗5.43厘米，秃尖0.33厘米，穗行数14～16行，穗轴红色，籽粒黄色、半马齿型，百粒重40.36克。接种鉴定，高抗茎腐病，中抗大斑病，感弯孢菌叶斑病、灰斑病、丝黑穗病。籽粒容重771克/升，粗蛋白含量9.51%，粗脂肪含量4.62%，粗淀粉含量71.48%，赖氨酸含量0.31%。

产量表现：2012—2013年参加中玉科企东华北春播玉米品种区域试验，两年平均亩产831.2千克，比对照郑单958增产9.47%；2013—2014年生产试验，两年平均亩产798.1千克，比郑单958增产5.44%。

栽培技术要点：中等肥力以上地块种植，4月下旬至5月上旬播种，亩种植密度4 500株。

适宜种植地区：适宜北京、天津、河北北部、内蒙古赤峰和通辽，山西、辽宁、吉林中晚熟区，陕西延安春播种植。

金博士781

审定编号：国审玉2015607

选育单位：河南金博士种业股份有限公司

品种来源：新714×新772

特征特性：东华北春玉米区出苗至成熟130天，与对照郑单958相当。幼苗叶鞘紫色，叶片绿色，花药浅紫色，花丝紫色。株型紧凑，株高294厘米，穗位高133厘米，平均倒伏率5.36%，倒折率1.86%。成株叶片数19～20片。果穗筒形，穗长19.4厘米左右，秃尖长0.7厘米，穗粗5.4厘米，穗轴红色，穗行数14～18行，行粒数40.4粒，籽粒黄色、半马齿型，百粒重36.2克。接种鉴定，高抗茎腐病，抗丝黑穗病，中抗大斑病，感灰斑病、镰孢穗腐病，高感弯孢菌叶斑病。籽粒容重746克/升，粗蛋白含量9.49%，粗脂肪含量

4.48%，粗淀粉含量71.37%，赖氨酸含量0.31%。

产量表现：2012—2013年参加中玉科企东华北春玉米组品种区域试验，两年平均亩产811.5千克，比对照郑单958增产6.77%；2012—2013年生产试验，两年平均亩产779.7千克，比郑单958增产3.2%。

栽培技术要点：中等以上肥力地块种植，4月下旬至5月上旬播种，亩种植密度3 800～4 200株。注意防治粗缩病及弯孢菌叶斑病。

适宜种植地区：适宜北京、天津、河北北部、内蒙古赤峰和通辽，山西、辽宁、吉林中晚熟区，陕西延安春播种植。

东科301

审定编号：国审玉2015608

选育单位：辽宁东亚种业有限公司

品种来源：东3887×东3578

特征特性：黄淮海夏播区出苗至成熟103.8天，比对照郑单958晚1天。幼苗叶鞘浅紫色，叶片绿色，花药紫色，花丝深紫色。株型紧凑，株高261厘米，穗位111厘米，成株叶片数20片。果穗筒形，穗长17.0厘米，穗粗5.1厘米，穗轴白色，行粒数32.8粒，秃尖长0.54厘米，籽粒黄色、马齿型，百粒重35.3克。接种鉴定，抗腐霉茎腐病、大斑病，中抗小斑病、南方锈病，感弯孢菌叶斑病和瘤黑粉病，高感粗缩病。籽粒容重724克/升，粗蛋白含量11.73%，粗脂肪含量3.60%，粗淀粉含量73.60%，赖氨酸含量0.31%。

产量表现：2012—2013年参加中玉科企黄淮海夏玉米品种区域试验，两年平均亩产671.6千克，比对照郑单958增产8.32%；2013—2014年生产试验，两年平均亩产655.3千克，比郑单958增产5.72%。

栽培技术要点：中等肥力以上地块栽培，6月初至6月15日播种，亩种植密度4 500株。注意防治粗缩病。

适宜种植地区：适宜北京、天津、河北保定及以南地区、山西南部、河南、山东、江苏淮北、安徽淮北、陕西关中灌区夏播种植。

中单856

审定编号：国审玉2015609

选育单位：河南金博士种业股份有限公司、中国农业科学院作物科学研究所

品种来源：11DM124×CA616

特征特性：黄淮海夏玉米区出苗至成熟100天，比郑单958早1～2天。幼苗叶鞘紫色，叶片绿色，花药浅紫色。株型紧凑，株高268厘米，穗位高101厘米，成株叶片数20片。花丝紫色，果穗筒形，穗长16～18

厘米，穗粗5.1厘米，穗行数14~16行，穗轴红色，籽粒黄色、半马齿型，百粒重32.0克。接种鉴定，高抗腐霉茎腐病，抗瘤黑粉病，中抗小斑病、大斑病，感南方锈病、弯孢菌叶斑病、粗缩病。籽粒容重731克/升，粗蛋白含量10.62%，粗脂肪含量3.29%，粗淀粉含量73.78%，赖氨酸含量0.32%。

产量表现： 2012—2013年参加中玉科企黄淮海夏玉米组品种区域试验，两年平均亩产660.9千克，比对照郑单958增产6.65%；2013—2014年生产试验，两年平均亩产642.6千克，比郑单958增产4.47%。

栽培技术要点： 中等肥力以上地块栽培，亩种植密度4 500~5 000株。注意防治粗缩病。

适宜种植地区： 适宜北京、天津、河北保定及以南地区、山西南部、河南、山东、江苏淮北、安徽淮北、陕西关中灌区夏播种植。

秋乐218

审定编号： 国审玉2015610

选育单位： 河南秋乐种业科技股份有限公司

品种来源： NK05×NK07

特征特性： 黄淮海夏玉米区出苗至成熟101天，比郑单958早熟1天，需积温2 600℃以上。幼苗叶鞘深紫色，叶片绿色，叶缘红色，花药深紫色，颖壳浅紫色。株型半紧凑，株高285厘米，穗位高115厘米，全株叶片数19~20片。花丝紫色，果穗筒形，穗长18厘米，穗粗5.0厘米，穗行数14~16行，穗轴红色，籽粒黄色、马齿型，百粒重33.4克。接种鉴定，抗弯孢霉叶斑病，中抗小斑病和腐霉茎腐病，感大斑病和南方锈病，高感瘤黑粉病、粗缩病。籽粒容重744克/升，粗蛋白含量12.85%，粗脂肪含量3.26%，粗淀粉含量72.09%，赖氨酸含量0.34%。

产量表现： 2012—2013年参加中玉科企黄淮海夏玉米组品种区域试验，两年平均亩产670.9千克，比对照郑单958增产8.47%；2013—2014年生产试验，平均亩产643.9千克，比郑单958增产6.77%。

栽培技术要点： 中等肥力以上地块栽培，亩种植密度4 500~5 000株。注意防治粗缩病、瘤黑粉病、玉米螟。

适宜种植地区： 适宜北京、天津、河北保定及以南地区、山西南部、河南、山东、江苏淮北、安徽淮北、陕西关中灌区夏播种植。

陕单609

审定编号： 国审玉2016001

选育单位： 西北农林科技大学

品种来源： 91227×昌7-2

特征特性： 西北春玉米区出苗至成熟133天，比郑单958晚1天。幼苗叶鞘紫色，叶片深绿色，叶缘紫色，花药浅紫色，颖壳紫色。株型半紧凑，株高286厘米，穗位高127厘米，成株叶片数19片。花丝紫红色，果穗筒形，穗长17.8厘米，穗行数16～18行，穗轴白色，籽粒黄色、半马齿型，百粒重35.0克。接种鉴定，中抗小斑病，感大斑病、茎腐病，高感丝黑穗病。籽粒容重793克/升，粗蛋白含量10.73%，粗脂肪含量4.32%，粗淀粉含量73.27%，赖氨酸含量0.28%。

产量表现： 2012—2013年参加西北春玉米品种区域试验，两年平均亩产1 011.5千克，比对照增产7.5%；2013年生产试验，平均亩产949.9千克，比对照郑单958增产4.8%。

栽培技术要点： 中等肥力以上地块栽培，4月下旬至5月上旬播种，亩种植密度5 000～5 500株。注意防治大斑病、茎腐病和丝黑穗病。

适宜种植地区： 适宜陕西榆林及延安、宁夏、甘肃、新疆和内蒙古西部地区春播种植。

延科288

审定编号： 国审玉2016002

选育单位： 延安延丰种业有限公司

品种来源： 莫改42×黄改6334

特征特性： 西北春玉米区出苗至成熟127天，比郑单958早3天。幼苗叶鞘紫色，花药紫色。株型紧凑，株高220厘米，穗位高85厘米，成株叶片数18～19片。花丝粉红色，果穗长筒形，穗长18厘米，穗行数16～18行，穗轴红色，籽粒黄色、半马齿型，百粒重38.4克。接种鉴定，高抗茎腐病，中抗小斑病，高感大斑病和丝黑穗病。籽粒容重789克/升，粗蛋白含量9.89%，粗脂肪含量3.16%，粗淀粉含量74.57%，赖氨酸含量0.27%。

产量表现： 2012—2013年参加西北春玉米品种区域试验，两年平均亩产1 014.2千克，比对照增产7.8%；2013年生产试验，平均亩产964.6千克，比对照郑单958增产6.4%。

栽培技术要点： 中上等肥力地块栽培，4月下旬至5月上旬播种，亩种植密度4 500～5 500株。注意防治叶斑病和丝黑穗病。

适宜种植地区： 适宜新疆、甘肃、宁夏、内蒙古西部、陕西榆林和延安种植。

华美2号

审定编号： 国审玉2016003

选育单位： 恒基利马格兰种业有限公司

品种来源： NP01283×NP01200

特征特性： 极早熟春玉米区出苗至成熟118天，比德美亚1号早1天。幼苗叶鞘绿色，叶片绿色，叶缘绿色，花药紫色，颖壳浅紫色。株型半紧凑，株高280厘米，穗位高95厘米，成株叶片数17～18片。花丝绿色，果穗长锥形，穗长20.3厘米，穗行数12～14行，穗轴红色，籽粒黄色、硬粒型，百粒重33.2克。接种鉴定，抗镰孢菌茎腐病和穗腐病，中抗丝黑穗和灰斑病，感大斑病。籽粒容重758克/升，粗蛋白含量10.28%，粗脂肪含量3.99%，粗淀粉含量76.39%。

产量表现： 2014—2015年参加极早熟春玉米品种区域试验，两年平均亩产713.1千克，比对照增产5.6%；2015年自行开展生产试验，平均亩产646.4千克，比对照德美亚1号增产3.0%。

栽培技术要点： 中等肥力以上地块栽培，4月下旬至5月上中旬播种，亩种植密度6 000株，土壤肥力好的地块可适当增加密度。注意防治大斑病。

适宜种植地区： 适宜黑龙江第四积温带及内蒙古东部极早熟春玉米区种植。

甜糯182号

审定编号： 国审玉2016004

选育单位： 山西省农业科学院高粱研究所

品种来源： 京140×1h36

特征特性： 东华北春玉米区出苗至鲜穗采收期92天，比垦粘1号晚7天。幼苗叶鞘紫色。株形半紧凑，株高267.3厘米，穗位122.7厘米，成株叶片数21片。花丝浅紫色，果穗长锥形，穗长21.4厘米，穗行数14～16行，穗轴白色，籽粒白色，百粒重（鲜籽粒）40.9克。平均倒伏（折）率6.8%。接种鉴定，中抗大斑病，抗丝黑穗病。品尝鉴定85.0分。支链淀粉占粗淀粉的99.24%，皮渣率4.72%。黄淮海夏玉米区出苗至鲜穗采收期76天，比苏玉糯2号晚2天。幼苗叶鞘浅紫色。株型半紧凑，株高251.6厘米，穗位104.7厘米。花丝浅紫色，穗长20.3厘米，穗行数14～16行，穗轴白色，籽粒白色，百粒重（鲜籽粒）39.3克，平均倒伏（折）率6.1%。接种鉴定，高感小斑病，感茎腐病、矮花叶病和瘤黑粉病。品尝鉴定87.6分。支链淀粉占粗淀粉98.2%，皮渣率6.8%。

产量表现： 2014—2015年参加东华北鲜食糯玉米品种区域试验，两年平均亩产鲜穗1 080.9千克，比对照增产8.2%。2014—2015年参加黄淮海鲜食糯玉米品种区域试验，两年平均亩产鲜穗925.4千克，比对照增产13.0%。

栽培技术要点： 中等肥力以上地块栽培。东华北春玉米区4月中旬到5月上旬播种，亩种植密度3 500～4 000株；黄淮海夏玉米区5月下旬至6月中旬播种，亩种植密度3 500株。隔离种植，适时采收。

适宜种植地区： 适宜北京、黑龙江、吉林、内蒙古、山西、新疆作鲜食糯玉米春播种植，该品种还适宜北京、山东、河南、陕西、江苏北部、安徽北部作鲜食糯玉米夏播种植，注意防治小斑病、茎腐病、矮花叶病和瘤黑粉病。

佳彩甜糯

审定编号： 国审玉2016005

选育单位： 万全县万佳种业有限公司

品种来源： 糯123×糯128

特征特性： 黄淮海夏玉米区出苗至鲜穗采收期74天，比苏玉糯2号早2天。幼苗叶鞘浅紫色。株型半紧凑，株高222.2厘米，穗位88.8厘米。花丝绿色，果穗锥形，穗长19.8厘米，穗行数12～14行，穗轴白色，籽粒紫白混色，百粒重（鲜籽粒）38.1克。接种鉴定，高抗矮花叶病，抗小斑病，感茎腐病和瘤黑粉病。品尝鉴定84.5分。品质检测，粗淀粉含量62.43%，支链淀粉占粗淀粉98.3%，皮渣率6.8%。

产量表现： 2014—2015年参加黄淮海鲜食甜玉米品种区域试验，两年平均亩产鲜穗907.7千克，比对照增产10.9%。

栽培技术要点： 中等肥力以上地块栽培，5月下旬至6月中旬播种，亩种植密度3 500株。隔离种植，适时采收。注意防治茎腐病和瘤黑粉病。

适宜种植地区： 适宜北京、天津、河北、山东、河南、陕西、江苏北部、安徽北部黄淮海地区作鲜食糯玉米种植。

鲜玉糯5号

审定编号： 国审玉2016006

选育单位： 海南省农业科学院粮食作物研究所

品种来源： J25-1×B3078

特征特性： 黄淮海夏玉米区出苗至鲜穗采收期78天，比苏玉糯2号晚2天。幼苗叶鞘紫色。株型半紧凑，株高246.2厘米，穗位102.7厘米。花丝浅紫色，果穗锥形，穗长20.3厘米，穗行数14～16行，穗轴白色，籽粒白色、硬粒型，百粒重（鲜籽粒）34.8克。接种鉴定，抗小斑病，中抗茎腐病，感矮花叶病和瘤黑粉病。品尝鉴定85.5分。品质检测，粗淀粉含量61.31%，支链淀粉占粗淀粉的98.1%，皮渣率7.4%。

产量表现： 2014—2015年国家鲜食黄淮海糯玉米区域试验，两年平均亩产鲜穗925.0千克，比对照增产13.0%。

栽培技术要点： 中等肥力以上地块栽培，5月下旬至6月中旬播种，亩种植密度3 500株。隔离种植，适时采收。注意防治矮花叶病和瘤黑粉病。

适宜种植地区： 适宜河北、河南、山东、安徽北部、江苏北部、北京、天津、陕西作鲜食糯玉米夏播种植。

珠玉糯1号

审定编号： 国审玉2016007

选育单位： 珠海市现代农业发展中心

品种来源： 珠选N208×珠选NC06

特征特性： 东南地区春播出苗至鲜穗采收期82天，比苏玉糯5号晚2天。株型半紧凑，株高220.4厘米，穗位81.2厘米。穗长19.7厘米，穗行数12～14行，穗轴白色，籽粒白色，百粒重（鲜籽粒）37.9克，平均倒伏（折）率3.6%。接种鉴定，高抗腐霉茎腐病，感小斑病和纹枯病。品尝鉴定85.8分。品质检测，支链淀粉占总淀粉含量的97.7%，皮渣率7.6%。西南地区春播出苗至鲜穗采收期86天，与渝糯7号相当。株型半紧凑，株高229.6厘米，穗位85.1厘米。穗长19.8厘米，穗行数11～14行，穗轴白色，籽粒白色，百粒重（鲜籽粒）37.5克，平均倒伏（折）率4.8%。接种鉴定，中抗小斑病，感纹枯病。品尝鉴定87.6分。品质检测，支链淀粉占总淀粉含量的97.5%，皮渣率11.5%。

产量表现： 2014—2015年参加东南鲜食糯玉米品种区域试验，两年平均亩产鲜穗896.6千克，比苏玉糯5号增产26.5%。2014—2015年参加西南鲜食糯玉米品种区域试验，两年平均亩产鲜穗847.9千克，比渝糯7号增产4.3%。

栽培技术要点： 中等肥力以上地块栽培，亩种植密度3 000～3 500株。隔离种植，适时采收。注意防治苗期地下害虫及玉米螟。注意防治小斑病和纹枯病。

适宜种植地区： 适宜江苏中南部、安徽中南部、上海、浙江、江西、福建、广东、广西、海南和湖南、湖北、四川、云南、贵州作鲜食糯玉米品种春播种植。

万糯2000

审定编号： 国审玉2016008

选育单位： 河北省万全县华穗特用玉米种业有限责任公司

品种来源： W67×W68

特征特性： 东南地区春播出苗至鲜穗采收期81天，比苏玉糯5号晚1天。幼苗叶鞘浅紫色，叶片深绿色，叶缘白色，花药浅紫色，颖壳绿色。株型半紧凑，株高202.8厘米，穗位77.2厘米，成株叶片数20片。花丝绿色，果穗长筒形，穗长18.8厘米，穗行数14～16行，穗轴白色，籽粒白色、硬粒型，百粒重（鲜籽粒）37.9克，平均倒伏（折）率4.5%。接种鉴定，中抗腐霉茎腐病和纹枯病，感小斑病。品尝鉴定86.7分。品质检测，支链淀粉占总淀粉含量的97.3%，皮渣率9.3%。西南地区春播出苗至鲜穗采收期86天，比渝糯7号晚1天。株型半紧凑，株高207.7厘米，穗位80.3厘米。穗长19.3厘米，穗行数14～16行，百粒重

（鲜籽粒）37.2克。接种鉴定，感小斑病和纹枯病。品尝鉴定87.5分。品质检测，支链淀粉占总淀粉含量的98.9%，皮渣率12.7%。

产量表现： 2014—2015年参加东南鲜食糯玉米品种区域试验，两年平均亩产鲜穗894.3千克，比苏玉糯5号增产25.1%。2014—2015年参加西南鲜食糯玉米品种区域试验，两年平均亩产鲜穗848.6千克，比渝糯7号增产4.2%。

栽培技术要点： 中等肥力以上地块栽培，亩种植密度3 500株，隔离种植。注意防治苗期地下害虫及玉米螟。注意防治小斑病和纹枯病。

适宜种植地区： 适宜江苏中南部、安徽中南部、上海、浙江、江西、福建、广东、广西、海南和重庆、贵州、湖南、湖北、四川、云南作鲜食糯玉米品种春播种植。

农科玉368

审定编号： 国审玉2016009

选育单位： 北京市农林科学院玉米研究中心、北京华奥农科玉育种开发有限责任公司

品种来源： 京糯6×D6644

特征特性： 东南地区春播出苗至鲜穗采收期81天，比苏玉糯5号晚1天。幼苗叶鞘紫色，叶片绿色，叶缘绿色，花药紫色，颖壳淡紫色。株型半紧凑，株高204.6厘米，穗位高80.5厘米，成株叶片数19片。花丝淡紫色，果穗锥形，穗长17.3厘米，穗行数12～14行，穗轴白色，籽粒白色、糯质型，百粒重（鲜籽粒）36.0克。平均倒伏（折）率3.8%。接种鉴定，抗腐霉茎腐病，中抗纹枯病，感小斑病。品尝鉴定86.8分。品质检测，支链淀粉占粗淀粉的97.4%，皮渣率9.4%。

产量表现： 2014—2015年参加东南鲜食糯玉米品种区域试验，两年平均亩产鲜穗803.7千克，比对照苏玉糯5号增产12.4%。

栽培技术要点： 中等肥力以上地块栽培，3月上旬播种，亩种植密度3 500株左右。隔离种植，授粉后22～25天为最佳采收期。注意防治小斑病。

适宜种植地区： 适宜海南、广东、广西、上海、浙江、江西、福建、江苏中南部、安徽中南部作鲜食糯玉米品种春播种植。

金糯102

审定编号： 国审玉2016010

选育单位： 北京金农科种子科技有限公司

品种来源： N355-w×TN2055

特征特性： 东南地区春播出苗至鲜穗采收期81天，比对照苏玉糯5号晚1天。幼苗叶鞘红色，叶片绿色，花药淡红色。株型半紧凑，株高213.0厘米，穗位高97.0厘米，成株叶片数21～22片。花丝红色，果穗筒形，穗长19.7厘米，穗行数14～16行，穗轴白色，籽粒白色、糯质和甜质型，百粒重（鲜籽粒）32.7克。平均倒伏（折）率2.0%。接种鉴定，抗腐霉茎腐病，中抗纹枯病，感小斑病。品尝鉴定86.1分。品质检测，皮渣率含量平均10.0%，支链淀粉占总淀粉含量的97.7%。

产量表现： 2014—2015年参加东南鲜食糯玉米区域试验，两年平均亩产鲜穗808.9千克，比对照苏玉糯5号增产13.1%。

栽培技术要点： 中等肥力以上地块栽培，亩种植密度3 000株。注意防止倒伏。注意防治小斑病。

适宜种植地区： 适宜广东、广西、海南、福建、浙江、江西、上海、江苏中南部、安徽中南部作鲜食糯玉米春播种植。

桂甜糯525

审定编号： 国审玉2016011

选育单位： 广西壮族自治区农业科学院玉米研究所

品种来源： YL611×WT1791

特征特性： 东南地区春播出苗至鲜穗采收期81天，比苏玉糯5号晚2天。幼苗叶鞘紫色，叶片绿色，叶缘绿色，花药紫褐色，颖壳绿色带紫色条纹。株型平展，株高228.7厘米，穗位高100.2厘米，成株叶片数18～20片。花丝淡绿色，果穗筒形，穗长18.1厘米，穗行数14～18行，穗轴白色，籽粒白色、糯质型，百粒重（鲜籽粒）29.9克。平均倒伏（折）率4.2%。接种鉴定，抗霉茎腐病、纹枯病，感小斑病。品尝鉴定85.4分。品质检测，支链淀粉占总淀粉含量的97.6%，皮渣率8.9%。

产量表现： 2014—2015年参加东南鲜食糯玉米品种区域试验，两年平均亩产鲜穗794.3千克，比对照苏玉糯5号增产12.0%。

栽培技术要点： 中等肥力以上地块栽培，亩种植密度3 300～3 600株。隔离种植，适时采收。注意防治小斑病。

适宜种植地区： 适宜江苏中南部、安徽中南部、上海、浙江、江西、福建、广东、广西、海南作鲜食糯玉米春播种植。

苏科糯10号

审定编号： 国审玉2016012

选育单位： 江苏省农业科学院粮食作物研究所

品种来源：JSW1166×wx004

特征特性：东南地区春播出苗至鲜穗采收期80天，与苏玉糯5号相当。幼苗叶鞘绿色，叶片绿色，花药黄绿色，颖壳绿色。株型半紧凑，株高230.0厘米，穗位高99.1厘米。花丝绿色，果穗锥形，穗长18.6厘米，穗行数13行，穗轴白色，籽粒紫白色、糯质型，百粒重（鲜籽粒）30.7克。接种鉴定，抗茎腐病，中抗小斑病和纹枯病。品尝鉴定84.8分。品质检测，支链淀粉占总淀粉含量的97.3%，皮渣率10.0%。

产量表现：2014—2015年参加东南鲜食糯玉米品种区域试验，两年平均亩产鲜穗753.6千克，比对照苏玉糯5号增产6.3%。

栽培技术要点：中等肥力以上地块栽培，3—4月播种，亩种植密度4 000株左右。隔离种植，适时采收。

适宜种植地区：适宜江苏中南部、安徽中南部、上海、浙江、江西、福建、广东、广西、海南作鲜食糯玉米春播种植。

美玉9号

审定编号：国审玉2016013

选育单位：海南绿川种苗有限公司

品种来源：922×980nct

特征特性：东南地区春播出苗至鲜穗采收期81天，比苏玉糯5号晚1天。幼苗叶鞘黄绿色，叶片绿色，叶缘绿色，花药黄色，颖壳绿色。株型半紧凑，株高233.6厘米，穗位高100.1厘米，成株叶片数20片。花丝红色，果穗锥形，穗长17.7厘米，穗行数14~16行，穗轴白色，籽粒紫、白色，百粒重（鲜籽粒）29.4克。平均倒伏（折）率2.6%。接种鉴定，抗纹枯病和腐霉茎腐病，感小斑病。品尝鉴定85.2分。品质检测，支链淀粉占总淀粉含量的97.6%，皮渣率10.2%。

产量表现：2014—2015年参加东南鲜食糯玉米品种区域试验，两年平均亩产鲜穗756.5千克，比对照苏玉糯5号增产5.7%。

栽培技术要点：中等肥力以上地块栽培，3月上中旬播种，亩种植密度3 200株。隔离种植，适时采收。

适宜种植地区：适宜安徽中南部、江苏中南部、浙江、上海、江西、福建、广东、海南作鲜食糯玉米春播种植。

金冠218

审定编号：国审玉2016014

选育单位：北京四海种业有限责任公司

品种来源：甜62×甜601

特征特性：东华北春玉米区出苗至鲜穗采收期90天。幼苗叶鞘绿色。株形半紧凑，株高253.4厘米，穗位高103.8厘米，成株叶片数17～20片。花丝绿色，果穗筒形，穗长23.1厘米，穗粗5.0厘米，穗行16～18行，穗轴白色，籽粒黄色、甜质型，百粒重（鲜籽粒）34.8克。接种鉴定，中抗大斑病，感丝黑穗病。品尝鉴定85.5分。品质检测，皮渣率5.97%，还原糖含量9.56%，水溶性糖含量29.50%。黄淮海夏玉米区出苗至鲜穗采收77天。株高233.0厘米，穗位高89.0厘米。穗长21.6厘米，穗粗5.0厘米，百粒重（鲜籽粒）37.7克。接种鉴定，抗小斑病，中抗茎腐病，感矮花叶病和瘤黑粉病。品尝鉴定84.76分。品质检测，皮渣率8.78%，还原糖含量7.85%，水溶性糖含量23.68%。

产量表现：2014—2015年参加东华北鲜食甜玉米品种区域试验，两年平均亩产鲜穗1 061.0千克，比对照中农大甜413增产23.5%。2014—2015年参加黄淮海鲜食甜玉米品种区域试验，两年平均亩产鲜穗1 025.8千克，比对照中农大甜413增产26.9%。

栽培技术要点：中等肥力以上地块栽培，4月下旬至7月上旬播种，亩种植密度3 500株。隔离种植，适时采收。

适宜种植地区：适宜北京、河北、山西、内蒙古、黑龙江、吉林、辽宁、新疆作鲜食甜玉米春播种植；注意防治丝黑穗病。该品种还适宜北京、天津、河北、山东、河南、陕西、江苏北部、安徽北部作鲜食甜玉米夏播种植；注意防治矮花叶病和瘤黑粉病。

石甜玉1号

审定编号：国审玉2016015

选育单位：石家庄市农林科学研究院

品种来源：TF01 × TF02

特征特性：黄淮海夏玉米区出苗至鲜穗采收期76天，比中农大甜413晚1天。幼苗叶鞘绿色。株型松散，株高243.5厘米，穗位高90.7厘米。绿色花丝，果穗筒形，穗长20.9厘米，穗粗4.8厘米，穗行数14～16行，穗轴白色，籽粒黄色、硬粒型，百粒重（鲜籽粒）36.7克。接种鉴定，抗茎腐病，感小斑病和瘤黑粉病，高感矮花叶病。品尝鉴定85.7分。品质检测，皮渣率8.66%，还原糖含量8.17%，水溶性糖含量23.90%。

产量表现：2014—2015年参加黄淮海鲜食甜玉米品种区域试验，两年平均亩产鲜穗897.3千克，比对照中农大甜413增产10.8%。

栽培技术要点：中等肥力以上地块栽培，5月下旬至6月中旬播种，亩种植密度3 500株。隔离种植，适时采收。注意防治小斑病、矮花叶病和瘤黑粉病。

适宜种植地区：适宜北京、天津、河北、山东、河南、陕西、江苏北部、安徽北部作鲜食甜玉米夏播种植。

ND488

审定编号： 国审玉2016016

选育单位： 北京华耐农业发展有限公司

品种来源： S3268×NV19

特征特性： 黄淮海夏玉米区出苗至鲜穗采收期71天，比中农大甜413早5天。幼苗叶鞘绿色。株型松散，株高197.5厘米，穗位高68.8厘米。花丝绿色，果穗筒形，穗长19.3厘米，穗粗4.9厘米，穗行数14～16行，穗轴白色，籽粒黄色、硬粒型，百粒重（鲜籽粒）41.8克。接种鉴定，中抗小斑病，感茎腐病和瘤黑粉病，高感矮花叶病。品尝鉴定86.7分。品质检测，皮渣率8.31%，还原糖含量7.65%，水溶性糖含量24.08%。

产量表现： 2014—2015年参加黄淮海鲜食甜玉米品种区域试验，两年平均亩产鲜穗867.7千克，比对照中农大甜413增产7.7%。

栽培技术要点： 中等肥力以上地块栽培，5月下旬至6月中旬播种，亩种植密度3 500株。隔离种植，适时采收。注意防治茎腐病、矮花叶病和瘤黑粉病。

适宜种植地区： 适宜北京、天津、河北、山东、河南、陕西、江苏、安徽北部作鲜食甜玉米夏播种植。

郑甜66

审定编号： 国审玉2016017

选育单位： 河南省农业科学院粮食作物研究所

品种来源： 66T195×66T205

特征特性： 黄淮海夏玉米区出苗至采收期78天，比对照中农大甜413晚3天。幼苗叶鞘绿色。株型半紧凑，株高253.7厘米，穗位高91.4厘米。花丝绿色，果穗筒形，穗长21.2厘米，穗粗4.7厘米，穗行数14～16行，穗轴白色，籽粒黄色、硬粒型，百粒重（鲜籽粒）38.1克。接种鉴定，中抗茎腐病和小斑病，感瘤黑粉病，高感矮花叶病。品尝鉴定84.2分。品质检测，皮渣率10.11%，还原糖含量7.46%，水溶性糖含量23.57%。

产量表现： 2014—2015年参加黄淮海鲜食甜玉米品种区域试验，两年平均亩产鲜穗881.6千克，比对照中农大甜413增产9.5%。

栽培技术要点： 中等肥力以上地块栽培，5月下旬至6月中旬播种，亩种植密度3 500株。隔离种植，适时采收。注意防治矮花叶病和瘤黑粉病。

适宜种植地区：适宜北京、天津、河北、山东、河南、陕西、江苏、安徽北部作鲜食甜玉米夏播种植。

粤甜22号

审定编号：国审玉2016018

选育单位：广东省农业科学院作物研究所

品种来源：鲜美-1×田杂-1

特征特性：东南地区春播出苗至鲜穗采收期84天，比对照粤甜16号晚1天。株高231.9厘米，穗位高89.9厘米。穗长19.3厘米，穗轴白色，粒色黄色，百粒重（鲜籽粒）36.9克。接种鉴定，中抗腐霉茎腐病和纹枯病，感小斑病。品尝鉴定85.7分。品质检测，皮渣率9.25%，还原糖含量6.85%，水溶性糖含量21.45%。

产量表现：2014—2015年参加东南鲜食甜玉米品种区域试验，两年平均亩产鲜穗946.2千克，比对照粤甜16号增产6.0%。

栽培技术要点：中等肥力以上地块栽培，亩种植密度3 200~4 000株。隔离种植，适时采收。注意防治小斑病。

适宜种植地区：适宜江苏中南部、安徽中南部、上海、浙江、江西、福建、广东、广西、海南作鲜食甜玉米春播种植。

仲鲜甜3号

审定编号：国审玉2016019

选育单位：仲恺农业工程学院作物研究所

品种来源：T49-3×YDT-5

特征特性：东南地区春播出苗至鲜穗采收期86天，比对照粤甜16号晚3天。株高222.9厘米，穗位高70.4厘米。穗长19.5厘米，穗轴白色，粒色黄色，百粒重（鲜籽粒）35.8克。接种鉴定，抗腐霉茎腐病，感纹枯病和小斑病。品尝鉴定83.8分。品质检测，皮渣率9.65%，还原糖含量4.75%，水溶性糖含量15.15%。

产量表现：2014—2015年参加东南鲜食甜玉米品种区域试验，两年平均亩产鲜穗938.2千克，比对照粤甜16号增产5.1%。

栽培技术要点：中等肥力以上地块栽培，亩种植密度3 400~3 800株。隔离种植，适时采收。注意防治纹枯病和小斑病。

适宜种植地区：适宜江苏中南部、安徽中南部、上海、浙江、福建、广东、广西、海南作鲜食甜玉米春播种植。

金谷103

审定编号：国审玉2016020

选育单位：沈阳金色谷特种玉米有限公司

品种来源：金爆10×金爆14

特征特性：春播生育期117天，与沈爆3号相当。夏播生育期106天，比沈爆3号晚2天。叶片浓绿色。株型平展，株高257.1厘米，穗位高113.8厘米。花丝紫红色，果穗筒形，穗长18.7厘米，穗粗3.5厘米，穗行数16行，穗轴白色，籽粒橘黄色有光泽，百粒重18.3克。珍珠型大粒品种，粒度56粒/10克。接种鉴定，中抗小斑病，感丝黑穗病和大斑病。膨胀倍数30倍，花形为混合型，爆花率98.4%。

产量表现：2014—2015年参加国家爆裂玉米品种区域试验，两年平均亩产394.5千克，比对照沈爆3号增产16.3%。

栽培技术要点：中等肥力以上地块栽培，不宜在低洼易涝地块种植。春播区4月中下旬至5月上旬播种，夏播区6月中下旬播种，亩种植密度4 000～4 200株，充分成熟时收获。注意防治丝黑穗病和大斑病。

适宜种植地区：适宜辽宁、吉林、天津、陕西和新疆春播种植，河南、山东夏播种植。

沈爆5号

审定编号：国审玉2016021

选育单位：沈阳农业大学特种玉米研究所

品种来源：沈爆D7×沈爆D14

特征特性：春播生育期113天，比沈爆3号早4天。夏播生育期101天，比沈爆3号早3天。叶片浓绿色。株型平展，株高253.7厘米，穗位高114.4厘米。花丝紫红色，果穗筒形，穗长18.3厘米，穗粗3.3厘米，穗行数16行，穗轴白色，籽粒橘黄色有光泽，百粒重16.8克。珍珠型大粒品种，粒度61粒/10克。接种鉴定，抗丝黑穗病，中抗小斑病，高感大斑病。膨胀倍数31倍，花形为蝶形花，爆花率99.5%。

产量表现：2014—2015年参加国家爆裂玉米品种区域试验，两年平均亩产368.6千克，比对照沈爆3号增产8.8%。

栽培技术要点：中等肥力以上地块栽培，不宜在低洼易涝地块种植。春播区4月中下旬至5月上旬播种，夏播区6月中下旬播种，亩种植密度4 000～4 500株，充分成熟时收获。注意防治大斑病。

适宜种植地区：适宜辽宁、吉林、天津、陕西和新疆春播种植，河南、山东夏播种植。

佳蝶117

审定编号： 国审玉2016022

选育单位： 沈阳特亦佳玉米科技有限公司

品种来源： TD11×TD7

特征特性： 春播生育期117天，与沈爆3号相当。夏播生育期103天，比沈爆3号早1天。叶片浓绿色。株型平展，株高249.9厘米，穗位高107.8厘米。花丝紫红色，果穗筒形，穗长18.3厘米，穗粗3.4厘米，穗行数16行，穗轴白色，籽粒橘黄色有光泽，百粒重16.6克。珍珠型大粒品种，粒度63粒/10克。接种鉴定，抗丝黑穗病，中抗小斑病，感大斑病。膨胀倍数31倍，花形为蝶形花，爆花率为99.5%。

产量表现： 2014—2015年参加国家爆裂玉米品种区域试验，两年平均亩产353.0千克，比对照沈爆3号增产4.1%。

栽培技术要点： 中等肥力以上地块栽培，不宜在低洼易涝地块种植。春播区4月中下旬至5月上旬播种，夏播区6月中下旬播种，亩种植密度4 000～4 500株，充分成熟时收获。注意防治大斑病。

适宜种植地区： 适宜辽宁、吉林、天津、陕西和新疆春播种植，河南、山东夏播种植。

申科爆1号

审定编号： 国审玉2016023

选育单位： 上海农科种子种苗有限公司

品种来源： SPL01×SPL02

特征特性： 春播生育期112天，比沈爆3号早5天。夏播生育期101天，比沈爆3号早3天。叶片浓绿色。株型平展，株高233.5厘米，穗位高98.8厘米。花丝绿色，果穗筒形，穗长19.4厘米，穗粗3.4厘米，穗行数16行，穗轴白色，籽粒橘黄色有光泽，百粒重17.1克。珍珠型大粒品种，粒度60粒/10克。接种鉴定，感丝黑穗病、大斑病和小斑病。膨胀倍数31倍，花形为蝶形花，爆花率为99.0%。

产量表现： 2014—2015年参加国家爆裂玉米品种区域试验，两年平均亩产365.1千克，比对照沈爆3号增产7.8%。

栽培技术要点： 中等肥力以上地块栽培，不宜在低洼易涝地块种植。春播区4月中下旬至5月上旬播种，夏播区6月中下旬播种，亩种植密度4 000～4 500株，充分成熟时收获。注意防治丝黑穗病、大斑病和小斑病。

适宜种植地区： 适宜辽宁、吉林、天津、陕西和新疆春播种植，河南、山东夏播种植。

沈爆8号

审定编号：国审玉2016024

选育单位：沈阳农业大学特种玉米研究所

品种来源：TQ5×沈爆D7

特征特性：春播生育期115天，夏播生育期102天，均比沈爆3号早2天。叶片浓绿色。株型平展，株高240.1厘米，穗位高106.0厘米。花丝紫红色，果穗长锥形，穗长18.4厘米，穗粗3.4厘米，穗行数14～16行，穗轴白色，籽粒橘黄色有光泽，百粒重19.0克。珍珠型大粒品种，粒度54粒/10克。接种鉴定，抗丝黑穗病，感大斑病和小斑病。膨胀倍数31.2倍，花形为蝶形花，爆花率为99.4%。

产量表现：2014—2015年参加国家爆裂玉米品种区域试验，两年平均亩产346.8千克，比对照沈爆3号增产2.4%。

栽培技术要点：中等肥力以上地块栽培，不宜在低洼易涝地块种植。春播区4月中下旬至5月上旬播种，夏播区6月中下旬播种，亩种植密度4 000～4 500株，充分成熟时收获。注意防治大斑病和小斑病。

适宜种植地区：适宜辽宁、吉林、天津、陕西和新疆春播种植，河南、山东夏播种植。

京科甜533

审定编号：国审玉2016025

选育单位：北京市农林科学院玉米研究中心

品种来源：T68×T520

特征特性：黄淮海夏玉米区出苗至鲜穗采摘72天，比中农大甜413早3天。幼苗叶鞘绿色，叶片浅绿色，叶缘绿色，花药粉色，颖壳浅绿色。株型平展，株高182厘米，穗位高53.6厘米，成株叶片数18片。花丝绿色，果穗筒形，穗长17.3厘米，穗行数14～16行，穗轴白色，籽粒黄色、甜质型，百粒重（鲜籽粒）37.5克。接种鉴定，中抗矮花叶病，中感小斑病。还原糖含量7.48%，水溶性糖含量23.09%。

产量表现：2012—2013年参加黄淮海鲜食甜玉米品种区域试验，两年平均亩产鲜穗629.4千克，比对照中农大甜413减产10.9%；2013年生产试验，平均亩产鲜穗636千克，比中农大甜413减产6.9%。

栽培技术要点：中等肥力以上地块栽培，4月底5月初播种，亩种植密度3 500株。隔离种植，适时采收。注意及时防治小斑病。

适宜种植地区：适宜北京、天津、河北、山东、河南、江苏淮北、安徽淮北、陕西关中灌区作鲜食甜玉米品种夏播种植。

隆平208

审定编号： 国审玉2016601

选育单位： 安徽隆平高科种业有限公司

品种来源： L238×L72-6

特征特性： 黄淮海夏玉米区出苗至成熟104天，比郑单958晚2天。幼苗叶鞘紫色，叶片深绿色，花药黄色，颖壳绿色。株型紧凑，株高269.5厘米，穗位高114.5厘米，成株叶片数20片。花丝浅紫色，果穗筒形，穗长16厘米，穗行数14~16行，穗轴白色，籽粒黄色、半马齿型，百粒重33.7克。接种鉴定，抗小斑病，中抗茎腐病，感弯孢菌叶斑病和穗腐病，高感瘤黑粉病和粗缩病。籽粒容重726克/升，粗蛋白含量10.46%，粗脂肪含量4.28%，粗淀粉含量74.38%，赖氨酸含量0.30%。

产量表现： 2014—2015年参加自行开展黄淮海夏玉米扩区试验，两年平均亩产688.2千克，比对照郑单958增产4.0%。

栽培技术要点： 中等肥力以上地块种植，适时播种，亩种植密度4 000~4 500株。注意防治弯孢菌叶斑病、穗腐病、瘤黑粉病和粗缩病。

适宜种植地区： 适宜山东夏播种植。

农华106

审定编号： 国审玉2016602

选育单位： 北京金色农华种业科技股份有限公司

品种来源： 8TA60×S121（外引系）

特征特性： 东北中熟春玉米区出苗至成熟129天，与对照先玉335相当。幼苗叶鞘紫色，叶片绿色，花药紫色。株型紧凑，株高288厘米，穗位高108厘米，成株叶片数21片。花丝紫色，果穗锥形，穗长21厘米，穗粗5.6厘米，穗行数16~20行，穗轴粉色，籽粒黄色、马齿形，百粒重41克。接种鉴定，高抗镰孢茎腐病，抗穗腐病，感大斑病、灰斑病和丝黑穗病。籽粒容重744克/升，粗蛋白含量9.29%，粗脂肪含量3.96%，粗淀粉含量75.4%，赖氨酸含量0.28%。东华北春玉米区出苗至成熟126天，比对照郑单958早1天。株型紧凑，株高288厘米，穗位高108厘米，成株叶片数21片。穗长21厘米，穗粗5.6厘米，穗行数16~20行，百粒重41克。接种鉴定，抗茎腐病，中抗穗腐病，感大斑病、灰斑病和丝黑穗病。西北春玉米区出苗至成熟133天，比对照郑单958早2天。株型紧凑，株高290厘米，穗位高110厘米，成株叶片数21片。穗长21厘米，穗粗5.6厘米，穗行数16~20行，百粒重41克。接种鉴定，抗镰孢穗腐病，感大斑病、丝黑穗病和腐霉茎腐病。

产量表现： 2014—2015年参加自行开展东北中熟春玉米扩区试验，两年平均亩产762.0千克，比对照郑单958增产7.9%；2014—2015年参加自行开展东华北春玉米扩区试验，两年平均亩产786.2千克，比对照郑单958增产5.6%；2014—2015年参加自行开展西北春玉米扩区试验，两年平均亩产949.8千克，比对照郑单958增产5.0%。

栽培技术要点： 在中等肥力以上地块种植。亩种植密度，东北中熟和东华北春玉米区4 000株，西北春玉米区5 000株。

适宜种植地区： 适宜黑龙江、吉林、辽宁、河北和山西大于等于10℃活动积温2 700℃以上地区春播种植；注意防治大斑病、灰斑病和丝黑穗。该品种还适宜甘肃、宁夏和新疆≥10℃活动积温2 700℃以上地区春播种植；注意防治大斑病、丝黑穗病和腐霉茎腐病。

垦沃6号

审定编号： 国审玉2016603

选育单位： 北大荒垦丰种业股份有限公司

品种来源： KW9F619×KW6F576

特征特性： 东华北早熟区出苗至成熟121天，与对照哲单37相当。幼苗叶鞘紫色，叶片绿色，花药绿色，花丝绿色。株型为半紧凑，株高283厘米，穗位高96厘米，成株叶片数19片。果穗筒形，穗长19.4厘米，穗粗4.8厘米，行粒数39.0粒，秃尖长0.2厘米。穗轴红色，籽粒橙黄色、半马齿型，百粒重33.1克。接种鉴定，中抗弯孢菌叶斑病，感大斑病、灰斑病、腐霉茎腐病和丝黑穗病。籽粒容重775克/升，粗蛋白含量9.12%，粗脂肪含量3.64%，粗淀粉含量70.84%。

产量表现： 2013—2014年参加中玉科企东华北早熟春玉米组区域试验，两年平均亩产703.5千克，比对照哲单37增产11.0%；2015年生产试验，平均亩产670.8千克，比对照哲单37增产7.3%。

栽培技术要点： 中等肥力以上地块栽培，亩种植密度5 000株。注意防治大斑病、灰斑病、腐霉茎腐病和丝黑穗病。

适宜种植地区： 适宜河北北部、山西北部早熟区，内蒙古兴安盟、呼伦贝尔、赤峰北部，吉林东部早熟区，黑龙江第三积温带春玉米区种植。

富尔931

审定编号： 国审玉2016604

选育单位： 齐齐哈尔市富尔农艺有限公司

品种来源： H07×Y74

特征特性：东华北中早熟区出苗至成熟122天，与对照吉单27相当。幼苗叶鞘紫色，叶片绿色，花丝绿色，花药紫色。株型半紧凑，株高308厘米，穗位122厘米，成株叶片18片。果穗锥形，穗长19.9厘米，穗粗5.4厘米，穗行数16～18行，行粒数37.4粒。穗轴红色，籽粒黄色、马齿型，百粒重35.9克。接种鉴定，高抗腐霉和镰孢茎腐病，中抗镰孢穗腐病，感大斑病和丝黑穗病，高感灰斑病。籽粒容重735克/升，粗蛋白含量7.92%，粗脂肪含量4.30%，粗淀粉含量71.49%。

产量表现：2013—2014年参加中玉科企东华北中早熟玉米组区域试验，两年平均亩产794.9千克，比对照吉单27增产9.5%；2015年生产试验，平均亩产730.6千克，比对照吉单27增产7.0%。

栽培技术要点：中等肥力以上地块栽培，亩种植密度4 000～4 500株。注意防治大斑病、丝黑穗病和灰斑病。

适宜种植地区：适宜黑龙江、内蒙古、吉林、山西≥10℃活动积温在2 550℃以上适宜种植吉单27、吉单519的东华北中早熟春玉米区种植。

大民3301

审定编号：国审玉2016605

选育单位：大民种业股份有限公司

品种来源：L273×自K10

特征特性：东华北中早熟区出苗至成熟122天，比对照吉单27早1天。幼苗叶鞘紫色，叶片绿色，花药浅紫色，花丝绿色。株型半紧凑，株高290厘米，穗位108厘米，成株叶片数20片。果穗筒形，穗长19.6厘米，穗粗5.3厘米，穗行数14～16行，行粒数37.7粒，秃尖长1.0厘米，百粒重36.6克。接种鉴定，抗腐霉茎腐病，感大斑病和丝黑穗病，高感弯孢菌叶斑病。

产量表现：2013—2014年参加中玉科企东华北中早熟春玉米组区域试验，两年平均亩产752.5千克，比对照吉单27增产3.1%；2015年生产试验，平均亩产709.8千克，比对照吉单27增产4.0%。

栽培技术要点：中等肥力以上地块栽培，亩种植密度3 800～4 000株。注意防治大斑病、丝黑穗病和弯孢菌叶斑病。

适宜种植地区：适宜黑龙江第三积温带、内蒙古东部中早熟区、山西北部、吉林东北部≥10℃活动积温在2 500℃左右，且适宜种植吉单27的区域种植。

屯玉556

审定编号：国审玉2016606

选育单位：北京屯玉种业有限责任公司

品种来源： 10WY22×T5320

特征特性： 东华北中熟春播区出苗至成熟128天，与对照吉单535相当。幼苗叶鞘紫色，叶片绿色，花药紫色，花丝绿色。株型半紧凑，株高262厘米，穗位高94厘米，成株叶片数18～19片。果穗锥形，穗长19.0厘米，穗粗5.3厘米，穗行数16～18行，行粒数36.8粒。穗轴红色，籽粒黄色、半马齿型，百粒重35.4克。接种鉴定，高抗镰孢茎腐病，中抗腐霉茎腐病和镰孢穗腐病，感大斑病、弯孢菌叶斑病、灰斑病和丝黑穗病。籽粒容重744克/升，粗蛋白含量8.40%，粗脂肪含量4.13%，粗淀粉含量73.17%。

产量表现： 2013—2014年参加中玉科企东华北中熟春玉米组区域试验，两年平均亩产767.9千克，比对照吉单535增产4.1%；2015年生产试验，平均亩产773.9千克，比对照吉单535增产6.6%。

栽培技术要点： 中等肥力以上地块种植，亩种植密度4 000～4 500株。注意防治大斑病、弯孢菌叶斑病、灰斑病和丝黑穗病。

适宜种植地区： 适宜辽宁、吉林、黑龙江、内蒙古中熟区、山西、河北≥10℃活动积温2 600℃以上的春播玉米区种植。

东单1331

审定编号： 国审玉2016607

选育单位： 辽宁东亚种业有限公司

品种来源： XC2327×XB1621

特征特性： 东华北春玉米区出苗至成熟125天，比对照郑单958早1天。幼苗叶鞘紫色，叶片绿色，花药浅紫色。株型紧凑，株高280厘米，穗位116厘米，成株叶片数19片。花丝浅紫色，果穗筒形，穗长22厘米，穗粗5厘米，穗行数14～16行。穗轴红色，籽粒黄色、半马齿型，百粒重38.9克。接种鉴定，高抗茎腐病，抗大斑病，感丝黑穗病。籽粒容重754克/升，粗蛋白含量9.57%，粗脂肪含量3.72%，粗淀粉含量73.71%，赖氨酸含量0.35%。

产量表现： 2013—2014年参加中玉科企东华北春玉米组区域试验，两年平均亩产800.2千克，比对照郑单958增产3.6%；2015年生产试验，平均亩产806.6千克，比对照郑单958增产6.2%。

栽培技术要点： 中等肥力以上地块种植，亩种植密度4 500～5 500株。注意防治丝黑穗病。

适宜种植地区： 适宜黑龙江、吉林、辽宁、内蒙古、天津、河北、山西≥10℃活动积温在2 650℃以上，适宜种植先玉335、郑单958的东华北春玉米区种植。

德单1002

审定编号： 国审玉2016608

选育单位： 北京德农种业有限公司

品种来源： AA24×BB01

特征特性： 东华北春玉米区出苗至成熟128天，比对照郑单958早2天。幼苗叶鞘紫色，花药浅紫色。株型紧凑，株高301厘米，穗位高118厘米，成株叶片数20片。花丝紫色，果穗筒形，穗长20.1厘米，穗粗5.2厘米，穗行数16~18行，穗轴红色，籽粒黄色、半马齿型，百粒重34.5克。接种鉴定，高抗茎腐病，中抗大斑病，感丝黑穗病。籽粒容重745克/升，粗蛋白质含量10.80%，粗脂肪含量3.32%，粗淀粉含量72.96%，赖氨酸含量0.35%。

产量表现： 2013—2014年参加中玉科企东华北春播玉米组区域试验，两年平均亩产813.2千克，比对照郑单958增产6.8%；2015年生产试验，平均亩产811.4千克，比对照郑单958增产6.8%。

栽培技术要点： 中等肥力以上地块栽培，亩种植密度4 500株。注意防治丝黑穗病。

适宜种植地区： 适宜黑龙江、吉林、辽宁、内蒙古、北京、天津、河北、山西、陕西与郑单958同有效积温区的东华北春玉米区种植。

秋乐126

审定编号： 国审玉2016609

选育单位： 河南秋乐种业科技股份有限公司

品种来源： JN712×JN717

特征特性： 东华北春玉米区出苗至成熟128天，较郑单958早2天。幼苗叶鞘紫色，叶片绿色，花药浅紫色。株型紧凑，株高305厘米，穗位123厘米，成株叶片数19片。花丝浅紫色，果穗筒形，穗长19.6厘米，穗粗5.1厘米，穗行数16~18行。穗轴红色，籽粒黄色、半马齿型，百粒重36.5克。接种鉴定，抗茎腐病，抗大斑病，感丝黑穗病。籽粒容重781克/升，粗蛋白含量9.90%，粗脂肪含量3.71%，粗淀粉含量70.97%，赖氨酸含量0.34%。

产量表现： 2013—2014年参加中玉科企东华北春玉米组区域试验，两年平均亩产796.4千克，比对照郑单958增产4.6%；2015年生产试验，平均亩产785.0千克，比对照郑单958增产3.4%。

栽培技术要点： 中等肥力以上地块栽培，亩种植密度4 000~4 500株。注意防治丝黑穗病。

适宜种植地区： 适宜黑龙江、吉林、辽宁、内蒙古、山西、陕西、河北、北京和天津活动积温在2 650℃以上，适宜种植先玉335、郑单958的东华北春玉米区种植。

泽玉8911

审定编号： 国审玉20170001

选育单位：吉林省宏泽现代农业有限公司

品种来源：H0908×Z1182

特征特性：东北中熟春玉米区出苗至成熟生育期133天左右，比对照品种先玉335早熟。幼苗叶鞘紫色，叶片绿色，花丝紫色，花药紫色。株型紧凑，成株叶片数20片左右，株高299厘米，穗位124厘米，雄穗分枝5~7个。果穗筒形，穗长16.9厘米，穗行数16~18行，穗粗5.2厘米，穗轴红色，籽粒黄色，马齿型，百粒重34.2克。抗倒性（倒伏倒折率之和≤5.0%）达标点比例平均达97%。籽粒平均破损率4.7%。接种鉴定，感大斑病和丝黑穗病，高抗镰孢茎腐病，抗禾谷镰孢穗腐病，中抗灰斑病。容重793克/升，粗蛋白含量9.53%，粗脂肪含量4.15%，粗淀粉含量76.26%，赖氨酸0.33%。

产量表现：在2015—2016年东北中熟春玉米机收组区域试验中，平均亩产766.0千克，比对照先玉335增产23.8%，增产点次90%；2016年生产试验，平均亩产772.7千克，比对照先玉335增产8.8%，增产点次91%。

栽培技术要点：中等肥力以上地块栽培，4月下旬至5月上旬播种，亩种植密度4 500~5 000株。注意防治大斑病和丝黑穗病。

适宜种植地区：适宜辽宁东部山区和辽北部分地区，吉林省吉林市、白城市、通化市大部分地区，辽源市、长春市、松原市部分地区，黑龙江第一积温带，内蒙古乌兰浩特、赤峰、通辽、呼和浩特、包头、巴彦淖尔、鄂尔多斯等东华北中熟春玉米区的机收种植。

德育919

审定编号：国审玉20170002

选育单位：吉林德丰种业有限公司、河北科腾生物科技有限公司

品种来源：N90×TG41

特征特性：东北中熟春玉米区出苗至成熟130天左右，比对照品种先玉335早熟。幼苗叶鞘紫色，叶片浓绿，叶缘绿色，花丝浅紫，花药绿色，颖壳浅紫色。株型半紧凑，成株叶片数21片左右，株高307厘米，穗位高114厘米，雄穗分枝7~8个。果穗长筒形，穗长17.3厘米，穗粗4.8厘米，穗行数16~18行，穗轴红色，籽粒淡黄、马齿型，百粒重33.1克。抗倒性（倒伏倒折率之和≤5.0%）达标点比例73%，籽粒破碎率3.9%。接种鉴定，中抗茎腐病、灰斑病，抗穗腐病，感大斑病、丝黑穗病。籽粒容重736克/升，粗蛋白含量9.08%，粗脂肪含量3.63%，粗淀粉含量70.52%，赖氨酸含量0.31%。

产量表现：2015—2016年国家东北中熟春玉米机收组区域试验，平均亩产666.3千克，比对照增产7.4%，增产点比例72%；2016年生产试验，平均亩产674.3千克，比对照增产4.0%，增产点比例67%。

栽培技术要点：中等肥力以上地块栽培，4月下旬至5月上旬播种，亩种植密度4 500~5 000株。注意防治大斑病和丝黑穗病。

适宜种植地区：适宜辽宁东部山区和辽北部分地区，吉林省吉林市、白城、通化大部分地区，辽源、长春、松原部分地区，黑龙江第一积温带，内蒙古乌兰浩特、赤峰、通辽、呼和浩特、包头、巴彦淖尔、鄂尔多斯等东华北中熟春玉米区机收种植。

吉单66

审定编号：国审玉20170003

选育单位：吉林省农业科学院、吉林吉农高新技术发展股份有限公司

品种来源：吉A6601×PD752B

特征特性：东北中熟春玉米区出苗至成熟132天左右，比对照品种先玉335早熟。幼苗叶鞘紫色，叶片绿色，叶缘绿色，花丝绿色，花药黄色，颖壳浅紫色。株型半紧凑，成株叶片数20片左右，株高326厘米，穗位高131厘米，雄穗分枝6~7个。果穗筒形，穗长17.9厘米，穗粗4.9厘米，穗行数16~18行，穗轴红色，籽粒黄色，马齿型，百粒重31.9克。抗倒性（倒伏倒折率之和≤5.0%）达标点比例83%，籽粒破碎率4.5%。接种鉴定，抗茎腐病、穗腐病、丝黑穗病、灰斑病，感大斑病。籽粒容重784克/升，粗蛋白含量10.91%，粗脂肪含量3.62%，粗淀粉含量74.04%，赖氨酸含量0.29%。

产量表现：2015—2016年国家东北中熟春玉米机收组区域试验，平均亩产666.3千克，比对照增产7.6%，增产点比例67%；2016年生产试验，平均亩产647.9千克，比对照先玉335增产3.8%，增产点比例67%。

栽培技术要点：中等肥力以上地块栽培，4月下旬至5月上旬播种，亩种植密度4 000株。注意防治大斑病和丝黑穗病。

适宜种植地区：适宜辽宁东部山区和辽北部分地区，吉林省吉林市、白城、通化大部分地区，辽源、长春、松原部分地区，黑龙江第一积温带，内蒙古乌兰浩特、赤峰、通辽、呼和浩特、包头、巴彦淖尔、鄂尔多斯等东华北中熟春玉米区机收种植。

五谷318

审定编号：国审玉20170004

选育单位：山东冠丰种业科技有限公司

品种来源：WG3253×WG5603

特征特性：东北中熟春玉米区出苗至成熟127天左右，比对照品种先玉335早熟。幼苗叶鞘紫色，叶片绿色，叶缘绿色，花丝浅紫色，花药黄色，颖壳绿色。株型半紧凑，株高282厘米，穗位高113厘米，雄穗分枝6~10个。果穗长筒形，穗长21.1厘米，穗粗5.2厘米，穗行数16行，穗轴粉红色，籽粒黄色、马齿

型，百粒重35.1克。抗倒性（倒伏倒折率之和≤5.0%）达标点比例73%，籽粒破碎率5.7%。接种鉴定，中抗茎腐病、灰斑病，抗穗腐病、丝黑穗病，感大斑病。籽粒容重755克/升，粗蛋白含量8.77%，粗脂肪含量3.95%，粗淀粉含量74.92%，赖氨酸含量0.28%。

产量表现： 2015—2016年国家东北中熟春玉米机收组区域试验，平均亩产671.3千克，比对照增产8.5%，增产点比例64%；2016年生产试验，平均亩产661.9千克，比对照增产4.0%，增产点比例77.7%。

栽培技术要点： 中等肥力以上地块栽培，4月末至5月初播种，亩种植密度4 000～4 500株。注意防治大斑病。

适宜种植地区： 适宜辽宁东部山区和辽北部分地区，吉林省吉林市、白城、通化大部分地区，辽源、长春、松原部分地区，黑龙江第一积温带，内蒙古乌兰浩特、赤峰、通辽、呼和浩特、包头、巴彦淖尔、鄂尔多斯等东华北中熟春玉米区机收籽粒种植。

迪卡517

审定编号： 国审玉20170005
选育单位： 中种国际种子有限公司
品种来源： D1798Z×HCL645
特征特性： 黄淮海夏玉米区出苗至成熟103天左右，比对照品种郑单958早熟。幼苗叶鞘浅紫色，叶片绿色，叶缘紫色，花丝绿色，花药浅紫色，颖壳绿色。株型紧凑，成株叶片数18片左右，株高261厘米，穗位高115厘米，雄穗分枝9～10个。果穗筒形，穗长14.6厘米，穗粗4.3厘米，穗行16～18行，穗轴红色，籽粒黄色、偏马齿型，百粒重28.9克。适收期籽粒含水量26%，抗倒性（倒伏倒折率之和≤5.0%）达标点比例93%，籽粒破碎率为4.8%。接种鉴定，中抗茎腐病，感小斑病、弯孢菌叶斑病，高感禾谷镰孢穗腐病、瘤黑粉病。籽粒容重785克/升，粗蛋白含量9.40%，粗脂肪含量4.00%，粗淀粉含量74.74%，赖氨酸含量0.31%。

产量表现： 2015—2016年国家黄淮海夏玉米机收组区域试验，平均亩产547.1千克，比对照增产5.5%，增产点次比例72%；2016年生产试验，平均亩产586.9千克，比对照增产8.6%，增产点次比例96%。

栽培技术要点： 中等肥力以上地块栽培，播种期5月下旬至6月中旬，亩种植密度4 500～5 000株。

适宜种植地区： 适宜在黄淮海夏玉米区及京津唐机收种植。穗腐病或瘤黑粉病重发区慎用。

LS111

审定编号： 国审玉20170006
选育单位： 河南秋乐种业科技股份有限公司
品种来源： LS1206×LS1249

特征特性： 在黄淮海夏播区从出苗至成熟101天左右，较对照品种郑单958早熟。幼苗叶鞘深紫色，叶片绿色，叶缘绿色，花药紫红色，花丝紫色，颖壳紫色。株型半紧凑，成株叶片数18～19片，株高245厘米，穗位高79厘米。果穗筒形，穗长18.6厘米，穗粗4.6厘米，穗行数14～16行，穗轴红色，粒色黄色、半马齿型，百粒重29.9克。适收期籽粒含水量27.6%，抗倒性（倒伏倒折率之和≤5.0%）达标点比例95%，籽粒破碎率7.4%。接种鉴定，感茎腐病、小斑病、弯孢菌叶斑病、穗腐病，高感瘤黑粉病。籽粒容重736克/升，粗蛋白含量8.20%，粗脂肪含量3.31%，粗淀粉含量76.04%，赖氨酸含量0.31%。

产量表现： 2015—2016年国家黄淮海夏玉米机收组区域试验，平均亩产550.8千克，比对照增产6.2%，增产点率77%；2016年参加生产试验，平均亩产564.6千克，比对照增产5.2%，增产点率83%。

栽培技术要点： 中等肥力以上地块栽培，播种期5月下旬至6月上旬，亩种植密度5 000～5 500株。

适宜种植地区： 适宜在黄淮海夏玉米区及京津唐机收种植。瘤黑粉病重发区慎用。

京农科728

审定编号： 国审玉20170007

选育单位： 北京市农林科学院玉米研究中心

品种来源： 京MC01×京2416

特征特性： 黄淮海夏玉米区出苗至成熟100天左右，比对照品种郑单958早熟。幼苗叶鞘深紫色，叶片绿色，花药淡紫色，花丝淡红色，护颖绿色，成株株型紧凑型，总叶片数19～20片，株高274厘米，穗位105厘米，雄穗一级分枝5～9个。果穗筒形，穗轴红色，穗长17.5厘米，穗粗4.8厘米，穗行数14行，出籽率86.1%。黄色，半马齿型，百粒重31.5克。适收期籽粒含水量26.6%。抗倒性（倒伏倒折率之和≤5.0%）达标点比例83%，籽粒破碎率5.9%。接种鉴定，中抗粗缩病，感茎腐病、穗腐病、小斑病，高感弯孢菌叶斑病、瘤黑粉病。籽粒容重782克/升，粗蛋白含量10.86%，粗脂肪含量3.88%，粗淀粉含量72.79%，赖氨酸含量0.37%。

产量表现： 2015—2016年国家黄淮海夏玉米机收组区域试验，平均亩产569.8千克，比对照增产9.9%，增产点比例77%；2016年生产试验，平均亩产551.5千克，比对照增产8.5%，增产点比例83%。

栽培技术要点： 中等肥力以上地块栽培，播种期6月中旬，亩种植密度4 500～5 000株。

适宜种植地区： 适宜黄淮海夏玉米区及京津唐机收种植。瘤黑粉病重发区慎用。

五谷305

审定编号： 国审玉20170008

选育单位： 山东冠丰种业科技有限公司

品种来源：WG3258×WG6319

特征特性：在黄淮海夏播区从出苗至成熟102天，比郑单958早熟。幼苗叶鞘紫色，叶片绿色，叶缘绿色，花丝浅紫色，花药浅紫色，颖壳浅紫色。株型紧凑，株高279厘米，穗位高96厘米，全株叶片19左右，雄穗分枝数为4~7。果穗短筒形，穗长17.9厘米，穗粗4.7厘米，穗行数14~16行，百粒重32.1克，穗轴红色，籽粒黄色，硬粒型。适收期籽粒含水量28%，抗倒性（倒伏倒折率之和≤5.0%）达标点比例85%，籽粒破碎率9.3%。接种鉴定，中抗茎腐病、粗缩病，感弯孢菌叶斑病，高感穗腐病、瘤黑粉病。籽粒容重774克/升，粗蛋白含量9.86%，粗脂肪含量3.01%，粗淀粉含量74.5%，赖氨酸含量0.34%

产量表现：2015—2016年国家黄淮海夏玉米机收组区域试验，平均亩产570.7千克，比对照郑单958增产10.0%，增产点比例78%；2016年生产试验，平均亩产583.9千克，比对照郑单958增产9.9%，增产点比例91%。

栽培技术要点：中等肥力以上地块栽培，播种期在6月15日前为好。亩种植密度4 500~5 000株。

适宜种植地区：适宜黄淮海及京津唐夏玉米区机收种植。穗腐病或瘤黑粉病重发区慎用。

院军一号

审定编号：国审玉20170009

选育单位：中国科学院遗传与发育生物学研究所、沈阳军区直属农副业基地管理局、魏巍种业（北京）有限公司

品种来源：H11×Y45-1

特征特性：出苗至成熟118天，与对照品种德美亚1号相当。幼苗叶鞘紫色，叶片绿色，叶缘紫色，花药紫色，颖壳浅紫色。株型半紧凑，株高263厘米，穗位高83.3厘米，成株叶片数15~16片。花丝浅紫色，果穗筒形，穗长18厘米，穗行数12~18行，穗轴白色，籽粒黄色、硬粒型，百粒重32.45克。接种鉴定，高抗镰孢茎腐病，抗灰斑病、穗腐病，感大斑病、丝黑穗病。籽粒容重773克/升，粗蛋白含量10.30%，粗脂肪含量4.65%，粗淀粉含量71.68%，赖氨酸含量0.26%。

产量表现：2014—2015年参加极早熟春玉米品种区域试验，2014年平均亩产698.7千克，比对照增产3.9%，2015年平均亩产741.1千克，比对照增产9.6%；2016年生产试验，平均亩产716千克，比对照增产7.6%。

栽培技术要点：中等肥力以上种植，4月下旬至5月上旬播种，亩种植密度6 000株。注意防治大斑病和丝黑穗病。

适宜种植地区：适宜黑龙江北部及东南部山区第四积温带，内蒙古呼伦贝尔部分地区、兴安盟部分地区、锡林郭勒盟部分地区、乌兰察布部分地区、通辽部分地区、赤峰部分地区、包头北部、呼和浩特北部，吉林白山、延边朝鲜族自治州（以下简称延边州）的部分山区，河北北部接坝的张家口和承德的部分地区，宁夏南部山区海拔2 000米以上的极早熟春玉米区种植。

富成198

审定编号：国审玉20170010

选育单位：顾秀玲

品种来源：Am31×Am119

特征特性：出苗至成熟119天，比对照品种德美亚1号晚1天。幼苗叶鞘绿色，叶片绿色，叶缘紫色，花药黄色，颖壳紫色。株型半紧凑，株高247厘米，穗位高78厘米，成株叶片数17片。花丝绿色，果穗筒形，穗长18.5厘米，穗行数16～18行，穗轴红色，籽粒黄色、硬粒型，百粒重30.8克。接种鉴定，感大斑病、丝黑穗病、灰斑病，抗茎腐病、穗腐病。籽粒容重770克/升，粗蛋白含量9.87%，粗脂肪含量4.70%，粗淀粉含量72.31%，赖氨酸含量0.26%。

产量表现：2014—2015年参加北方极早熟春玉米品种区域试验，两年平均亩产740.0千克，比对照增产9.6%；2016年生产试验，平均亩产721.8千克，比对照增产8.5%。

栽培技术要点：中等肥力以上地块栽培，4月下旬至5月上旬播种，亩种植密度6 000株。注意防治大斑病、丝黑穗病和灰斑病。

适宜种植地区：适宜黑龙江、内蒙古、吉林及宁夏等的极早熟区春播种植。适宜黑龙江北部及东南部山区第四积温带，内蒙古呼伦贝尔、兴安盟、锡林郭勒盟、乌兰察布、通辽、赤峰、包头与呼和浩特北部；吉林白山、延边州的部分山区，河北北部接坝的张家口和承德的部分地区，宁夏南部山区海拔2 000米以上的极早熟春玉米区种植。

广德77

审定编号：国审玉20170011

选育单位：吉林广德农业科技有限公司

品种来源：G248×G68

特征特性：东北早熟春玉米区出苗至成熟125天左右，比对照品种吉单27早1天。幼苗叶鞘紫色，叶片深绿色，叶缘紫色，花药紫色，颖壳绿色。株型紧凑，株高261.2厘米，穗位高83厘米，成株叶片数19片。花丝紫红色，果穗筒形，穗长21.5厘米，穗行数14～16行，穗轴深红色，籽粒橘黄色、马齿型，百粒重39.6克。接种鉴定，感大斑病、丝黑穗病，抗茎腐病、灰斑病、穗腐病。籽粒容重772克/升，粗蛋白含量11.54%，粗脂肪含量4.14%，粗淀粉含量72.43%，赖氨酸含量0.28%。

产量表现：2014—2015年参加东北早熟春玉米品种区域试验，两年平均亩产886.7千克，比对照增产8.7%；2016年生产试验，平均亩产846.4千克，比对照增10.2%。

栽培技术要点：需要≥10℃活动积温2 500℃以上的地区播种，选中等以上肥力地块种植，4月下旬至5月上旬播种，亩种植密度4 500株。注意防治大斑病和丝黑穗病。

　　适宜种植地区：适宜东北早熟春玉米区种植。适宜黑龙江第二积温带，吉林白山、延边州的部分地区，通化、吉林市的东部，内蒙古中东部的呼伦贝尔扎兰屯南部、兴安盟中北部、通辽扎鲁特旗中部、赤峰中北部、乌兰察布前山、呼和浩特北部、包头北部等。

鑫海158

　　审定编号：国审玉20170012

　　选育单位：北京玉鑫丰农业科技发展有限公司

　　品种来源：145×929

　　特征特性：东北早熟春玉米区出苗至成熟127天，比对照品种吉单27晚0.5天。幼苗叶鞘紫色，叶片绿色，叶缘绿色，花药绿色，花丝绿色，颖壳绿色。株型半紧凑，株高309厘米，穗位高116厘米，成株叶片数19片。果穗筒形，穗长18.3厘米，穗行数18行左右，穗轴红色，籽粒黄色、马齿型，百粒重32.6克。接种鉴定，感大斑病、丝黑穗病，抗茎腐病，中抗穗腐病、灰斑病。籽粒容重767克/升，粗蛋白含量11.00%，粗脂肪含量3.44%，粗淀粉含量72.65%，赖氨酸含量0.29%。

　　产量表现：2014—2015年参加东北早熟春玉米品种区域试验，两年平均亩产886.7千克，比对照增产9.5%；2016年生产试验，平均亩产852.0千克，比对照增产10.6%。

　　栽培技术要点：中等肥力以上地块栽培，4月28日至5月13日播种，亩种植密度4 000~4 500株。注意防治大斑病和丝黑穗病。

　　适宜种植地区：适宜东北早熟春玉米区种植。适宜黑龙江第二积温带，吉林白山、延边州的部分地区，通化市、吉林市的东部，内蒙古中东部的呼伦贝尔扎兰屯南部、兴安盟中北部、通辽扎鲁特旗中部、赤峰中北部、乌兰察布前山、呼和浩特北部、包头北部等。

华农1107

　　审定编号：国审玉20170013

　　选育单位：北京华农伟业种子科技有限公司

　　品种来源：B8×HN002

　　特征特性：东北早熟春玉米区出苗至成熟126天，比对照吉单27早熟1天。叶片绿色，叶缘白色，花药紫色，颖壳绿色。株型紧凑，株高282厘米，穗位高103厘米，成株叶片数18片。花丝绿色，果穗筒形，穗长20.7厘米，穗行数16行，穗轴白色，籽粒黄色、半马齿型，百粒重38.6克。接种鉴定，感大斑病、丝黑穗病和灰斑病，抗茎腐病，中抗穗腐病。籽粒容重755克/升，粗蛋白含量8.00%，粗脂肪含量4.44%，粗淀粉含量75.28%，赖氨酸含量0.25%。

产量表现： 2014—2015年参加东北早熟春玉米品种区域试验，两年平均亩产892.6千克，比对照增产10.3%；2016年生产试验，平均亩产847.2千克，比对照增产10.1%。

栽培技术要点： 中等肥力以上地块栽培，4月下旬至5月上旬播种，亩种植密度3 800～4 000株/亩，高水肥地块4 000～4 200株/亩。注意防治大斑病、灰斑病和丝黑穗病。

适宜种植地区： 适宜黑龙江第二积极温带，吉林白山、延边州的部分地区，通化市、吉林市的东部，内蒙古中东部的呼伦贝尔扎兰屯南部、兴安盟中北部、通辽扎鲁特旗中部、赤峰中北部、乌兰察布前山、呼和浩特北部、包头北部早熟区等东北早熟春玉米区种植。

和育187

审定编号： 国审玉20170014

选育单位： 北京大德长丰农业生物技术有限公司

品种来源： V76-1×WC009

特征特性： 东北早熟春玉米区出苗至成熟126天，与对照品种吉单27相当。幼苗叶鞘紫色，叶片绿色，叶缘紫色，花药浅紫色，颖壳绿色。株型半紧凑，株高282厘米，穗位高102.9厘米，成株叶片数18片。花丝绿色，果穗筒形，穗长20.9厘米，穗行数14～16行，穗轴红色，籽粒黄色、马齿型，百粒重40.6克。接种鉴定，中抗茎腐病，感大斑病、丝黑穗病、穗腐病、灰斑病。籽粒容重759克/升，粗蛋白含量8.16%，粗脂肪含量4.43%，粗淀粉含量74.66%，赖氨酸含量0.26%。

产量表现： 2014—2015年参加东北早熟春玉米品种区域试验，两年平均亩产908.7千克，比对照增产10.8%；2016年生产试验，平均亩产857.0千克，比对照增产11.7%。

栽培技术要点： 中等肥力以上地块栽培，4月下旬至5月上旬播种，亩种植密度4 000～4 500株。注意防治大斑病、丝黑穗病、穗腐病和灰斑病。

适宜种植地区： 适宜黑龙江第二积极温带，吉林白山、延边州的部分地区，通化、吉林市的东部，内蒙古中东部的呼伦贝尔扎兰屯南部、兴安盟中北部、通辽扎鲁特旗中部、赤峰中北部、乌兰察布前山、呼和浩特北部、包头北部早熟区等东北早熟春玉米区种植。

吉农大778

审定编号： 国审玉20170015

选育单位： 吉林农大科茂种业有限责任公司

品种来源： P58×M77

特征特性： 东华北春玉米区出苗至成熟124天，比对照品种郑单958早2天。幼苗叶鞘紫色，叶片深绿色，叶缘紫色，花药浅紫色，颖壳紫色。株型半紧凑，株高290.1厘米，穗位高106.9厘米。花丝黄绿色，果穗筒形，穗长19.9厘米，穗行数16~18行，穗轴粉红色，籽粒黄色、马齿型，百粒重36.0克。接种鉴定，中抗大斑病，感灰斑病，抗茎腐病、丝黑穗病和穗腐病。籽粒容重754克/升，粗蛋白含量8.89%，粗脂肪含量3.8%，粗淀粉含量72.57%，赖氨酸含量0.28%。

产量表现： 2014—2015年参加东华北春玉米品种区域试验，两年平均亩产910.8千克，比对照增产12.5%；2016年生产试验，平均亩产799.1千克，比对照增产9.3%。

栽培技术要点： 中等肥力以上地块栽培，4月下旬至5月上旬播种，亩种植密度3 600~4 000株。注意防治大斑病和灰斑病。

适宜种植地区： 适宜吉林四平、松原、长春大部分地区和辽源、白城、吉林市部分地区以及通化南部，辽宁除东部山区和大连、东港以外的大部分地区，内蒙古赤峰和通辽大部分地区，山西忻州、晋中、太原、阳泉、长治、晋城、吕梁平川区和南部山区，河北张家口、承德、秦皇岛、唐山、廊坊、保定北部、沧州北部、北京、天津等东华北春玉米区种植。

A1589

审定编号： 国审玉20170016

选育单位： 中种国际种子有限公司

品种来源： D1798Z×B2340Z

特征特性： 东华北春玉米区出苗至成熟125天，比对照品种郑单958早2天。幼苗叶鞘紫色，叶片深绿色，叶缘紫色，花药紫色，颖壳紫色。株型半紧凑，株高271.7厘米，穗位高116.1厘米，成株叶片数20~21片。花丝浅紫色，果穗筒形，穗长18.9厘米，穗行数14~18行，穗轴粉红色，籽粒黄色、半马齿型，百粒重36.6克。接种鉴定，中抗大斑病、灰斑病，高抗茎腐病，抗丝黑穗病、穗腐病。籽粒容重757克/升，粗蛋白含量8.59%，粗脂肪含量4.8%，粗淀粉含量73.0%，赖氨酸含量0.26%。

产量表现： 2014—2015年参加东华北春玉米品种区域试验，两年平均亩产894.3千克，比对照增产10.4%；2016年生产试验，平均亩产803.0千克，比对照增产10.2%。

栽培技术要点： 中等肥力以上地块栽培，4月下旬至5月上旬播种，亩种植密度4 000~5 000株。

适宜种植地区： 适宜吉林四平、松原、长春大部分地区和辽源、白城、吉林市部分地区以及通化南部，辽宁除东部山区和大连、东港以外的大部分地区，内蒙古赤峰和通辽大部分地区，山西忻州、晋中、太原、阳泉、长治、晋城、吕梁平川区和南部山区，河北张家口、承德、秦皇岛、唐山、廊坊、保定北部、沧州北部春播区，北京春播区、天津春播区等东华北春玉米区种植。

农单476

审定编号：国审玉20170017

选育单位：河北农业大学

品种来源：农系3435×PH6WC

特征特性：东华北春玉米区出苗至成熟126天，比对照品种郑单958早1天。幼苗叶鞘紫色，叶片绿色，叶缘紫色，花药紫色，颖壳绿色。株型半紧凑，株高312.9厘米，穗位高126.8厘米，成株叶片数19～20片。花丝紫红色，果穗筒形，穗长19.0厘米，穗行数14～16行，穗轴红色，籽粒黄色、半马齿型，百粒重39.4克。接种鉴定，中抗大斑病，高抗茎腐病，抗穗腐病，感灰斑病、丝黑穗病。籽粒容重766克/升，粗蛋白含量9.92%，粗脂肪含量4.40%，粗淀粉含量71.62%，赖氨酸含量0.27%。

产量表现：2014—2015年参加东华北春玉米品种区域试验，两年平均亩产878.8千克，比对照增产8.7%；2016年生产试验，平均亩产787.7千克，比对照增产7.7%。

栽培技术要点：中等肥力及以上地块栽培，4月下旬至5月上中旬播种，亩种植密度4 500株。注意防治灰斑病和丝黑穗病。

适宜种植地区：适宜吉林四平、松原、长春大部分地区和辽源、白城、吉林部分地区以及通化南部，辽宁除东部山区和大连、东港以外的大部分地区，内蒙古赤峰和通辽大部分地区，山西忻州、晋中、太原、阳泉、长治、晋城、吕梁平川区和南部山区，河北张家口、承德、秦皇岛、唐山、廊坊、保定北部、沧州北部春播区，北京春播区、天津春播区等东华北春玉米区种植。

裕丰201

审定编号：国审玉20170018

选育单位：承德裕丰种业有限公司

品种来源：承系172×承系206

特征特性：东华北春玉米区出苗至成熟126天，比对照品种郑单958早1天。幼苗叶鞘紫色，叶片深绿色，叶缘绿色，花药黄色，颖壳绿色。株型紧凑，株高311.5厘米，穗位高116.6厘米，成株叶片数20～21片。花丝绿色，果穗筒形，穗长18.9厘米，穗行数16～18行，穗轴红色，籽粒黄色、马齿型，百粒重36.5克。接种鉴定，中抗大斑病、茎腐病，抗丝黑穗病、穗腐病，感灰斑病。籽粒容重749克/升，粗蛋白含量8.16%，粗脂肪含量4.52%，粗淀粉含量75.44%，赖氨酸含量0.25%。

产量表现：2014—2015年参加东华北春玉米品种区域试验，两年平均亩产913.1千克，比对照增产13.2%；2016年生产试验，平均亩产790.9千克，比对照增产8.2%。

栽培技术要点：中等肥力以上地块栽培，4月下旬至5月上旬播种，亩种植密度4 000～4 500株。注意防治灰斑病。

适宜种植地区：适宜吉林四平、松原、长春大部分地区和辽源、白城、吉林市部分地区以及通化市南部，辽宁除东部山区和大连、东港以外的大部分地区，内蒙古赤峰和通辽大部分地区，山西忻州、晋中、太原、阳泉、长治、晋城、吕梁平川区和南部山区，河北张家口、承德、秦皇岛、唐山、廊坊、保定北部、沧州北部春播区，北京、天津春播区等东华北春玉米区种植。

金岛99

审定编号：国审玉20170019

选育单位：葫芦岛市种业有限责任公司

品种来源：H907×D908

特征特性：东华北春玉米区出苗至成熟125天，比对照品种郑单958早2天。幼苗叶鞘紫色，叶片绿色，叶缘紫色，花药浅紫色，颖壳紫色。株型半紧凑，株高298.3厘米，穗位高106.2厘米，成株叶片数19～20片。花丝紫红色，果穗筒形，穗长19.3厘米，穗行数14～18行，穗轴红色，籽粒黄色、半马齿型，百粒重36.4克。接种鉴定，感大斑病、灰斑病，中抗茎腐病、丝黑穗病，抗穗腐病。籽粒容重777克/升，粗蛋白含量9.59%，粗脂肪含量3.58%，粗淀粉含量75.03%，赖氨酸含量0.27%。

产量表现：2014—2015年参加东华北春玉米品种区域试验，两年平均亩产899.7千克，比对照增产11.3%；2016年生产试验，平均亩产787.8千克，比对照郑单958增产7.7%。

栽培技术要点：中等肥力以上地块栽培，4月下旬至5月上旬播种，亩种植密度3 500～4 000株。注意防治大斑病和灰斑病。

适宜种植地区：适宜吉林四平、松原、长春大部分地区和辽源、白城、吉林市部分地区以及通化市南部，辽宁除东部山区和大连、东港以外的大部分地区，内蒙古赤峰和通辽大部分地区，山西忻州、晋中、太原、阳泉、长治、晋城、吕梁平川区和南部山区，河北张家口、承德、秦皇岛、唐山、廊坊、保定北部、沧州北部春播区，北京、天津春播区等东华北春玉米区种植。

华农887

审定编号：国审玉20170020

选育单位：北京华农伟业种子科技有限公司

品种来源：B8×京66

特征特性：东华北春播区出苗至成熟123天，西北春玉米区出苗至成熟132天，黄淮海夏播生育期102

天，平均比对照品种郑单958早1～2天。幼苗叶鞘浅紫色，叶片深绿色，叶缘紫色，花药浅紫色，花丝浅紫色。株型紧凑。株高283～298厘米，穗位107～114厘米。成株叶片数19片。果穗筒形，穗长19.0厘米，穗行数16行左右，穗轴红色，籽粒黄色、半马齿型，百粒重36.6克。接种鉴定，东华北春播区感大斑病、灰斑病，抗茎腐病，中抗丝黑穗病，高抗穗腐病；西北春播区感大斑病，感禾谷镰孢穗腐病，抗丝黑穗病，中抗腐霉茎腐病。黄淮海夏播种区感小斑病、穗腐病、瘤黑粉病和茎腐病，抗弯孢菌叶斑病，高感粗缩病。籽粒品质，东华北春播区容重775克/升，粗蛋白9.56%，粗脂肪4.01%，粗淀粉75.68%、赖氨酸0.28%；西北春播区容重768克/升，粗蛋白9.72%，粗脂肪3.96%，粗淀粉73.85%、赖氨酸0.32%；黄淮海容重768克/升，粗蛋白11.01%，粗脂肪3.51%，粗淀粉73.80%、赖氨酸0.35%。

产量表现：2014—2015年参加东华北春玉米品种区域试验，两年平均亩产910.3千克，比对照增产12.86%；2016年生产试验，平均亩产809.8千克，比对照增产5.69%。2014—2015年西北春玉米品种区域试验，两年平均亩产1 051.6千克，比对照增产7.35%；2016年生产试验，平均亩产961.9千克，比对照增产7.72%。2014—2015年黄淮海夏玉米品种区域试验，两年平均亩产732.5千克，比对照增产10.9%；2016年生产试验，平均亩产667.27千克，比对照增产8.87%。

栽培技术要点：中等肥力以上地块栽培，春播区4月下旬至5月上旬播种，夏播区6月中下旬播种。亩种植密度东华北3 800～4 000株，西北4 500～5 000株，新疆地区5 500株，黄淮海3 800株。注意防治玉米大斑病、小斑病、茎腐病和穗腐病。

适宜种植地区：适宜吉林四平、松原、长春大部分地区和辽源、白城、吉林市部分地区以及通化南部，辽宁除东部山区和大连、东港以外的大部分地区，内蒙古赤峰和通辽大部分地区，山西忻州、晋中、太原、阳泉、长治、晋城、吕梁平川区和南部山区，河北张家口、承德、秦皇岛、唐山、廊坊、保定北部、沧州北部春播区，北京、天津春播区等东华北春玉米区种植；适宜内蒙古巴彦淖尔大部分地区、鄂尔多斯大部分地区，陕西榆林、延安，宁夏引扬黄灌区，甘肃陇南、天水、庆阳、平凉、白银、定西、临夏回族自治州（以下简称临夏州）海拔1 800米以下地区及武威、张掖、酒泉大部分地区，新疆昌吉州阜康以西至博乐以东地区、北疆沿天山地区、伊犁州直西部平原地区等西北春玉米区种植；适宜黄淮海夏玉米区种植。

正成018

审定编号：国审玉20170021

选育单位：北京奥瑞金种业股份有限公司

品种来源：OSL371×OSL372

特征特性：东华北春玉米区出苗至成熟124天，比对照品种郑单958早2天。西北春玉米区出苗至成熟133.2天，比郑单958早0.8天。幼苗叶鞘紫色，叶片绿色，叶缘紫色，花药紫色，颖壳浅紫色。株型半紧凑，株高315～320厘米，穗位高128厘米，成株叶片数19片左右。花丝紫红色，果穗筒形，穗长19.2厘米，穗行数16～18行，穗轴红色，籽粒黄色、半马齿型，百粒重35.2克。接种鉴定，东华北春玉米区感大斑病，中抗茎腐病、灰斑病，抗穗腐病、丝黑穗病。籽粒品质，东华北春玉米区容重772克/升，粗蛋白含量8.97%，粗脂肪含量3.3%，粗淀粉含量76.25%，赖氨酸含量0.26%。西北春玉米区中抗穗腐病，感大斑病、丝黑穗病、腐霉茎腐病。西北春玉米区籽粒容重769克/升，粗蛋白含量8.81%，粗脂肪含量3.78%，粗淀粉含量74.21%，赖氨酸含量0.29%。

产量表现： 2014—2015年参加东华北春玉米品种区域试验，两年平均亩产909.1千克，比对照增产12.7%；2016年生产试验，平均亩产788.4千克，比对照增产9.3%。2014—2015年参加西北春玉米品种区域试验，两年平均亩产1 092.9千克，比对照增产9.15%；2016年生产试验，平均亩产1 009.0千克，比对照增产6.92%。

栽培技术要点： 中等肥力以上地块栽培，东华北中晚熟春玉米区4月下旬至5月上旬播种，亩适宜种植密度3 800～4 200株。西北春玉米区4月中旬播种，适期早播，亩适宜种植密度5 500株左右。注意防治大斑病、茎腐病和丝黑穗病。

适宜种植地区： 适宜吉林四平、松原、长春大部分地区和辽源、白城、吉林市部分地区以及通化南部，辽宁除东部山区和大连、东港以外的大部分地区，内蒙古赤峰和通辽大部分地区，山西忻州、晋中、太原、阳泉、长治、晋城、吕梁平川区和南部山区，河北张家口、承德、秦皇岛、唐山、廊坊、保定北部、沧州北部春播区，北京春播区，天津春播区等东华北春玉米区种植。适宜在陕西榆林及延安、宁夏、甘肃、新疆和内蒙古西部地区等西北春玉米区种植。

烁源558

审定编号：国审玉20170022

选育单位：营口市佳昌种子有限公司

品种来源：CG10×AY92

特征特性： 东华北春玉米区出苗至成熟126天，与对照品种郑单958熟期相当。幼苗叶鞘紫色，叶片深绿色，叶缘紫色，花药浅紫色，颖壳紫色，花丝紫红色。株型半紧凑，株高321.4厘米，穗位高140.1厘米，成株叶片数19片。果穗筒形，穗长18.6厘米，穗行数16～18行，穗轴红色，籽粒黄色、半马齿型，百粒重37.6克。接种鉴定，感大斑病、灰斑病，抗茎腐病、丝黑穗病、穗腐病。籽粒容重755克/升，粗蛋白含量8.01%，粗脂肪含量4.48%，粗淀粉含量75.87%，赖氨酸含量0.28%。

产量表现： 2014—2015年参加东华北春玉米品种区域试验，两年平均亩产880.9千克，比对照增产9.2%；2016年生产试验，平均亩产789.4千克，比对照增产7.9%。

栽培技术要点： 中等肥力以上地块栽培，4月下旬至5月上旬播种，亩种植密度4 000～4 500株。注意防治大斑病和灰斑病。

适宜种植地区： 适宜吉林四平、松原、长春大部分地区和辽源、白城、吉林市部分地区以及通化南部，辽宁除东部山区和大连、东港以外的大部分地区，内蒙古赤峰和通辽大部分地区，山西忻州、晋中、太原、阳泉、长治、晋城、吕梁平川区和南部山区，河北张家口、承德、秦皇岛、唐山、廊坊、保定北部、沧州北部春播区，北京、天津春播区等东华北春玉米区种植。

豫禾601

审定编号： 国审玉20170023

选育单位： 河南省豫玉种业股份有限公司

品种来源： Y581×H010

特征特性： 东华北春玉米区出苗至成熟124天，比对照品种郑单958早2天。幼苗叶鞘紫色，叶片深绿色，叶缘绿色，花药浅紫色，颖壳紫色，花丝紫红色。株型半紧凑，株高297.8厘米，穗位高117.1厘米，成株叶片数19片。果穗筒形，穗长17.7厘米，穗行数14~16行，穗轴红色，籽粒黄色、半马齿型，百粒重38.6克。接种鉴定，感灰斑病，中抗大斑病、茎腐病、丝黑穗病，抗穗腐病。籽粒容重785克/升，粗蛋白含量9.65%，粗脂肪含量3.43%，粗淀粉含量75.03%，赖氨酸含量0.29%。西北春玉米区出苗至成熟133天，比对照品种郑单958早1天。幼苗叶鞘紫色，叶片深绿色，叶缘绿色，花药浅紫色，颖壳紫色，花丝紫红色。株型半紧凑，株高289厘米，穗位高109厘米，成株叶片数19片。果穗筒形，穗长18.6厘米，穗行数16~18行，穗轴红色，籽粒黄色、半马齿型，百粒重37.6克。接种鉴定，抗茎腐病，感大斑病、丝黑穗病和穗腐病。籽粒容重775克/升，粗蛋白含量9.14%，粗脂肪含量4.06%，粗淀粉含量74.69%，赖氨酸含量0.31%。

产量表现： 2014—2015年参加东华北春玉米品种区域试验，两年平均亩产891.1千克，比对照增产11.1%；2016年生产试验，平均亩产778.1千克，比对照郑单958增产6.5%。2014—2015年参加西北春玉米品种区域试验，两年平均亩产1 058.2千克，比对照增产6.2%；2016年生产试验，平均亩产969.2千克，比对照郑单958增产7.8%。

栽培技术要点： 中等肥力以上地块栽培，东华北中晚熟春玉米区4月下旬至5月上旬播种，亩种植密度3 500~4 000株。西北春玉米区4月下旬至5月上旬播种，亩种植密度4 500~5 000株。

适宜种植地区： 适宜吉林四平、松原、长春大部分地区和辽源、白城、吉林市部分地区以及通化南部，辽宁除东部山区和大连、东港以外的大部分地区，内蒙古赤峰和通辽大部分地区，山西忻州、晋中、太原、阳泉、长治、晋城、吕梁平川区和南部山区，河北张家口、承德、秦皇岛、唐山、廊坊、保定北部、沧州北部春播区，北京、天津春播区等东华北春玉米区种植，注意防治灰斑病。适宜陕西榆林、甘肃、宁夏、新疆和内蒙古西部地区等西北春玉米区种植，注意防治大斑病、穗腐病和丝黑穗病。

泛玉298

审定编号： 国审玉20170024

选育单位： 河南黄泛区地神种业有限公司

品种来源： D005-3×F335

特征特性： 黄淮海夏玉米区出苗至成熟103天，与对照品种郑单958熟期相当。幼苗叶鞘紫色，叶片绿色。花药紫色，花丝浅紫色。成株株型半紧凑，株高287厘米，穗位110厘米，全生育期叶片总数19～20片。果穗筒形，穗长16.9厘米，穗行数16行左右，穗轴红色，籽粒黄色，半马齿型，百粒重32.9克。2014—2015年接种鉴定，中抗弯孢菌叶斑病，感茎腐病、穗腐病和小斑病，高感瘤黑粉病和粗缩病。籽粒容重775克/升，粗蛋白10.47%，粗脂肪3.75%，粗淀粉73.93%、赖氨酸0.34%。

产量表现： 2014—2015年参加黄淮海夏玉米品种区域试验，两年平均亩产734.8千克，比对照增产11.3%；2016年参加同组生产试验，平均亩产702.2千克，比对照增产9.8%。

栽培技术要点： 中等肥力以上地块栽培，5月下旬至6月上中旬播种，种植密度4 500～5 000株/亩。注意防治瘤黑粉病、小斑病、穗腐病、茎腐病和粗缩病。

适宜种植地区： 适宜北京、天津、河北保定及以南地区、山西南部、河南、山东、江苏淮北、安徽淮北、陕西关中灌区等黄淮海夏玉米区种植。

怀玉23

审定编号： 国审玉20170025

选育单位： 河南怀川种业有限责任公司

品种来源： HC212×HC141

特征特性： 黄淮海夏玉米区出苗至成熟104天，比对照品种郑单958晚熟1天。幼苗叶鞘紫色，叶片淡绿色，花药浅紫色。成株株型紧凑，株高300厘米，穗位105厘米，全生育期叶片总数20片。花丝浅紫色，果穗筒形，穗长16.5厘米，穗行数14～16行，穗轴红色，籽粒黄色，半马齿型，百粒重34.0克。2014—2015年接种鉴定，中抗弯孢菌叶斑病，感小斑病、茎腐病和穗腐病，高感瘤黑粉病和粗缩病。籽粒容重766克/升，粗蛋白含量11.07%，粗脂肪含量3.43%，粗淀粉含量74.19%，赖氨酸含量0.35%。

产量表现： 2014—2015年参加黄淮海夏玉米品种区域试验，两年平均亩产722.5千克，比对照增产9.2%；2016年参加同组生产试验，平均亩产692.2千克，比对照增产7.8%。

栽培技术要点： 中等肥力以上地块栽培，播种期6月上中旬，亩种植密度4 500～5 000株。注意防治灰飞虱、玉米螟、小斑病、茎腐病、穗腐病、瘤黑粉病和粗缩病。

适宜种植地区：适宜北京、天津、河北保定及以南地区、山西南部、河南、山东、江苏淮北、安徽淮北、陕西关中灌区等黄淮海夏玉米区种植。

万盛68

审定编号：国审玉20170026

选育单位：石家庄市藁城区金诺农业科技园

品种来源：JN01×JN483

特征特性：黄淮海夏玉米区出苗至成熟103天，与对照品种郑单958熟期相同。幼苗叶鞘浅紫色，叶片绿色，叶缘绿色，成株株型半紧凑，株高258厘米，穗位106厘米，全生育期叶片总数20～21片。花药浅紫色，颖壳绿色。果穗筒形，与茎秆夹角小，穗柄短，苞叶长，花丝浅紫色，穗长16.7厘米，穗行数18行左右，穗轴白色，籽粒黄色、半马齿型，百粒重30.3克。2014—2015年接种鉴定，中抗小斑病，抗穗腐病，感茎腐病，高感弯孢菌叶斑病、瘤黑粉病和粗缩病。籽粒容重763克/升，粗蛋白含量10.36%，粗脂肪含量4.41%，粗淀粉含量72.12%，赖氨酸含量0.34%。

产量表现：2014—2015年参加黄淮海夏玉米品种区域试验，两年平均亩产735.3千克，比对照郑单958增产11.4%；2016年参加同组生产试验，平均亩产716.2千克，比对照郑单958增产10.5%。

栽培技术要点：在中上等肥力地块种植，播种期6月15日左右，亩种植密度4 000～4 500株。注意防治瘤黑粉病、粗缩病、弯孢菌叶斑病、茎腐病和玉米螟。

适宜种植地区：适宜北京、天津、河北保定及以南地区、山西南部、河南、山东、江苏淮北、安徽淮北、陕西关中灌区等黄淮海夏玉米区种植。

宁玉468

审定编号：国审玉20170027

选育单位：江苏金华隆种子科技有限公司

品种来源：宁晨224×宁晨243

特征特性：黄淮海夏玉米区出苗至成熟102天，比对照品种郑单958早熟1天。幼苗叶鞘紫色，叶片绿色。成株株型半紧凑，株高283厘米，穗位高101厘米，全生育期叶片数19～20片。花丝浅紫色，花药紫色。果穗长筒形，穗长19.1厘米，穗行数16行左右，穗轴红色，籽粒黄色、马齿型，百粒重33.1克。2014—2015年接种鉴定，抗弯孢菌叶斑病，感小斑病和茎腐病，高感穗腐病、瘤黑粉病和粗缩病。籽粒容重748克/升，粗蛋白含量10.86%，粗脂肪含量3.07%，粗淀粉含量74.04%，赖氨酸含量0.33%。

产量表现：2014—2015年参加黄淮海夏玉米品种区域试验，两年平均亩产719千克，比对照增产

8.6%；2016年参加同组生产试验，平均亩产673.1千克，比对照增产8.9%。

栽培技术要点： 中等肥力以上地块栽培，播种期4月下旬至6月中旬，亩种植密度4 500～5 000株。注意防倒伏，注意防治瘤黑粉病、禾谷镰孢穗腐病和粗缩病。

适宜种植地区： 适宜北京、天津、河北保定及以南地区、山西南部、河南、山东、江苏淮北、安徽淮北、陕西关中灌区等黄淮海夏玉米区种植。

源丰008

审定编号： 国审玉20170028

选育单位： 北京雨田丰源农业科学研究院、河北华丰种业开发有限公司

品种来源： YTM308×YTF415

特征特性： 黄淮海夏玉米区出苗至成熟101天，比对照品种郑单958早熟1天。幼苗拱土快，苗势强，长势旺，幼苗叶鞘紫色，叶色深绿。花丝浅紫色，花药黄色。成株株型紧凑，株高261厘米，穗位114厘米，全生育期叶片总数19～20片。果穗筒形，穗长17.4厘米，穗行数14～16行，穗轴白色，籽粒黄色、半马齿型，百粒重31.7克。2014—2015年接种鉴定，抗小斑病，感茎腐病，高感弯孢菌叶斑病、粗缩病、禾谷镰孢穗腐病和瘤黑粉病。籽粒容重765克/升，粗蛋白9.68%，粗脂肪3.87%，粗淀粉74.61%，赖氨酸0.32%。

产量表现： 2014—2015年国家黄淮海夏玉米品种区域试验，两年平均亩产717.4千克，比对照郑单958增产8.7%；2016年参加同组生产试验，平均亩产680千克，比对照郑单958增产6.8%。

栽培技术要点： 中等肥力以上地块栽培，播种期6月上中旬，亩适宜密度4 000～4 500株。

适宜种植地区： 适宜北京、天津、河北保定及以南地区、山西南部、河南、山东、江苏淮北、安徽淮北、陕西关中灌区等黄淮海夏玉米区种植。

京品50

审定编号： 国审玉20170029

选育单位： 河南平安种业有限公司、北京谷德玮国际农业技术研究院

品种来源： P18×J62

特征特性： 黄淮海夏玉米区出苗至成熟102天，比对照品种郑单958早熟1天。幼苗叶鞘紫色，叶片深绿色，叶缘紫色。花药浅紫色，颖壳紫色，花丝浅紫色。成株株型紧凑，株高283厘米，穗位113厘米，全生育期叶片数19片。果穗筒形，穗长18.5厘米，穗粗4.6厘米，穗行数14～16行，穗轴红色，籽粒黄色、半马齿型，百粒重31克。经接种鉴定，中抗小斑病，抗弯孢菌叶斑病，高感瘤黑粉病、穗腐病和粗缩病，中

抗茎腐病（复检）。籽粒容重746克/升，粗蛋白含量10.88%，粗脂肪含量5.06%，粗淀粉含量73.23%，赖氨酸含量0.35%。

产量表现： 2014—2015年参加黄淮海夏玉米品种区域试验，两年平均亩产735千克，比对照郑单958增产11.3%；2016年参加同组生产试验，平均亩产691千克，比对照郑单958增产8.8%。

栽培技术要点： 中等肥力以上地块栽培，播种期6月10日左右，亩种植密度在4 500株左右。注意防治瘤黑粉病、穗腐病、粗缩病和玉米螟。

适宜种植地区： 适宜北京、天津、河北保定及以南地区、山西南部、河南、山东、江苏淮北、安徽淮北、陕西关中灌区等黄淮海夏玉米区种植。

裕丰303

审定编号： 国审玉20170030

选育单位： 北京联创种业股份有限公司

品种来源： CT1669×CT3354

特征特性： 西北春玉米区出苗至成熟134天，与郑单958熟期相当。幼苗叶鞘紫色，叶片深绿色，叶缘绿色，花药浅紫色，颖壳绿色。株型半紧凑，株高280厘米，穗位高112厘米，成株叶片数19～20片。花丝浅紫至紫色，果穗筒形，穗长18.8厘米，穗行数16行，穗轴红色，籽粒黄色、半马齿型，百粒重35.2克。2014—2015年接种鉴定，抗丝黑穗病，中抗茎腐病，感大斑病、禾谷镰孢穗腐病。籽粒容重760克/升，粗蛋白含量10.11%，粗脂肪含量3.50%，粗淀粉含量74.49%，赖氨酸含量0.30%。

产量表现： 2014—2015年参加西北春玉米品种区域试验，两年平均亩产1 066.3千克，比对照增产6.42%；2016年生产试验，平均亩产870.3千克，比对照郑单958增产3.29%。

栽培技术要点： 中等肥力以上地块栽培，4月下旬至5月上旬播种，亩种植密度5 000～5 500株。注意防治大斑病和禾谷镰孢穗腐病。

适宜种植地区： 适宜陕西榆林及延安、宁夏、甘肃、新疆和内蒙古西部地区等西北春玉米种植。

隆瑞117

审定编号： 国审玉20170031

选育单位： 成都市锦江区蓉育农作物研究所

品种来源： SD599×L R 117

特征特性： 西南春玉米区出苗至成熟117.5天，比对照品种渝单8号晚熟0.9天。幼苗叶鞘紫色，叶片深绿色，叶缘浅紫色，花药浅紫色，颖壳紫色。株型半紧凑，株高291厘米，穗位高121.3厘米，成株叶片数20片。花丝红色，果穗筒形，穗长19.5厘米，穗行数16～18行，穗轴白色，籽粒黄色、硬粒型，百粒重31.6克。接种鉴定，中抗大斑病、小斑病、穗腐病、茎腐病，感丝黑穗病、纹枯病、灰斑病。籽粒容重785克/升、粗蛋白含量10.18%、粗脂肪含量4.49%、粗淀粉含量71.73%、赖氨酸含量0.33%。

产量表现： 2014—2015年参加西南春玉米品种区域试验，两年平均亩产603.88千克，比对照增产5.56%；2016年生产试验，平均亩产575.0千克，比对照增产6.1%。

栽培技术要点： 中等肥力以上地块栽培，2月下旬至4月上旬播种，亩种植密度2 800～3 500株。注意防治灰斑病、纹枯病和丝黑穗病。

适宜种植地区： 适宜四川、重庆、云南、贵州、广西、湖南、湖北、陕西汉中地区的平坝丘陵和低山区等西南春玉米区种植。

绵单1273

审定编号： 国审玉20170032

选育单位： 四川国豪种业股份有限公司、绵阳市农业科学研究院

品种来源： 绵723×成205-22

特征特性： 西南春玉米区出苗至成熟116天，比渝单8号晚1天。幼苗叶鞘紫色，叶片绿色，叶缘绿色，花药浅紫色，颖壳浅紫色。株型半紧凑，株高286厘米，穗位高112厘米，成株叶片数20片。花丝绿色，果穗筒形，穗长18.5厘米，穗行数16～18行，穗轴红色，籽粒黄色、半马齿型，百粒重32.9克。接种鉴定，中抗小斑病、茎腐病，感大斑病、纹枯病、穗腐病、灰斑病、丝黑穗病。籽粒容重750克/升，粗蛋白含量9.87%，粗脂肪含量3.89%，粗淀粉含量74.74%，赖氨酸含量0.32%。

产量表现： 2014—2015年参加西南春玉米品种区域试验，两年平均亩产588.1千克，比对照增产3.5%；2013年生产试验，平均亩产611.0千克，比对照渝单8号增产8.9%。

栽培技术要点： 中等肥力以上地块栽培，3月上旬至4月上旬播种，亩种植密度3 000～3 500株。注意防治大斑病、纹枯病、丝黑穗病、穗腐病和灰斑病。

适宜种植地区： 适宜四川、重庆、云南、贵州、广西、湖南、湖北、陕西汉中地区的平坝丘陵和低山区等西南春玉米区种植。

强盛368

审定编号： 国审玉20170033

选育单位： 山西强盛种业有限公司

品种来源： 瑞1×Q1141

特征特性： 在黄淮海地区出苗至成熟102天，比郑单958早2天。幼苗叶鞘紫色，叶片绿色，叶缘绿色，花药浅紫色，花粉黄色。株型紧凑，株高262厘米，穗位高112厘米，成株叶片数19～20片。花丝浅紫色，果穗长筒形，穗长17.0厘米，穗行数14～16行，穗轴红色，籽粒黄色、半马齿型，百粒重32.1克。接种鉴定，中抗大斑病、小斑病，感穗腐病，弯孢菌叶斑病、瘤黑粉病和粗缩病，中抗茎腐病（复检）。籽粒容重756克/升，粗蛋白含量9.37%，粗脂肪含量4.27%，粗淀粉含量72.96%，赖氨酸含量0.28%。

产量表现： 2013—2014年参加黄淮海夏玉米品种区域试验，两年平均亩产672.6千克，比对照增产6.8%；2014年生产试验，平均亩产687.9千克，比对照郑单958增产8%。

栽培技术要点： 中等肥力以上地块栽培，播种期6月初，亩适宜密度4 500～5 000株。注意防治瘤黑粉病和粗缩病。

适宜种植地区： 适宜河北保定及以南地区、山西南部、河南、山东、江苏淮北、安徽淮北、陕西关中灌区夏播种植。

农星207

审定编号： 国审玉20170034
选育单位： 泰安市农星种业有限公司
品种来源： 泰048系×泰053系

特征特性： 黄淮海夏玉米区出苗至成熟102天，比郑单958早熟1天。幼苗叶鞘紫色，叶片绿色，花药紫色，颖壳绿色。成株株型紧凑，平均倒伏率0.3%，倒折率0.6%，株高298厘米，穗位高118厘米，成株叶片数19.7片。花丝浅紫色，果穗筒形，穗长17.2厘米，穗行数16行，穗轴红色，籽粒黄色、半马齿型，百粒重33.4克。接种鉴定，抗弯孢菌叶斑病，中抗小斑病、茎腐病（每粒），感黑穗病、黑粉病和粗缩病。籽粒容重790克/升，粗蛋白含量10.45%，粗脂肪含量4.01%，粗淀粉含量73.28%，赖氨酸含量0.30%。

产量表现： 2013—2014年参加黄淮海夏玉米品种区域试验，两年平均亩产684千克，比对照增产3.9%；2014年生产试验，平均亩产679千克，比对照郑单958增产6.4%。

栽培技术要点： 中等肥力以上地块种植，播种期6月上中旬，亩种植密度4 500～5 000株。注意防治黑穗病、黑粉病和粗缩病。

适宜种植地区： 适宜河北保定及以南地区、山西南部、山东、河南、江苏淮北、安徽淮北、陕西关中灌区夏播种植。

万甜2015

审定编号： 国审玉20170035

选育单位： 河北华穗种业有限公司

品种来源： W73×W74

特征特性： 东南地区出苗至鲜穗采收期82天，与对照品种粤天16号相当。幼苗叶鞘绿色，叶片绿色，叶缘绿色，花药黄色，颖壳绿色。株型半紧凑，株高213.3厘米，穗位高71.3厘米，成株叶片数22片，花丝绿色，果穗近圆筒形，穗长20.5厘米，穗行数14行，穗轴白色，籽粒黄白相间、甜质型，百粒重（鲜籽粒）38.9克。接种鉴定，中抗小斑病、腐霉茎腐病，感纹枯病。专家品尝鉴定，两年区域试验分别为88.1分和86.1分。品质检测，水溶性总糖含量14.2%，还原糖含量11.4%，皮渣率11.2%。

产量表现： 2015—2016年参加东南鲜食玉米甜玉米品种区域试验，两年平均亩产981.9千克，比对照增产8.6%。

栽培技术要点： 中等肥力以上地块栽培，东南玉米区适宜亩种植密度3 000～3 500株。隔离种植，适时采收。注意防治纹枯病和玉米螟。

适宜种植地区： 适宜广东、广西、上海、浙江、江西、福建、江苏中南部、安徽中南部和海南鲜食甜玉米区种植。

荣玉甜9号

审定编号： 国审玉20170036

选育单位： 四川农业大学玉米研究所

品种来源： SH023×SH024

特征特性： 在东南区出苗至成熟87天。幼苗叶鞘绿色，叶片绿色，叶缘绿色，花药黄色，颖壳绿色。株型半紧凑，株高245厘米，穗位高87厘米，成株叶片数17片。花丝绿色，果穗筒形，穗长21厘米，穗行数20行，穗轴白色，籽粒黄色，鲜籽粒百粒重34.3克。东南抗性接种鉴定，感小斑病，感纹枯病，中抗腐霉茎腐病；西南抗性接种鉴定，中抗小斑病、纹枯病。品质检测达到部颁甜玉米标准。

产量表现： 2015—2016年参加东南甜玉米品种区域试验，两年平均亩产（鲜穗）967.2千克，比对照粤甜16号增产4.2%。2015—2016年参加国家西南区甜玉米组区域试验，两年平均亩产943千克，比对照增产8.9%

栽培技术要点： 在中等肥力以上地块栽培，适宜播种期3月中旬至7月上旬，每亩适宜密度4 000株，隔离种植，适时收获，带苞叶运输、贮藏。注意防治纹枯病。

适宜种植地区： 适宜广西、广东、江西、安徽南部、浙江、江苏、上海、福建、云南低海拔地区、四川、贵州低海拔地区、湖北、湖南、重庆和海南等东南和西南鲜食甜玉米区种植。

美玉甜007

审定编号： 国审玉20170037

选育单位： 海南绿川种苗有限公司

品种来源： He10×HE668

特征特性： 东南地区春播出苗至鲜穗采收期83天，与对照品种粤甜16号相当。株高190厘米，穗位高74厘米。穗长20厘米，穗轴白色，籽粒黄色，鲜籽粒百粒重33.4克。2015—2016年性接种鉴定，中抗小斑病和腐霉茎腐病，感纹枯病。2015—2016年品质检测，皮渣率7.2%～14.3%，还原糖含量5.8%～8.9%，水溶性总糖含量12.5%～17.2%；品尝鉴定86.5分。

产量表现： 2015—2016年参加东南鲜食甜玉米品种区域试验，两年平均亩产鲜穗929.2千克，比对照增产2.9%。

栽培技术要点： 中等肥力以上地块栽培，亩种植密度2 800～3 000株。隔离种植，适时采收。

适宜种植地区： 适宜安徽中南部、江苏中南部、浙江、上海、江西、福建、广东、广西、海南等东南地区鲜食甜玉米区种植。注意防治纹枯病。

粤甜27号

审定编号： 国审玉20170038

选育单位： 广东省农业科学院作物研究所

品种来源： GQ-1×TZ-1

特征特性： 在南方出苗至成熟平均88天，比对照品种粤甜16号晚熟3.5天。幼苗叶鞘绿色，叶片绿色，叶缘绿色，花药黄绿色，颖壳绿色。株型半紧凑，平均株高240～260厘米，穗位高100厘米，成株叶片数19～21片。花丝绿色，果穗筒形，平均穗长20～22厘米，穗轴白色，籽粒黄色，粒型为硬粒型甜质，鲜籽粒平均百粒重33克，出籽率70%。经两年接种鉴定：感小斑病，高抗腐霉茎腐病，抗纹枯病。东南区外观品质和蒸煮品质评价：皮渣率平均10.4%，水溶糖含量平均为13.5%，品尝鉴定86.6分。西南区外观品质和蒸煮食味品质评价：皮渣率平均10.6%，水溶糖含量平均为19.0%，品尝鉴定85.9分。

产量表现： 2015—2016年参加国家东南区甜玉米组区域试验，两年平均亩产968.4千克，比对照粤甜16号增产7.1%。2015—2016年参加国家西南区甜玉米组区域试验，两年平均亩产903.5千克，比对照粤甜16号增产4.3%。

栽培技术要点： 中等肥力以上土壤上栽培，东南区2月下旬至5月中旬播种，西南区3月下旬至5月中旬播种。亩适宜密度为3 200～3 400株。隔离种植，适时采收。注意防治大斑病、小斑病、纹枯病、南方锈病和玉米螟。

适宜种植地区： 适宜广西、广东、江西、安徽南部、浙江、江苏、上海、福建、云南低海拔地区、四川、贵州低海拔地区、湖北、湖南、重庆和海南等南方区东南和西南鲜食甜玉米区种植。

夏蜜甜玉米

审定编号： 国审玉20170039

选育单位： 中山市大丰农业有限公司

品种来源： 夏07-8-02×泰06-7-9

特征特性： 该组合株型半紧凑，茎秆及叶鞘色泽绿色，叶片浓绿，叶片数19～21叶，花颖、花药、花丝色泽为白色，雄花分枝数11～13枝，雄花粉量多、轴白色。生育期春播86.5天，平均植株高210厘米，穗位高100厘米，穗长20厘米，穗粗5.4厘米，行数平均15.3，行粒数平均39.7，鲜籽粒百粒重31.6克，整齐度好，生长势强。2015—2016年抗性接种鉴定，中抗小斑病，高抗腐霉茎腐病，感纹枯病。2015—2016年品质检测，平均皮渣率10.7%，水溶性总糖含量15.4%，品尝鉴定86.9分。

产量表现： 2015年区域试验平均亩产鲜穗918.8千克，比对照增产3.0%，22个试点15增7减，增产点率68.2%。2016年区域试验平均亩产鲜穗941.6千克，比对照增产2.7%，22个试点16增6减，增产点率72.7%。

栽培技术要点： 中等肥力以上地块栽培，亩种植密度2 800～3 200株。隔离种植，适时采收。注意防治纹枯病和茎腐病。

适宜种植地区： 适宜广东、广西、江苏中南部、安徽中南部、上海、浙江、江西、福建和海南等南方区东南鲜食甜玉米区种植。

晋超甜1号

审定编号： 国审玉20170040

选育单位： 山西省农业科学院玉米研究所

品种来源： TY32-111×TY37/7710

特征特性： 西南地区春播出苗至鲜穗采收期85天，比对照品种粤甜16号早熟3天。株高217厘米，穗位高73厘米。穗长19.5厘米，穗轴白色，籽粒黄色，鲜籽粒百粒重37.5克。2015—2016年抗性接种鉴定，高感小斑病，感纹枯病。2015—2016年品质检测，皮渣率11.05%～13.72%，还原糖含量8.15%～8.62%，水溶性总糖含量20.93%～18.29%，品尝鉴定86.8分。

产量表现： 2015—2016年参加西南鲜食甜玉米品种区域试验，两年平均亩产鲜穗888.5千克，比对照粤甜16号增产2.5%。

栽培技术要点： 中等肥力以上地块栽培，亩种植密度2 800～3 000株。隔离种植，适时采收。注意防治小斑病和纹枯病。

适宜种植地区： 适宜湖南、湖北、云南、贵州、四川、重庆等西南鲜食甜玉米区种植。

洛白糯2号

审定编号： 国审玉20170041

选育单位： 洛阳农林科学院、洛阳市中垦种业科技有限公司

品种来源： LBN2586×LBN0866

特征特性： 黄淮海区夏播鲜穗播种至采收期平均75.7天，株型半紧凑，苗期叶鞘紫色，第一叶片尖端为卵圆形，平均株高255.3厘米，穗位101.5厘米，空株率2.1%，倒伏率0.1%，倒折率1.6%，全株叶片数19～20片，花丝粉红色，花药黄色。果穗柱形，平均鲜穗穗长19.8厘米，秃尖0～3.0厘米，穗粗5.0厘米，穗行数16.2，商品果穗率80.5%，穗轴白色，籽粒白色，糯质。专家品尝鉴定平均86.9分。据河南农大品质检测，平均粗淀粉含量56.4%，支链淀粉占粗淀粉97.8%，皮渣率7.4%。河北农业科学院植物保护研究所接种抗性鉴定结果，中抗小斑病抗、茎腐病（14.5%），高感矮花叶病，感瘤黑粉病。

产量表现： 2015—2016年参加北方（黄淮海）糯玉米组区域试验，2015年平均亩产鲜穗878.1千克，比对照增产5.97%，12个试点中9点增产3点减产，增产点率75.0%。2016年平均亩产鲜穗873.5千克，比对照增产11.0%，13个试点中10点增产3点减产，增产点率76.9%。两年平均亩产875.8千克，比对照增产8.5%。

栽培技术要点： 中等肥力以上地块栽培，4月下旬至6月下旬播种，亩种植密度3 000～3 500株。注意防治矮花叶病和瘤黑粉病。

适宜种植地区： 适宜北京、天津、河北保定及以南地区、山西南部、河南、山东、江苏淮北、安徽淮北、陕西关中灌区等黄淮海鲜食糯玉米区种植。

粮源糯1号

审定编号： 国审玉20170042

选育单位： 河南省粮源农业发展有限公司

品种来源： CM07-300×FW20-2

特征特性： 黄淮海区夏播出苗至鲜穗采收平均76天，株型半紧凑，第一叶片尖端为软圆形；幼苗叶鞘紫色，叶片深绿色，花药浅紫色。株高243厘米，穗位高117厘米，空株率2.5%，倒伏率12.1%，倒折率0.7%，花丝浅紫色，果穗苞叶适中，穗长19.1厘米，穗粗4.6厘米，秃尖0.1～1.0厘米，穗行数14～16行，

穗轴白色，籽粒白色。专家品尝鉴定86.5分。据河南农业大学品质检测，粗淀粉含量61.2%，支链淀粉占粗淀粉98.4%，皮渣率7.9%。河北农业科学院植物保护研究所接种抗性鉴定结果，感小斑病，高感矮花叶病，中抗茎腐病、瘤黑粉病。

产量表现：2015—2016年参加北方（黄淮海）糯玉米组区域试验，2015年平均亩产鲜穗809.1千克，比对照减产2.4%，居第10位，12个试点中3点增产9点减产，增产点率25.0%。2016年平均亩产鲜穗764.0千克，比对照减产2.5%，居第10位，13个试点中5点增产8点减产，增产点率38.5%。两年平均亩产786.6千克，比对照减产2.4%。

栽培技术要点：中等肥力以上地块栽培，亩种植密度3 800株左右。隔离种植，适时采收。注意防治小斑病和矮花叶病。

适宜种植地区：适宜北京、天津、河北保定及以南地区、山西南部、河南、山东、江苏淮北、安徽淮北、陕西关中灌区等黄淮海鲜食糯玉米区种植。

华耘花糯402

审定编号：国审玉20170043
选育单位：上海华耘鲜食玉米研究所
品种来源：BW18×09NX4043
特征特性：南方地区出苗至鲜穗采收79～85天，比对照早熟1～2天。幼苗叶鞘紫色，株型半紧凑，株高220厘米，穗位80厘米，穗长18厘米，穗粗4.8厘米，穗行数14～16行，行粒数35粒，穗轴白色，籽粒紫白色，鲜籽粒百粒重35克，出籽率70%。2015—2016年东南抗性接种鉴定，中抗小斑病，感纹枯病、茎腐病；西南抗性接种鉴定，中抗小斑病，感纹枯病。2015—2016年东南品质检测，皮渣率910.3%，支链淀粉/总淀粉97.1%；西南品质测定，支链淀粉/总淀粉98.0%，皮渣率11.6%；东南品尝鉴定86.5分，西南品尝鉴定88.4分。

产量表现：2015—2016年参加东南鲜食糯玉米品种区域试验，两年平均亩产鲜穗821.6千克，比对照增产13.4%。2015—2016年参加西南鲜食糯玉米品种区域试验，两年平均亩产鲜穗800.8千克，比对照减产4.35%。

栽培技术要点：中等肥力以上地块栽培，亩种植密度3 500株。隔离种植，适时采收。注意防治纹枯病和茎腐病。

适宜种植地区：适宜东南的江苏中南部、安徽中南部、上海、浙江、江西、福建、广东、广西、海南和西南的重庆、贵州、湖南、湖北、四川、云南作鲜食玉米品种种植。

彩甜糯6号

审定编号：国审玉20170044

选育单位：荆州区恒丰种业发展中心

品种来源：T37×WH818

特征特性：南方地区出苗至鲜穗采收80～84天，株型半紧凑，幼苗叶缘绿色，叶尖紫色，成株叶片数19片左右。雄穗分枝数13个左右。苞叶适中，果穗锥形，穗轴白色，籽粒紫白相间，属甜糯类型。株高210厘米，穗位高80厘米，穗长19厘米，穗粗4.9厘米，秃尖2.2厘米，穗行数14行，行粒数33，鲜籽粒百粒重37克，出籽率63%。2015—2016年东南抗性接种鉴定，感小斑病、纹枯病，中抗茎腐病；西南抗性接种鉴定，感小斑病，中抗抗纹枯病。2015—2016年东南品质检测，皮渣率11.0%，支链淀粉/总淀粉97.4%；西南品质检测，皮渣率12.6%，支链淀粉/总淀粉98.1%。

产量表现：2015—2016年东南两年区试平均亩产鲜穗867.8千克，比对照增产19.7%，西南两年区试平均亩产鲜穗846.6千克，比对照增产1.6%。

栽培技术要点：中等肥力以上地块栽培，亩种植密度2 800～3 000株。隔离种植，适时采收。注意防治纹枯病和小斑病。

适宜种植地区：该品种符合国家玉米品种审定标准，通过审定。适宜东南的江苏中南部、安徽中南部、上海、浙江、江西、福建、广东、广西、海南和西南的重庆、贵州、湖南、湖北、四川、云南作鲜食玉米品种种植。

苏玉糯1508

审定编号：国审玉20170045

选育单位：江苏沿江地区农业科学研究所

品种来源：W31H×JN2

特征特性：该品种出苗至采收期平均82天，比对照晚熟2天。幼苗叶鞘绿色，叶片绿色，叶缘紫色，花药紫红色，颖壳浅紫色。株型半紧凑，株高243.7厘米，穗位104.4厘米，成株叶片数18片。花丝浅紫色，果穗锥形，穗长20厘米，穗粗4.7厘米，秃尖2.2厘米，平均12.6行，行粒数39.3，粒色紫白，白轴。鲜百粒重35.2克，鲜出籽率69.7%。2015—2016年抗性接种鉴定，感小斑病，中抗纹枯病，抗腐霉茎腐病。经扬州大学农学院两年测定，支链淀粉占总淀粉含量的97%；皮渣率12.1%～11.9%；品尝鉴定85.7分。

产量表现：2015—2016年参加南方区东南鲜食糯玉米品种区域试验，两年平均亩产（鲜穗）812.2千克，比对照苏玉糯5号增产12%。

栽培技术要点：在中等肥力以上地块栽培，适宜播种期3月10日至4月10日，每亩适宜密度3 500株。注意防治大、小斑病和玉米螟。

适宜种植地区：适宜江苏中南部、上海、浙江、安徽中南部、江西、福建、广东、广西、海南作鲜食糯玉米种植。

苏科糯11

审定编号：国审玉20170046

选育单位：江苏省农业科学院粮食作物研究所

品种来源：JSW11681×JSW6238

特征特性：东南地区出苗至鲜穗采收期78天，比苏玉糯5号早1天。幼苗叶鞘绿色，叶片绿色，花药黄绿色，颖壳绿色。株型半紧凑，株高199厘米，穗位高79厘米。花丝红色，果穗锥形，穗长18厘米，穗粗4.4厘米，穗行数12～14行，穗轴白色，籽粒白色，糯质型，鲜籽粒百粒重30.9克。2015—2016年抗性接种鉴定，感小斑病、纹枯病，抗腐霉茎腐病。2015—2016年品质检测，皮渣率15.9%～13.3%，支链淀粉占总淀粉含量的99.75%～98.1%；品尝鉴定86.9分。

产量表现：2015—2016年参加东南鲜食糯玉米品种区域试验，两年平均亩产鲜穗742.4千克，比对照苏玉糯5号增产2.8%。

栽培技术要点：中等肥力以上地块栽培，3—4月播种，亩种植密度4 000株左右。隔离种植，适时采收。注意防治玉米螟、小斑病和纹枯病。

适宜种植地区：适宜江苏中南部、安徽中南部、上海、浙江、江西、福建、广东、广西、海南作鲜食糯玉米种植。

云糯4号

审定编号：国审玉20170047

选育单位：云南田瑞种业有限公司

品种来源：YWML01×YWML2001

特征特性：东南地区出苗至鲜穗采摘81天，比对照品种苏玉糯5号晚2天。幼苗叶鞘紫色，叶片绿色，叶缘浅紫色，花药黄色，颖壳紫色。株型披散，株高230厘米，穗位93厘米，成株叶片数19片。花丝浅紫色，果穗柱形，穗长19.3厘米，穗行数12～14行，穗轴白色，籽粒白色糯质型，鲜籽粒百粒重41克。2015—2016年抗性接种鉴定，中抗小斑病（中抗），中抗纹枯病（抗—中抗），中抗腐霉茎腐病（中抗—高抗）。2015—2016年品质检测，皮渣率10.8%～13.3%，支链淀粉/总淀粉97.1%～97.9%。品尝鉴定86

分。达到部颁糯玉米标准。

产量表现： 2015—2016年参加东南鲜食糯玉米品种区域试验，两年平均亩产鲜穗825.8千克，比对照苏玉糯5号增产14.3%。

栽培技术要点： 中等肥力以上地块栽培，3月上旬至4月中旬播种，亩密度3 200～4 000株。注意防治纹枯病。

适宜种植地区： 适宜江苏中南部、浙江、福建、广东、广西、江西、安徽中南部鲜食糯玉米区种植。

粤白糯6号

审定编号： 国审玉20170048

选育单位： 广东省农业科学院作物研究所、广东金作农业科技有限公司

品种来源： N71-152×N61-27

特征特性： 东南地区春植出苗至采收期平均81天，比对照迟熟2天。株高230厘米，穗位98厘米，穗长18厘米，穗粗4.9厘米，平均12.7行，行粒数34.6，粒色白色，白轴。百粒重37.5克，出籽率67.8%，倒伏率3.7%、倒折率0.4%。2015—2016年抗性接种鉴定，感小斑病，中抗纹枯病，高抗腐霉茎腐病。扬州大学农学院测定，皮渣率10.6%～11.1%，支链淀粉占总淀粉97.6%～97.9%。品尝鉴定87.7分。达到部颁鲜食糯玉米二级标准。

产量表现： 2015—2016年参加东南鲜食糯玉米品种区域试验，两年平均亩产鲜穗788.2千克，比对照苏玉米糯5号增产9.1%。

栽培技术要点： 中等肥力以上地块栽培，亩种植密度3 300株左右。注意防治小斑病、纹枯病和玉米螟。

适宜种植地区： 适宜广东、广西、江苏中南部、安徽中南部、上海、浙江、江西、福建和海南作鲜食糯玉米品种种植，小斑病高发区慎种。

大京九26

审定编号： 国审玉20170049

选育单位： 河南省大京九种业有限公司

品种来源： 9889×2193

特征特性： 东华北、西北春玉米区出苗至收获123天，比对照雅玉青贮26早2天。幼苗叶鞘浅紫色，叶片深绿色，叶缘紫色，花药浅紫色，颖壳绿色。株型半紧凑，株高341厘米，穗位高160.5厘米，成株

叶片数20片。花丝浅紫色，果穗长筒形，穗长22厘米，穗行数16~18行，穗轴白色，籽粒黄色、马齿型，百粒重36.0克。接种鉴定，抗小斑病，中抗弯孢菌叶斑病，感大斑病、纹枯病、丝黑穗病。中性洗涤纤维含量40.81%~42.77%、酸性洗涤纤维含量17.09%~18.73%、粗蛋白含量7.43%~8.14%、淀粉含量27.43%~31.32%。

产量表现： 2014—2015年参加国家青贮玉米北方组品种区域试验，两年生物产量（干重）平均亩产1 751.8千克，比对照增产4.6%；2016年生产试验，生物产量（干重）平均亩产1 923.0千克，比对照雅玉青贮26增产9.3%。

栽培技术要点： 中等肥力以上地块栽培，4月下旬至5月上旬播种，亩种植密度5 000株。注意预防倒伏，并防治大斑病、纹枯病和丝黑穗病。

适宜种植地区： 适宜东华北黑龙江、吉林、辽宁、北京、河北、天津、山西、内蒙古春玉米类型区和新疆、陕西、甘肃、宁夏西北春玉米类型区作专用青贮玉米种植。

沈爆10号

审定编号： 国审玉20170050

选育单位： 沈阳农业大学特种玉米研究所

品种来源： 沈爆D3×沈爆D14

特征特性： 春播生育期117天，夏播生育期103天，比对照品种沈爆3号早1天。叶片浓绿，株型平展，株高255厘米，穗位高125厘米。花丝紫红色，果穗筒形，穗长18.3厘米，穗粗3.4厘米，穗行数14行，穗轴白色，籽粒橘黄色有光泽，百粒重17.4克。属于珍珠型大粒品种，粒度57.5粒/10克。接种鉴定，感丝黑穗病、大斑病、小斑病。膨化倍数31.5倍，花形为蝶形花，爆花率为98.0%。

产量表现： 2015—2016年参加国家爆裂玉米区域试验，两年平均亩产356.4千克，比对照增产4.9%。

栽培技术要点： 中等肥力以上地块栽培，避免低洼易涝地块。春播区4月中下旬至5月上旬播种，夏播区6月中下旬播种，亩种植密度4 000~4 200株。注意防治大斑病、小斑病和丝黑穗病。

适宜种植地区： 适宜新疆、吉林、辽宁春播种植，陕西、天津、河南夏播种植。

沈爆11号

审定编号： 国审玉20170051

选育单位： 沈阳农业大学特种玉米研究所

品种来源： 沈爆Q3×沈爆Q5

特征特性： 春播生育期118天，与对照品种沈爆3号相同；夏播生育期102天，比对照早2天。叶片浓绿，株型平展，株高253厘米，穗位高118厘米。花丝紫红色，果穗筒形，穗长18.7厘米，穗粗3.5厘米，穗行数14行，穗轴白色，籽粒橘黄色有光泽，百粒重19.6克。属于珍珠型大粒品种，粒度51.0粒/10克。接种鉴定，中抗丝黑穗病、大斑病和小斑病。膨化倍数31.0倍，花形为蝶形花，爆花率为98.0%。

产量表现： 2015—2016年参加国家爆裂玉米区域试验，两年平均亩产346.0千克，比对照沈爆3号增产1.9%。

栽培技术要点： 选择中等肥力以上地块栽培，避免低洼易涝地块。春播区4月中下旬至5月上旬播种，夏播区6月中下旬播种，亩种植密度4 000～4 200株。

适宜种植地区： 适宜新疆、吉林、辽宁、宁夏地区春播种植，天津、河南夏播种植。

金爆59

审定编号： 国审玉20170052

选育单位： 沈阳金色谷特种玉米有限公司

品种来源： 金爆5×金爆19

特征特性： 春播生育期118天，与对照品种沈爆3号相同；夏播生育期103天，比对照早1天。叶片浓绿，株型平展，株高252.6厘米，穗位高116.7厘米。花丝紫红色，果穗筒形，穗长18.5厘米，穗粗3.4厘米，穗行数14行，穗轴白色，籽粒橘黄色有光泽，百粒重17.4克。属于珍珠型大粒品种，粒度58.0粒/10克。接种鉴定，感丝黑穗病，抗大斑病，中抗小斑病。膨化倍数31.5倍，花形为蝶形花，爆花率为99.0%。

产量表现： 2015—2016年参加国家爆裂玉米区域试验，两年平均亩产349.9千克，比对照沈爆3号增产3.0%。

栽培技术要点： 中等肥力以上地块栽培，防止低洼易涝地块种植。春播区4月中下旬至5月上旬播种，夏播区6月中下旬播种，亩种植密度4 000～4 200株。注意防治丝黑穗病。

适宜种植地区： 适宜新疆、吉林、辽宁地区春播种植，陕西杨凌、天津、河南夏播种植。

富尔6003H

审定编号： 国审玉20176001

选育单位： 齐齐哈尔市富尔农艺有限公司

品种来源： THT80×TH3R2

特征特性： 北方早熟区春玉米区出苗至成熟122天，比对照品种哲单37相比晚2天，幼苗叶鞘紫色，叶片绿色，花药紫色，株型为半紧凑，株高286厘米，穗位高96厘米，成株叶片数16片。花丝绿色，果穗为锥形，穗长18.6厘米，穗行数14～16行，穗轴红色，籽粒黄色、半马齿型，百粒重32.4克。接种鉴定，中抗大斑病、穗腐病，抗茎腐病，感丝黑穗病、灰斑病。籽粒容重738克/升，粗蛋白含量8.45%，粗脂肪含量4.07%，粗淀粉含量75.18%。

产量表现：2014—2015年参加中玉科企联合测试北方早熟春玉米组品种区域试验，两年平均亩产735.32千克，比对照增产9.24%；2016年生产试验，平均亩产656.6千克，比对照哲单37平均增产6.4%。

栽培技术要点：中等肥力以上地块栽培，5月上旬播种，亩适宜密度4 000～4 500株。注意防治丝黑穗病和灰斑病。

适宜种植地区：适宜黑龙江中北部及东南部山区第三积温带；吉林延边州、白山、通化山区和半山区的早熟区；内蒙古呼伦贝尔部分地区、兴安盟部分地区、乌兰察布盟部分地区、赤峰部分地区、通辽部分地区、包头部分地区、呼和浩特部分地区；山西北部大同、朔州、忻州、吕梁、太原、阳泉海拔1 000～1 200米丘陵山区；甘肃定西、临夏、酒泉高寒冷凉的早熟春玉米区，且各种植区的活动积温均应在2 300℃以上的北方早熟春玉米区域种植。

中单859

审定编号：国审玉20176002

选育单位：辽宁东亚种业有限公司、中国农业科学院作物科学研究所

品种来源：B195×HDZ-1

特征特性：在东华北早熟春玉米区出苗至成熟121天，比对照品种哲单37晚1天，幼苗叶鞘紫色，叶片绿色，花丝绿色，花药绿色，株型为半紧凑，株高285厘米，穗位高115厘米。果穗为锥形至筒形，穗长19.8厘米，穗粗5厘米，穗行数16～18行，籽粒黄色、马齿型，百粒重32克。接种鉴定，感大斑病、茎腐病、丝黑穗病、灰斑病，中抗穗腐病。品质分析，籽粒容重678克/升，粗蛋白含量8.63%，粗脂肪含量3.70%，粗淀粉含量76.01%。

产量表现：2014—2015年两年区域试验平均亩产772.3千克，比对照增产15.1%；2016年生产试验，平均亩产663.7千克，比对照平均增产7.5%。

栽培技术要点：中等肥力以上地块栽培，5月上旬播种，亩适宜密度4 000～4 500株。注意防治丝黑穗病、大斑病、茎腐病和灰斑病。

适宜种植地区：适宜黑龙江中北部及东南部山区第三积温带；吉林延边州、白山、通化山区和半山区的早熟区；内蒙古呼伦贝尔部分地区、兴安盟部分地区、乌兰察布部分地区、赤峰部分地区、通辽部分地区、包头部分地区、呼和浩特部分地区；山西北部大同、朔州、忻州、吕梁、太原、阳泉海拔1 000～1 200米丘陵山区；甘肃定西、临夏、酒泉高寒冷凉的早熟春玉米区，且各种植区的活动积温均应在2 300℃以上的北方早熟春玉米区域种植。

隆平943

审定编号：国审玉20176003

选育单位：安徽隆平高科种业有限公司

品种来源：H2767×WG165

特征特性：东北早熟春玉米区出苗至成熟124天，与对照品种吉单27熟期相当。幼苗叶鞘紫色，叶片绿色，叶缘绿色，花药绿色，颖壳绿色。株型半紧凑，株高300厘米，穗位高116厘米，成株叶片数19片。花丝绿色，果穗筒形，穗长18.7厘米，穗行数为14~16行，穗轴粉色，籽粒黄色、半马齿型，百粒重39.6克。接种鉴定，感大斑病、丝黑穗病，抗茎腐病，中抗灰斑病、穗腐病。籽粒容重764克/升，粗蛋白含量10.19%，粗脂肪含量4.56%，粗淀粉含量71.79%，赖氨酸含量0.30%。

产量表现：2015—2016年参加绿色通道东北早熟春玉米品种区域试验，两年平均亩产773.23千克，比对照增产10.57%；2016年生产试验，平均亩产735.36千克，比对照吉单27增产5.87%。

栽培技术要点：中等肥力以上地块栽培，4月下旬至5月上旬播种，亩种植密度4 500株。注意防治大斑病、丝黑穗病。

适宜种植地区：适宜黑龙江、吉林、内蒙古大于等于10℃活动积温在2 550℃以上适宜种植吉单27的东北早熟春玉米区种植。

隆平701

审定编号：国审玉20176004

选育单位：安徽隆平高科种业有限公司

品种来源：A7179×A094

特征特性：东北早熟春玉米区出苗至成熟124天，与对照品种吉单27熟期相当。幼苗叶鞘紫色，叶片绿色，叶缘紫色，花药绿色，颖壳浅紫色。株型半紧凑，株高279厘米，穗位高113厘米，成株叶片数19片，花丝浅紫色，果穗筒形，穗长17.4厘米，穗行数14~16行，穗轴红色，籽粒黄色，半硬粒型，百粒重37.5克。接种鉴定，感大斑病、茎腐病，中抗丝黑穗病、灰斑病、穗腐病。籽粒容重763克/升，粗蛋白含量11.23%，粗脂肪含量3.28%，粗淀粉含量70.67%，赖氨酸含量0.33%。

产量表现：2015—2016年参加绿色通道东北早熟春玉米品种区域试验，两年平均亩产740.67千克，比对照增产5.91%；2016年生产试验，平均亩产723.45千克，比对照吉单27增产4.22%。

栽培技术要点：中等肥力以上地块栽培，4月下旬至5月上旬播种，亩种植密度4 500株。注意防治大斑病和茎腐病。

适宜种植地区：适宜黑龙江、吉林、内蒙古≥10℃活动积温在2 550℃以上适宜种植吉单27的东北早熟春玉米区种植。

登海516

审定编号：国审玉20176005

选育单位：山东登海种业股份有限公司

品种来源：521×PHBIM

特征特性：东北早熟春玉米区出苗至成熟125天，与对照品种吉单27同期。幼苗叶鞘紫色，叶片深绿色，叶缘紫色，花药黄色，颖壳绿色。株型半紧凑，株高287厘米，穗位高103厘米，成株叶片数18～19片。花丝绿色，果穗筒形，穗长19.1厘米，穗行数16～18行，穗轴紫色，籽粒黄色、马齿型，百粒重32.9克。接种鉴定，抗茎腐病、穗腐病，中抗灰斑病，感大斑病、丝黑穗病。籽粒容重751克/升，粗蛋白含量10.03%，粗脂肪含量4.76%，粗淀粉含量73.88%，赖氨酸含量0.30%。

产量表现：2014—2015年参加东北早熟春玉米品种区域试验，两年平均亩产818.3千克，比对照增产6.0%；2016年生产试验，平均亩产761.3千克，比对照吉单27增产3.0%。

栽培技术要点：中等肥力以上地块栽培，4月下旬至5月上旬播种，亩种植密度4 500株。注意防治大斑病和丝黑穗病。

适宜种植地区：黑龙江第一、第二积温带，吉林北部、内蒙古东部地区种植。

登海H899

审定编号：国审玉20176006

选育单位：山东登海种业股份有限公司

品种来源：F10×F1732

特征特性：东北早熟春玉米区出苗至成熟125天，与对照品种吉单27同期。幼苗叶鞘深紫色，叶片深绿色，叶缘绿色，花药黄色，颖壳绿色。株型半紧凑，株高312厘米，穗位高117厘米，成株叶片数19片。花丝紫色，果穗筒形，穗长21.2厘米，穗行数平均16行，穗轴白色，籽粒黄色、硬粒型，百粒重40.1克。接种鉴定，抗茎腐病、穗腐病，中抗丝黑穗病、灰斑病，感大斑病。籽粒容重775克/升，粗蛋白含量10.46%，粗脂肪含量4.83%，粗淀粉含量72.46%，赖氨酸含量0.30%。

产量表现：2014—2015年参加东北早熟春玉米品种区域试验，两年平均亩产831.5千克，比对照增产7.6%；2016年生产试验，平均亩产791.0千克，比对吉单27增产7.1%。

栽培技术要点：中等肥力以上地块栽培，4月下旬至5月上旬播种，亩种植密度4 500株。注意防治大斑病和丝黑穗病。

适宜种植地区：黑龙江第一、第二积温带，吉林北部、内蒙古东部等东北早熟春玉米区种植。

来玉179

审定编号：国审玉20176007

选育单位：山东登海种业股份有限公司

品种来源：W36WX×W2801

特征特性：东北早熟春玉米区出苗至成熟126天，与对照品种吉单27同期。幼苗叶鞘深紫色，叶片深绿色，叶缘绿色，花药浅紫色，颖壳浅紫色。株型紧凑，株高301厘米，穗位高113厘米，成株叶片数18片。花丝粉红色，果穗筒形，穗长19.5厘米，穗行数16～18行，穗轴紫色，籽粒黄色、半马齿型，百粒重37.0克。接种鉴定，抗茎腐病、穗腐病，中抗丝黑穗病、灰斑病，感大斑病。籽粒容重769克/升，粗蛋白含量11.47%，粗脂肪含量3.58%，粗淀粉含量74.76%，赖氨酸含量0.31%。

产量表现：2015—2016年参加东北早熟春玉米品种区域试验，两年平均亩产812.5千克，比对照增产6.8%；2016年生产试验，平均亩产795.0千克，比对吉单27增产7.6%。

栽培技术要点：中等肥力以上地块栽培，4月下旬至5月上旬播种，亩种植密度4 500株。注意防治大斑病。

适宜种植地区：黑龙江第一、第二积温带，吉林北部、内蒙古东部等东北早熟春玉米区种植。

增玉1317

审定编号：国审玉20176008

选育单位：北京金色农华种业科技股份有限公司

品种来源：11A4030×12H934

特征特性：生育期126天，熟期与对照品种吉单27相当。幼苗叶鞘紫色，叶片绿色，叶缘紫色，花药浅紫色，颖壳绿色，雄穗分枝4～6个。株型半紧凑，株高310厘米左右，穗位115厘米左右，全株20片叶。花丝浅紫色，果穗筒形，穗长19.5厘米，穗粗5.1厘米，穗行数16～20行，穗轴红色，籽粒黄色、半马齿型，百粒重35克。接种鉴定，中抗大斑病、灰斑病、穗腐病，感丝黑穗病、茎腐病。籽粒容重735克/升，粗蛋白8.06%，粗脂肪3.91%，粗淀粉76.57%，赖氨酸0.26%。

产量表现：2014—2015年参加东北早熟区域试验，两年平均亩产788.0千克，比对照增产11.0%；2016年生产试验，平均亩产713.3千克，比对照吉单27增产9.8%。

栽培技术要点：中等肥力以上地块栽培，4月下旬至5月上旬播种，亩种植密度4 000～4 200株。注意防治大斑病和茎腐病。

适宜种植地区：适宜黑龙江、吉林、内蒙古≥10℃活动积温2 450℃以上的东北早熟春玉米区种植。

农华303

审定编号：国审玉20176009

选育单位：北京金色农华种业科技股份有限公司

品种来源：JH083×JH13106

特征特性：生育期126天，熟期与对照品种吉单27相当。幼苗叶鞘紫色，叶片绿色，叶缘紫色，花药黄色，颖壳绿色，雄穗分枝3～5个。株型半紧凑，株高300厘米左右，穗位115厘米左右，全株20片叶。花丝绿色，果穗筒形，穗长20厘米，穗粗4.9厘米，穗行数16～18行，穗轴粉色，籽粒黄色、半马齿型，百粒重34克。接种鉴定，中抗丝黑穗病、灰斑病、穗腐病，感大斑病、茎腐病。籽粒容重750克/升，粗蛋白9.31%，粗脂肪4.14%，粗淀粉75.20%，赖氨酸0.32%。

产量表现：2014—2015年参加东北早熟区域试验，两年平均亩产773.9千克，比对照增产9.0%；2016年生产试验，平均亩产680.4千克，比对照吉单27增产4.7%。

栽培技术要点：中等肥力以上地块栽培，4月下旬至5月上旬播种，亩种植密度4 500～5 000株。注意防治大斑病和茎腐病。

适宜种植地区：适宜黑龙江、吉林、内蒙古≥10℃活动积温2 450℃以上的东北早熟春玉米区种植。

农华208

审定编号：国审玉20176010

选育单位：北京金色农华种业科技股份有限公司

品种来源：11HA229×Y4-6

特征特性：生育期126天，熟期与对照品种吉单27相当。幼苗叶鞘紫色，叶片绿色，叶缘紫色，花药浅紫色，颖壳绿色，雄穗分枝4～7个。株型半紧凑，株高315厘米左右，穗位115厘米左右，全株19～20片叶。花丝紫色，果穗筒形，穗长20厘米，穗粗5.2厘米，穗行数16～20行，穗轴红色，籽粒黄色、半马齿型，百粒重35克。接种鉴定，中抗穗腐病，感大斑病、丝黑穗病、茎腐病、灰斑病。籽粒容重728克/升，粗蛋白8.68%，粗脂肪3.56%，粗淀粉76.60%，赖氨酸0.28%。

产量表现：2014—2015年参加东北早熟区域试验，两年平均亩产761.6千克，比对照增产7.3%；2016年生产试验，平均亩产689.6千克，比对照吉单27增产6.1%。

栽培技术要点：中等肥力以上地块栽培，4月下旬至5月上旬播种，亩种植密度3 800～4 000株。注意防治大斑病、丝黑穗病、茎腐病和灰斑病。

适宜种植地区：适宜黑龙江、吉林、内蒙古≥10℃活动积温2 450℃以上的东北早熟春玉米区种植。

金诚316

审定编号：国审玉20176011

选育单位：河南金苑种业股份有限公司

品种来源：JC1290×JC1316

特征特性：在东北中熟春玉米区出苗至成熟130天，比对照品种先玉335早1天，幼苗叶鞘紫色，叶片深绿色，叶缘紫色，花药紫色，颖壳绿色。株型紧凑，株高280厘米，穗位高104厘米，成株叶片数19片。花丝紫色，果穗筒形，穗长17.0厘米，穗行数16.0行，穗轴红色，籽粒黄色，半马偏硬，百粒重39.1克。接种鉴定，中抗灰斑病、穗腐病，感大斑病、丝黑穗病和镰孢茎腐病。籽粒容重784克/升，粗蛋白含量10.29%，粗脂肪含量3.86%，粗淀粉含量73.64%，赖氨酸含量0.35%。

产量表现：2015年参加绿色通道东北中熟春玉米组区域试验，平均产量858.0千克，比对照先玉335增产5.0%；2016年参加绿色通道东北中熟春玉米组区域试验，平均产量835.4千克，比对照先玉335增产6.4%；两年平均产量846.7千克，比对照平均增产5.7%。2016年参加绿色通道东北中熟春玉米组生产试验，平均产量817.6千克，比对照先玉335增产8.4%。

栽培技术要点：中等肥力以上地块栽培，播种期4月下旬至5月上旬，亩种植密度4 500～5 000株。注意防治大斑病、丝黑穗病和镰孢茎腐病。

适宜种植地区：适宜辽宁东部山区、吉林中熟区、黑龙江第一积温带、内蒙古中东部等东北中熟区春玉米区种植。

联创808

审定编号：国审玉20176012

选育单位：北京联创种业股份有限公司

品种来源：CT3566×CT3354

特征特性：东北中熟春玉米区出苗至成熟130天，比对照品种先玉335早1天。幼苗叶鞘紫色，叶片绿色，叶缘绿色，花药浅紫色，颖壳绿色。株型紧凑，株高313厘米，穗位高120厘米，成株叶片数21片。花丝紫色，果穗筒形，穗长20.6厘米，穗行数14～16行，穗轴红色，籽粒黄色、马齿型，百粒重37.7克。接种鉴定，中抗穗腐病、灰斑病，感镰孢茎腐病、丝黑穗病、大斑病。籽粒容重740克/升，粗蛋白含量

9.32%，粗脂肪含量3.64%，粗淀粉含量75.73%，赖氨酸含量0.31%。东华北春玉米区出苗至成熟124天，比对照品种郑单958早2天。西北春玉米区出苗至成熟133天，比对照品种郑单958早1天。西南春玉米区出苗至成熟113天，比对照品种渝单8号早4天。幼苗叶鞘紫色，叶片绿色，叶缘绿色，花药浅紫色，颖壳绿色。株型半紧凑，株高278～304厘米，穗位高93～113厘米，成株叶片数18～20片。花丝浅紫色，果穗筒形，穗长19.0厘米，穗行数14～18行，穗轴红色，籽粒黄色、半马齿型，百粒重33.6～37.0克。接种鉴定，东华北春玉米区感大斑病、灰斑病、丝黑穗病，中抗茎腐病，抗穗腐病。西北春玉米区感大斑病、丝黑穗病、穗腐病，抗茎腐病；西南春玉米区感大斑病、小斑病、丝黑穗病、纹枯病、穗腐病、灰斑病，中抗茎腐病。籽粒品质，东华北春玉米区容重762克/升，粗蛋白含量9.79%，粗脂肪含量3.35%，粗淀粉含量76.32%，赖氨酸含量0.27%；西北春玉米区容重756克/升，粗蛋白含量9.49%，粗脂肪含量3.80%，粗淀粉含量74.66%，赖氨酸含量0.29%；西南春玉米区容重773克/升，粗蛋白含量10.29%，粗脂肪含量3.53%，粗淀粉含量74.77%，赖氨酸含量0.33%。

产量表现： 2015—2016年参加东北中熟组春玉米区试，平均亩产828.2千克，比对照增产5.7%，2016年生产试验，平均亩产792.4千克，比对照增产5.2%。2014—2015年参加东华北春玉米品种区域试验，两年平均亩产908.7千克，比对照增产13.3%；2016年生产试验，平均亩产776.4千克，比对照增产4.5%。2014—2015年参加西北春玉米品种区域试验，两年平均亩产1 078.4千克，比对照增产8.2%；2016年生产试验，平均亩产909.1千克，比对照增产7.7%。2014—2015年参加西南春玉米品种区域试验，两年平均亩产617.4千克，比对照增产8.7%；2016年生产试验，平均亩产627.4千克，比对照增产11.0%。

栽培技术要点： 中等肥力以上地块栽培，东北中熟组春玉米区4月下旬至5月上旬播种，亩种植密度3 800株左右。中等肥力以上地块栽培，东华北中晚熟春玉米区4月下旬至5月上旬播种，亩种植密度4 000株左右。西北春玉米区4月下旬至5月上旬播种，亩种植密度5 000～5 500株。西南春玉米区3月上旬至5月上旬播种，亩种植密度3 300～3 600株。

适宜种植地区： 东北中熟春玉米区适宜种植范围为辽宁东部山区、吉林中熟区、黑龙江第一积温带和内蒙古中东部等地，注意防治大斑病、丝黑穗病和茎腐病。东华北春玉米区适宜种植范围为吉林四平、松原市、长春市大部分地区和辽源市、白城市、吉林市部分地区以及通化市南部，辽宁除东部山区和大连、东港以外的大部分地区，内蒙古赤峰和通辽大部分地区，山西忻州、晋中、太原、阳泉、长治、晋城、吕梁平川区和南部山区，河北张家口、承德、秦皇岛、唐山、廊坊、保定北部、沧州北部春播区，北京、天津春播区等地，注意防治大斑病、灰斑病和丝黑穗病。西北春玉米区适宜种植范围为陕西榆林及延安、宁夏、甘肃、新疆和内蒙古西部地区等地，注意防治丝黑穗病、大斑病、穗腐病。西南春玉米区适宜种植范围为四川、重庆、云南、贵州、广西、湖南、湖北、陕西汉中地区的平坝丘陵和低山区等地，注意防治叶斑病、纹枯病、丝黑穗病、穗腐病。

联创852

审定编号： 国审玉20176013

选育单位： 北京联创种业股份有限公司

品种来源： CT69387×CT90107

特征特性： 东北中熟区春播出苗至成熟130天，比对照先玉335早1天。幼苗叶鞘紫色，叶片绿色，叶缘紫色，花药浅紫色，颖壳绿色。株型紧凑，株高306厘米，穗位高124厘米，成株叶片数21片。花丝紫色，果穗筒形，穗长20.8厘米，穗行数14～16行，穗轴白色，籽粒黄色、马齿型，百粒重41.0克。接种鉴定，感大斑病、灰斑病，高感丝黑穗病，中抗镰孢茎腐病、穗腐病。籽粒容重765克/升，粗蛋白含量8.42%，粗脂肪含量4.12%，粗淀粉含量75.85%，赖氨酸含量0.29%。

产量表现： 2015—2016年参加东北中熟组玉米区试，平均亩产834.2千克，比对照增产6.4%；2016年生产试验，平均亩产792.7千克，比对照增产5.2%。

栽培技术要点： 中等肥力以上地块栽培，4月末至5月上旬播种，亩种植密度3 800株左右。注意防治大斑病、灰斑病和丝黑穗病。

适宜种植地区： 适宜辽宁东部山区、吉林中熟区、黑龙江第一积温带和内蒙古中东部等东北中熟区春玉米区种植。

平安1509

审定编号： 国审玉20176014

选育单位： 吉林省平安种业有限公司

品种来源： ALA005×BLA003

特征特性： 东北中熟区春播出苗至成熟期130天左右，与对照品种先玉335生育期相当，幼苗叶鞘紫色，叶片绿色，叶缘无色，花药浅紫色，颖壳绿色。株型半紧凑。株高302.5厘米，穗位122厘米，成株叶片数22片。花丝绿色，果穗筒形，穗长19.4厘米，穗行数16～18行，穗轴红色，籽粒黄色、半马齿型，百粒重38.6克。接种鉴定，中抗大斑病、茎腐病、灰斑病，抗穗腐病、玉米螟，感丝黑穗病。籽粒容重775克/升，粗蛋白含量10.19%，粗脂肪含量4.45%，粗淀粉含量73.74%，赖氨酸含量0.28%。

产量表现： 2015年参加东北中熟组绿色通道区域试验中，平均亩产828.3千克，比对照增产3.9%；2016年区域试验，平均亩产850.0千克，比对照增产3.2%，生产试验平均亩产823.3千克，比对照品种增产8.3%。

栽培技术要点： 根据当地气候情况，确定最佳的播种期。亩种植密度为4 500株。注意防治丝黑穗病。

适宜种植地区：适宜辽宁东部山区、吉林中熟区、黑龙江第一积温带和内蒙古中东部等东北中熟玉米区种植。

豫禾536

审定编号：国审玉20176015

选育单位：河南省豫玉种业股份有限公司

品种来源：Y1586×Y4c

特征特性：东北中熟春玉米区出苗至成熟126天，幼苗叶鞘紫色，叶片绿色，花药浅紫色，颖壳绿色，花丝紫色，株型紧凑，株高289厘米，穗位109厘米，雄穗分枝3~7枝，穗长19.2厘米，穗行数平均16~18行，百粒重37.1克，穗轴红色，籽粒黄色、马齿型。接种鉴定，高抗镰孢茎腐病，抗穗腐病，中抗灰斑病，感大斑病、丝黑穗病。籽粒容重774克/升，粗蛋白含量9.71%，粗脂肪含量3.28%，粗淀粉含量74.85%，赖氨酸含量0.36%。

产量表现：2015—2016年两年区域试验，平均亩产867.9千克，比对照增产9.9%；2016年生产试验，平均亩产860.4千克，比对照增产6.2%。

栽培技术要点：中等肥力以上地块栽培，播种期4月下旬至5月上旬，适宜种植密度3 500~4 000株/亩。注意防治丝黑穗病。

适宜种植地区：适宜辽宁东部山区、吉林中熟区、黑龙江第一积温带和内蒙古中东部等东北中熟区春玉米区种植。

先农217

审定编号：国审玉20176016

选育单位：北京金色农华种业科技股份有限公司

品种来源：JH0062×NS8103

特征特性：生育期130天，熟期与对照品种先玉335相当。幼苗叶鞘紫色，叶片绿色，叶缘浅紫色，花药黄色，颖壳绿色，雄穗分枝3~5个。株型半紧凑，株高300厘米左右，穗位110厘米左右，全株20片叶。花丝浅紫色，果穗筒形，穗长20厘米，穗粗5.0厘米，穗行数16~18行，穗轴红色，籽粒黄色、半马齿型，百粒重38克。接种鉴定，中抗穗腐病，感大斑病、丝黑穗病、茎腐病、灰斑病。籽粒容重766克/升，粗蛋白8.24%，粗脂肪3.55%，粗淀粉76.48%，赖氨酸0.28%。

产量表现：2015—2016年参加东北中熟区域试验，两年平均亩产842.0千克，比对照增产4.3%；2016年生产试验，平均亩产811.2千克，比对照先玉335增产6.0%。

栽培技术要点：中等肥力以上地块栽培，4月下旬至5月上旬播种，亩种植密度4 000～4 500株。注意防治大斑病、丝黑穗病、茎腐病、灰斑病和玉米螟。注意防倒伏。

适宜种植地区：适宜辽宁东部山区、吉林中熟区、黑龙江第一积温带和内蒙古中东部等东北中熟区春玉米区种植。

农华816

审定编号：国审玉20176017

选育单位：北京金色农华种业科技股份有限公司

品种来源：7P402×B8328

特征特性：生育期129天，熟期与先玉335相当。幼苗叶鞘紫色，叶片绿色，叶缘浅紫色，花药浅紫色，颖壳绿色，雄穗分枝5～7个。株型半紧凑，株高290厘米左右，穗位110厘米左右，全株20片叶。花丝绿色，果穗筒形，穗长20厘米，穗粗5.0厘米，穗行数16～18行，穗轴红色，籽粒黄色、半马齿型，百粒重38克。接种鉴定，抗茎腐病、穗腐病，中抗大斑病、灰斑病，感丝黑穗病。籽粒容重766克/升，粗蛋白9.74%，粗脂肪4.07%，粗淀粉75.51%，赖氨酸0.29%。

产量表现：2014—2015年参加东北中熟区域试验，两年平均亩产847.8千克，比对照增产5.5%；2016年生产试验，平均亩产795.7千克，比对照先玉335增产3.9%。

栽培技术要点：中等肥力以上地块栽培，4月下旬至5月上旬播种，亩种植密度4 000～4 200株。注意防治丝黑穗病和玉米螟。

适宜种植地区：适宜辽宁东部山区、吉林中熟区、黑龙江第一积温带和内蒙古中东部等东北中熟区春玉米区种植。

MC670

审定编号：国审玉20176018

选育单位：北京金色农华种业科技股份有限公司

品种来源：京X005×京147

特征特性：春播生育期130天，熟期与对照品种先玉335相当。幼苗叶鞘深紫色，叶片深绿色，叶缘紫色，花药浅紫色，颖壳绿色，雄穗分枝3～5个。株型半紧凑，株高305厘米左右，穗位115厘米左右，全株19～20片叶。花丝浅紫色，果穗筒形，穗长21厘米，穗粗5.2厘米左右，穗行数16～18行，穗轴红色，籽粒黄色、马齿型，百粒重37.5克。接种鉴定，抗茎腐病，中抗丝黑穗病、穗腐病，感大斑病、灰斑病。籽粒容重760克/升，粗蛋白9.79%，粗脂肪3.75%，粗淀粉76.17%，赖氨酸0.34%。夏播生育期101天，熟期比对照品种郑单958早1天。株高290厘米左右，穗位105厘米左右，穗长17.8厘米，穗粗4.8厘米左右，穗行数16~18行，百粒重32.5克。接种鉴定，中抗茎腐病、穗腐病，感小斑病、弯孢菌叶斑病，高感粗缩病、瘤黑粉病。籽粒容重746克/升，粗蛋白8.50%，粗脂肪3.76%，粗淀粉75.92%，赖氨酸0.32%。

产量表现： 2014—2015年参加东北中熟区域试验，两年平均亩产858.8千克，比对照增产6.9%；2016年生产试验，平均亩产819.1千克，比对照先玉335增产7.0%。2014—2015年参加黄淮海区域试验，两年平均亩产725.3千克，比对照增产9.6%；2016年生产试验，平均亩产611.5千克，比对照郑单958增产5.1%。

栽培技术要点： 中等肥力以上地块栽培，春播4月下旬至5月上旬播种，夏播6月上旬播种，亩种植密度4 000~4 200株。

适宜种植地区： 适宜辽宁东部山区、吉林中熟区、黑龙江第一积温带和内蒙古中东部等东北中熟区春玉米区种植。注意防治大斑病、灰斑病和玉米螟。适宜北京、天津、河北保定及以南地区、山西南部、河南、山东、江苏淮北、安徽淮北、陕西关中灌区等黄淮海夏玉米区种植。注意防治小斑病、弯孢菌叶斑病、瘤黑粉病和粗缩病。

奥玉419

审定编号： 国审玉20176019
选育单位： 北京奥瑞金种业股份有限公司
品种来源： OSL449×OSL306
特征特性： 东华北春玉米区出苗至成熟127天，比对照品种郑单958早1天。幼苗叶鞘紫色，叶片绿色，叶缘紫色，花药浅紫色，颖壳绿色。株型半紧凑，平均株高282厘米，穗位高108厘米，成株叶片数20片。花丝浅紫色，果穗筒形，穗长19.1厘米，穗行数14~16行，穗轴红色，籽粒黄色、半马齿型，百粒重36.3克。接种鉴定，抗茎腐病和穗腐病，中抗灰斑病，感大斑病和丝黑穗病。籽粒容重770克/升，粗蛋白含量10.5%，粗脂肪含量3.8%，粗淀粉含量73.7%，赖氨酸含量0.33%。黄淮海夏玉米区出苗至成熟101天，与对照品种郑单958相当。幼苗叶鞘紫色，叶片绿色，叶缘紫色，花药浅紫色，颖壳绿色。株型半紧凑，平均株高277厘米，穗位高105厘米，成株叶片数20片。花丝浅紫色，果穗筒形，穗长17.8厘米，穗行数14~16行，穗轴红色，籽粒黄色、半马齿型，百粒重34.4克。接种鉴定，中抗小斑病、穗腐病、弯孢菌叶斑病和茎腐病，感粗缩病，高感瘤黑粉病。籽粒容重775克/升，粗蛋白含量9.4%，粗脂肪含量3.6%，粗淀粉含量74.6%，赖氨酸含量0.29%。

产量表现： 2015—2016年参加绿色通道东华北春玉米品种区域试验，两年平均亩产802.2千克，比对照增产6.0%；2016年生产试验，平均亩产805.4千克，比对照增产4.8%。2015—2016年参加绿色通道黄淮海夏玉米品种区域试验，两年平均亩产705.9千克，比对照增产8.8%；2016年生产试验，平均亩产646.9千克，比对照增产6.0%。

栽培技术要点： 东华北春玉米区选择中等肥力以上地块种植，4月下旬至5月上旬播种，亩种植密度4 500～5 000株；黄淮海夏玉米区选择中上等肥力地块种植，6月上中旬播种，亩种植密度4 500～5 000株。注意防治粗缩病和瘤黑粉病。

适宜种植地区： 适宜北京、天津、河北北部、内蒙古赤峰和通辽，山西、辽宁、吉林中晚熟区等东华北春玉米区种植。适宜北京、天津、河北保定及以南地区、山西南部、河南、山东、江苏淮北、安徽淮北、陕西关中灌区等黄淮海夏玉米区种植。

金诚332

审定编号： 国审玉20176020

选育单位： 河南金苑种业股份有限公司

品种来源： JC1672×JC1003

特征特性： 东华北春玉米区出苗至成熟129天，比对照品种郑单958早熟1天。幼苗叶鞘紫色，叶片绿色，叶缘紫色，花药绿色，颖壳绿色。株型紧凑，株高285～293厘米，穗位高104～122厘米，成株叶片数20片。花丝绿色，果穗筒形，穗长14～18.5厘米，穗行数16～18行，穗轴红色，籽粒黄色，半马偏硬，百粒重平均36.9克。东华北春玉米区人工接种鉴定，抗茎腐病和穗腐病，中抗灰斑病，感大斑病和丝黑穗病。籽粒容重746～790克/升，粗蛋白含量10.05%～10.13%，粗脂肪含量4.06%～4.33%，粗淀粉含量73.17%～73.90%，赖氨酸含量0.32%～0.34%。黄淮海夏播区出苗至成熟101天，比对照品种郑单958早熟1天。幼苗叶鞘紫色，叶片绿色，叶缘紫色，花药绿色，颖壳绿色。株型紧凑，株高285～293厘米，穗位高104～122厘米，成株叶片数20片。花丝绿色，果穗筒形，穗长14～18.5厘米，穗行数16～18行，穗轴红色，籽粒黄色，半马偏硬，百粒重平均36.9克。接种鉴定，中抗小斑病、弯孢叶斑病，感茎腐病、穗腐病和粗缩病，高感瘤黑粉病。籽粒容重746～790克/升，粗蛋白含量10.05%～10.13%，粗脂肪含量4.06%～4.33%，粗淀粉含量73.17%～73.90%，赖氨酸含量0.32%～0.34%。

产量表现： 2015年参加绿色通道东华北春玉米组区域试验，平均产量773.3千克，比对照郑单958增产9.3%。2016年参加绿色通道东华北春玉米组区域试验，平均产量798.3千克，比对照郑单958增产5.7%；2016年参加绿色通道东华北春玉米组生产试验，平均产量762.8千克，比对照郑单958增产5.4%；2015年参加绿色通道黄淮海夏玉米组区域试验，平均产量710.9千克，比对照郑单958增产7.8%；2016年参加绿色通道黄黄淮海夏玉米组区域试验，平均产量670.9千克，比对照郑单958增产5.5%；2016年参加绿色通道黄黄淮海夏玉米组生产试验，平均产量670.9千克，比对照郑单958增产4.1%。

栽培技术要点： 东华北春播区适宜播种期4月下旬至5月上旬，足墒播种，一播全苗，每亩适宜密度4 000～4 500株。黄淮海夏播区麦收后及时播种，中等肥力以上地块栽培，每亩适宜密度4 500株左右。注意防治茎腐病、穗腐病、粗缩病和瘤黑粉病。

适宜种植地区：适宜北京、天津、河北北部、内蒙古通辽和赤峰，山西、辽宁、吉林中晚熟区等东华北春玉米区种植。注意防治大斑病和丝黑穗病。适宜在北京、天津、河北保定及以南地区、山西南部、河南、山东、江苏苏北、安徽淮北、陕西关中灌区等黄淮海夏玉米区种植。

裕丰288

审定编号：国审玉20176021

选育单位：承德裕丰种业有限公司

品种来源：承系211×承系172

特征特性：东华北春玉米区出苗至成熟129天，比对照品种郑单958早1天。幼苗叶鞘紫色，叶缘绿色，株型紧凑，株高288厘米，穗位高107厘米，成株叶片数21片，雄穗分枝8～10个，花药绿色，颖壳绿色，花丝绿色。果穗长筒形，穗长20.7厘米，穗行数16～18行，穗轴红色，籽粒黄色、马齿型，百粒重44.5克。接种鉴定，抗茎腐病、穗腐病，中抗灰斑病，感大斑病、丝黑穗病。籽粒容重750克/升，粗蛋白（干基）10.59%，粗脂肪（干基）4.4%，粗淀粉（干基）72.66%，赖氨酸（干基）0.32%。

产量表现：2015—2016年参加绿色通道东华北春玉米品种区域试验，两年平均亩产814.8千克，比对照增产10.1%；2016年生产试验，平均亩产769.3千克，比对照郑单958增产7.39%。

栽培技术要点：中上等肥力地块种植，4月下旬至5月上旬播种，亩种植密度4 000株。注意防治丝黑穗病、大斑病。

适宜种植地区：适宜北京、天津、河北北部、内蒙古通辽和赤峰，山西、辽宁、吉林中晚熟区等东华北春玉米区种植。

隆平259

审定编号：国审玉20176022

选育单位：安徽隆平高科种业有限公司

品种来源：LH261×LM451

特征特性：东华北春玉米区出苗至成熟127天，比对照郑单958早熟2天。幼苗叶鞘紫色，叶片绿色，叶缘紫色，花药浅紫色，颖壳紫色。株型半紧凑，株高294厘米，穗位高109厘米，成株叶片数20片。花丝浅红色，果穗筒形，穗长19.0厘米，穗行数16～18行，穗轴红色，籽粒黄色、半硬粒型，百粒重40.4克。接种鉴定，感大斑病、丝黑穗病，高抗茎腐病，中抗灰斑病，抗穗腐病。籽粒容重756克/升，粗蛋白含量9.60%，粗脂肪含量4.02%，粗淀粉含量72.77%，赖氨酸含量0.28%。

产量表现：2015—2016年参加绿色通道东华北春玉米品种区域试验，两年平均亩产808.99千克，比对照增产7.46%；2016年生产试验，平均亩产771.90千克，比对照增产5.68%。

栽培技术要点： 中等肥力以上地块栽培，4月下旬至5月上旬播种，亩种植密度4 500株。注意防治大斑病和丝黑穗病。

适宜种植地区： 适宜吉林、辽宁、山西中晚熟区，河北北部、内蒙古赤峰和通辽、北京、天津等东华北春玉米区种植。

联创832

审定编号： 国审玉20176023

选育单位： 北京联创种业股份有限公司

品种来源： CT16687×CT8204

特征特性： 东华北春玉米区出苗至成熟127天，比对照品种郑单958熟期早1天。幼苗芽鞘紫色，叶片绿色，叶缘紫色，颖壳浅紫色，花药浅紫色。株型半紧凑，株高272厘米，穗位高103厘米，成株叶片数21片。花丝浅紫色，果穗筒形，穗长19.6厘米，穗行数14～18行，穗轴红色，粒色黄色、半马齿型，百粒重36.5克。接种鉴定，感大斑病、丝黑穗病、灰斑病，中抗镰孢茎腐病，抗镰孢穗腐病。籽粒容重772克/升，粗蛋白含量10.16%，粗脂肪含量3.44%，粗淀粉含量74.04%，赖氨酸含量0.34%。

产量表现： 2015—2016年参加绿色通道东华北春玉米区域试验，两年平均亩产812.2千克，比对照郑单958增产8.1%；2016年生产试验，平均亩产792.4千克，比对照郑单958增产7.9%。

栽培技术要点： 中等肥力以上地块栽培种植，4月下旬至5月上旬播种，亩种植密度3 800株左右。注意防治大斑病和灰斑病。

适宜种植地区： 适宜北京、天津、河北北部、内蒙古赤峰和通辽，山西、辽宁、吉林中晚熟区等东华北春玉米区种植。

联创839

审定编号： 国审玉20176024

选育单位： 北京联创种业股份有限公司

品种来源： CT16691×CT8204

特征特性： 东华北春玉米区出苗至成熟127天，比郑单958熟期早1天。幼苗叶鞘紫色，叶片绿色，叶缘绿色，颖壳浅紫色，花药浅紫色。株型半紧凑，株高285厘米，穗位高112厘米，成株叶片数21片。花丝紫色，果穗筒形，穗长19.9厘米，穗行数16～18行，穗轴红色，粒色黄色、半马齿型，百粒重36.5克。接种鉴定，中抗大斑病、丝黑穗病，高抗镰孢茎腐病，抗镰孢穗腐病，中抗感灰斑病。籽粒容重760克/升，粗蛋白含量9.9%，粗脂肪含量3.59%，粗淀粉含量74.41%，赖氨酸含量0.35%。

产量表现：2015—2016年参加绿色通道东华北区域试验，两年平均亩产806.8千克，比对照郑单958增产7.4%；2016年生产试验，平均亩产781.1千克，比对照郑单958增产6.4%。注意防治灰斑病。

栽培技术要点：中等肥力以上地块栽培种植，4月下旬至5月上旬播种，亩种植密度3 800株左右。

适宜种植地区：适宜北京、天津、河北北部、内蒙古赤峰和通辽，山西、辽宁、吉林中晚熟区等东华北春玉米区种植。

中科玉505

审定编号：国审玉20176025
选育单位：北京联创种业股份有限公司
品种来源：CT1668×CT3354

特征特性：东北中熟春玉米区出苗至成熟132天，与先玉335相当。幼苗叶鞘紫色，叶片深绿色，花药浅紫色，颖壳绿色。株型半紧凑，株高306厘米，穗位高120厘米，成株叶片数为19～21片。花丝浅紫色，果穗筒形，穗长20.5厘米，穗行数16行左右，穗轴红色，籽粒黄色、半马齿型，百粒重37.6克。接种鉴定，抗灰斑病，中抗茎腐病、穗腐病，感大斑病、丝黑穗病。籽粒容重753克/升，粗蛋白含量8.64%，粗脂肪含量3.46%，粗淀粉含量76.35%，赖氨酸含量0.29%。

东华北春玉米区出苗至成熟126天，比郑单958熟期早2天。幼苗叶鞘紫色，叶片绿色，颖壳绿色，花药紫色。株型半紧凑，株高287厘米，穗位高112厘米，成株叶片数19～20片。花丝浅紫色，果穗筒形，穗长19.9厘米，穗行数14～16行，穗轴红色，粒色黄色、半马齿型，百粒重37.2克。接种鉴定，感大斑病、丝黑穗病、灰斑病，高抗镰孢茎腐病，抗镰孢穗腐病。粒容重763克/升，粗蛋白含量10.1%，粗脂肪含量3.36%，粗淀粉含量74.53%，赖氨酸含量0.31%。

黄淮海夏玉米区出苗至成熟103天，比郑单958早1天。幼苗叶鞘紫色，叶片绿色，叶缘绿色，花药紫色，颖壳绿色。株型半紧凑，株高274厘米，穗位高102厘米，成株叶片数20～21片。花丝浅紫色，果穗筒形，穗长17.7厘米，穗行数14～16行，穗轴红色，籽粒黄色、马齿型，百粒重33.7克。接种鉴定，中抗小斑病，感穗腐病、茎腐病、弯孢菌叶斑病，高感瘤黑粉病、粗缩病。籽粒容重763克/升，粗蛋白含量9.88%，粗脂肪含量3.11%，粗淀粉含量75.36%，赖氨酸含量0.34%。

产量表现：2014—2015年参加东北中熟春玉米品种区域试验，两年平均亩产915.4千克，比对照增产3.4%；2016年生产试验，平均亩产801.8千克，比对照先玉335增产4.9%。2015—2016年参加绿色通道东华北春玉米区域试验，两年平均亩产814.3千克，比对照郑单958增产8.4%；2016年生产试验，平均亩产783.4千克，比对照郑单958增产6.7%。2014—2015年参加黄淮海夏玉米品种区域试验，两年平均亩产734.0千克，比对照增产8.0%；2016年生产试验，平均亩产676.8千克，比对照增产5.4%。

栽培技术要点：东北中熟春玉米区中等肥力以上地块栽培，4月下旬至5月上旬播种，亩种植密度4 000株左右。东华北春玉米区选择中等肥力以上地块栽培种植，4月下旬至5月上旬播种，亩种植密度3 800株左右。黄淮海夏玉米区中等肥力以上地块栽培，5月下旬至6月中旬播种，亩种植密度4 000株左右。

适宜种植地区：东北中熟春玉米区适宜种植范围为辽宁省东部山区和辽北部分地区，吉林省吉林市、白城、通化大部分地区，辽源、长春、松原部分地区，黑龙江第一积温带，内蒙古乌兰浩特、赤峰、通辽、呼和浩特、包头、巴彦淖尔、鄂尔多斯等地，注意防治大斑病、丝黑穗病和倒伏。东华北春玉米区适宜种植范围为北京、天津、河北北部、内蒙古赤峰和通辽，山西、辽宁、吉林中晚熟区等地，注意防治大斑病、灰斑病和丝黑穗病。黄淮海夏玉米区适宜种植范围为北京、天津、河北保定及以南地区、山西南部、河南、山东、江苏淮北、安徽淮北、陕西关中灌区等地，注意防治茎腐病、穗腐病、弯孢菌叶斑病、瘤黑粉病和粗缩病。

登海185

审定编号：国审玉20176026

选育单位：山东登海种业股份有限公司

品种来源：登海31/登海56

特征特性：东华北春玉米区出苗至成熟125天，比郑单958早2天。幼苗叶鞘紫色，叶片深绿色，叶缘紫色，花药浅紫色，颖壳绿色。株型紧凑，株高280厘米，穗位高113厘米，成株叶片数19片。花丝浅紫色，果穗筒形，穗长20.9厘米，穗行数14～16行，穗轴浅紫色，籽粒黄色、半马齿型，百粒重35.9克。接种鉴定，高抗茎腐病，抗丝黑穗、灰斑病、穗腐病，感大斑病。籽粒容重801克/升，粗蛋白含量10.86%，粗脂肪含量4.44%，粗淀粉含量73.08%，赖氨酸含量0.32%。

产量表现：2014—2015年参加东华北春玉米品种区域试验，两年平均亩产867.6千克，比对照增产8.8%；2016年生产试验，平均亩产774.4千克，比对照郑单958增产6.7%。

栽培技术要点：中等肥力以上地块栽培，5月上旬播种，亩种植密度4 000～4 500株。注意防治大斑病。

适宜种植地区：适宜北京、天津、河北北部、内蒙古赤峰和通辽，山西、辽宁、吉林中晚熟区等东华北春玉米区种植。

登海123

审定编号：国审玉20176027

选育单位：山东登海种业股份有限公司

品种来源：登海184×登海302

特征特性： 东华北区春播出苗至成熟124天，比对照品种郑单958早3天；黄淮海夏玉米区出苗至成熟102天左右，与对照品种郑单958相当；西北区春播生育期130天，比对照品种郑单958早2天。幼苗叶鞘深紫色，叶片深绿色，叶缘绿色，花药浅紫色，颖壳浅紫色。株型紧凑，株高274厘米，穗位高106厘米，成株叶片数20片。花丝浅紫色，果穗筒形，穗长19厘米，穗行数16～18行，穗轴紫色，籽粒黄色、马齿型。百粒重37克。东华北区抗病性接种鉴定，抗茎腐病、穗腐病，中抗灰斑病，感大斑病、丝黑穗病。黄淮海区抗病性接种鉴定，中抗小斑病、穗腐病、弯孢菌叶斑病，感茎腐病和粗缩病，高感瘤黑粉病。西北区接种鉴定，中抗腐霉茎腐病、镰孢穗腐病，高感大斑病、丝黑穗病。籽粒容重760克/升，粗蛋白含量10.47%，粗脂肪含量3.66%，粗淀粉含量73.97%，赖氨酸含量0.31%。

产量表现： 东华北春玉米品种区域试验：2015—2016年两年平均亩产835.0千克，比对照增产11.5%；2016年生产试验，平均亩产801.4千克，比对照郑单958增产10.4%。黄淮海夏玉米品种区域试验：2015—2016两年平均亩产766.5千克，比对照增产13.6%；2016年生产试验，平均亩产692.0千克，比对照郑单958增产7.5%。西北春玉米品种区域试验：2015—2016年两年平均亩产1 018.6千克，比对照增产8.9%；2016年生产试验，平均亩产1 031.0千克，比对照郑单958增产6.0%。

栽培技术要点： 中等肥力以上地块栽培，春播4月下旬至5月上旬播种，夏播6月上旬至中旬播种，亩种植密度4 500～5 000株。注意防治大斑病、丝黑穗病和瘤黑粉病。

适宜种植地区： 适宜北京、天津、河北北部、内蒙古赤峰和通辽、山西、辽宁、吉林中晚熟区春播种植；适宜在北京、天津、河北保定及以南地区、山西南部、河南、山东、江苏淮北、安徽淮北、陕西关中灌区夏播种植；适宜在陕西榆林及延安、宁夏、甘肃、新疆和内蒙古西部地区春播种植。

登海181

审定编号： 国审玉20176028

选育单位： 山东登海种业股份有限公司

品种来源： DH392/登海215

特征特性： 东华北春玉米区出苗至成熟126天，比郑单958早2天。幼苗叶鞘深紫色，叶片深绿色，叶缘浅紫色，花药紫色，颖壳浅紫色。株型紧凑，株高273厘米，穗位高101厘米，成株叶片数20片。花丝浅紫色，果穗筒形，穗长20.1厘米，穗行数14～16行，穗轴紫色，籽粒黄色、马齿型，百粒重38.7克。接种鉴定，高抗茎腐病，抗灰斑病、穗腐病，感大斑病、丝黑穗病。籽粒容重774克/升，粗蛋白含量10.65%，粗脂肪含量4.37%，粗淀粉含量73.35%，赖氨酸含量0.31%。

产量表现： 2015—2016年参加东华北春玉米品种区域试验，两年平均亩产821.3千克，比对照增产9.7%；2016年生产试验，平均亩产789.6千克，比对照郑单958增产8.8%。

栽培技术要点： 中等肥力以上地块栽培，5月上旬播种，亩种植密度4 000～4 500株。注意防治大斑病。

适宜种植地区：适宜北京、天津、河北北部、内蒙古赤峰和通辽，山西、辽宁、吉林中晚熟区等东华北春玉米区种植。

登海368

审定编号：国审玉20176029

选育单位：山东登海种业股份有限公司

品种来源：登海783/M54

特征特性：东华北春玉米区出苗至成熟126天，比郑单958早2天。幼苗叶鞘深紫色，叶片深绿色，叶缘绿色，花药浅紫色，颖壳紫色。株型紧凑，株高278.5厘米，穗位高96.5厘米，成株叶片数19片。花丝绿色，果穗筒形，穗长20.7厘米，穗行数14～16行，穗轴紫色，籽粒黄色、马齿型，百粒重36.6克。接种鉴定，抗茎腐病、穗腐病，中抗丝黑穗病、灰斑病，感大斑病。籽粒容重792克/升，粗蛋白含量10.61%，粗脂肪含量3.33%，粗淀粉含量75.36%，赖氨酸含量0.29%。

产量表现：2015—2016年参加东华北春玉米品种区域试验，两年平均亩产817.2千克，比对照增产6.6%；2016年生产试验，平均亩产766.8千克，比对照郑单958增产5.5%。

栽培技术要点：中等肥力以上地块栽培，5月上旬播种，亩种植密度4 000～4 500株。注意防治大斑病。

适宜种植地区：适宜北京、天津、河北北部、内蒙古赤峰和通辽，山西、辽宁、吉林中晚熟区等东华北春玉米区种植。

登海939

审定编号：国审玉20176030

选育单位：山东登海种业股份有限公司

品种来源：登海596×M54

特征特性：东华北区春播出苗至成熟126天，比郑单958早1.6天；黄淮海夏玉米区出苗至成熟101天左右，比郑单958早1天。幼苗叶鞘紫色，叶片深绿色，叶缘浅色，花药浅紫色，颖壳绿色。株型紧凑，株高257～268厘米，穗位高97～103厘米，成株叶片数20片。花丝浅紫色，果穗筒形，穗长17.2～18.2厘米，穗行数15.2～18行，穗轴紫色，籽粒黄色、马齿型。百粒重34.1～36.9克。东华北区抗病性接种鉴定，高抗丝黑穗病，抗茎腐病，中抗灰斑病、穗腐病，感大斑病。黄淮海区抗病性接种鉴定，抗穗腐病、弯孢菌叶斑病，中抗小斑病，感茎腐病，高感瘤黑粉病、粗缩病。籽粒容重766克/升，粗蛋白含量10.87%，粗脂肪含量4.27%，粗淀粉含量72.39%，赖氨酸含量0.32%。

产量表现：东华北春玉米品种区域试验：2015—2016两年平均亩产790.4千克，比对照增产5.6%；

2016年生产试验，平均亩产760.0千克，比对照郑单958增产4.5%。黄淮海夏玉米品种区域试验：2015—2016两年平均亩产751.0千克，比对照增产11.3%；2016年生产试验，平均亩产684.6千克，比对照郑单958增产5.6%。

栽培技术要点：中等肥力以上地块栽培，春播4月下旬至5月上旬播种，夏播6月上旬至中旬播种，亩种植密度4 500～5 000株。注意防治大斑病和丝黑穗病。

适宜种植地区：适宜北京、天津、河北北部、内蒙古赤峰和通辽，山西、辽宁、吉林中晚熟区等东华北春玉米区春播种植。适宜北京、天津、河北保定及以南地区、山西南部、河南、山东、江苏淮北、安徽淮北、陕西关中灌区等黄淮海夏玉米区夏播种植。

龙垦136

审定编号：国审玉20176031

选育单位：北大荒垦丰种业股份有限公司

品种来源：F105×F02

特征特性：东华北春玉米区出苗至成熟129天，比对照郑单958早1天。幼苗叶鞘紫色，第一叶片尖端圆到匙形，叶片深绿色，花药绿色，颖壳绿色。株型半紧凑，株高270厘米，穗位109厘米，成株叶片数20片。花丝绿色，果穗筒形，穗长17.9厘米，穗粗5.4厘米，穗行数20行，穗轴粉色，籽粒黄色、马齿型，百粒重30.6克。经中国农业科学院作物科学研究所作物资源抗病虫鉴定课题组接种鉴定，感大斑病、丝黑穗病，高感灰斑病，中抗镰孢茎腐病，抗镰孢穗腐病。籽粒容重740克/升，粗蛋白含量10.68%，粗脂肪含量4.12%，粗淀粉含量72.56%，赖氨酸含量0.35%。

产量表现：2014—2015年参加东华北春玉米品种区域试验，两年平均亩产是823.8千克，比对照郑单958增产7.2%；2016年参加东华北春玉米品种生产试验，平均亩产739.5千克，比对照郑单958增产6.5%。

栽培技术要点：中等肥力以上地块种植，亩种植密度4 000～4 500株。注意防治大斑病、灰斑病和丝黑穗病。

适宜种植地区：适宜黑龙江第一积温带，吉林四平、松原、长春的大部分地区，辽源、白城、吉林市部分地区、通化南部，辽宁除东部山区和大连、东港以外的大部分地区，内蒙古赤峰和通辽大部分地区，山西忻州、晋中、太原、阳泉、长治、晋城、吕梁平川区和南部山区，河北张家口、承德、秦皇岛、唐山、廊坊、保定北部、沧州北部春播区，北京市、天津春播区。

德单129

审定编号：国审玉20176032

选育单位： 北京德农种业有限公司

品种来源： 7P159×S121

特征特性： 在东华北春玉米地区出苗至成熟128天，较对照郑单958早2天。幼苗叶鞘紫色，花药浅紫色，花丝紫色。株型紧凑型，株高300厘米，穗位高119厘米，雄穗分枝数9.4，成株叶片数20片，果穗筒形，穗长18.2厘米，穗粗5.4厘米，秃尖0.97厘米，穗行数18行，行粒数37，穗轴红色，籽粒黄色、马齿型，百粒重35.4克。平均倒伏（折）率3.3%。经中国农业科学院作物科学研究所接种鉴定，抗镰孢茎腐病，中抗镰孢穗腐病、大斑病、丝黑穗病，高感灰斑病。籽粒容重788克/升，粗蛋白含量9.49%，粗脂肪含量3.65%，粗淀粉含量73.14%，赖氨酸含量0.35%。

产量表现： 2014—2015年参加东华北春玉米品种区域试验，94个试点72点增产，22点减产，增产点率76.6%，两年平均亩产813.7千克，比对照郑单958增产5.2%。2016年参加东华北春玉米品种生产试验，21点增产，7点减产，增产点率75.0%，平均亩产733.5千克，比对照郑单958增产5.6%。

栽培技术要点： 中等肥力以上地块栽培，4月下旬至5月上旬播种，亩种植密度4 500株。注意防治灰斑病。

适宜种植地区： 适宜吉林四平、松原、长春的大部分地区，辽源、白城、吉林市部分地区，通化南部，辽宁除东部山区和大连、东港以外的大部分地区，内蒙古赤峰和通辽大部分地区，山西忻州、晋中、太原、阳泉、长治、晋城、吕梁平川区和南部山区，河北张家口、承德、秦皇岛、唐山、廊坊、保定北部、沧州北部春播区，北京、天津春播区。山西临汾西北丘陵地区，陕西榆林、延安，适宜黑龙江第一积温带等地种植。

屯玉639

审定编号： 国审玉20176033

选育单位： 北京屯玉种业有限责任公司

品种来源： T605×F806

特征特性： 东华北春玉米区出苗至成熟129天，比对照郑单958早1天。幼苗叶鞘紫色，花药绿色，花丝浅紫色。株型紧凑型，株高278厘米，穗位高108厘米，成株叶片数20片。果穗筒形，穗长19.3厘米，穗行数16行，穗轴红色，籽粒黄色、半马齿型，百粒重38.9克。接种鉴定，中抗大斑病，抗镰孢茎腐病、镰孢穗腐病，感灰斑病、丝黑穗病。容重771克/升，粗蛋白含量9.64%，粗脂肪含量3.89%，粗淀粉含量73.19%，赖氨酸含量0.34%。

产量表现： 2014—2015年参加中玉科企联合测试东华北春玉米组区域试验，两年平均亩产814.0千克，比对照郑单958增产5.0%。2016年参加中玉科企联合测试东华北春玉米组生产试验，平均亩产768.3千克，比对照郑单958增产10.6%。

320

栽培技术要点：中等肥力以上地块种植，亩适宜种植密度为4 000～4 500株。注意防治丝黑穗病和灰斑病。

适宜种植地区：适宜黑龙江第一积温带、吉林四平、松原、长春的大部分地区，辽源、白城、吉林市部分地区、通化南部，辽宁除东部山区和大连、东港以外的大部分地区，内蒙古赤峰和通辽大部分地区，山西忻州、晋中、太原、阳泉、长治、晋城、吕梁平川区和南部山区，河北张家口、承德、秦皇岛、唐山、廊坊、保定北部、沧州北部春播区，北京、天津春播等地种植。

乐农18

审定编号：国审玉20176034

选育单位：河南金博士种业股份有限公司

品种来源：J85×G99

特征特性：在东华北春玉米区出苗至成熟128天，比对照品种郑单958早2天。幼苗叶鞘紫色，叶片绿色，雄花分枝平均7个左右，花药浅紫色，颖壳绿色。株型半紧凑，成株叶片数19片。花丝绿色。株高283厘米，穗位108厘米。果穗筒形，穗长19.5厘米，穗行数18～20行（平均18.6行），穗轴粉红色，籽粒黄色、半马齿，百粒重36.9克，出籽率88.5%。经接种鉴定，抗镰孢穗腐病，中抗大斑病、镰孢茎腐病，感灰斑病、丝黑穗病。籽粒容重761克/升，粗蛋白含量9.69%，粗脂肪含量4.67%，粗淀粉含量71.22%，赖氨酸含量0.36%。

产量表现：2014—2015年参加中玉科企联合（1+8）玉米测试绿色通道东华北春玉米组品种区域试验，两年平均亩产806.9千克，比对照增产4.3%；2016年参加生产试验，平均亩产730.8千克，比对照增产5.2%。

栽培技术要点：春播一般在4月20日至5月15日播种为宜。适宜密度3 800～4 200株/亩。注意防治丝黑穗病。

适宜种植地区：适宜黑龙江、吉林、辽宁、内蒙古、天津、北京、河北、山西≥10℃活动积温在2 650℃以上东华北春玉米区种植。

秋乐368

审定编号：国审玉20176035

选育单位：河南秋乐种业科技股份有限公司

品种来源：NK11×NK17-8

特征特性：在东华北春播区出苗至成熟128天，比对照品种郑单958早2天。株高312厘米，穗位高129

厘米，花药浅紫色，花丝紫色。果穗筒形，穗长19.3厘米，穗粗5.1厘米，穗行数16行左右，穗轴红色，籽粒黄色、马齿型，百粒重37.8克。接种鉴定，中抗镰孢茎腐病，抗镰孢穗腐病，感大斑病和丝黑穗病，高感灰斑病。容重783克/升，粗蛋白含量10.14%，粗脂肪含量3.41%，粗淀粉含量73.51%。

在黄淮海夏播玉米区出苗至成熟103天，与对照品种郑单958相当，株高299厘米，穗位高109厘米。幼苗叶鞘紫色，花丝紫色，花药浅紫色，株型半紧凑，果穗筒形，穗长17.5厘米，穗粗5.0厘米，穗行数16行左右，百粒重35.7克。接种鉴定，中抗茎腐病，感小斑病、弯孢菌叶斑病、穗腐病，高感瘤黑粉病和粗缩病。容重783克/升，粗蛋白含量10.14%，粗脂肪含量3.41%，粗淀粉含量73.51%。

产量表现： 2014—2015年中玉科企绿色通道东华北春玉米品种区域试验，两年平均亩产822.7千克，比对照增产6.14%；2016年生产试验平均亩产786.6千克，比对照增产11.88%。2015—2016年中玉科企绿色通道黄淮海夏玉米组区域试验，两年平均亩产749.8千克，比对照增产15.85%。2016年中玉科企绿色通道生产试验，平均亩产674.0千克，比对照增产9.88%。

栽培技术要点： 东华北春玉米区选择中等肥力以上地块栽培，4月下旬播种，每亩种植密度4 000～4 500株。黄淮海夏玉米区6月15日前播种。适宜亩种植密度4 000～4 500株。

适宜种植地区： 适宜吉林四平、松原、长春的大部分地区，辽源、白城、吉林市部分地区、通化南部，辽宁除东部山区和大连、东港以外的大部分地区，内蒙古赤峰和通辽大部分地区，山西忻州、晋中、太原、阳泉、长治、晋城、吕梁平川区和南部山区，河北张家口、承德、秦皇岛、唐山、廊坊、保定北部、沧州北部春播区，北京、天津春播区等东华北春玉米区地种植。注意防治灰斑病、大斑病和丝黑穗病。适宜在河南、山东、河北保定和沧州的南部及以南地区，唐山、秦皇岛、廊坊、沧州北部、保定北部夏播区，北京、天津夏播区，陕西关中灌区，山西运城和临汾、晋城夏播区，安徽和江苏两省的淮河以北地区等黄淮海夏播玉米区种植。注意防治玉米瘤黑粉病、粗缩病、小斑病、弯孢菌叶斑病、丝黑穗病。

东单6531

审定编号： 国审玉20176036

选育单位： 辽宁东亚种业有限公司、辽宁东亚种业科技股份有限公司

品种来源： PH6WC（选）×83B28

特征特性： 东华北春玉米地区出苗至成熟128.1天，比对照品种郑单958早1.79天。幼苗叶鞘紫色，第一叶片尖端形状长卵。株型半紧凑型，株高290厘米，穗位高103厘米，穗柄长度长，苞叶长，雄穗分枝数7个，成株叶片数20片，保绿性好，花药紫色，花丝绿色。果穗筒形，穗长18.5厘米，穗粗5厘米，穗行数16.6行，行粒数37.1粒，穗轴红色，籽粒黄色、半马齿型，百粒重35.6克，出籽率80.4%。平均倒伏率/平均倒折率6.23%，平均空秆率3.07%。经中国农业科学院作物科学研究所2014—2015年连续两年接种鉴定，

感丝黑穗病、大斑病、灰斑病（7级S），抗茎腐病（8.1%R）、穗腐病（2.4级R）。品质分析，籽粒容重774克/升，粗蛋白含量8.98%，粗脂肪含量3.85%，粗淀粉含量74.78%，赖氨酸含量0.34%。内蒙古春播生育期132天左右，比对照种郑单958早2天，需活动积温2 800℃。幼苗叶鞘紫色，叶片绿色，苗势强。株型半紧凑，株高297厘米左右，穗位高107厘米左右，成株叶片数19片。雄穗分枝数5～7个，花丝绿色，花药紫色。果穗锥形，穗长19.7厘米，穗行数16～20行，穗轴红色，籽粒黄色，半马齿型，百粒重36.6克，出籽率83%，倒伏率0.8%，倒折率0.5%。2015—2016年经中国农业科学院作物科学研究所两年接种鉴定，感大斑病、中抗灰斑病、丝黑穗病，抗镰孢茎腐病、穗腐病。籽粒容重785克/升，粗蛋白含量10.84%，粗脂肪含量3.9%，粗淀粉含量72.19%，赖氨酸含量0.31%。河北春播生育期125天左右，与对照种先玉335一致，需活动积温2 800℃。幼苗叶鞘紫色，叶片绿色，苗势强。株型半紧凑，株高270厘米左右，穗位高102厘米左右，成株叶片数20片。雄穗分枝数5～7个，花丝绿色，花药绿色。果穗锥形，穗长19.8厘米，穗行数16～20行，穗轴红色，籽粒黄色，半马齿型，百粒重38.0克，出籽率86.5%，倒伏率0.0%，倒折率0。2015—2016年经辽宁省丹东农业科学院两年接种鉴定，感大斑病、中抗灰斑病、丝黑穗病，抗镰孢茎腐病、穗腐病。籽粒容重785克/升，粗蛋白含量10.84%，粗脂肪含量3.9%，粗淀粉含量72.19%，赖氨酸含量0.31%。

产量表现： 2014—2015年参加东华北春玉米区绿色通道区域试验，两年平均亩产815千克，比对照郑单958增产5.74%，增产点率71.4%；2016年生产试验，亩产743.3千克，比对照郑单958增产7.03%，增产点率75%。2015—2016年在内蒙古参加相邻省同一生态类型区绿色通道生产试验，两年平均亩产891.7千克，比对照郑单958增产7.8%。2015—2016年在河北参加相邻省同一生态类型区绿色通道生产试验，两年平均亩产799.2千克，比对照先玉335增产9.5%。

栽培技术要点： 中等及以上肥力地块种植，播前要精细整地，地温要确保稳定10℃以上进行播种。东华北春玉米区春播在4月下旬至5月上旬播种为宜，亩适宜密度4 000～4 500株；内蒙古、河北活动积温2 800℃以上春播玉米区，春播一般在4月中下旬播种为宜，适宜密度4 000株/亩。

适宜种植地区： 适宜吉林四平、松原、长春的大部分地区，辽源、白城、吉林市部分地区、通化南部，辽宁除东部山区和大连、东港以外的大部分地区，内蒙古赤峰和通辽大部分地区，山西忻州、晋中、太原、阳泉、长治、晋城、吕梁平川区和南部山区，河北张家口、承德、秦皇岛、唐山、廊坊、保定北部、沧州北部春播区，北京、天津春播区等地种植。还适宜在内蒙古、河北活动积温在2 800℃以上春播玉米区种植。注意及时防治灰斑病、大斑病、丝黑穗病和黏虫、玉米螟等病虫害。

富尔1602

审定编号： 国审玉20176037

选育单位： 齐齐哈尔市富尔农艺有限公司

品种来源：THT81×TH96A

特征特性：东华北春玉米区出苗至成熟128天，比对照品种郑单958早2天。幼苗叶鞘紫色，叶片绿色，花药紫色，颖壳紫色。株型紧凑型，株高291厘米，穗位高119厘米，成株叶片数19.3片。花丝绿色。果穗筒形，穗长19.5厘米，穗行数16行，穗轴红色，籽粒黄色、马齿型，百粒重36.3克。接种鉴定，中抗大斑病、穗腐病、丝黑穗病，高抗茎腐病，感灰斑病。籽粒容重764克/升，粗蛋白含量10.0%，粗脂肪含量4.03%，粗淀粉含量72.45%，赖氨酸0.35%。

产量表现：2013—2014年参加中玉科企联合测试东华北春玉米组品种区域试验，两年平均亩产811.8千克，比对照增产4.7%；2016年生产试验，平均亩产725.5千克，比对照郑单958平均增产4.5%。

栽培技术要点：中等肥力以上地块栽培，4月下旬播种，每亩种植密度4 000～4 500株。注意防治灰斑病。

适宜种植地区：适宜黑龙江第一积温带上限；吉林四平、长春、松原、白城、辽源的中晚熟区、吉林市部分地区、通化南部地区；辽宁除东部山区和沿海区域以外的大部分地区；内蒙古赤峰和通辽大部分区域；山西忻州、晋中、太原、阳泉、长治、晋城、吕梁平川区和南部山区；河北张家口、承德、秦皇岛、唐山、廊坊、保定北部、沧州北部、北京、天津春玉米区，且各种植区的活动积温在2 700℃以上等东华北春玉米区种植。

诚信1503

审定编号：国审玉20176038

选育单位：山西诚信种业有限公司

品种来源：14TD3×14TD4

特征特性：在东华北中晚熟春玉米区出苗至成熟平均127天，需有效积温2 700℃左右。幼苗叶鞘紫色，叶片绿色，叶缘浅紫色。花药紫色，颖壳紫色，花丝浅紫色。株型半紧凑，成株叶片数21片。株高297厘米，穗位高128厘米。果穗筒形，穗长20.2厘米，穗行数16～18行，穗轴红色，籽粒黄色，粒型半马齿，籽粒品质半粉质。接种鉴定，感灰斑病，中抗大斑病、丝黑穗病，抗镰孢茎腐病，高抗穗腐病。籽粒容重756克/升，粗蛋白质含量（干基）10.8%，粗脂肪含量（干基）3.78%，粗淀粉含量（干基）73.45%，赖氨酸含量（干基）0.32%。

产量表现：2015—2016年区域试验，平均亩产767.4千克，比对照郑单958增产6.38%；2016年生产试验，平均亩产751.6千克，比对照郑单958增产5.36%。

栽培技术要点：应选择中上等肥力地块种植。亩保苗4 000～4 200株。注意防治灰斑病。

适宜种植地区：适宜山西、内蒙古、辽宁、吉林、河北、天津等地的春播中晚熟区等东华北区春播种植。

金博士717

审定编号： 国审玉20176039

选育单位： 河南金博士种业股份有限公司

品种来源： J303×G17

特征特性： 在东华北春玉米区出苗至成熟127天，比对照郑单958早3天。幼苗叶鞘紫色，叶片绿色，叶缘紫色，花药紫色，颖壳绿色。株型半紧凑，株高288厘米，穗位高107厘米，成株叶片数20片。花丝绿色，果穗筒形，穗长18.7厘米，穗行数18～20行，穗轴粉色，籽粒黄色、半马齿型，百粒重38.0克，出籽率88.5%。接种鉴定，抗丝黑穗病、茎腐病、穗腐病，中抗灰斑病，感大斑病。籽粒容重733克/升，粗蛋白含量10.02%，粗脂肪含量3.19%，粗淀粉含量74.65%，赖氨酸含量0.30%。

产量表现： 2015—2016年参加东华北春玉米品种区域试验，两年平均亩产774.6千克，比对照郑单958增产6.03%；2016年生产试验，平均亩产735.2千克，比对照郑单958增产4.04%。

栽培技术要点： 中上等肥力地块种植，4月20日至5月15日播种，亩种植密度4 000～4 200株。注意防治大斑病。

适宜种植地区： 适宜黑龙江、吉林、辽宁、北京、天津、河北、内蒙古、山西活动积温>2 650℃以上东华北春玉米区种植。

美豫503

审定编号： 国审玉20176040

选育单位： 河南省豫玉种业股份有限公司

品种来源： GPH6B×H72199

特征特性： 东华北春玉米区出苗至成熟126天，比郑单958早2天，幼苗叶鞘紫色，叶片绿色，花药紫色，颖壳绿色，花丝淡紫色，株型紧凑，株高279厘米，穗位高112厘米，成株叶片数20片，穗长18.8厘米，穗行数16～18行，百粒重35.6克，穗轴红色，籽粒黄色、马齿型。接种鉴定，抗灰斑病和穗腐病，中抗大斑病、丝黑穗病和镰孢茎腐病。籽粒容重773克/升，粗蛋白含量9.22%，粗脂肪含量3.54%，粗淀粉含量74.95%，赖氨酸含量0.31%。

产量表现： 美豫503玉米品种产量表现2015—2016年两年区域试验，平均亩产820.6千克，比对照增产8.4%；2016年生产试验，平均亩产771.1千克，比对照增产7.2%。

栽培技术要点： 中等肥力以上地块栽培，4月下旬至5月上旬播种，适宜种植密度3 500～4 000株/亩。

适宜种植地区：适宜北京、天津、河北北部、内蒙古赤峰和通辽，山西、辽宁、吉林中晚熟区，陕西延安等东华北春玉米区种植。

S1651

审定编号：国审玉20176041

选育单位：中国种子集团有限公司

品种来源：D1798Z×D6925Z

特征特性：东华北春玉米区出苗至成熟126天，比郑单958早3天。幼苗叶鞘紫色，叶片绿色。株型半紧凑，株高289厘米，穗位高117厘米，成株叶片数21片。花药紫色，花丝绿色，果穗筒形，穗长19厘米，穗粗5.0厘米，穗行数16～18行，行粒数34，秃尖长0.8厘米，穗轴粉红色，籽粒黄色、偏马齿型，百粒重37克。接种鉴定，感灰斑病，中抗大斑病和丝黑穗病，抗镰孢茎腐病和穗腐病。籽粒容重766克/升，粗蛋白含量8.3%，粗脂肪含量4.6%，粗淀粉含量74.8%。

产量表现：2015—2016年参加东华北春玉米组绿色通道品种区域试验，两年平均亩产879.7千克，比对照郑单958平均增产16.0%；2016年生产试验，平均亩产765.4千克，比对照郑单958增产13.3%。

栽培技术要点：春播地温稳定在10～12℃，建议在4月下旬至5月中旬播种。薄地宜稀，肥地宜密。一般亩保苗4 000～5 000株，较为适合机械化密植栽培，建议精量播种。注意防治灰斑病。

适宜种植地区：适宜吉林、辽宁、内蒙古、北京、天津、河北、山西等地的东华北中晚熟春玉米区种植。

农华803

审定编号：国审玉20176042

选育单位：北京金色农华种业科技股份有限公司

品种来源：K4104-16×B8328

特征特性：生育期126天，熟期与对照品种郑单958相当。幼苗叶鞘紫色，叶片绿色，叶缘浅紫色，花药黄色，颖壳绿色，雄穗分枝6～9个。株型半紧凑，株高280厘米左右，穗位110厘米左右，全株20片叶。花丝浅紫色，果穗筒形，穗长20厘米，穗粗5.0厘米，穗行数16～20行，穗轴粉色，籽粒黄色、半马齿型，百粒重35克。接种鉴定，高抗茎腐病，中抗灰斑病、穗腐病，感大斑病、丝黑穗病。籽粒容重716克/升，粗蛋白8.49%，粗脂肪4.49%，粗淀粉75.57%，赖氨酸0.29%。

产量表现：2014—2015年参加东华北区域试验，两年平均亩产803.8千克，比对照增产7.8%；2016年生产试验，平均亩产694.5千克，比对照京科968增产3.9%。

栽培技术要点：中等肥力以上地块栽培，4月下旬至5月上旬播种，亩种植密度3 800～4 200株。注意防治弯孢菌叶斑病、大斑病和丝黑穗病。

适宜种植地区：适宜北京、天津、河北北部、内蒙古通辽和赤峰，山西、辽宁、吉林中晚熟区等东华北春玉米区种植。

锦华202

审定编号：国审玉20176043

选育单位：北京金色农华种业科技股份有限公司

品种来源：11A341×L9097

特征特性：生育期127天，熟期与对照品种郑单958相当。幼苗叶鞘紫色，叶片绿色，叶缘紫色，花药浅紫色，颖壳绿色，雄穗分枝5～7个。株型半紧凑，株高285厘米左右，穗位110厘米左右，全株19～20片叶。花丝紫色，果穗筒形，穗长18厘米，穗粗4.9厘米，穗行数16～20行，穗轴紫色，籽粒黄色、半马齿型，百粒重35克。接种鉴定，高抗茎腐病，抗穗腐病，中抗灰斑病，感大斑病、丝黑穗病。籽粒容重725克/升，粗蛋白9.72%，粗脂肪3.91%，粗淀粉73.08%，赖氨酸0.31%。

产量表现：2015—2016年参加东华北区域试验，两年平均亩产778.0千克，比对照增产6.7%；2016年生产试验平均亩产709.9千克，比对照京科968增产6.2%。

栽培技术要点：中等肥力以上地块栽培，4月下旬至5月上旬播种，亩种植密度4 000～4 500株。注意防治弯孢菌叶斑病、大斑病、丝黑穗病和玉米螟。

适宜种植地区：适宜北京、天津、河北北部、内蒙古通辽和赤峰，山西、辽宁、吉林中晚熟区等东华北春玉米区种植。

宽诚58

审定编号：国审玉20176044

选育单位：河北省宽城种业有限责任公司

品种来源：K34225×K787

特征特性：东华北春玉米区出苗至成熟128.2天，比郑单958早0.9天。幼苗叶鞘浅紫色，叶片绿色，叶缘绿色，花药浅紫色，颖壳绿色。株型紧凑，株高285厘米，穗位高105厘米，成株叶片数21片。花丝绿色，果穗筒形，穗长19.3厘米，穗行数16～18行，穗轴红色，籽粒黄色、半马齿型，百粒重39.6克。接种鉴定，高抗茎腐病，抗灰斑病、穗腐病，中抗丝黑穗病，感大斑病。籽粒容重712克/升，粗蛋白含量7.89%，粗脂肪含量4.80%，粗淀粉含量76.58%（属高淀粉品种），赖氨酸含量0.28%。

产量表现： 2015—2016年参加东华北春玉米品种区域试验，两年平均亩产814.5千克，比对照增产5.92%；2016年生产试验，平均亩产824.8千克，比对照郑单958增产6.60%。

栽培技术要点： 中等肥力以上地块栽培，4月下旬至5月上旬播种，亩种植密度4 000～4 500株。

适宜种植地区： 适宜吉林、辽宁、山西中晚熟区、北京、天津、河北北部、内蒙古赤峰和通辽等东华北春玉米区种植。

宽玉1102

审定编号： 国审玉20176045

选育单位： 河北省宽城种业有限责任公司

品种来源： 良玉M116×良玉S129

特征特性： 东华北春玉米区出苗至成熟127.7天，比郑单958早1.3天。幼苗叶鞘紫色，叶片绿色，叶缘浅紫色，花药紫色，颖壳绿色。株型半紧凑，株高301厘米，穗位高120厘米，成株叶片数21片。花丝绿色，果穗筒形，穗长18.7厘米，穗行数16～18行，穗轴白色，籽粒黄色、半马齿型，百粒重37.8克。接种鉴定，抗茎腐病、穗腐病、中抗丝黑穗病、灰斑病和大斑病。籽粒容重764克/升，粗蛋白含量9.62%，粗脂肪含量3.96%，粗淀粉含量74.77%，赖氨酸含量0.31%。

产量表现： 2015—2016年参加东华北春玉米品种区域试验，两年平均亩产807.7千克，比对照增产4.22%；2016年生产试验，平均亩产817.9千克，比对照郑单958增产6.28%。

栽培技术要点： 中等肥力以上地块栽培，4月下旬至5月上旬播种，亩种植密度4 000～4 500株。

适宜种植地区： 适宜吉林、辽宁、山西中晚熟区、北京、天津、河北北部、内蒙古赤峰和通辽等东华北春玉米区种植。

华诚1号

审定编号： 国审玉20176046

选育单位： 河北省宽城种业有限责任公司

品种来源： B8×B129

特征特性： 东华北春玉米区出苗至成熟126.5天，比郑单958早2.6天。幼苗叶鞘深紫色，叶片绿色，叶缘紫色，花药紫色，颖壳绿色。株型半紧凑，株高290厘米，穗位高117厘米，成株叶片数20片。花丝绿色，果穗筒形，穗长19.8厘米，穗行数16～18行，穗轴红色，籽粒黄色、半马齿型，百粒重38.1克。接种鉴定，高抗丝黑穗病和茎腐病，抗灰斑病、穗腐病，感大斑病。籽粒容重744克/升，粗蛋白含量9.83%，粗脂肪含量4.19%，粗淀粉含量74.25%，赖氨酸含量0.32%。

产量表现：2015—2016年参加东华北春玉米品种区域试验，两年平均亩产799.8千克，比对照增产4.62%；2016年生产试验，平均亩产811.3千克，比对照郑单958增产5.40%。

栽培技术要点：中等肥力以上地块栽培，4月下旬至5月上旬播种，亩种植密度4 000～4 500株。注意防治大斑病。

适宜种植地区：适宜吉林、辽宁、山西中晚熟区、北京、天津、河北北部、内蒙古赤峰和通辽等东华北春玉米区种植。

蒙发8803

审定编号：国审玉20176047

选育单位：大民种业股份有限公司

品种来源：R36×T18

特征特性：在东华北中熟春玉米地区出苗至成熟128天，较对照品种吉单535相比长0.4天，幼苗叶鞘紫色，花药紫色，花丝浅紫色，株型紧凑，株高292厘米，穗位高117厘米，成株叶片数20片。果穗筒形，穗长19.9厘米，穗粗5.02厘米，穗行数16行，秃尖长1.01厘米，百粒重36.26克，出籽率79.61%。田间倒伏率为0.4%，倒折率为1.2%，空秆率为0.6%。接种鉴定，感大斑病、丝黑穗病、中抗茎腐病、穗腐病，高感灰斑病、穗腐病。籽粒容重753克/升，粗蛋白含量8.09%，粗脂肪含量3.38%，粗淀粉含量76.32%。

产量表现：2014—2015年参加东华北中熟春玉米组区域试验，两年平均亩产806.55千克，比对照增产5.19%；2016年生产试验，平均亩产808.1千克，比对照吉单535增产18.5%，比对照先玉335增产5.3%。

栽培技术要点：中等肥力以上地块栽培，4月下旬至5月上旬播种，亩种植密度4 000株。注意防治灰斑病和穗腐病。

适宜种植地区：适宜辽宁东部山区和辽北部分地区，吉林省吉林市、白城、通化大部分地区，辽源、长春、松原部分地区，黑龙江第一积温带，内蒙古乌兰浩特、赤峰、通辽、呼和浩特、包头、巴彦淖尔、鄂尔多斯等部分地区，河北张家口和承德部分地区、山西大同、朔州部分地区。且各种植区的活动积温均应在2 650℃以上的东华北中熟春玉米区种植。

东单507

审定编号：国审玉20176048

选育单位：辽宁东亚种业有限公司

品种来源：PH4CV（选）×42082B

特征特性：东单507在东华北中熟春玉米区播种生育期128.9天，比对照种吉单535晚1天，属中熟玉米杂交种。该品种幼苗叶鞘紫色，叶片绿色，叶缘紫色，苗势强。株高300厘米左右，穗位100厘米，株型半紧凑，成株叶片数19片。花丝浅紫色，雄穗分枝数7~9个，花药黄色。果穗筒形，穗长22厘米，穗行数18行，穗粗5.5厘米，穗轴红色，籽粒黄色，粒型为马齿型，百粒重38.9克，出籽率87.1%，倒伏率/倒折率1.58%。接种鉴定，感大斑病、丝黑穗病，高感灰斑病，高抗茎腐病，中抗穗腐病。籽粒容重735克/升，粗蛋白含量8.77%，粗脂肪含量3.30%，粗淀粉含量76.38%。

产量表现： 2014—2015年参加中玉科企联合测试东华北中熟春玉米区域试验，两年平均亩产841.2千克，比对照增产9.65%，增产点率92.9%。2016年参加中玉科企联合测试东华北中熟春玉米（Ⅱ）组生产试验，亩产807.6千克，比对照先玉335增产5.3%，增产点率85%；比对照吉单535增产18.4%，增产点率90%。

栽培技术要点： 应选择土质较肥沃的中等或中上等地块种植，地温要确保稳定10℃以上进行播种，春播在4月下旬至5月上旬播种为宜，亩适宜密度4 000~4 500株。注意防治大斑病、灰斑病和丝黑穗病。

适宜种植地区： 适宜辽宁东部山区和辽北部分地区，吉林省吉林市、白城、通化大部分地区，辽源、长春、松原部分地区，黑龙江第一积温带，内蒙古乌兰浩特、赤峰、通辽、呼和浩特、包头、巴彦淖尔、鄂尔多斯等部分地区，河北张家口坝下丘陵及河川中熟区和承德中南部中熟区，山西北部大同、朔州盆地区和中部及东南部丘陵区等东华北中熟春玉米区种植。

富尔2134

审定编号： 国审玉20176049

选育单位： 齐齐哈尔市富尔农艺有限公司

品种来源： JB077×JB052

特征特性： 东华北中熟春玉米区出苗至成熟128天，比对照先玉335晚0.5天，幼苗叶鞘紫色，叶片绿色，花药浅紫色，颖壳浅紫色。株型半紧凑型，株高292厘米，穗位高106厘米，成株叶片数19片。花丝绿色，果穗中间型，穗长19.5厘米，穗行数16~18行，穗轴白色，籽粒黄色、马齿型，百粒重34.1克。接种鉴定，抗茎腐病，中抗大斑病、穗腐病，感丝黑穗病、灰斑病。籽粒容重726克/升，粗蛋白含量9.18%，粗脂肪含量3.70%，粗淀粉含量74.23%。

产量表现： 2014—2015年参加中玉科企联合测试东华北中熟春玉米组品种区域试验，两年平均亩产819.6千克，比对照吉单535增产6.9%；2016年参加生产试验，平均亩产792千克，比对照先玉335增产3.2%。

栽培技术要点： 中等肥力以上地块栽培，4月下旬至5月初播种，亩种植密度4 000株。注意防治丝黑穗病。

适宜种植地区： 适宜辽宁东部山区和辽北部分地区；吉林省吉林市、白城、辽源、长春、通化和松原部分地区；黑龙江第一积温带；内蒙古乌兰浩特、赤峰、通辽、呼和浩特、包头、巴彦淖尔、鄂尔多斯等部分地区；山西北部大同、朔州盆地区和中部及东南部丘陵区等；且各种植区的活动积温在2 650℃以上的东华北中熟春玉米地区种植。

龙垦134

审定编号： 国审玉20176050

选育单位： 北大荒垦丰种业股份有限公司

品种来源： THT80×TH22A

特征特性： 东华北中早熟春玉米区出苗至成熟124天，比对照吉单27晚1天。幼苗叶鞘紫色，第一叶片尖端圆形至匙形，叶片深绿色，花药绿色，颖壳绿色。株型半紧凑，株高288厘米，穗位100厘米，成株叶片数18片。花丝绿色，果穗筒形，穗长18.6厘米，穗粗5.3厘米，穗行数16～18行，穗轴白色，籽粒黄色、半马齿型，百粒重33.6克。经中国农业科学院作物科学研究所作物资源抗病虫鉴定课题组接种鉴定，感灰斑病、丝黑穗病，中抗大斑病、镰孢穗腐病，高抗镰孢茎腐病。籽粒容重756克/升，粗蛋白含量9.57%，粗脂肪含量4.27%，粗淀粉含量73.08%。

产量表现： 2014—2015年参加东华北中早熟春玉米组品种区域试验，两年平均亩产是774.7千克，比对照吉单27增产8.8%；2016年参加东华北中早熟春玉米组品种生产试验，平均亩产764.7千克，比对照吉单27增产7.3%。

栽培技术要点： 中等肥力以上地块栽培，4月下旬至5月上旬播种，适宜种植密度为4 000株/亩；种肥每公顷施磷酸二铵180千克及尿素120千克，追硝铵300千克；播种后立即喷洒化学封闭除草剂，根据玉米生长情况及时中耕除草，及时防治虫害，完熟期及时收获。注意防治灰斑病和丝黑穗病。

适宜种植地区： 适宜东华北中早熟春玉米区种植，包括黑龙江第二积极温带，吉林白山、延边州的部分地区，通化、吉林市的东部，内蒙古中东部的呼伦贝尔扎兰屯南部、兴安盟中北部、通辽扎鲁特旗中部、赤峰中北部、乌兰察布前山、呼和浩特北部、包头北部早熟区，河北张家口坝下丘陵及河川中早熟区和承德中南部中早熟地区，山西中北部大同、朔州、忻州、吕梁、太原、阳泉海拔900～1 100米的丘陵地区，宁夏南部山区海拔1 800米以下地区。

屯玉358

审定编号： 国审玉20176051

选育单位： 北京屯玉种业有限责任公司

品种来源： T131×Y6

特征特性：东华北中早熟春玉米区生育期125天，比对照吉单27晚1～2天。幼苗叶鞘浅紫色，叶片绿色，花丝绿色，花药绿色。株型半紧凑，株高298厘米，穗位高110厘米，成株叶片数18片。果穗筒形，穗长17.4厘米，穗行数18～20行，穗轴红色，籽粒黄色、马齿型，百粒重31.1克。接种鉴定，高抗镰孢茎腐病，中抗丝黑穗病，感大斑病、灰斑病、镰孢穗腐病。籽粒容重752克/升，粗蛋白含量9.63%，粗脂肪含量4.25%，粗淀粉含量75.63%。

产量表现：2014—2015年参加中玉科企联合测试东华北中早熟春玉米组区域试验，两年平均亩产751.3千克，比对照吉单27增产4.9%。2016年参加中玉科企联合测试东华北中早熟春玉米组生产试验，平均亩产761.0千克，比对照吉单27增产6.8%。

栽培技术要点：适时播种：在适应区于4月下旬至5月上旬播种。合理密植：适宜的亩种植密度为4 000～4 500株。科学施肥：施足基肥，播前亩施复合肥40～50千克，大喇叭口期亩追施尿素20～30千克。科学管理：播种后立即喷洒化学封闭除草剂，根据玉米生长情况及时中耕除草，及时防治虫害，完熟期及时收获。注意防治大斑病和灰斑病。

适宜种植地区：适宜东华北中早熟春玉米区种植，包括黑龙江第二积极温带，吉林白山、延边州的部分地区，通化、吉林的东部，内蒙古中东部的呼伦贝尔扎兰屯南部、兴安盟中北部、通辽扎鲁特旗中部、赤峰中北部、乌兰察布前山、呼和浩特北部、包头北部早熟区，河北张家口坝下丘陵及河川中早熟区和承德中南部中早熟地区，山西中北部大同、朔州、忻州、吕梁、太原、阳泉海拔900～1 100米的丘陵地区，宁夏南部山区海拔1 800米以下地区。

金博士806

审定编号：国审玉20176052

选育单位：河南金博士种业股份有限公司

品种来源：金339×金386

特征特性：在东华北中早熟春玉米区出苗至成熟123天，比对照品种吉单27晚熟1天。幼苗叶鞘紫色，叶片绿色，花药浅紫色。株型半紧凑，株高298厘米，穗位115厘米。成株叶片数19片。花丝绿色。果穗中间型，穗长20.3厘米，穗行数为16～18行。穗轴红色，籽粒黄色、半马齿型，百粒重35.1克。出籽率88.1%。经接种鉴定，高抗镰孢茎腐病，抗大斑病，中抗丝黑穗病、镰孢穗腐病，感灰斑病。籽粒容重746克/升，粗蛋白含量8.12%，粗脂肪含量4.18%，粗淀粉含量71.84%。

产量表现：2013—2014年参加中玉科企联合（1+8）玉米测试绿色通道东华北中早熟春玉米组品种区域试验，两年平均亩产764.4千克，比对照增产5.3%；2015年参加生产试验，平均亩产713.7千克；比对照增产4.5%。

栽培技术要点：适宜中等以上肥力地块种植，亩适宜密度3 800～4 200株。春播一般在4月20日至5月

10日为宜。

适宜种植地区：适宜黑龙江、内蒙古、吉林、山西、河北、宁夏等≥10℃活动积温在2 550℃以上适宜种植吉单27的东华北中早熟春玉米区种植。

奥玉405

审定编号：国审玉20176053

选育单位：北京奥瑞金种业股份有限公司

品种来源：OSL414×OSL437

特征特性：黄淮海夏玉米区出苗至成熟101天，与对照品种郑单958相当。幼苗叶鞘紫色，叶片绿色，叶缘紫色，花药紫色，颖壳浅紫色。株型半紧凑，平均株高289厘米，穗位高105厘米。花丝浅紫色，果穗筒形，穗长17.8厘米，穗行数14～16行，穗轴红色，籽粒黄色、半马齿型，百粒重36.3克。接种鉴定，抗弯孢菌叶斑病，中抗小斑病、穗腐病和茎腐病，感粗缩病，高感瘤黑粉病。籽粒容重770克/升，粗蛋白含量9.4%，粗脂肪含量3.5%，粗淀粉含量75.6%，赖氨酸含量0.34%。

产量表现：2015—2016年参加绿色通道黄淮海夏玉米品种区域试验，两年平均亩产708.6千克，比对照增产9.1%；2016年生产试验，平均亩产634.0千克，比对照增产3.9%。

栽培技术要点：中上等肥力地块种植，6月上中旬播种，亩种植密度4 000～4 500株。注意防治粗缩病和瘤黑粉病。

适宜种植地区：适宜北京、天津、河北保定及以南地区、山西南部、河南、山东、江苏淮北、安徽淮北、陕西关中灌区等黄淮海夏玉米区种植。

丰乐301

审定编号：国审玉20176054

选育单位：合肥丰乐种业股份有限公司

品种来源：F103×PM1

特征特性：黄淮海夏播区出苗至成熟103天，与郑单958相当。幼苗叶鞘紫色，叶片绿色，花药紫色。株型半紧凑，株高291厘米，穗位高107厘米，成株叶片数19片左右。花丝浅紫色，果穗筒形，穗长17.5厘米，穗行数16～18行，穗轴红色，籽粒黄色、半马齿型，百粒重32.3克。接种鉴定，中抗小斑病、茎腐病，感穗腐病，高感弯孢菌叶斑病、瘤黑粉病和粗缩病。籽粒容重为766克/升，粗蛋白质含量10.54%，粗脂肪含量3.32%，粗淀粉含量74.50%，赖氨酸含量0.34%。

产量表现：2014—2015年参加绿色通道黄淮海夏玉米品种区域试验，两年平均亩产696.97千克，比对照增产6.29%；2016年生产试验，平均亩产629.2千克，比对照郑单958增产6.28%。

栽培技术要点： 适宜播期为6月上中旬，要求中上等肥力土壤，排灌方便，亩种植密度4 500株，播种前施足底肥（土杂肥或复合肥），5～6片叶时第一次追肥，大喇叭口期第二次追肥，两次追肥总量（尿素）35～40千克。苗期注意防治蓟马及蚜虫为害，大喇叭口期注意防治玉米螟、穗腐病、弯孢菌叶斑病、瘤黑粉病，注意防倒伏。

适宜种植地区： 适宜北京、天津、河北保定及以南地区、山西南部、河南、山东、江苏淮北、安徽淮北、陕西关中灌区等黄淮海夏玉米区种植。

丰乐303

审定编号： 国审玉20176055

选育单位： 合肥丰乐种业股份有限公司

品种来源： 京725×京2416

特征特性： 生育期103天，与郑单958相当。幼苗叶鞘紫色，叶片绿色，花药紫色。株型紧凑，株高278厘米，穗位高105厘米，成株叶片数18片左右。花丝浅紫色，果穗筒形，穗长16.5厘米，穗行数16～18行，穗轴红色，籽粒黄色、半马齿型，百粒重31.9克。接种鉴定，中抗茎腐病，感小斑病、穗腐病，高感弯孢菌叶斑病、瘤黑粉病和粗缩病。籽粒容重为786克/升，粗蛋白质含量9.42%，粗脂肪含量4.18%，粗淀粉含量74.87%，赖氨酸含量0.32%。

产量表现： 2014—2015年参加绿色通道黄淮海夏玉米品种区域试验，两年平均亩产691.25千克，比对照增产5.41%；2016年生产试验，平均亩产618.6千克，比对照郑单958增产4.48%。

栽培技术要点： 播期和密度：6月上中旬播种，亩密度4 500株。田间管理：中上等肥力土壤，排灌方便，播种前施足底肥（土杂肥或复合肥），5～6片叶时第一次追肥，大喇叭口期第二次追肥，两次追肥总量（尿素）35～40千克。苗期注意防治蓟马及蚜虫为害，大喇叭口期注意防治玉米螟和病害。适时收获：籽粒乳线消失出现黑粉层后收获，充分发挥该品种的高产潜力。

适宜种植地区： 适宜北京、天津、河北保定及以南地区、山西南部、河南、山东、江苏淮北、安徽淮北、陕西关中灌区等黄淮海夏玉米区种植。

裕丰308

审定编号： 国审玉20176056

选育单位： 承德裕丰种业有限公司

品种来源： 承系299×承系136

特征特性：黄淮海夏播玉米区出苗至成熟平均103天，比郑单958早1天。幼苗叶鞘紫色，叶缘绿色，花药紫色，颖壳绿色，花丝紫色。株型紧凑，株高289厘米，穗位高107厘米，成株叶片数20片。果穗筒形，穗长17.1厘米，秃尖1.7厘米，穗行数16～18行，穗轴红色，籽粒黄色、马齿型，百粒重39克。接种鉴定，中抗弯孢菌叶斑病、茎腐病，感小斑病，感穗腐病，高感瘤黑粉病、粗缩病。籽粒容重778克/升，粗蛋白（干基）10.39%，粗脂肪（干基）3.81%，粗淀粉（干基）73.52%，赖氨酸（干基）0.31%。

产量表现：2015—2016年参加绿色通道黄淮海夏玉米品种区域试验，两年平均亩产691.2千克，比对照郑单958增产7.8%；2016年生产试验，平均亩产655.2千克，比对照郑单958增产7.1%。

栽培技术要点：中上等肥力地块种植，6月中旬播种，适宜亩种植密度4 000～4 500株。注意防治瘤黑粉病、粗缩病、小斑病和穗腐病。

适宜种植地区：适宜河北保定以南、唐山、山西南部、河南、山东、安徽、江苏、陕西、天津、北京等黄淮海夏玉米区种植。

隆平218

审定编号：国审玉20176057

选育单位：安徽隆平高科种业有限公司

品种来源：LB03×LJ876

特征特性：黄淮海夏玉米区出苗至成熟101天，比对照品种郑单958晚1天。幼苗叶鞘紫色，叶片深绿色，叶缘绿色，花药紫色，颖壳紫色。株型紧凑，株高290厘米，穗位高108厘米，成株叶片数20片。花丝绿色，果穗筒形，穗长17.9厘米，穗行数16～18行，穗轴红色，籽粒黄色，半硬粒型，百粒重36.5克。接种鉴定，高抗腐霉茎腐病、中抗小斑病、镰孢茎腐病，高感弯孢菌叶斑病、瘤黑粉病、粗缩病，感穗腐病。籽粒容重776克/升，粗蛋白含量9.66%，粗脂肪含量3.50%，粗淀粉含量74.77%，赖氨酸含量0.28%。

产量表现：2014—2015年参加绿色通道黄淮海夏玉米品种区域试验，两年平均亩产724.90千克，比对照增产9.11%；2016年生产试验，平均亩产610.92千克，比对照郑单958增产3.35%。

栽培技术要点：中等肥力以上地块栽培，6月中上旬播种，亩种植密度5 000株。注意防治瘤黑粉病、弯孢菌叶斑病和粗缩病。

适宜种植地区：适宜北京、天津、河北、山西南部、河南、山东、江苏淮北、安徽淮北、陕西关中灌区等黄淮海夏玉米区种植。

隆平240

审定编号：国审玉20176058

选育单位： 安徽隆平高科种业有限公司

品种来源： LJ2047×L236

特征特性： 黄淮海夏玉米出苗至成熟99天，比对照品种郑单958早1天。幼苗叶鞘紫色，叶片绿色，叶缘紫色，花丝浅紫色，颖壳绿色。株型紧凑，株高264厘米，穗位高94厘米，成株叶片数20片。花丝浅紫色，果穗筒形，穗长18.1厘米，穗行数14～16行，穗轴粉红色，籽粒黄色，半马齿型，百粒重35.2克。接种鉴定，高抗腐霉茎腐病，抗小斑病，感弯孢菌叶斑病、镰孢茎腐病，高感瘤黑粉病、穗腐病、粗缩病。籽粒容重750克/升，粗蛋白含量9.75%，粗脂肪含量3.49%，粗淀粉含量74.91%，赖氨酸含量0.32%。

产量表现： 2014—2015年参加绿色通道黄淮海夏玉米品种区域试验，两年平均亩产703.68千克，比对照增产5.95%；2016年生产试验，平均亩产623.96千克，比对照郑单958增产5.55%。

栽培技术要点： 中等肥力以上地块栽培，6月中上旬播种，亩种植密度5 000株。注意防治瘤黑粉病、弯孢菌叶斑病和粗缩病。

适宜种植地区： 适宜北京、天津、河北、山西南部、河南、山东、江苏淮北、安徽淮北、陕西关中灌区等黄淮海夏玉米区种植。

隆平269

审定编号： 国审玉20176059

选育单位： 安徽隆平高科种业有限公司

品种来源： LA731×L239

特征特性： 黄淮海夏玉米区出苗至成熟102天，比郑单958晚2天。幼苗叶鞘紫色，叶片深绿色，叶缘紫色，花药浅紫色，颖壳绿色。株型紧凑，株高289厘米，穗位高109厘米，成株叶片数20片。花丝浅紫色，果穗筒形，穗长18.8厘米，平均穗行数14～16行，穗轴白色，籽粒黄色，半硬粒型，百粒重37.5克。接种鉴定，高抗腐霉茎腐病，中抗小斑病，感弯孢菌叶斑病、穗腐病、镰孢茎腐病，高感瘤黑粉病、粗缩病。籽粒容重766克/升，粗蛋白含量9.00%，粗脂肪含量3.37%，粗淀粉含量76.81%，赖氨酸含量0.30%。

产量表现： 2014—2015年参加绿色通道黄淮海夏玉米品种区域试验，两年平均亩产736.21千克，比对照增产10.82%；2016年生产试验，平均亩产626.73千克，比对照郑单958增产5.80%。

栽培技术要点： 中等肥力以上地块栽培，6月中上旬播种，亩种植密度5 000株。注意防治穗腐病、镰孢茎腐病、瘤黑粉病和弯孢菌叶斑病。

适宜种植地区： 适宜北京、天津、河北、山西南部、河南、山东、江苏淮北、安徽淮北、陕西关中灌区等黄淮海夏玉米区种植。

华皖617

审定编号：国审玉20176060

选育单位：安徽隆平高科种业有限公司

品种来源：H811513×H996

特征特性：黄淮海夏玉米出苗至成熟100天，与郑单958熟期相当。幼苗叶鞘紫色，叶片绿色，叶缘紫色，花药黄色，颖壳浅紫色。株型紧凑，株高284厘米，穗位高106厘米，成株叶片数19片。花丝红色，果穗筒形，穗长17.9厘米，穗行数14~16行，穗轴红色，籽粒黄色，粒型为马齿型，百粒重34.1克。接种鉴定，高抗腐霉茎腐病，中抗小斑病，高感弯孢菌叶斑病、瘤黑粉病、粗缩病，感穗腐病、镰孢茎腐病。籽粒容重763克/升，粗蛋白含量11.24%，粗脂肪含量3.85%，粗淀粉含量69.25%，赖氨酸含量0.36%。

产量表现：2014—2015年参加黄淮海夏玉米品种区域试验，两年平均亩产714.59千克，比对照增产7.56%；2016年生产试验，平均亩产626.77千克，比对照郑单958增产6.03%。

栽培技术要点：在黄淮海各省中等肥力以上地块栽培，6月中上旬播种，亩种植密度5 000株。注意防治弯孢菌叶斑病、瘤黑粉病和粗缩病。

适宜种植地区：适宜北京、天津、河北、山西南部、河南、山东、江苏淮北、安徽淮北、陕西关中灌区等黄淮海夏玉米区种植。

隆平275

审定编号：国审玉20176061

选育单位：安徽隆平高科种业有限公司

品种来源：LE239×H996

特征特性：黄淮海夏玉米出苗至成熟101天，与郑单958晚1天。幼苗叶鞘紫色，叶片深绿色，叶缘紫色，花药紫色，颖壳绿色。株型半紧凑，株高267厘米，穗位高98厘米，成株叶片数20片。花丝紫色，果穗筒形，穗长19.2厘米，穗行数14~16行，穗轴红色，籽粒黄色，半马齿型，百粒重38.4克。接种鉴定，中抗小斑病，高感弯孢菌叶斑病、瘤黑粉病、粗缩病，感穗腐病、镰孢感茎腐病。籽粒容重744克/升，粗蛋白含量9.19%，粗脂肪含量3.42%，粗淀粉含量75.65%，赖氨酸含量0.32%。

产量表现：2015—2016年参加绿色通道黄淮海夏玉米品种区域试验，两年平均亩产705.49千克，比对照增产12.27%；2016年生产试验，平均亩产623.72千克，比对照郑单958增产7.03%。

栽培技术要点：中等肥力以上地块栽培，6月中上旬播种，亩种植密度5 000株。注意防治弯孢菌叶斑病、瘤黑粉病和粗缩病。

适宜种植地区：适宜北京、天津、河北、山西南部、河南、山东、江苏淮北、安徽淮北、陕西关中灌区等黄淮海夏玉米区种植。

联创825

审定编号：国审玉20176062

选育单位：北京联创种业股份有限公司

品种来源：CT16621×CT3354

特征特性：黄淮海夏玉米区出苗至成熟104天，与郑单958相当。幼苗叶鞘紫色，叶片绿色，叶缘绿色，花药浅紫—紫色，颖壳绿色。株型半紧凑，株高276厘米，穗位高100厘米，成株叶片数19～20片。花丝紫色，果穗筒形，穗长17.7厘米，穗行数14～18行，穗轴红色，籽粒黄色、马齿型，百粒重34.0克。接种鉴定，感小斑病、穗腐病、茎腐病、弯孢菌叶斑病，高感瘤黑粉病、粗缩病。籽粒容重760克/升，粗蛋白含量9.64%，粗脂肪含量4.35%，粗淀粉含量73.48%，赖氨酸含量0.31%。

产量表现：2014—2015年参加黄淮海夏玉米品种区域试验，两年平均亩产738.0千克，比对照增产8.6%；2016年生产试验，平均亩产677.9千克，比对照郑单958增产5.6%。

栽培技术要点：中等肥力以上地块栽培，5月下旬至6月中旬播种，亩种植密度4 000株左右。注意防治茎腐病、穗腐病、小斑病、弯孢菌叶斑病、瘤黑粉病、粗缩病。

适宜种植地区：适宜北京、天津、河北保定及以南地区、山西南部、河南、山东、江苏淮北、安徽淮北、陕西关中灌区等黄淮海夏玉米区种植。

中科玉501

审定编号：国审玉20176063

选育单位：北京联创种业股份有限公司

品种来源：CT35665×CT3354

特征特性：黄淮海夏玉米区出苗至成熟103天，比对照品种郑单958早1天。幼苗叶鞘紫色，叶片绿色，叶缘绿色，花药绿色，颖壳绿色。株型半紧凑，株高285厘米，穗位高103厘米，成株叶片数19～21片。花丝紫色，果穗筒形，穗长18.2厘米，穗行数14～16行，穗轴红色，籽粒黄色、马齿型，百粒重34.2克。接种鉴定，中抗小斑病，感穗腐病、茎腐病，高感瘤黑粉病、弯孢菌叶斑病、粗缩病。籽粒容重772克/升，粗蛋白含量10.08%，粗脂肪含量3.66%，粗淀粉含量74.95%，赖氨酸含量0.34%。

产量表现：2014—2015年参加黄淮海夏玉米品种区域试验，两年平均亩产735.7千克，比对照增产8.3%；2016年生产试验，平均亩产678.9千克，比对照郑单958增产5.7%。

栽培技术要点：中等肥力以上地块栽培，5月下旬至6月中旬播种，亩种植密度4 000株左右。注意防治茎腐病、穗腐病、弯孢菌叶斑病、瘤黑粉病和粗缩病。

适宜种植地区：适宜北京、天津、河北保定及以南地区、山西南部、河南、山东、江苏淮北、安徽淮北、陕西关中灌区等黄淮海夏玉米区种植。

登海533

审定编号：国审玉20176064

选育单位：山东登海种业股份有限公司

品种来源：登海22×DH382

特征特性：黄淮海夏玉米区出苗至成熟104天左右，比郑单958晚1天。幼苗叶鞘紫色，叶片深绿色，叶缘绿色，花药黄色，颖壳绿色。株型紧凑，株高265厘米，穗位高94厘米，成株叶片数20片。花丝绿色，果穗筒形，穗长18.3厘米，穗行数14～16行，穗轴红色，籽粒黄色、半马齿型，百粒重35.6克。接种鉴定，抗小斑病，感弯孢菌叶斑病、茎腐病，高感穗腐病、瘤黑粉病和粗缩病。籽粒容重770克/升，粗蛋白含量11.52%，粗脂肪含量4.55%，粗淀粉含量73.35%，赖氨酸含量0.32%。

产量表现：2014—2015年参加黄淮海夏玉米品种区域试验，两年平均亩产722.8千克，比对照增产7.8%；2016年生产试验，平均亩产717.2千克，比对照郑单958增产11.5%。

栽培技术要点：中等肥力以上地块栽培，6月上旬至中旬播种，亩种植密度4 500～5 000株。注意防治瘤黑粉病和粗缩病。

适宜种植地区：适宜北京、天津、河北保定及以南地区、山西南部、河南、山东、江苏淮北、安徽淮北、陕西关中灌区等黄淮海夏玉米区种植。

登海177

审定编号：国审玉20176065

选育单位：山东登海种业股份有限公司

品种来源：DH392×登海53

特征特性：黄淮海夏玉米区出苗至成熟102天左右，比郑单958早1天。幼苗叶鞘深紫色，叶片深绿色，叶缘紫色，花药紫色，颖壳绿色。株型紧凑，株高247厘米，穗位高87厘米，成株叶片数19片。花丝浅紫色，果穗筒形，穗长17.3厘米，穗行数平均14.5行，穗轴紫色，籽粒黄色、马齿型，百粒重34.9克。接种鉴定，中抗小斑病，感弯孢菌叶斑病、穗腐病和茎腐病，高感瘤黑粉病和粗缩病。籽粒容重776克/升，粗蛋白含量10.94%，粗脂肪含量4.41%，粗淀粉含量73.22%，赖氨酸含量0.29%。

产量表现： 2014—2015年参加黄淮海夏玉米品种区域试验，两年平均亩产754.5千克，比对照增产11.4%；2016年生产试验，平均亩产680.3千克，比对照郑单958增5.7%。

栽培技术要点： 中等肥力以上地块栽培，6月上中旬播种，亩种植密度4 500～5 000株。注意防治瘤黑粉病和粗缩病。

适宜种植地区： 适宜北京、天津、河北保定及以南地区、山西南部、河南、山东、江苏淮北、安徽淮北、陕西关中灌区等黄淮海夏玉米区种植。

登海105

审定编号： 国审玉20176066

选育单位： 山东登海种业股份有限公司

品种来源： DH392×登海57

特征特性： 黄淮海夏玉米区出苗至成熟102天左右，比郑单958早1天。幼苗叶鞘紫色，叶片深绿色，叶缘浅紫色，花药紫色，颖壳浅紫色。株型紧凑，株高259厘米，穗位高85厘米，成株叶片数19片。花丝浅紫色，果穗筒形，穗长18.6厘米，穗行数平均15.3行，穗轴紫色，籽粒黄色、半马齿型，百粒重31.9克。接种鉴定，中抗小斑病，感弯孢菌叶斑病、穗腐病和茎腐病，高感瘤黑粉病和粗缩病。籽粒容重787克/升，粗蛋白含量9.67%，粗脂肪含量4.41%，粗淀粉含量74.68%，赖氨酸含量0.26%。

产量表现： 2014—2015年参加黄淮海夏玉米品种区域试验，两年平均亩产730.9千克，比对照增产8.0%；2016年生产试验，平均亩产693.2千克，比对照郑单958增产7.7%。

栽培技术要点： 中等肥力以上地块栽培，6月上旬至中旬播种，亩种植密度4 500～5 000株。注意防治瘤黑粉病和粗缩病。

适宜种植地区： 适宜北京、天津、河北保定及以南地区、山西南部、河南、山东、江苏淮北、安徽淮北、陕西关中灌区等黄淮海夏玉米区种植。

登海187

审定编号： 国审玉20176067

选育单位： 山东登海种业股份有限公司

品种来源： M54×登海61

特征特性： 黄淮海夏玉米区出苗至成熟101天左右，比郑单958早2天。幼苗叶鞘紫色，叶片深绿色，叶缘绿色，花药浅紫色，颖壳绿色。株型紧凑，株高244厘米，穗位高87厘米，成株叶片数20片。花丝绿色，果穗柱形，穗长17.3厘米，穗行数平均16.0行，穗轴红色，籽粒黄色、马齿型，百粒重31.0克。接种鉴定，中抗小斑病、弯孢菌叶斑病，感茎腐病，高感穗腐病、瘤黑粉病和粗缩病。籽粒容重778克/升，粗蛋白含量12.12%，粗脂肪含量4.13%，粗淀粉含量71.02%，赖氨酸含量0.35%。

产量表现： 2014—2015年参加黄淮海夏玉米品种区域试验，两年平均亩产735.8千克，比对照增产8.9%；2016年生产试验，平均亩产686.4千克，比对照郑单958增产6.7%。

栽培技术要点： 中等肥力以上地块栽培，6月上中旬播种，亩种植密度4 500～5 000株。注意防治瘤黑粉病和粗缩病。

适宜种植地区： 适宜北京、天津、河北保定及以南地区、山西南部、河南、山东、江苏淮北、安徽淮北、陕西关中灌区等黄淮海夏玉米区种植。

登海371

审定编号： 国审玉20176068

选育单位： 山东登海种业股份有限公司

品种来源： M54×登海591

特征特性： 黄淮海夏玉米区出苗至成熟101天左右，比郑单958早1天左右。幼苗叶鞘紫色，叶片深绿色，叶缘绿色，花药浅紫色，颖壳浅紫色。株型紧凑，株高240厘米，穗位高86厘米，成株叶片数19片。花丝绿色，果穗筒形，穗长17.3厘米，穗行数平均14.5行，穗轴红色，籽粒黄色、马齿型，百粒重36.3克。接种鉴定，中抗小斑病、弯孢菌叶斑病、茎腐病、穗腐病，感粗缩病，高感瘤黑粉病。籽粒容重740克/升，粗蛋白含量10.83%，粗脂肪含量3.47%，粗淀粉含量73.72%，赖氨酸含量0.32%。

产量表现： 2015—2016年参加黄淮海夏玉米品种区域试验，两年平均亩产755.9千克，比对照增产10.6%；2016年生产试验，平均亩产703.1千克，比对照郑单958增产8.5%。

栽培技术要点： 中等肥力以上地块栽培，6月上中旬播种，亩种植密度4 500～5 000株。注意防治瘤黑粉病。

适宜种植地区： 适宜北京、天津、河北保定及以南地区、山西南部、河南、山东、江苏淮北、安徽淮北、陕西关中灌区等黄淮海夏玉米区种植。

德单123

审定编号： 国审玉20176069

选育单位： 北京德农种业有限公司

品种来源： CA24×BB31

特征特性： 在黄淮海夏玉米区出苗至成熟103天，与对照郑单958相当。幼苗叶鞘紫色，花药紫色。株型紧凑型，株高259厘米，穗位高99厘米，成株叶片数19.4片。花丝紫色，果穗长锥形，穗长16.7厘米，穗粗5.5厘米，秃尖0.6厘米，穗行数15行，行粒数33，穗轴白色，籽粒黄色、半马齿型，百粒重35.7克。平均倒伏（折）率4.3%。经中国农业科学院作物科学研究所接种鉴定，抗腐霉茎腐病、小斑病，中抗镰孢穗腐病，感弯孢菌叶斑病、瘤黑粉病，高感粗缩病。籽粒容重770克/升，粗蛋白含量9.09%，粗脂肪含量3.25%，粗淀粉含量76.34%。

产量表现： 2014—2015年参加黄淮海夏玉米品种区域试验，97个试点75点增产，22点减产，增产点率77.3%，两年平均亩产697.4千克，比对照郑单958增产8.3%。2016年参加黄淮海夏玉米品种生产试验，37点增产，5点减产，增产点率88.1%，平均亩产663.0千克，比对照郑单958增产8.1%。

栽培技术要点： 中等肥力土壤条件下，亩种植密度4 500～5 000株；一般土壤条件下亩种植密度4 000～4 500株。注意防治弯孢菌叶斑病、瘤黑粉病和粗缩病。

适宜种植地区： 适宜河南、山东、河北保定和沧州的南部及以南地区、陕西关中灌区、山西运城和临汾及晋城部分平川地区、江苏和安徽两省淮河以北地区、河北唐山、北京、天津等黄淮海夏玉米区种植。

金博士509

审定编号： 国审玉20176070

选育单位： 河南金博士种业股份有限公司

品种来源： 金5252×金5254

特征特性： 在黄淮海夏玉米区出苗至成熟103天，与对照郑单958相当。株型紧凑，株高260厘米，穗位高110厘米。幼苗叶鞘紫色，雄穗分枝10～15个，叶片绿色，花药浅紫色，花丝浅紫色，成株叶片数20片。果穗筒形，穗长18.0厘米，穗粗5.0厘米，平均穗行数16～18行，行粒数34.5，百粒重32.8克，出籽率88.3%。接种鉴定，高感粗缩病、弯孢菌叶斑病，中抗小斑病，抗镰孢穗腐病，高抗腐霉茎腐病，感瘤黑粉病。籽粒容重718克/升，粗蛋白含量13.52%，粗脂肪含量4.47%，粗淀粉含量71.19%，赖氨酸含量0.37%。

产量表现： 2013—2014年参加中玉科企联合测试黄淮海夏播玉米组区域区试，两年平均亩产633.3千克，比对照郑单958增产5.1%；2015年生产试验，平均亩产674.5千克，比对照郑单958增产5.4%。

栽培技术要点： 夏播一般在5月25日至6月15日，最好小麦收获后抢墒及时播种。亩种植密度4 500株。注意防治粗缩病、弯孢菌叶斑病。

适宜种植地区： 适宜北京南部、天津、河北唐山、廊坊及以南地区、河南、山东、山西南部、安徽北部、陕西关中夏播地区、江苏北部与郑单958同区的黄淮海夏玉米区种植。

东单7512

审定编号： 国审玉20176071

选育单位： 辽宁东亚种业有限公司

品种来源： H985×L9097

特征特性： 东单7512在黄淮海夏玉米区出苗至成熟103天，与对照品种郑单958相当。幼苗叶鞘紫色，株高272厘米，穗位高103厘米，株型紧凑。花丝粉色，雄穗分枝7~9个，花药紫色。果穗筒形，穗长16.7厘米，穗粗4.8厘米，穗行数16行，穗轴红色，籽粒黄色马齿型。百粒重33克，出籽率84.1%。田间倒伏率/倒折率5.02%，空秆率1.77%。两年接种鉴定，抗小斑病、穗腐病，高抗腐霉茎腐病，感弯孢菌叶斑病、瘤黑粉病，高感粗缩病。品质分析，籽粒容重759克/升，粗蛋白含量9.57%，粗脂肪含量3.19%，粗淀粉含量75.78%。

产量表现： 2014—2015年两年区试平均亩产694.9千克，比对照郑单958增产8.14%，增产点率84.5%；2016年生产试验，亩产636.05千克，比对照郑单958增产3.68%，增产点率71.4%。

栽培技术要点： 应选择土质较肥沃的中等或中上等地块种植，夏播在6月上旬播种为宜，亩适宜密度5 000株。注意防治粗缩病、瘤黑粉病。

适宜种植地区： 适宜河南、山东、河北保定和沧州的南部及以南地区、陕西关中灌区、山西运城和临汾及晋城部分平川地区、江苏和安徽两省淮河以北地区、湖北襄阳地区等黄淮海夏玉米区播种。

中地88

审定编号： 国审玉20176072

选育单位： 中地种业（集团）有限公司

品种来源： M3-11×D2-7

特征特性： 西北春玉米区出苗至成熟132天，比郑单958早1天。幼苗叶鞘紫色，叶片绿色，叶缘白色，花药黄色，颖壳浅紫色。株型紧凑，株高295厘米，穗位高125厘米，成株叶片数19片。花丝浅紫色，果穗筒形，穗长18.6厘米，穗行数16~18行，穗轴红色，籽粒黄色、半马齿型，百粒重37.2克。2014—2015年接种鉴定，高抗茎腐病，中抗大斑病、禾谷镰孢穗腐病，感丝黑穗病。籽粒容重770克/升，粗蛋白含量8.63%，粗脂肪含量3.54%，粗淀粉含量76.07%，赖氨酸含量0.31%。黄淮海夏播玉米区出苗至成熟101天。幼苗叶鞘紫色，叶片深绿色，叶缘白色，花药黄色，颖壳浅紫色。株型半紧凑，株高295厘米，穗位高114厘米，成株叶片数20片。花丝浅紫色，果穗筒形，穗长17.5厘米，穗行数16行，穗轴红色，籽粒黄色、半马齿型，百粒重36.9克。接种鉴定，中抗小斑病、弯孢菌叶斑病、茎腐病，高感瘤黑粉病，抗粗缩病。籽粒容重780克/升，粗蛋白含量9.59%，粗脂肪含量3.47%，粗淀粉含量74.27%，赖氨酸含量0.32%。

产量表现： 2014—2015年参加西北春玉米品种区域试验，两年平均亩产1 062.9千克，比对照增产6.57%；2016年生产试验，平均亩产998.2千克，比对照郑单958增产6.7%。2015—2016年黄淮海夏播玉米品种区域试验平均亩产693.0千克，比对照增产6.1%；2016年生产试验，平均亩产676.7千克，比对照郑单958增产5.2%。

栽培技术要点： 中等肥力以上地块栽培，西北春玉米品种区4月下旬至5月上旬播种，亩种植密度5 000～5 500株。中等肥力以上地块栽培，黄淮海夏播玉米品种区6月上中旬播种，亩种植密度4 000～4 500株。

适宜种植地区： 西北春玉米区种植适宜种植范围为陕西榆林及延安、宁夏、甘肃、新疆和内蒙古西部地区等地，注意防治丝黑穗病。黄淮海夏玉米区适宜种植范围为北京、天津、河南、山东、河北保定和沧州及以南地区、陕西关中灌区、山西运城和临汾及晋城部分平川地区、江苏和安徽两省淮河以北地区、湖北襄阳地区等地。

鑫研218

审定编号： 国审玉20176073
选育单位： 山东鑫丰种业股份有限公司
品种来源： SX1395×SX393

特征特性： 黄淮海夏玉米区出苗至成熟101天，比对照品种郑单958早1天。幼苗叶鞘紫色，叶片深绿色，花药浅紫色。株型半紧凑，平均株高294厘米，穗位高111厘米，成株叶片数19片。花丝紫红色，果穗筒形，穗长18.0厘米，穗行数16～18行，穗轴红色，籽粒黄色、马齿型，百粒重33.5克。接种鉴定：中抗小斑病、弯孢菌叶斑病、茎腐病，感穗腐病、粗缩病，高感瘤黑粉病。籽粒容重783克/升，粗蛋白含量10.7%，粗脂肪含量3.9%，粗淀粉含量73.9%，赖氨酸含量0.32%。

产量表现： 2014—2015年参加绿色通道黄淮海夏玉米品种区域试验，两年平均亩产712.6千克，比对照增产10.8%；2016年生产试验，平均亩产672.0千克，比对照增产6.0%。

栽培技术要点： 中等肥力以上地块栽培，6月中上旬播种，亩种植密度4 500～5 000株。注意防治穗腐病、粗缩病和瘤黑粉病。

适宜种植地区： 适宜北京、天津、河北保定及以南地区、山西南部、河南、山东、江苏淮北、安徽淮北、陕西关中灌区等黄淮海夏玉米区种植。

齐单703

审定编号： 国审玉20176074

选育单位： 山东鑫丰种业股份有限公司

品种来源： H210335×X2336

特征特性： 黄淮海夏玉米区出苗至成熟101天，比对照品种郑单958早1天。幼苗叶鞘紫色，叶片深绿色，花药黄色。株型半紧凑，平均株高299厘米，穗位高113厘米，成株叶片数19片。花丝绿色，果穗筒形，穗长17.2厘米，穗行数16～18行，穗轴红色，籽粒黄色、马齿型，百粒重33.7克。接种鉴定，中抗弯孢菌叶斑病、茎腐病、粗缩病，感穗腐病、小斑病，高感瘤黑粉病。籽粒容重790克/升，粗蛋白含量9.1%，粗脂肪含量4.5%，粗淀粉含量74.0%，赖氨酸含量0.30%。

产量表现： 2014—2015年参加绿色通道黄淮海夏玉米品种区域试验，两年平均亩产693.8千克，比对照增产7.9%；2016年生产试验，平均亩产668.7千克，比对照增产5.3%。

栽培技术要点： 中等肥力以上地块栽培，6月中上旬播种，亩种植密度4 500～5 000株。注意防治小斑病、穗腐病和瘤黑粉病。

适宜种植地区： 适宜北京、天津、河北保定及以南地区、山西南部、河南、山东、江苏淮北、安徽淮北、陕西关中灌区等黄淮海夏玉米区种植。

齐单101

审定编号： 国审玉20176075

选育单位： 山东鑫丰种业股份有限公司

品种来源： L58-58×JY727

特征特性： 黄淮海夏玉米区出苗至成熟100天，比对照品种郑单958早2天。幼苗叶鞘紫色，叶片深绿色，花药黄色。株型紧凑，平均株高271厘米，穗位高108厘米，成株叶片数18片。花丝绿色，果穗筒形，穗长17.4厘米，穗行数18～20行，穗轴粉红色，籽粒黄色、马齿型，百粒重29.8克。接种鉴定，中抗小斑病，感弯孢菌叶斑病、茎腐病、粗缩病、穗腐病，高感瘤黑粉病。籽粒容重770克/升，粗蛋白含量9.1%，粗脂肪含量5.0%，粗淀粉含量74.1%，赖氨酸含量0.28%。

产量表现： 2014—2015年参加绿色通道黄淮海夏玉米品种区域试验，两年平均亩产689.5千克，比对照增产7.3%；2016年生产试验，平均亩产671.3千克，比对照郑单958增产5.7%。

栽培技术要点： 中等肥力以上地块栽培，6月中上旬播种，亩种植密度4 500～5 000株。注意防治穗腐病、弯孢菌叶斑病、茎腐病、粗缩病和瘤黑粉病。

适宜种植地区： 适宜北京、天津、河北保定及以南地区、山西南部、河南、山东、江苏淮北、安徽淮北、陕西关中灌区等黄淮海夏玉米区种植。

金博士702

审定编号： 国审玉20176076

选育单位： 河南金博士种业股份有限公司

品种来源： J381×G125

特征特性： 在黄淮海夏玉米区平均生育期104天。幼苗叶鞘紫色，叶片绿色，叶缘白色，花药绿色，颖壳绿色。株型紧凑，株高272厘米，穗位高99厘米，成株叶片数21片。花丝浅紫色，果穗锥形，穗长19厘米，穗行数14~16行，穗轴红色，籽粒橙红、硬粒型，百粒重34.4克，出籽率87.9%。经接种鉴定，中抗小斑病、穗腐病，感茎腐病、粗缩病，高感弯孢菌叶斑病、瘤黑粉病。籽粒容重733克/升，粗蛋白含量10.02%，粗脂肪含量3.19%，粗淀粉含量74.65%，赖氨酸含量0.30%。

产量表现： 2015—2016年参加黄淮海夏玉米品种区域试验，两年平均亩产680.4千克，比对照增产5.26%；2016年生产试验，平均亩产660.7千克，比对照郑单958增产5.13%。

栽培技术要点： 5月25日至6月15日播种，亩种植密度4 000~4 500株。注意防治弯孢菌叶斑病和瘤黑粉病。

适宜种植地区： 适宜北京、天津、河北保定及以南地区、山西南部、河南、山东、江苏淮北、安徽淮北、陕西关中灌区等黄淮海夏玉米区种植。

豫禾368

审定编号： 国审玉20176077

选育单位： 河南省豫玉种业股份有限公司

品种来源： M287×F784

特征特性： 黄淮海夏玉米区出苗至成熟100天，比郑单958早2天，幼苗叶鞘紫色，叶片绿色，花药黄色，花丝粉红色，颖壳绿色，雄穗分枝少且分枝长，株型半紧凑，株高269厘米，穗位98厘米，成株叶片数20片，果穗筒形，穗长17.2厘米，穗行数16~18行，穗轴红色，籽粒黄色、马齿型，百粒重34.1克。接种鉴定，中抗小斑病、弯孢菌叶斑病和镰孢茎腐病，感穗腐病，高感瘤黑粉病和粗缩病。籽粒容重771克/升，粗蛋白含量10.87%，粗脂肪含量3.07%，粗淀粉含量73.52%，赖氨酸含量0.33%。

产量表现： 玉米品种产量表现，2015—2016年两年区域试验，平均亩产706.9千克，比对照增产

8.8%；2016年生产试验，平均亩产662.9千克，比对照增产7.5%。

栽培技术要点：中等肥力以上地块栽培，5月下旬至6月中旬播种，适宜亩种植密度4 000～4 500株。注意防治穗腐病、粗缩病和瘤黑粉病。

适宜种植地区：适宜北京、天津、河北保定及以南地区、山西南部、河南、山东、江苏淮北、安徽淮北、陕西关中灌区等黄淮海夏玉米区种植。

豫禾512

审定编号：国审玉20176078

选育单位：河南省豫玉种业股份有限公司

品种来源：Y4122×Y4c

特征特性：黄淮海夏玉米区出苗至成熟102天，与郑单958相当，叶鞘紫色，叶片绿色，花药紫色，花丝绿色，颖壳浅紫色，雄穗分枝少且分枝长，株型半紧凑，株高279厘米，穗位106厘米，成株叶片数20片，果穗筒形，穗长17.4厘米，穗行数16～18行，穗轴红色，籽粒黄色、马齿型，百粒重33.8克。接种鉴定，中抗弯孢菌叶斑病，感小斑病、穗腐病和镰孢茎腐病，高感瘤黑粉病和粗缩病。籽粒容重753克/升，粗蛋白含量10.77%，粗脂肪含量3.48%，粗淀粉含量72.23%，赖氨酸含量0.35%。

产量表现：豫禾512玉米品种产量表现，2015—2016年两年区域试验，平均亩产704.5千克，比对照增产8.4%；2016年生产试验，平均亩产661.3千克，比对照增产7.1%。

栽培技术要点：中等肥力以上地块栽培，5月下旬至6月中旬播种，适宜亩种植密度4 000～4 500株。注意防治小斑病、穗腐病、粗缩病和瘤黑粉病。

适宜种植地区：适宜北京、天津、河北保定及以南地区、山西南部、河南、山东、江苏淮北、安徽淮北、陕西关中灌区等黄淮海夏玉米区种植。

豫禾516

审定编号：国审玉20176079

选育单位：河南省豫玉种业股份有限公司

品种来源：Y1033×Y4c

特征特性：黄淮海夏玉米区出苗至成熟101天，比郑单958早1天，幼苗叶鞘紫色，叶片绿色，花药紫色，花丝紫色，颖壳紫色，雄穗分枝少且长，株型半紧凑，株高276厘米，穗位101厘米，成株叶片数19～20片，果穗筒形，穗长18.5厘米，穗行数14～16行，穗轴红色，籽粒黄色、马齿型，百粒重32.7克。接种鉴定，中抗弯孢菌叶斑病和镰孢茎腐病，感小斑病和穗腐病，高感瘤黑粉病和粗缩病。籽粒容重778

克/升，粗蛋白含量11.34%，粗脂肪含量3.68%，粗淀粉含量72.55%，赖氨酸含量0.34%。

产量表现： 豫禾516玉米品种产量表现，2015—2016年两年区域试验，平均亩产709.2千克，比对照增产9.0%；2016年生产试验，平均亩产669.9千克，比对照增产7.7%。

栽培技术要点： 中等肥力以上地块栽培，5月下旬至6月中旬播种，适宜亩种植密度4 000～4 500株。注意防治小斑病、穗腐病、粗缩病和瘤黑粉病。

适宜种植地区： 适宜北京、天津、河北保定及以南地区、山西南部、河南、山东、江苏淮北、安徽淮北、陕西关中灌区等黄淮海夏玉米区种植。

豫禾781

审定编号： 国审玉20176080
选育单位： 河南省豫玉种业股份有限公司
品种来源： D71B34-5×BA702

特征特性： 黄淮海夏玉米区出苗至成熟101天，比郑单958早1天，幼苗叶鞘紫色，叶片绿色，花药紫色，花丝浅紫色，颖壳浅紫色，雄穗分枝中等，株型半紧凑，株高264厘米，穗位99厘米，成株叶片数20片，果穗筒形，穗长17.2厘米，穗行数14～16行，穗轴红色，籽粒黄色、马齿型，百粒重33.7克。接种鉴定，中抗镰孢茎腐病，感小斑病和弯孢菌叶斑病，高感穗腐病、瘤黑粉病和粗缩病。籽粒容重756克/升，粗蛋白含量11.21%，粗脂肪含量3.28%，粗淀粉含量74.15%，赖氨酸含量0.33%。

产量表现： 豫禾781玉米品种产量表现，2015—2016年两年区域试验，平均亩产702.9千克，比对照增产8.2%；2016年生产试验，平均亩产663.3千克，比对照增产7.5%。

栽培技术要点： 中等肥力以上地块栽培，5月下旬至6月中旬播种，适宜种植密度4 000～4 500株/亩。注意防治小斑病、穗腐病、粗缩病和瘤黑粉病。

适宜种植地区： 适宜北京、天津、河北保定及以南地区、山西南部、河南、山东、江苏淮北、安徽淮北、陕西关中灌区等黄淮海夏玉米区种植。

豫禾357

审定编号： 国审玉20176081
选育单位： 河南省豫玉种业股份有限公司
品种来源： Y581×H321

特征特性： 黄淮海夏玉米区出苗至成熟102天，与郑单958相当，幼苗叶鞘紫色，叶片绿色，花药黄色，花丝浅紫色，花丝浅紫色，颖壳绿色，雄穗分枝中等，株型半紧凑，植株适中，株高258厘米，穗位

105厘米，成株叶片数20片，果穗长筒形，穗长18.0厘米，穗行数16～18行，穗轴白色，籽粒黄色、马齿型，百粒重33.4克。接种鉴定，中抗小斑病，感穗腐病、镰孢茎腐病，高感弯孢菌叶斑病、瘤黑粉病和粗缩病。籽粒容重762克/升，粗蛋白含量10.87%，粗脂肪含量3.55%，粗淀粉含量71.91%，赖氨酸含量0.29%。

产量表现： 豫禾357玉米品种产量表现，2015—2016年两年区域试验，平均亩产709.1千克，比对照增产8.9%；2016年生产试验，平均亩产669.2千克，比对照增产8.2%。

栽培技术要点： 中等肥力以上地块栽培，5月下旬至6月中旬播种，适宜种植密度4 000～4 500株/亩。注意防治穗腐病、弯孢菌叶斑病、茎腐病、粗缩病和瘤黑粉病。

适宜种植地区： 适宜北京、天津、河北保定及以南地区、山西南部、河南、山东、江苏淮北、安徽淮北、陕西关中灌区等黄淮海夏玉米区种植。

美豫168

审定编号： 国审玉20176082

选育单位： 河南省豫玉种业股份有限公司

品种来源： YY02×YY10

特征特性： 黄淮海夏玉米区出苗至成熟101天，比郑单958早熟1天，幼苗叶鞘紫色，叶片绿色，花药浅紫色，花丝紫色，颖壳绿色，雄穗分枝少且长，株型紧凑，株高268厘米，穗位99厘米，成株叶片数19～20片，果穗筒形，穗长17.7厘米，穗行数16～18行，穗轴红色，籽粒黄色、马齿型，百粒重33.0克。接种鉴定，中抗镰孢茎腐病，感小斑病和穗腐病，高感弯孢菌叶斑病、瘤黑粉病和粗缩病。籽粒容重770克/升，粗蛋白含量11.25%，粗脂肪含量3.05%，粗淀粉含量73.62%，赖氨酸含量0.34%。

产量表现： 美豫168玉米品种产量表现，2015—2016年两年区域试验，平均亩产713.6千克，比对照增产9.6%；2016年生产试验，平均亩产664.1千克，比对照增产7.6%。

栽培技术要点： 中等肥力以上地块栽培，5月下旬至6月中旬播种，适宜亩种植密度4 000～4 500株。注意防治穗腐病、弯孢菌叶斑病、小斑病、粗缩病和瘤黑粉病。

适宜种植地区： 适宜北京、天津、河北保定及以南地区、山西南部、河南、山东、江苏淮北、安徽淮北、陕西关中灌区等黄淮海夏玉米区种植。

美豫268

审定编号： 国审玉20176083

选育单位： 河南省豫玉种业股份有限公司

品种来源： X7348×F727

特征特性： 黄淮海夏玉米区出苗至成熟101天，比郑单958早熟1天，幼苗叶鞘紫色，叶片绿色，花药紫色，花丝浅紫色，颖壳紫色，雄穗分枝少且长，株型半紧凑，株高269厘米，穗位102厘米，成株叶片数20片，果穗筒形，穗长17.6厘米，穗行数16~18行，穗轴红色，籽粒黄色、马齿型，百粒重31.5克。接种鉴定，中抗镰孢茎腐病，感小斑病和弯孢菌叶斑病，高感穗腐病、瘤黑粉病和粗缩病。籽粒容重765克/升，粗蛋白含量11.75%，粗脂肪含量3.54%，粗淀粉含量71.39%，赖氨酸含量0.38%。

产量表现： 美豫268玉米品种产量表现，2015—2016年两年区域试验，平均亩产705.8千克，比对照增产8.5%；2016年生产试验，平均亩产665.4千克，比对照增产7.9%。

栽培技术要点： 中等肥力以上地块栽培，5月下旬至6月中旬播种，适宜亩种植密度4 000~4 500株。注意防治穗腐病、小斑病、粗缩病和瘤黑粉病。

适宜种植地区： 适宜北京、天津、河北保定及以南地区、山西南部、河南、山东、江苏淮北、安徽淮北、陕西关中灌区等黄淮海夏玉米区种植。

豫禾113

审定编号： 国审玉20176084

选育单位： 河南省豫玉种业股份有限公司

品种来源： A34×B2

特征特性： 黄淮海夏玉米区出苗至成熟101天，比郑单958早熟1天，幼苗叶鞘紫色，叶片绿色，花药紫色，花丝紫色，颖壳紫色，雄穗分枝少且长，株型半紧凑，株高272厘米，穗位100厘米，成株叶片数19~20片，果穗筒形，穗长18.2厘米，穗行数16~18行，穗轴红色，籽粒黄色、马齿型，百粒重34.3克。接种鉴定，中抗镰孢茎腐病和小斑病，高感穗腐病、弯孢菌叶斑病、瘤黑粉病和粗缩病。籽粒容重774克/升，粗蛋白含量10.80%，粗脂肪含量3.41%，粗淀粉含量74.64%，赖氨酸含量0.31%。

产量表现： 豫禾113玉米品种产量表现，2015—2016年两年区域试验，平均亩产692.2千克，比对照增产7.4%；2016年生产试验，平均亩产649.2千克，比对照增产5.5%。

栽培技术要点： 中等肥力以上地块栽培，5月下旬至6月中旬播种，适宜亩种植密度4 000~4 500株。注意防治粗缩病、穗腐病、弯孢菌叶斑病、瘤黑粉病。

适宜种植地区： 适宜北京、天津、河北保定及以南地区、山西南部、河南、山东、江苏淮北、安徽淮北、陕西关中灌区等黄淮海夏玉米区种植。

天泰316

审定编号： 国审玉20176085

选育单位：山东中农天泰种业有限公司

品种来源：SM017×TF325

特征特性：黄淮海夏玉米区出苗至成熟100天，比郑单958早2天。幼苗叶鞘紫色，叶片绿色，花药浅紫色，颖壳绿色。株型紧凑，株高266厘米，穗位高102厘米，成株叶片数18～20片。花丝浅紫色，果穗锥形至筒形，穗长17.5厘米，穗行数16.4行，穗轴红色，籽粒黄色、半马齿型，百粒重32.7克。接种鉴定中抗小斑病、穗腐病、弯孢菌叶斑病、茎腐病，高感瘤黑粉病，感粗缩病。籽粒容重766克/升，粗蛋白含量8.99%，粗脂肪含量4.45%，粗淀粉含量74.51%，赖氨酸含量0.28%。

产量表现：2015—2016年参加黄淮海夏玉米品种区域试验，两年平均亩产705.6千克，比对照增产8.54%；2016年生产试验，平均亩产673.6千克，比对照郑单958增产6.25%。

栽培技术要点：中等肥力以上地块栽培，亩种植密度5 000株。注意防治瘤黑粉病。

适宜种植地区：适宜北京、天津、河北保定及以南地区、山西南部、河南、山东、江苏淮北、安徽淮北、陕西关中灌区等黄淮海夏玉米区种植。

巡天1102

审定编号：国审玉20176086

选育单位：河北巡天农业科技有限公司

品种来源：H111426×X1098

特征特性：黄淮海夏玉米区出苗至成熟101天，与对照品种郑单958相当。幼苗叶鞘浅紫色，叶片绿色，花药黄色，颖壳紫色。株型紧凑，株高2.53米，穗位1.06米，成株叶片数20～21片。花丝紫红色，果穗筒形，穗长16～18厘米，穗粗4.9厘米，穗行数14～16行，穗轴白色，籽粒黄色、半马齿型，百粒重37.3克。接种鉴定，该品种中抗小斑病，穗腐病，感弯孢霉叶斑病、茎腐病和粗缩病，高感瘤黑粉病。籽粒容重796克/升，粗蛋白含量9.10%，粗脂肪含量4.51%，粗淀粉含量74.25%，赖氨酸含量0.24%。

产量表现：2015—2016年两年平均亩产685.88千克，比对照增产5.36%；2016年生产试验，亩产679.15千克，比对照增产5.63%。

栽培技术要点：中等肥力以上地块种植。亩种植密度为5 000～5 500株。黄淮海地区夏播一般在6月上旬播种。注意防治弯孢霉叶斑病、茎腐病、粗缩病和瘤黑粉病。

适宜种植地区：适宜河北保定及以南地区、山省南部、山东、河南、江苏淮北、安徽淮北、陕西关中灌区等黄淮海夏玉米区种植。

农华5号

审定编号： 国审玉20176087

选育单位： 北京金色农华种业科技股份有限公司

品种来源： JH0243×NH004

特征特性： 生育期100天，熟期比郑单958早1～2天。幼苗叶鞘紫色，叶片绿色，叶缘绿色，花药紫色，颖壳绿色，雄穗分枝5～7个。株型半紧凑，株高295厘米左右，穗位115厘米左右，全株19～20片叶。花丝紫色，果穗筒形，穗长18厘米，穗粗4.8厘米，穗行数14～16行，穗轴红色，籽粒黄色、半马齿型，百粒重36克。接种鉴定，中抗弯孢菌叶斑病，感小斑病、茎腐病，高感穗腐病、瘤黑粉病、粗缩病。籽粒容重762克/升，粗蛋白10.04%，粗脂肪3.73%，粗淀粉74.63%，赖氨酸0.32%。

产量表现： 2015—2016年参加黄淮海区域试验，两年平均亩产697.4千克，比对照增产11.1%；2016年生产试验，平均亩产618.9千克，比对照郑单958增产6.3%。

栽培技术要点： 中等肥力以上地块栽培，6月上旬播种，亩种植密度4 000～4 500株。注意防治小斑病、茎腐病、穗腐病、瘤黑粉病和粗缩病。

适宜种植地区： 适宜北京、天津、河北保定及以南地区、山西南部、河南、山东、江苏淮北、安徽淮北、陕西关中灌区等黄淮海夏玉米区种植。

农华305

审定编号： 国审玉20176088

选育单位： 北京金色农华种业科技股份有限公司

品种来源： XW9331×昌8848

特征特性： 生育期100天，熟期比郑单958早1天。幼苗叶鞘浅紫色，叶片绿色，叶缘绿色，花药浅紫色，颖壳绿色，雄穗分枝5～7个。株型半紧凑，株高280厘米左右，穗位115厘米左右，全株19～20片叶。花丝浅紫色，穗长18厘米，穗粗4.8厘米，穗行数14～16行，穗轴红色，籽粒黄色、半马齿型，百粒重35克。接种鉴定，中抗穗腐病，感小斑病、弯孢菌叶斑病、茎腐病，高感瘤黑粉病、粗缩病。籽粒容重772克/升，粗蛋白8.36%，粗脂肪3.22%，粗淀粉76.04%，赖氨酸0.29%。

产量表现： 2014—2015年参加黄淮海区域试验，两年平均亩产709.8千克，比对照增产7.3%；2016年生产试验，平均亩产602.7千克，比对照郑单958增产3.5%。

栽培技术要点： 中等肥力以上地块栽培，6月上旬播种，亩种植密度4 000～4 200株。注意防治小斑病、弯孢菌叶斑病、茎腐病、瘤黑粉病和粗缩病。

适宜种植地区： 适宜北京、天津、河北保定及以南地区、山西南部、河南、山东、江苏淮北、安徽淮北、陕西关中灌区等黄淮海夏玉米区种植。

锦华659

审定编号： 国审玉20176089

选育单位： 北京金色农华种业科技股份有限公司

品种来源： ZH14×ZH801

特征特性： 生育期101天，熟期比郑单958早1～2天。幼苗叶鞘紫色，叶片绿色，叶缘绿色，花药紫色，颖壳绿色，雄穗分枝5～7个。株型半紧凑，株高265厘米左右，穗位100厘米左右，全株19～20片叶。花丝绿色，果穗筒形，穗长18厘米，穗粗4.8厘米，穗行数14～16行，穗轴白色，籽粒黄色、半马齿型，百粒重33克。接种鉴定，中抗小斑病、弯孢菌叶斑病、穗腐病，感茎腐病，高感瘤黑粉病、粗缩病。籽粒容重764克/升，粗蛋白9.39%，粗脂肪4.23%，粗淀粉73.59%，赖氨酸0.31%。

产量表现： 2014—2015年参加黄淮海区域试验，两年平均亩产720.0千克，比对照增产8.8%；2016年生产试验，平均亩产610.1千克，比对照郑单958增产4.8%。

栽培技术要点： 中等肥力以上地块栽培，6月上旬播种，亩种植密度4 000～4 500株。注意防治茎腐病、瘤黑粉病和粗缩病。

适宜种植地区： 适宜北京、天津、河北保定及以南地区、山西南部、河南、山东、江苏淮北、安徽淮北、陕西关中灌区等黄淮海夏玉米区种植。

秋乐708

审定编号： 国审玉20176090

选育单位： 河南秋乐种业科技股份有限公司

品种来源： CW123×LB124

特征特性： 在黄淮海夏播区出苗至成熟101天，与对照品种郑单958相当，幼苗叶鞘紫色，花药紫色，花丝紫色，株型半紧凑，株高299厘米，穗位高115厘米，成株叶片数19片。果穗筒形，穗长19.0厘米，秃尖长1.45厘米，百粒重35.7克。接种鉴定，中抗穗腐病、茎腐病，感弯孢菌叶斑病、小斑病，高感瘤黑粉病、粗缩病。容重759克/升，粗蛋白含量10.26%，粗脂肪含量2.9%，粗淀粉含量76.09%，赖氨酸含量0.36%。

产量表现： 2015—2016年参加绿色通道黄淮海夏玉米区域试验，两年平均亩产659.4千克，比对照增产8.84%，增产点率78.0%。2016年参加绿色通道生产试验，平均亩产583.2千克，比对照增产3.16%，增产点率73.2%。

栽培技术要点：适宜亩种植密度4 500～5 000株。6月1—10日播种为宜。田间管理注意足墒播种，防治病虫害。注意防治瘤黑粉病、粗缩病、小斑病和弯孢菌叶斑病。

适宜种植地区：适宜河南、山东、河北保定和沧州的南部及以南地区，唐山、秦皇岛、廊坊、沧州北部、保定北部夏播区，北京、天津夏播区，陕西关中灌区，山西运城和临汾、晋城夏播区，安徽和江苏两省的淮河以北地区等黄淮海夏玉米区种植。

豫研1501

审定编号：国审玉20176091

选育单位：河南秋乐种业科技股份有限公司

品种来源：系4115×PH4CV-1

特征特性：在黄淮海夏播区出苗至成熟100天，比对照品种郑单958早1～2天，幼苗叶鞘紫色，叶片绿色，花药黄色，株型半紧凑，株高278厘米，穗位高103厘米，成株叶片数15.3片。花丝绿色，果穗锥形，穗长18.2厘米，秃尖长1.3厘米，百粒重36.29克。接种鉴定，中抗穗腐病、茎腐病，感小斑病，高感瘤黑粉病、弯孢菌叶斑病、粗缩病。容重780克/升，粗蛋白含量10.66%，粗脂肪含量3.4%，粗淀粉含量74.18%，赖氨酸含量0.35%。

产量表现：2015—2016年参加绿色通道黄淮海夏玉米区域试验，两年平均亩产657.8千克，比对照增产8.53%，增产点率79.3%。2016年参加绿色通道生产试验，平均亩产589.0千克，比对照增产4.2%，增产点率70.73%。

栽培技术要点：适宜亩种植密度4 500株。6月1—10日播种为宜。田间管理注意足墒播种，防治病虫害。注意防治瘤黑粉病、弯孢菌叶斑病、粗缩病和小斑病。

适宜种植地区：适宜河南、山东、河北保定和沧州的南部及以南地区，唐山、秦皇岛、廊坊、沧州北部、保定北部夏播区，北京、天津夏播区，陕西关中灌区，山西运城和临汾及晋城夏播区，安徽和江苏两省的淮河以北地区等黄淮海夏玉米区种植。

宽玉1101

审定编号：国审玉20176092

选育单位：河北省宽城种业有限责任公司

品种来源：良玉M53×良玉S128

特征特性： 黄淮海夏玉米区出苗至成熟102.5天，比郑单958早1天。幼苗叶鞘紫色，叶片绿色，叶缘浅紫色，花药深紫色，颖壳绿色。株型半紧凑，株高285厘米，穗位高111厘米，成株叶片数20片。花丝紫色，果穗锥形，穗长16.6厘米，穗行数14～16行，穗轴红色，籽粒黄色、半马齿型，百粒重32.3克。接种鉴定，抗粗缩病，中抗小斑病穗腐病和弯孢菌叶斑病，感茎腐病，高感瘤黑粉病。籽粒容重771克/升，粗蛋白含量10.55%，粗脂肪含量3.15%，粗淀粉含量74.82%，赖氨酸含量0.30%。

产量表现： 2015—2016年参加黄淮海夏玉米品种区域试验，两年平均亩产688.9千克，比对照增产5.66%；2016年生产试验，平均亩产681.7千克，比对照郑单958增产6.89%。

栽培技术要点： 中等肥力以上地块栽培，6月上中旬播种，亩种植密度4 500～5 000株。

适宜种植地区： 适宜山东、河南、河北保定及以南地区及山西南部、陕西关中灌区和江苏北部、安徽北部等黄淮海夏玉米区种植。

宽玉356

审定编号： 国审玉20176093

选育单位： 河北省宽城种业有限责任公司

品种来源： KT01×KH08

特征特性： 黄淮海夏玉米区出苗至成熟103天，比郑单958早0.5天。幼苗叶鞘紫色，叶片绿色，叶缘浅紫色，花药绿色，颖壳绿色。株型半紧凑，株高301厘米，穗位高120厘米，成株叶片数21片。花丝绿色，果穗筒形，穗长18.7厘米，穗行数16～18行，穗轴白色，籽粒黄色、半马齿型，百粒重37.8克。接种鉴定，抗小斑病，中抗茎腐病和穗腐病，感弯孢菌叶斑病和粗缩病，高感瘤黑粉病。籽粒容重738克/升，粗蛋白含量10.84%，粗脂肪含量3.61%，粗淀粉含量73.90%，赖氨酸含量0.32%。

产量表现： 2015—2016年参加黄淮海夏玉米品种区域试验，两年平均亩产697.9千克，比对照增产6.79%；2016年生产试验，平均亩产686.4千克，比对照郑单958增产7.37%。

栽培技术要点： 中等肥力以上地块栽培，6月上中旬播种，亩种植密度4 500～5 000株。

适宜种植地区： 适宜山东、河南、河北保定及以南地区及山西南部、陕西关中灌区和江苏北部、安徽北部等黄淮海夏玉米区种植。

宽玉521

审定编号： 国审玉20176094

选育单位： 河北省宽城种业有限责任公司

品种来源： K36434×C729

特征特性：黄淮海夏玉米区出苗至成熟103天，比郑单958早0.5天。幼苗叶鞘紫色，叶片绿色，叶缘浅紫色，花药浅紫色，颖壳绿色。株型紧凑，株高249厘米，穗位高108厘米，成株叶片数20片。花丝浅紫色，果穗筒形，穗长17.5厘米，穗行数12～14行，穗轴红色，籽粒黄色、半马齿型，百粒重33.8克。接种鉴定，中抗小斑病、茎腐病、穗腐病和弯孢菌叶斑病，感粗缩病，高感瘤黑粉病。籽粒容重770克/升，粗蛋白含量9.41%，粗脂肪含量4.34%，粗淀粉含量74.78%，赖氨酸含量0.29%。

产量表现：2015—2016年参加黄淮海夏玉米品种区域试验，两年平均亩产682.9千克，比对照增产4.54%；2016年生产试验，平均亩产678.6千克，比对照郑单958增产6.37%。

栽培技术要点：中等肥力以上地块栽培，6月上中旬播种，亩种植密度4 500～5 000株。

适宜种植地区：适宜山东、河南、河北保定及以南地区及山西南部、陕西关中灌区和江苏北部、安徽北部等黄淮海夏玉米区种植。

农华501

审定编号：国审玉20176095

选育单位：北京金色农华种业科技股份有限公司

品种来源：NH17B1×NHW28

特征特性：生育期119天，熟期与对照品种德美亚1号相当。幼苗叶鞘浅紫色，叶片绿色，叶缘紫色，花药浅紫色，颖壳绿色，雄穗分枝9～11个。株型半紧凑，株高270厘米左右，穗位95厘米左右，全株18～19片叶。花丝紫色，果穗筒形，穗长18厘米，穗粗4.8厘米，穗行数14～16行，穗轴白色，籽粒橙色、硬粒型，百粒重32克。接种鉴定，中抗茎腐病、灰斑病、穗腐病，感大斑病、丝黑穗病。籽粒容重794克/升，粗蛋白11.84%，粗脂肪5.76%，粗淀粉70.74%，赖氨酸0.31%。

产量表现：2015—2016年参加极早熟区域试验，两年平均亩产695.6千克，比对照增产4.4%；2016年生产试验，平均亩产696.7千克，比对照德美亚1号增产6.7%。

栽培技术要点：中等肥力以上地块栽培，4月下旬至5月上旬播种，亩种植密度5 500～6 000株。注意防治大斑病和丝黑穗病。

适宜种植地区：适宜河北张家口及承德北部接坝冷凉区、吉林东部极早熟区、黑龙江第四积温带、内蒙古呼伦贝尔岭南及通辽北部、赤峰北部极早熟区、宁夏南部等极早熟玉米区春播种植。

登海167

审定编号：国审玉20176096

选育单位：山东登海种业股份有限公司

品种来源：PH4CV/登海73

特征特性：西北春玉米区出苗至成熟130.5天，比对照品种郑单958早1天。幼苗叶鞘紫色，叶片深绿色，叶缘绿色，花药浅紫色，颖壳绿色。株型紧凑，株高292厘米，穗位高109厘米，成株叶片数19片。花丝紫色，果穗筒形，穗长19.6厘米，穗行数平均14～16行，穗轴紫色，籽粒黄色、半马齿型，百粒重39.6克。接种鉴定抗穗腐病，中抗茎腐病，高感大斑病、丝黑穗病。籽粒容重781克/升，粗蛋白含量10.69%，粗脂肪含量4.08%，粗淀粉含量73.91%，赖氨酸含量0.30%。

产量表现：2014—2015年参加西北春玉米品种区域试验，两年平均亩产983.2千克，比对照增产5.7%；2016年生产试验，平均亩产1 028.0千克，比对照郑单958增产5.7%。

栽培技术要点：中等肥力以上地块栽培，4月下旬至5月上旬播种，亩种植密度5 500株。注意防治大斑病和丝黑穗病。

适宜种植地区：适宜陕西榆林及延安、宁夏、甘肃、新疆和内蒙古西部地区等西北春玉米区种植。

登海182

审定编号：国审玉20176097

选育单位：山东登海种业股份有限公司

品种来源：DH392/DH18

特征特性：西北春玉米区出苗至成熟130天，比对照品种郑单958早1天。浅紫花药，浅紫色花丝，株型紧凑，株高276厘米，穗位高108厘米，成株叶片数19片。果穗筒形，穗长19.5厘米，穗行数平均14～16行，穗轴紫色，籽粒黄色、马齿型，百粒重39.0克。接种鉴定抗茎腐病，中抗穗腐病、大斑病，高感丝黑穗病。籽粒容重774克/升，粗蛋白含量11.38%，粗脂肪含量4.15%，粗淀粉含量73.00%，赖氨酸含量0.33%。

产量表现：2015—2016年参加西北春玉米品种区域试验，两年平均亩产1 014.2千克，比对照增产8.5%；2016年生产试验，平均亩产1 034.1千克，比对照郑单958增产6.3%。注意防治大斑病和丝黑穗病。

栽培技术要点：中等肥力以上地块栽培，4月下旬至5月上旬播种，亩种植密度5 500株。

适宜种植地区：适宜陕西榆林及延安、宁夏、甘肃、新疆和内蒙古西部地区等西北春玉米区种植。

齐单828

审定编号：国审玉20176098

选育单位：山东鑫丰种业股份有限公司

品种来源：鲁系0206×鲁系4502

特征特性：西北春玉米区出苗至成熟133天，与对照品种郑单958生育期相同。幼苗叶鞘紫色，叶片深绿色，花药紫红色。株型半紧凑，平均株高298厘米，穗位高122厘米，成株叶片数19片。花丝紫红色，果穗筒形，穗长19.2厘米，穗行数14～16行，穗轴红色，籽粒黄色、半马齿型，百粒重36.7克。接种鉴定，中抗大斑病、茎腐病、穗腐病，高感丝黑穗病。籽粒容重789克/升，粗蛋白含量10.7%，粗脂肪含量4.2%，粗淀粉含量72.0%，赖氨酸含量0.32%。

产量表现：2015—2016年参加绿色通道西北春玉米品种区域试验，两年平均亩产1 013.5千克，比对照增产8.3%；2016年生产试验，平均亩产940.6千克，比对照增产5.6%。

栽培技术要点：中等肥力以上地块栽培，4月上中旬播种，亩种植密度5 500株。注意防治丝黑穗病。

适宜种植地区：适宜陕西榆林及延安、宁夏、甘肃、新疆和内蒙古西部地区等西北春玉米区种植。

天泰359

审定编号：国审玉20176099

选育单位：山东中农天泰种业有限公司

品种来源：SM033×TF349

特征特性：西北春玉米区出苗至成熟132.1天，比郑单958早1天。幼苗叶鞘浅紫色，叶片绿色，花药浅紫色，颖壳绿色。株型半紧凑，株高301.4厘米，穗位高118.4厘米，成株叶片数18.3片。花丝浅紫色，果穗筒形，穗长18.7厘米，穗行数17.3行，穗轴红色，籽粒黄色、半马齿型，百粒重34.6克。接种鉴定，中抗大斑病，高抗茎腐病，抗穗腐病，感丝黑穗病。籽粒容重788克/升，粗蛋白含量9.89%，粗脂肪含量4.13%，粗淀粉含量71.72%，赖氨酸含量0.33%。

产量表现：2015—2016年参加西北春玉米品种区域试验，两年平均亩产1 018.8千克，比对照增产8.81%；2016年生产试验，平均亩产943.1千克，比对照郑单958增产5.83%。

栽培技术要点：中等肥力以上地块栽培，4月下旬至5月上旬播种，亩种植密度5 500株左右。注意防治丝黑穗病。

适宜种植地区：适宜陕西榆林及延安、宁夏、甘肃、新疆和内蒙古西部地区等西北春玉米区种植。

同玉609

审定编号：国审玉20176100

选育单位：四川同路农业科技有限责任公司

品种来源：R62×S909

特征特性：西南春玉米区出苗至成熟121天，比对照品种渝单8生育期晚3天。幼苗叶鞘浅紫色，叶片深绿色，叶缘绿色，花药绿色，颖壳绿色。株型半紧凑，株高279厘米，穗位高114厘米，成株叶片数20片。花丝绿色，果穗锥形，穗长18.5厘米，穗行数16～18行，穗轴白色，籽粒黄色、半硬粒型，百粒重31.1克。接种鉴定，中抗纹枯病、茎腐病、小斑病，感大斑病、丝黑穗病、穗腐病。籽粒容重786克/升，粗蛋白含量12.54%，粗脂肪含量4.24%，粗淀粉含量69.06%，赖氨酸含量0.36%。

产量表现：2015—2016年参加西南春玉米品种绿色通道区域试验，两年平均亩产604.0千克，比对照增产14.4%；2016年生产试验，平均亩产608.5千克，比对照增产12.7%。

栽培技术要点：中等肥力以上地块栽培，3月上旬至5月上旬播种，一般亩种植密度2 800～3 000株，云南的部分地区亩种植密度可以达3 600～4 000株。注意防治大斑病，丝黑穗病、穗腐病重发区慎用。

适宜种植地区：适宜四川、重庆、云南、贵州、广西、湖南、湖北、陕西汉中地区的平坝丘陵和低山区等西南春玉米区种植。

同玉593

审定编号：国审玉20176101

选育单位：四川同路农业科技有限责任公司

品种来源：L99×L648

特征特性：西南春玉米区出苗至成熟121天，比对照品种渝单8生育期长3天。幼苗叶鞘紫色，叶片浅绿色，叶缘紫色，花药绿色，颖壳绿色。株型半紧凑，株高275厘米，穗位高110厘米，成株叶片数19片。花丝浅紫色，果穗锥形，穗长19.2厘米，穗行数16～18行，穗轴白色，籽粒黄色、半马齿型，百粒重32.9克。接种鉴定，中抗纹枯病、大斑病、茎腐病、小斑病、穗腐病，感丝黑穗病。籽粒容重782克/升，粗蛋白含量10.32%，粗脂肪含量4.01%，粗淀粉含量70.93%，赖氨酸含量0.34%。

产量表现：2015—2016年参加西南春玉米品种绿色通道区域试验，两年平均亩产622.2千克，比对照增产15.8%；2016年生产试验，平均亩产594.5千克，比对照增产9.9%。

栽培技术要点：中等肥力以上地块栽培，3月上旬至5月上旬播种，一般亩种植密度2 800～3 000株，云南的部分地区亩种植密度为3 600～4 000株。注意防治丝黑穗病。

适宜种植地区：适宜四川、重庆、云南、贵州、广西、湖南、湖北、陕西汉中地区的平坝丘陵和低山区等西南春玉米区种植。

同玉213

审定编号：国审玉20176102

选育单位：四川同路农业科技有限责任公司

品种来源：10W23×06H213

特征特性：西南春玉米区出苗至成熟118天，比对照品种渝单8生育期短1天。幼苗叶鞘浅紫色，叶片浅绿色，叶缘紫色，花药浅紫色，颖壳浅紫色。株型半紧凑，株高273厘米，穗位高108厘米，成株叶片数18.2片。花丝浅紫色，果穗锥形，穗长18.9厘米，穗行数16～18行，穗轴粉色，籽粒黄色、半马齿型，百粒重34.7克。接种鉴定，中抗茎腐病、丝黑穗病、穗腐病，感纹枯病、大斑病、小斑病。籽粒容重712克/升，粗蛋白含量10.83%，粗脂肪含量4.66%，粗淀粉含量71.59%，赖氨酸含量0.32%。

产量表现：2015—2016年参加西南春玉米品种绿色通道区域试验，两年平均亩产589.1千克，比对照渝单8号增产11.6%；2016年生产试验，平均亩产601.1千克，比对照渝单8号增产10.6%。

栽培技术要点：中等肥力以上地块栽培，3月上旬至5月上旬播种，亩种植密度3 300～4 000株。注意防治纹枯病、大斑病和小斑病。

适宜种植地区：适宜四川、重庆、云南、贵州、广西、湖南、湖北、陕西汉中地区的平坝丘陵和低山区等西南春玉米区种植。

登海856

审定编号：国审玉20176103

选育单位：山东登海种业股份有限公司

品种来源：DM279/F19

特征特性：西南春玉米区出苗至成熟111天，比对照品种渝单8号早1天。幼苗叶鞘紫色，叶片绿色，叶缘绿色，花药紫色，颖壳紫色。株型紧凑，株高290厘米，穗位高112厘米，成株叶片数19片。花丝紫红色，果穗筒形，穗长20.8厘米，穗行数平均14～16行，穗轴白色，籽粒黄色、偏硬粒型，百粒重33.0克。接种鉴定，中抗大斑病、小斑病，感纹枯病、丝黑穗病、穗腐病，高感茎腐病。籽粒容重821克/升，粗蛋白含量12.70%，粗脂肪含量3.95%，粗淀粉含量72.19%，赖氨酸含量0.30%。

产量表现：2014—2015年参加西南春玉米品种区域试验，两年平均亩产595.9千克，比对照渝单8号增产6.4%；2016年生产试验，平均亩产626.4千克，比对照渝单8号增产8.8%。

栽培技术要点：中等肥力以上地块栽培，3月上旬至5月上旬播种，亩种植密度3 300株（云南亩种植密度为4 000株）。注意防治纹枯病、丝黑穗病、穗腐病和茎腐病。

适宜种植地区：适宜四川、重庆、云南、贵州、湖北、湖南、广西的平坝丘陵和低山区春播种植。

东单1806

审定编号：国审玉20176104

选育单位：辽宁东亚种业有限公司

品种来源：ZJH45×ZJH74

特征特性：西南春播生育期116天左右，比对照种渝单8号早1天。幼苗叶鞘紫色，叶片绿色，苗势强。株型半紧凑，株高276厘米左右，穗位高119厘米左右，成株叶片数16.8。花丝绿色，花药紫色。果穗筒形，穗长19.3厘米，穗行数16～18行，穗轴白色，籽粒黄色，粒型为马齿型，百粒重32.0克，出籽率84.7%，倒伏率2.8%，倒折率1.1%。2015—2016年经四川省农业科学院植物保护研究所接种鉴定，感小斑病、灰斑病、纹枯病，中抗大斑病、丝黑穗病、穗腐病，抗茎腐病。粗蛋白含量8.97%，粗脂肪含量4.83%，粗淀粉含量73.05%，赖氨酸含量0.25%。

产量表现：2015—2016年参加东亚种业自有品种绿色通道西南丘陵春玉米区域试验，两年平均亩产592.6千克，比对照渝单8号增产8.7%，76点次增产，8点次减产。2016年参加同组生产试验，平均亩产567.9千克，比对照渝单8号增产4.6%，居所有参试品种第3位，35点次增产，8点次减产，增产点次占81.4%。

栽培技术要点：西南地区春播一般在3月中旬至4月下旬播种为好。亩密度以3 500株为宜。最好采用盖膜直播或育苗移栽。足施底肥，多施苗肥和拔节肥，重施攻穗肥。一般总施肥量每亩纯氮20千克、五氧化二磷10千克、氧化钾12千克左右。加强田间管理，抓好全苗，确保密度，及时防治病虫害，适期收获。注意防治小斑病、纹枯病，防倒伏。

适宜种植地区：适宜四川、重庆、贵州、湖南、湖北、广西、云南及陕西南部800米以下的平坝、丘陵玉米区种植。

中玉3409

审定编号：国审玉20176105

选育单位：河南秋乐种业科技股份有限公司

品种来源：成自6981×佳H1

特征特性：在西南春玉米区出苗至成熟116.0天，与对照品种渝单8号相当。株型半紧凑，株高261厘米，穗位高106厘米。果穗筒形，穗轴红色，穗长18.4厘米，穗粗5.2厘米，行粒数39.4，秃尖长0.9厘米，籽粒黄色，半硬粒型，百粒重30.0克。接种鉴定，中抗纹枯病、大斑病、小斑病、茎腐病，感穗腐病、丝黑穗病。容重763克/升，粗蛋白含量10.90%，粗脂肪含量3.92%，粗淀粉含量70.32%。

产量表现：2015—2016年参加绿色通道西南春玉米区域试验，两年平均亩产613.8千克，比对照增产7.25%；2016年参加绿色通道生产试验，平均亩产622.6千克，比对照渝单8号增产5.56%。

栽培技术要点：适宜亩种植密度3 200～4 000株。一般以3月中下旬至5月上旬播种为宜。田间管理注意足墒播种。注意防治穗腐病、丝黑穗病。

适宜种植地区：适宜四川、湖北、重庆、湖南、云南、贵州、广西、陕西汉中等西南春玉米区种植。

中玉1165

审定编号：国审玉20176106

选育单位：河南秋乐种业科技股份有限公司

品种来源：互J1332×SH1070

特征特性：在西南春玉米区出苗至成熟118天，比对照品种渝单8号晚1天。株型半紧凑，株高287厘米，穗位高116厘米。果穗筒形，穗轴白色，穗长20.9厘米，穗粗5.1厘米，行粒数37.2，秃尖长0.9厘米，籽粒黄色、马齿型，百粒重33.9克。接种鉴定，中抗大斑病、小斑病，感纹枯病、丝黑穗病、穗腐病，高感茎腐病。容重751克/升，粗蛋白含量10.17%，粗脂肪含量4.00%，粗淀粉含量72.31%。

产量表现：2015—2016年参加绿色通道西南春玉米区域试验，两年平均亩产631.3千克，比对照增产10.3%；2016年参加绿色通道生产试验，平均亩产637.8千克，比对照增产8.13%。

栽培技术要点：适宜亩种植密度3 000～4 000株。一般以3月中旬至4月中旬播种为宜。注意防治茎腐病、穗腐病、丝黑穗病。

适宜种植地区：适宜四川、湖北、重庆、湖南、云南、贵州、广西、陕西汉中等西南春玉米区种植。

金海13号

审定编号：国审玉20176107

选育单位：莱州市金海作物研究所有限公司

品种来源：JH7313×JH3135

特征特性：该品种夏播生育期100.5天左右，幼苗叶鞘浅红色，叶色深绿，成株株型紧凑，株高280厘米左右，穗位100厘米左右，全株叶片数19片，花药红色，滑丝浅红色，雄穗分枝9～12个，果穗呈筒形，穗长20～22厘米，穗粗5.3厘米左右，穗行数16～18行，穗轴浅红色，粒型黄色、马齿型，千粒重335克左右，出籽率86.5%左右。经中国农业科学院作物科学研究所2016接种鉴定，高感粗缩病，感小斑病、弯孢菌叶斑病、禾谷镰孢穗腐病，高抗镰孢茎腐病、瘤黑粉病。经河北省农业科学院植物保护研究所2016接种鉴定，感瘤黑粉病、粗缩病，中抗小斑病、弯孢菌叶斑病、穗腐病，高抗茎腐病。籽粒容重746克/升，粗蛋白含量9.03%，粗脂肪含量5.07%，粗淀粉含量72.51%，赖氨酸含量0.28%。

产量表现：2015—2016年参加黄淮海夏播玉米组河南、河北品种引种试验，两年平均亩产616.52千克，比对照郑单958增产4.44%。2015—2016年参加黄淮海夏播玉米组安徽、江苏品种引种试验，两年平均亩产702.43千克，比对照郑单958增产5.38%。

栽培技术要点：该品种适宜夏播，可以套种、间作或者直播，亩适宜密度4 500株，肥水管理以促为主，轻施苗肥，酌施拔节肥，重施攻穗肥，适时浇水，注意防治蚜虫、玉米螟等虫害，其他栽培措施同普通大田管理，无特殊要求。注意防治蚜虫、玉米螟等虫害。

适宜种植地区：适宜河北保定以南地区、山西南部、河南、江苏淮北、安徽淮北等黄淮海夏玉米区种植。

丰乐668

审定编号：国审玉20176108

选育单位：合肥丰乐种业股份有限公司

品种来源：DK58-2×京772-1

特征特性：黄淮海夏播玉米区出苗至成熟102天，比郑单958晚1天。幼苗叶鞘紫色，叶片绿色。株型紧凑，株高262厘米，穗位高97厘米，成株叶片数20片左右。果穗筒形，穗长17.4厘米，穗行数14～16行，穗轴白色，籽粒黄色、半马齿型，百粒重32.4克。接种鉴定，中抗穗腐病，感小斑病、茎腐病、弯孢菌叶斑病、瘤黑粉病，高感粗缩病。籽粒容重786克/升，粗蛋白含量9.66%，粗脂肪含量4.11%，粗淀粉含量74.14%，赖氨酸含量0.31%。

产量表现：2015—2016年参加自行开展黄淮海夏玉米扩区试验，两年平均亩产630.9千克，比对照郑单958增产9.32%。

栽培技术要点：中等肥力以上地块栽培，6月上中旬播种，亩种植密度4 500株。在大喇叭口期注意防治玉米螟。注意防倒伏，防治病害。

适宜种植地区：适宜山东、河南（黄河以北地区除外）、江苏夏播种植。

华皖267

审定编号：国审玉20176109

选育单位：安徽隆平高科种业有限公司

品种来源：LH993×L239

特征特性：黄淮海夏玉米全生育期99天，与郑单958熟期相当。幼苗叶鞘紫色，叶片淡绿色，叶缘绿色，花药黄色，颖壳绿色。株型半紧凑，株高283厘米，穗位高103厘米，成株叶片数19～20片。花丝粉红色，果穗筒形，穗长16.2厘米，穗行数14～16行，穗轴红色，籽粒黄色、马齿型，百粒重34.8克。接种鉴定，中抗小斑病、穗腐病、弯孢菌叶斑病，感锈病、茎腐病和粗缩病，高感瘤黑粉病。籽粒容重765克/升，粗蛋白含量9.56%，粗脂肪含量3.55%，粗淀粉含量74.10%，赖氨酸含量0.33%。

产量表现： 2015年参加黄淮海夏玉米扩区生产试验，平均亩产710.97千克，比对照增产11.67%；2016年生产试验，平均亩产641.01千克，比对照郑单958增产5.63%。

栽培技术要点： 中等肥力以上地块栽培，6月中上旬播种，亩种植密度4 500株。注意防治锈病、茎腐病、粗缩病和瘤黑粉病。

适宜种植地区： 适宜山东和河南夏播种植。

华皖611

审定编号： 国审玉20176110

选育单位： 安徽隆平高科种业有限公司

品种来源： W45×W6504

特征特性： 黄淮海夏玉米全生育期99天，比郑单958早1天。幼苗叶鞘紫色，叶片绿色，叶缘紫色，花药黄色，颖壳浅紫色。株型半紧凑，株高269厘米，穗位高97厘米，成株叶片数19片。花丝紫红色，果穗锥形，穗长20厘米，穗行数18~20行，穗轴红色，籽粒黄色、偏硬粒型，百粒重38.5克。接种鉴定，中抗小斑病、穗腐病、弯孢菌叶斑病，中抗茎腐病和瘤黑粉病，高感锈病。籽粒容重765克/升，粗蛋白含量10.52%，粗脂肪含量3.77%，粗淀粉含量72.22%，赖氨酸含量0.36%。

产量表现： 2015年参加河南扩区生产试验玉米品种区域试验，平均亩产720.00千克，比对照增产13.93%；2016年生产试验，平均亩产627.36千克，比对照郑单958增产4.7%。

栽培技术要点： 中等肥力以上地块栽培，6月上中旬播种，亩种植密度4 500株。注意防治锈病。

适宜种植地区： 适宜河南夏播玉米区种植。

冠丰118

审定编号： 国审玉20176111

选育单位： 山东冠丰种业科技有限公司

品种来源： 冠103×冠128

特征特性： 黄淮海夏播玉米区出苗至成熟100~102天，与对照郑单958相当。幼苗叶鞘紫色，株形紧凑，株高250厘米，穗位100厘米，雄穗分枝8~13个，花药浅红色，花丝浅红色，穗长18.2厘米，穗轴白色，穗行15.7行，行粒数38粒，籽粒黄色，半马齿型，百粒重37.2克，出籽率88%。抗病性鉴定，2015—2016年经河北省农业科学院植物保护研究所鉴定，中抗小斑病、禾谷镰孢茎腐病，抗穗腐病，感弯孢菌叶斑病、瘤黑粉病、粗缩病。品质检测，籽粒容重777克/升，粗蛋白9.5%，粗脂肪4.39%，粗淀粉74.44%，赖氨酸0.35%。

产量表现： 2015—2016年参加黄淮海夏玉米品种绿色通道同生态区相邻省份引种生产适应性试验，两年平均亩产分别为687.6千克和679.6千克，分别比对照郑单958增产8.5%和7.3%。

栽培技术要点： 中等肥力以上地块栽培，抢茬播种，亩留苗4 000～4 500株，地薄宜稀，地肥宜密；生长期间加强水肥管理和虫害防治。注意防治弯孢菌叶斑病、瘤黑粉病和粗缩病。

适宜种植地区： 适宜河北、河南夏播玉米区种植。

大京九6号

审定编号： 国审玉20176112

选育单位： 北京大京九农业开发有限公司

品种来源： H35×L72

特征特性： 山西、河南夏玉米区出苗至成熟100天，与对照品种郑单958生育期相当。幼苗叶鞘紫色，第一幼叶卵圆形，叶片绿色，叶缘浅紫色，颖壳绿色。株型紧凑，株高249厘米，穗位高95厘米，成株叶片数19片。花丝浅紫色，果穗筒形，穗长16～18厘米，穗行数16行，穗轴红色，籽粒黄色、半马齿型，百粒重36.8克。经中国农业科学院作物科学研究所2016年接种鉴定，高感粗缩病，感小斑病、禾谷镰孢穗腐病，中抗弯孢菌叶斑病，抗瘤黑粉病，高抗镰孢茎腐病。经西北农林大学植物保护学院2016年接种鉴定，中抗大斑病，抗穗腐病、小斑病，高抗茎腐病。品质检测，籽粒容重800克/升，粗蛋白（干基）9.12%，粗脂肪（干基）5.14%，粗淀粉（干基）73.58%，赖氨酸0.27%。

产量表现： 2015—2016年参加黄淮海夏播玉米组河南、山西品种引种试验，两年平均亩产666.63千克，比对照郑单958增产5.8%。

栽培技术要点： 中等肥力以上地块栽培，6月上旬播种，亩种植密度4 500株。应注意防治蚜虫、玉米螟等虫害，注意防治粗缩病、弯孢菌叶斑病和丝黑穗病。

适宜种植地区： 适宜山西、河南夏播玉米种植区种植。

登海618

审定编号： 国审玉20176113

选育单位： 山东登海种业股份有限公司

品种来源： 521×DH392

特征特性： 黄淮海夏玉米区出苗至成熟99天左右，比郑单958早3天。幼苗叶鞘紫色，叶片深绿色，叶缘紫色，花药浅紫色，颖壳绿色。株型紧凑，株高250厘米，穗位82厘米，成株叶片数19片。花丝浅紫色，果穗筒形，穗长17~18厘米，穗行数平均14.7行，穗轴紫色，籽粒黄色、马齿型，百粒重32.8克。接种鉴定，抗小斑病、穗腐病，中抗茎腐病，感弯孢菌叶斑病、粗缩病，高感瘤黑粉病。品质分析，粗蛋白含量10.5%，粗脂肪3.7%，赖氨酸0.35%，粗淀粉72.9%。

产量表现：经过连续两年的相邻省份的生产试验，2014年平均亩产718.5千克，比对照品种郑单958增产5.8%，在参试的19个试点中有16点增3点减。2015年平均亩产708.1千克，比对照品种郑单958增产13.3%，在参试的20个试点中有19点增1点减。

栽培技术要点：中等肥力以上地块栽培，6月上中旬播种，亩种植密度4 500~5 000株。注意防治瘤黑粉病。

适宜种植地区：适宜河北保定及以南地区、河南、江苏淮北、安徽淮北等黄淮海夏玉米区种植。

登海3737

审定编号：国审玉20176114

选育单位：山东登海种业股份有限公司

品种来源：Y5083/R230-6

特征特性：黄淮海夏玉米区出苗至成熟102天左右，与郑单958同生育期。幼苗叶鞘紫色，叶片绿色，叶缘紫色，花药黄色，颖壳绿色。株型紧凑，株高278厘米，穗位高110厘米，成株叶片数20片。花丝浅紫色，果穗筒形，穗长18~20厘米，穗行数平均14行，穗轴红色，籽粒黄色、半马齿型，百粒重32.0克。接种鉴定，中抗小斑病、茎腐病，抗穗腐病，感弯孢菌叶斑病，高感瘤黑粉病、粗缩病。品质分析；粗蛋白含量9.2%，粗脂肪4.3%，赖氨酸0.30%，粗淀粉74.3%。

产量表现：经过连续两年的相邻省份的生产试验，2014年平均亩产717.3千克，比对照品种郑单958增产5.7%，居第二位，在参试的19个试点中有14点增5点减。2015年平均亩产663.0千克，比对照品种郑单958增产6.1%，在参试的20个试点中有16点增4点减。

栽培技术要点：中等肥力以上地块栽培，6月上中旬播种，亩种植密度4 500~5 000株。注意防治瘤黑粉病和粗缩病。

适宜种植地区：适宜河北保定及以南地区、河南、江苏淮北夏播种植。

豫禾988

审定编号：国审玉20176115

选育单位：河南省豫玉种业股份有限公司

品种来源： 581×547

特征特性： 幼苗叶鞘浅紫色。成株株型紧凑，株高266厘米，穗位108厘米，全株叶片数21片左右，生育期99天。雄穗一级分枝10个左右，护颖绿色，花药浅紫色，花丝红色。果穗筒形，穗轴白色，穗长17.0厘米，穗行数16行，秃尖0.5厘米。籽粒黄色，马齿型，百粒重33.1克，出籽率85.3%。人工接种鉴定，中抗小斑病、茎腐病、瘤黑粉病、穗腐病、粗缩病，抗弯孢菌叶斑病。籽粒粗蛋白质10.44%，粗脂肪3.89%，粗淀粉73.26%，赖氨酸0.32%，容重736克/升。

产量表现： 2015年相邻省生产试验中，平均亩产677.9千克，比对照增产4.2%；2016年生产试验中，平均亩产691.9千克，比对照增产6.6%。

栽培技术要点： 中等肥力以上地块栽培，5月下旬至6月中旬播种，适宜亩种植密度4 000～4 500株。注意防治粗缩病、穗腐病和弯孢菌叶斑病，瘤黑粉病高发区慎用。

适宜种植地区： 适宜山东、安徽淮北夏播种植。

美锋969

审定编号： 国审玉20176116

选育单位： 辽宁东亚种业有限公司

品种来源： TR212×G1026

特征特性： 吉林省春玉米区春播生育期131天左右，比对照品种先玉335晚1天，需活动积温2 800℃。幼苗叶鞘紫色，叶片绿色，苗势强。株型半紧凑，平均株高300厘米左右，穗位高118厘米左右，成株叶片数19.6片。雄穗分枝数4～10个，花丝紫色，花药紫色。果穗筒形，穗长19.2厘米，穗行数18～20行，穗轴红色，籽粒黄色，粒型为马齿，平均百粒重36.2克，出籽率79.3%，倒伏率2.0%，倒折率2.8%。2015—2016年经两年接种鉴定，感丝黑穗病，中抗大斑病、灰斑病，中抗穗腐病，抗镰孢茎腐病。经品质分析，籽粒容重740克/升，粗蛋白含量12.15%，粗脂肪含量3.7%，粗淀粉含量71.11%，赖氨酸含量0.35%。内蒙古春玉米区春播生育期134天左右，比对照种郑单958早1天，需活动积温2 800℃。幼苗叶鞘紫色，叶片绿色，苗势强。株型半紧凑，株高316厘米左右，穗位高111厘米左右，成株叶片数19.3片。雄穗分枝数4～10个，花丝紫色，花药紫色。果穗筒形，穗长19.5厘米，穗行数16～20行，穗轴红色，籽粒黄色，粒型为马齿，百粒重36.5克，出籽率81.6%，倒伏率0.9%，倒折率0.7%。2015—2016年经中国农业科学院作物科学研究所两年接种鉴定，中抗大斑病、灰斑病、穗腐病，感丝黑穗病，抗镰孢茎腐病。籽粒容重740克/升，粗蛋白含量12.15%，粗脂肪含量3.7%，粗淀粉含量71.11%，赖氨酸含量0.35%。河北省春玉米区春播生育期126天左右，比对照种先玉335晚1天，需活动积温2 800℃。幼苗叶鞘紫色，叶片绿色，苗势强。株型半紧凑，株高286厘米左右，穗位高117厘米左右，成株叶片数21片。雄穗分枝数4～10个，花丝紫色，花药紫色。果穗筒形，穗长20.2厘米，穗行数18～20行，穗轴红色，籽粒黄色，粒型为马齿，百粒重

38.2克，出籽率85.9%，倒伏率0.4%，倒折率0。2015—2016年经辽宁省丹东农业科学院两年接种鉴定，中抗大斑病、灰斑病、穗腐病，感丝黑穗病，抗镰孢茎腐病。籽粒容重740克/升，粗蛋白含量12.15%，粗脂肪含量3.7%，粗淀粉含量71.11%，赖氨酸含量0.35%。

产量表现： 2015—2016年参加吉林春玉米同一适宜生态区引种绿色通道生产试验，两年平均亩产784.2千克，比对照增产4.9%。2015—2016年参加内蒙古春玉米同一适宜生态区引种绿色通道生产试验，两年平均亩产897.3千克，比对照郑单958增产8.5%。2015—2016年参加河北春玉米同一适宜生态区引种绿色通道生产试验，两年平均亩产806.2千克，比对照先玉335增产10.3%。

栽培技术要点： 播前要精细整地，地温要确保稳定10℃以上进行播种。春播一般在4月中下旬播种为宜。种植形式以清种为宜。亩适宜密度4 000株。注意及时防治丝黑穗病、黏虫和玉米螟等病虫害。

适宜种植地区： 适宜东华北（吉林、内蒙古、河北）活动积温在2 800℃以上春播玉米区种植。

敦玉328

审定编号： 国审玉20176117

选育单位： 甘肃省敦煌种业股份有限公司

品种来源： F-SQ3×F-28

特征特性： 生育期133.4天，株型半紧凑，平均株高304.5厘米，穗位126.5厘米。平均空秆率0.52%，双穗率0.65%，穗长17.9厘米，穗粗5.1厘米，凸尖0.95厘米，穗行数17.4行，行粒数36.5，单穗粒重199.45克，百粒重34.3克，出籽率85.2%，果穗筒形，红轴，籽粒马齿型，黄色。容重755克/升，粗蛋白8.32%，粗脂肪8.32%，粗淀粉74.9%。平均倒伏率0.52%，倒折率0.13%。经接种鉴定，本品种高抗腐霉茎腐病，抗禾谷镰孢穗腐病，中抗大斑病，可在适宜种植区种植利用。

产量表现： 2015—2016年参加西北春玉米品种生产试验，两年生产试验平均亩产1 018.35千克，比对照增产5.1%。

栽培技术要点： 陕西春播一般在4月15—20日为宜，最晚不超过5月15日。播种前进行药剂拌种或施用包衣种子，亩留苗密度5 500株。

适宜种植地区： 适宜甘肃陇南、天水、庆阳、平凉、白银、定西、临夏州海拔1 800米以下地区及武威、张掖、酒泉大部分地区。内蒙古巴彦淖尔大部分地区、鄂尔多斯大部分地区和宁夏引扬黄灌区等适宜地区中晚熟春玉米区域推广种植。注意防治丝黑穗病。

敦玉15

审定编号： 国审玉20176118

选育单位：甘肃省敦煌种业股份有限公司

品种来源：380-7×自5-3

特征特性：生育期130.1天，株型半紧凑，平均株高315厘米，穗位118.5厘米。平均空秆率0.15%，双穗率1.07%，穗长19.7厘米，穗粗5.0厘米，凸尖1.4厘米，穗行数18行，行粒数35.4，单穗粒重209.7，百粒重36.4克，出籽率85.8%，果穗筒形，红轴，籽粒马齿型，籽粒黄色。粗蛋白93.4%，粗脂肪43.9%，粗淀粉73.92%，赖氨酸3.11%。平均倒伏率1.67%，倒折率0.95%。经接种鉴定，中抗腐霉茎腐病、丝黑穗病和大斑病，抗禾谷镰孢穗腐病，可在适宜生态区种植利用。

产量表现：2015—2016年参加西北春玉米品种生产试验，两年生产试验平均亩产1 049.6千克，比对照增产7.2%。

栽培技术要点：中等肥力以上地块种植，4月15—20日播种，亩种植密度5 500株。

适宜种植地区：适宜陕西的榆林、延安等陕北适宜区域和宁夏引扬黄灌区等中晚熟春玉米适宜区域推广种植。

吉单558

审定编号：国审玉20176119

选育单位：吉林吉农高新技术发展股份有限公司

品种来源：吉V203×吉V088

特征特性：东华北春玉米区出苗至成熟129天，比郑单958早1天。叶鞘紫色，叶片绿色，叶缘紫色，花药粉色，颖壳紫色。株型紧凑，株高293厘米，穗位高122.5厘米，成株叶片数21片。果穗长锥形，穗长17.6厘米，穗行数16.4行，穗轴红色，籽粒橙红色、半硬粒型，百粒重33.7克。接种鉴定，抗茎腐病、穗腐病，中抗大斑病、丝黑穗病、弯孢菌叶斑病，感灰斑病。籽粒容重764克/升，粗蛋白质10.61%，粗脂肪4.21%，粗淀粉74.28%，赖氨酸0.33%。

产量表现：2015—2016年参加东华北春玉米品种生产试验，两年平均亩产757.2千克，比对照郑单958增产6.8%。

栽培技术要点：中等肥力以上地块栽培，4月下旬至5月上旬播种，亩种植密度4 500株。注意防治灰斑病。

适宜种植地区：适宜吉林、辽宁和内蒙古春播种植。